Mecánica del medio continuo en la ingeniería

Teoría y problemas resueltos

2a. Edición

Xavier Ayneto Gubert
Miquel Ferrer Ballester

UPCGRAU 18

UNIVERSITAT POLITÈCNICA DE CATALUNYA
BARCELONATECH

Primera edición: diciembre de 2012
Reedición: julio 2013
Segunda edición: mayo de 2024

Oficina de Publicacions Acadèmiques Digitals de la UPC
Edificio K2M, Planta S1, Despacho S103-S104
Jordi Girona 1-3, 08034 Barcelona
Tel.: 934 015 885
www.upc.edu/idp
E-mail: info.idp@upc.edu

Producció: Service Point
Pau Casals, 161-163
08820 El Prat de Llobregat (Barcelona)

ISBN:978-84-10008-40-3
ISBN digital: 978-84-10008-41-0
DL: B 7532-2024
DOI: 10.5821/ebook-9788410008410

Presentación

El presente curso es una continuación natural del curso de mecánica racional. En él se han enunciado las leyes básicas de la mecánica newtoniana y se han analizado sistemas mecánicos de complejidad creciente, desde el punto material o partícula hasta el sólido rígido, pasando por la mecánica de los sistemas de partículas. De hecho la mecánica del sólido rígido resulta de introducir una condición cinemática a las partículas de un sistema, obligándolas a mantener fijas las distancias entre sí.

La mecánica del sólido rígido se desarrolla después dando lugar a la mecánica de sistemas de sólidos rígidos que se aplica al análisis de una extensa clase de máquinas y mecanismo.

La mecánica del medio continuo parte de la mecánica de sistemas de partículas que interaccionan para dar lugar a un modelo material, sólido o fluido, mucho más genérico que el de sólido rígido. En este tipo de modelo pueden incorporarse además las leyes de la termodinámica, de la transferencia de calor y del electromagnetismo a fin de representar adecuadamente la complejidad de muchos fenómenos físicos de interés técnico.

La mecánica del medio continuo evoluciona posteriormente en dos direcciones bien definidas, la mecánica de sólidos deformables y la mecánica de fluidos. En el primer caso, y por extensión de la mecánica racional, puede llegar a formularse la mecánica de sistemas de sólidos deformables.

Por último es posible desarrollar una mecánica acoplada entre sistemas fluidos y sistemas sólidos a fin de representar situaciones en las que ambos tipos de sistema interaccionan.

En este primer curso de mecánica del medio continuo se centrará la atención sólo en aquellos aspectos puramente mecánicos dejando la interacción con otras disciplinas como la termodinámica, la transferencia de calor o el electromagnetismo para cursos más avanzados. También se dejará para cursos posteriores el análisis detallado de la mecánica de los sólidos deformables y de los fluidos así como sus aplicaciones tecnológicas. El principal objetivo del curso consiste pues en establecer las bases físicas y matemáticas comunes a todas estas disciplinas bajo un único cuerpo de doctrina.

En la figura adjunta se muestra una perspectiva global de los diversos campos de la mecánica.

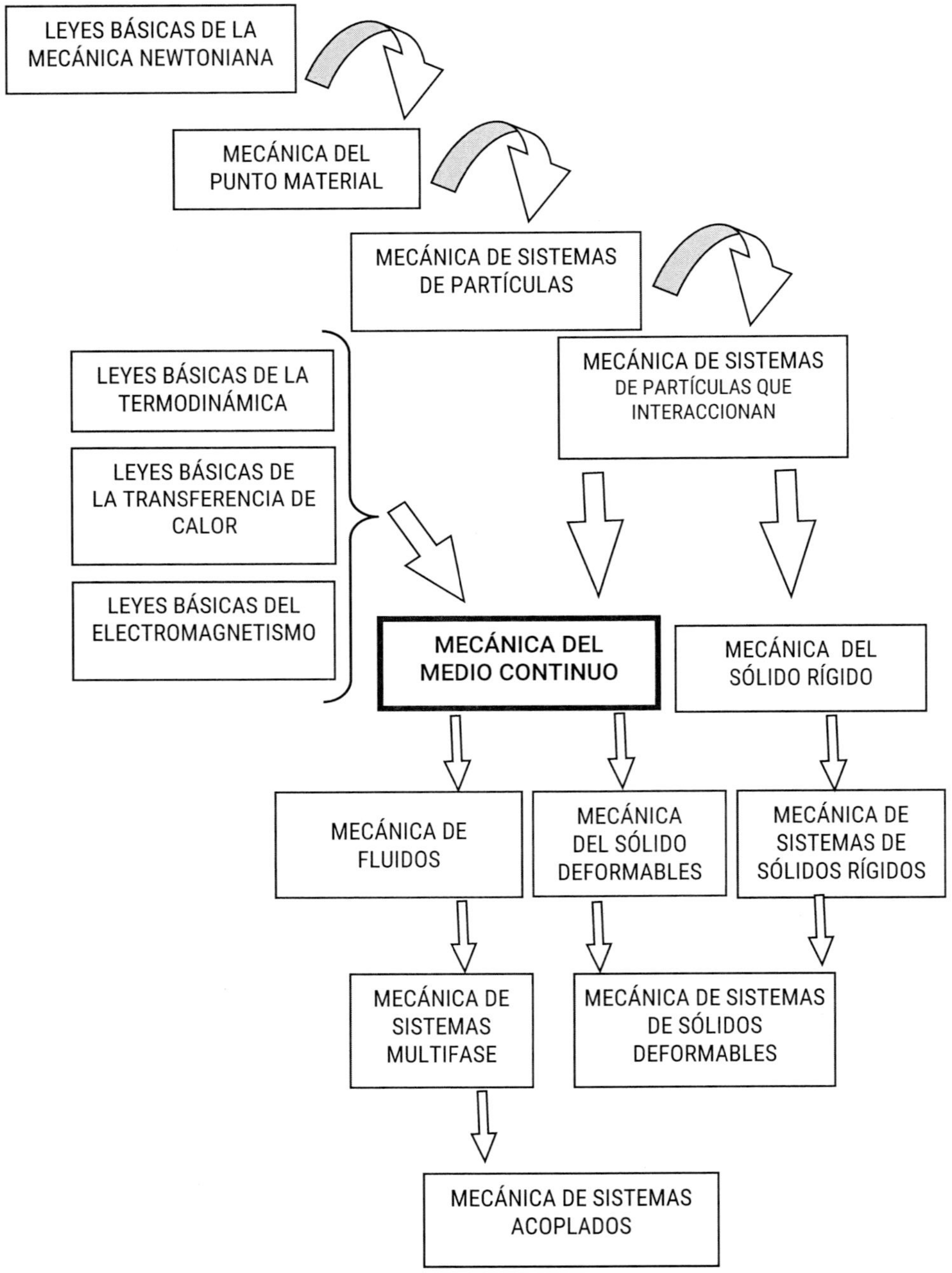

Índice

1 Postulados básicos

1.1. Introducción

La materia, en estado sólido líquido o gaseoso, está formada por partículas que interaccionan. En los gases dicha interacción es muy débil por lo que no presentan ni forma ni volumen propios. En los líquidos es algo mayor y, aunque no presentan una forma propia, su volumen se mantiene al pasar de un recipiente a otro. En los sólidos reales la interacción en mucho mayor y tienen una forma y volumen propios cuando no están sometidos a acciones exteriores.

La mecánica racional presenta un modelo extremo de sólido al que denominamos sólido rígido. El sólido rígido está formado por partículas unidas entre sí por vínculos infinitamente rígidos, de modo que la distancia entre dos partículas cualesquiera siempre se mantiene constante. Esta idealización resulta muy útil para estudiar la cinemática y la dinámica de un sólido cuando la variación de su geometría es despreciable frente a los movimientos de conjunto. Sin embargo no puede explicar cómo se transmiten las fuerzas por el interior del sólido ni permite evaluar su comportamiento resistente frente a las cargas aplicadas.

La idealización de sólido rígido presenta problemas con enlaces redundantes, en los que las ecuaciones de la mecánica racional son incapaces de determinar la totalidad de las acciones de enlace. Evidentemente tampoco permite tratar sistemas materiales en estado líquido o gaseoso donde los vínculos entre partículas son mucho menores y la idealización de sólido rígido carece de todo sentido.

Por estos y otros motivos es necesario introducir un modelo mecánico más detallado para el análisis macroscópico de los sistemas materiales reales, que considere de forma más realista la interacción entre las partículas que los constituyen. Para ello es por ahora suficiente con eliminar la condición de que las distancias entre partículas se mantengan constantes. Así pues un medio material real puede ser considerado, a nivel microscópico, como un sistema de partículas que interacción entre sí. De este modo es posible abordar no sólo los problemas relacionados con la mecánica de los sólidos reales sino también la de los fluidos, sean líquidos o gases.

1.2. Dinámica de un sistema de partículas que interaccionan

Como quiera que la mecánica de un sistema de partículas es el punto natural de inicio para el estudio de los medios materiales resulta conveniente recordar algunos conceptos de la dinámica de partículas, en un sistema de referencia inercial, y en concreto de la de sistemas de partículas que interaccionan entre sí.

1.2.1. Propiedades de las fuerzas de interacción

Sobre las partículas de un sistema con interacciones internas actúan fuerzas exteriores $\overline{F}$ y fuerzas interiores $\overline{f}$ de interacción entre las partículas, en adelante fuerzas de interacción. El conjunto de las fuerzas de interacción está sometido al principio de acción y reacción, en consecuencia dichas fuerzas aparecen en parejas colineales de igual módulo y sentidos opuestos. Por tanto, el conjunto de las fuerzas interiores de interacción entre partículas tiene resultante nula y momento resultante nulo respecto a cualquier punto cuando se evalúan sobre la totalidad del sistema.

Resultante fuerzas exteriores sobre i

Fuerzas sobre la partícula i: . $\overline{F_{p_i}} = \sum_k \overline{F_{ik}} + \sum_j \overline{f_{ij}} = \overline{F_i} + \overline{f_i}$

Resultante fuerzas interiores sobre i

Puesto que las fuerzas de interacción, por el principio de acción y reacción, forman parejas de igual magnitud y dirección pero sentidos opuestos su resultante total es nula:

$$\sum_{sistema} \overline{f_i} = 0$$

Como además las parejas antes mencionadas son colineales, el momento de cada pareja respecto a cualquier punto es siempre nulo, con lo que el momento resultante total también lo es:

$$\sum_{sistema} \overline{OP_i} \wedge \overline{f_i} = 0$$

Por otra parte el trabajo realizado por las fuerzas interiores en un desplazamiento infinitesimal de las partículas depende sólo del desplazamiento relativo entre las mismas y no del movimiento global del sistema:

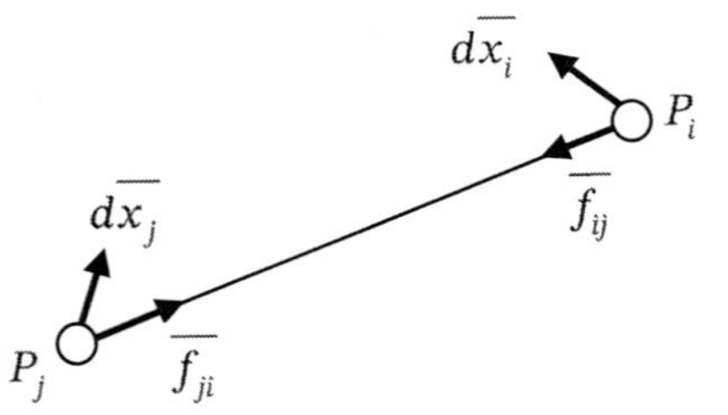

$$dW_{ij} = \overline{f_{ji}} \times \overline{dx_j} + \overline{f_{ij}} \times \overline{dx_i} = \overline{f_{ij}} \times \left(\overline{dx_i} - \overline{dx_j}\right)$$

$$dW_{ij} = \overline{f_{ij}} \times \overline{dx_{ij}}$$

Así pues dicho trabajo es nulo sólo en la idealización de sólido rígido, ya que en ese caso las distancias entre partículas no varían. El sistema de fuerzas interiores es conservativo si el trabajo realizado por las mismas en un desplazamiento finito no depende del camino seguido.

La mecánica del medio material no contempla las fuerzas internas que garantizan la cohesión de la materia sino sólo su variación respecto a un estado inicial de referencia. A efectos de la modelización de su comportamiento desde un punto de vista macroscópico, se considera que dichas fuerzas de interacción dependen de la variación de la distancia entre ellas y/o de su velocidad relativa.

1.2.2. Principios básicos de la dinámica de un sistema de partícules

En este apartado se enuncian, a nivel de recordatorio, los principios básicos de la dinámica de los sistemas de partículas que después serán generalizados para el estudio de medios continuos.

Principio de la cantidad de movimiento (2ª Ley de Newton)

La resultante de las fuerzas exteriores que actúa sobre un sistema de *n* partículas que interaccionan, es igual a la derivada temporal de la cantidad de movimiento total del sistema:

$$\sum_{sistema} \overline{F_i} = \frac{d}{dt}\left(\sum_{sistema} m_i \overline{v_i} \right)$$

En un sistema de masa constante, se obtienen el enunciado clásico de la 2ª Ley de Newton:

$$\sum_{sistema} \overline{F_i} = \sum_{sistema} m_i \overline{a_i} = M \overline{a_G}$$

siendo M la masa total del sistema y $\overline{a_G}$ la aceleración de su centro de gravedad.

Conservación de la cantidad de movimiento

Si la resultante de las fuerzas exteriores actuante sobre un sistema de partículas que interaccionan es nula, entonces su cantidad de movimiento total se conserva:

$$\sum_{sistema} m_i \overline{v_i} = cte.$$

Teorema del momento cinético

El momento resultante de todas las acciones exteriores que actúan sobre un sistema de partículas que interaccionan, calculado respecto a un punto fijo en el espacio, o alrededor de su centro de masas, es igual a la derivada temporal de su momento cinético:

$$\sum_{sistema} \overline{OP_i} \wedge \overline{F_i} = \frac{d}{dt}\left(\sum_{sistema} \overline{OP_i} \wedge m_i\, \overline{v_i} \right)$$

Conservación del momento cinético

Si el momento resultante de todas las acciones exteriores que actúan sobre un sistema de partículas que interaccionan, calculado respecto a un punto fijo en el espacio o alrededor de su centro de masas es nulo, entonces su momento cinético permanece constante.

$$\sum_{sistema} \overline{OP_i} \wedge m_i\, \overline{v_i} = cte.$$

Teorema de las fuerzas vivas

El teorema de las fuerzas vivas para un sistema de partículas que interaccionan, establece que en un intervalo de tiempo Δt definido entre dos instantes t_1 y t_2, el trabajo de las fuerzas exteriores más el trabajo de las fuerzas interiores es igual al incremento en la energía cinética del sistema.

$$W_{12} = E_{c_2} - E_{c_1}$$

La forma instantánea de este teorema se obtiene dividiendo ambos miembros por Δt y pasando al límite cuando Δt tiende a cero.

$$\dot{W} = \frac{d}{dt}(E_c)$$

Este resultado implica que, en cualquier instante, la suma de la potencia de las fuerzas exteriores más la potencia de las fuerzas interiores es igual a la velocidad de variación de la energía cinética del sistema en dicho instante.

Esta última forma del teorema de las fuerzas vivas se deriva en forma directa del principio de la cantidad de movimiento para cada partícula sin más que multiplicar sus dos miembros por la velocidad de la partícula.

Conservación de la energía

Si todas las fuerzas actuantes sobre un sistema de partículas, externas y de interacción, son conservativas, es decir existe una función energía potencial, entonces la suma de la energía cinética y potencial se conserva.

$$E_c + E_p = cte.$$

Teorema de las potencias virtuales para un sistema de partículas

En un sistema de partículas que interaccionan, el trabajo realizado por unidad de tiempo por todas las fuerzas, exteriores, de inercia y de interacción, en una distribución arbitraria (virtual) de velocidades es nulo.

1.2.3. Equilibrio de un sistema de partículas

Se dice que un sistema de partículas está en equilibrio, en una referencia dada, cuando las velocidades y aceleraciones de todas sus partículas en dicha referencia son nulas, o sea cuando está en reposo relativo.

La condición necesaria y suficiente de equilibrio para una partícula es que en algún momento se anule su velocidad y la suma de todas las fuerzas que actúan sobre ella, tanto si son exteriores al sistema de partículas $\overline{F_{ik}}$ como si resultan de la interacción de ésta con sus vecinas $\overline{f_{ij}}$.

$$\sum_k \overline{F_{ik}} + \sum_j \overline{f_{ij}} = 0 \quad \Rightarrow \quad \overline{F_i} + \overline{f_i} = 0$$

En un sólido rígido la condición de suma de fuerza exteriores y suma de momentos exteriores nula es condición necesaria y suficiente de equilibrio. Sin embargo en un medio material, conceptuado como un sistema de partículas genérico, dichas condiciones no son suficientes para el equilibrio, sino sólo necesarias. En efecto:

extendiendo el sumatorio de fuerzas a todo el sistema, estando éste en equilibrio:

$$\sum_{sistema} \overline{F_i} + \sum_{sistema} \overline{f_i} = 0$$

Pero el término $\Sigma \overline{f_i}$ es nulo por tratarse de fuerzas de interacción (que cumplen el principio de acción y reacción). En consecuencia el término $\Sigma \overline{F_i}$ debe ser también nulo por serlo la suma total.

Por tanto, la condición

$$\sum_{sistema} \overline{F_i} = 0$$

es condición necesaria de equilibrio, es decir si el sistema está en equilibrio dicha condición debe cumplirse. Sin embargo la inversa no es necesariamente cierta, por lo que no es condición suficiente.

En forma análoga, si se evalúa el momento resultante respecto a un punto cualquiera de todas las fuerzas exteriores e interiores actuantes sobre el sistema, estando éste en equilibrio, se tiene:

$$\sum_{sistema} \overline{OP_i} \wedge \overline{F_i} + \sum_{sistema} \overline{OP_i} \wedge \overline{f_i} = 0$$

Pero el término $\Sigma\, \overline{OP_i} \wedge \overline{f_i}$ es nulo por tratarse de fuerzas de interacción, en consecuencia el término $\Sigma\, \overline{OP_i} \wedge \overline{F_i}$ debe ser también nulo por serlo la suma total.

Por tanto, la condición

$$\sum \overline{OP_i} \wedge \overline{F_i} = \sum \overline{M_{o_i}} = 0$$

es condición necesaria de equilibrio, es decir si el sistema está en equilibrio dicha condición debe cumplirse. Sin embargo la inversa no es necesariamente cierta, por lo que no es condición suficiente.

Otra forma de ver que estas condiciones son necesarias para el equilibrio consiste en observar que el estado de reposo relativo implica que la aceleración del centro de gravedad es nula por lo que debe serlo la suma de fuerzas exteriores. Por otra parte también resulta nula la variación del momento cinético por lo que el momento de las fuerzas exteriores debe ser también nulo.

La mecánica racional muestra que en el caso de un sólido rígido las anteriores condiciones son necesarias y suficientes para el equilibrio, no siendo así para los medios materiales reales.

Teorema de los trabajos virtuales para un sistema de partículas en equilibrio

En un sistema de partículas que interaccionan y que se encuentre en equilibrio, el trabajo realizado por todas las fuerzas, exteriores y de interacción, en un desplazamiento virtual compatible con los enlaces, es nulo.

1.3. Principios de la termodinámica

La termodinámica constituye una ampliación de la mecánica clásica que permite tratar sistemas en los que interviene el calor como fuente de energía. Esta ciencia se fundamenta en dos principios básicos que se enuncian a continuación.

1.3.1. Principio de la conservación de la energía (Primer principio de la termodinámica)

Si un sistema evoluciona de un estado 1 a otro estado 2 por aportación de energía exterior en forma de trabajo mecánico y calor, la energía interna del sistema se incrementa en una cantidad igual a las aportaciones realizadas:

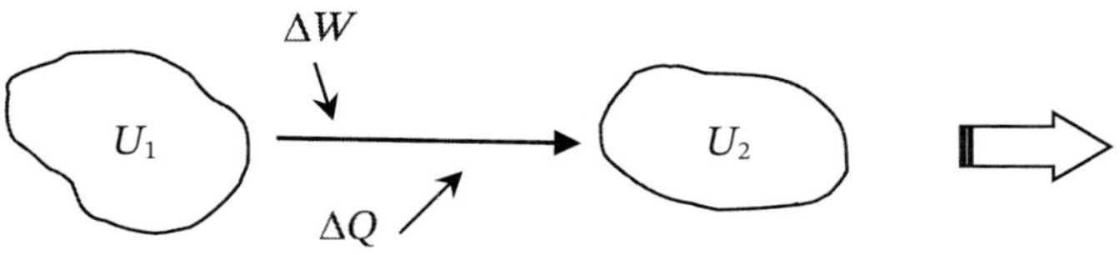

$$DU = DW + DQ$$

En un pequeño cambio infinitesimal se tiene: $dU = dW + dQ$

Dividiendo por un diferencial de tiempo se obtiene una versión instantánea de este principio en términos de potencias:

$$\dot{U} = \dot{W} + \dot{Q}$$

1.3.2. Segundo principio de la termodinámica

El primer principio no establece direccionalidad en los procesos. Este segundo principio indica en qué dirección se producen las transformaciones termodinámicas físicamente posibles. Se basa en el concepto de entropía y se enuncia del siguiente modo: Cuando en un sistema aislado tiene lugar una transformación irreversible aumenta la entropía del sistema.

A pesar de ser un principio básico de la física, no va a ser utilizado durante el presente curso y se incluye aquí su enunciado sólo para completar la lista de todos los principios básicos relacionados con la mecánica del medio continuo.

1.4. Transformación de la configuración geométrica de un sistema de partículas

Otra dificultad de la idealización de sólido rígido reside en la no-descripción de los fenómenos físicos relacionados con tránsito de fuerzas a través de él. El modelo genérico de partículas que interaccionan da una explicación mucho más detallada a esta cuestión, generalizable además a otros tipos de medio continuo.

Para simplificar, supongamos un medio material sólido en el que las fuerza de interacción entre partículas sean sólo función de la distancia relativa entre ellas (medio material elástico).

Cuando un sólido real como éste es sometido a un sistema de fuerzas exteriores, directamente aplicadas y reacciones de enlace, las partículas afectadas se desplazan y la geometría del sistema se modifica hasta que la variación de las fuerzas interiores permite alcanzar una situación en la que las partículas quedan en una nueva posición de equilibrio. Pueden imaginarse también transformaciones infinitamente lentas en las que cualquier situación intermedia es un estado de equilibrio.

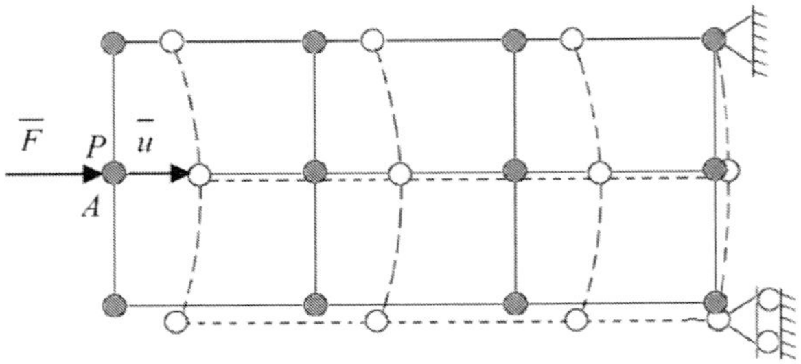

Por ejemplo, cuando en el punto A, en el que se encuentra la partícula P, hacemos crecer una carga F lentamente, esta partícula se desplaza acercándose a sus vecinas. Al alterarse la distancia entre partículas se genera una fuerza de interacción que empuja a las partículas vecinas y así sucesivamente hasta que la acción alcanza a las partículas situadas en los puntos de enlace. La posición inicial de las partículas, a la que llamaremos configuración inicial (sin deformar), se altera y el proceso sigue a través de una sucesión de estados de equilibrio. Finalmente el movimiento de las partículas cesa y la posición de todas ellas se ha alterado dando lugar a lo que denominaremos configuración final (deformada).

Al vector que une las posiciones inicial y final de cada partícula se le denomina vector desplazamiento $\overline{u}$. Conocido dicho vector para cada una de las partículas es posible pasar de la configuración inicial a la final y viceversa.

El comportamiento de un fluido en reposo es, en algunos aspectos, semejante al de un sólido. Sin embargo si el fluido está en movimiento aparecen fuerzas de interacción función de la velocidad relativa de las partículas, por lo que en lugar de tener interés el campo de corrimientos lo tiene el campo de velocidades.

1.5. Introducción al concepto de medio continuo

De lo visto hasta aquí parece deducirse que los medios materiales reales, formados por átomos o moléculas, pueden ser tratados como sistemas de partículas que interaccionan. Si bien esto es teóricamente correcto en la práctica no es posible, ni tan siquiera necesario, seguir la cinemática y dinámica de cada una de las muchísimas partículas que constituyen la materia. La experiencia demuestra que la mayor parte de los problemas de interés tecnológico relacionados con los medios materiales pueden ser tratados a nivel macroscópico con suficiente aproximación sin tener en cuenta de manera explícita su estructura microscópica ni las fuerzas de cohesión interna de la materia.

En consecuencia es necesario introducir un enfoque más potente para el análisis mecánico de los medios materiales reales. Dicho enfoque recibe el nombre de mecánica del medio continuo y se fundamente, como se verá a continuación, en un paso al límite en el que el enfoque discreto de la mecánica de partículas es substituido por los métodos matemáticos de análisis de funciones continuas.

Veamos pues como es posible abandonar el enfoque microscópico derivado del análisis partícula a partícula. Para ello analicemos, por ejemplo, una caso simple consistente en una barra de material elástico sometida a tracción.

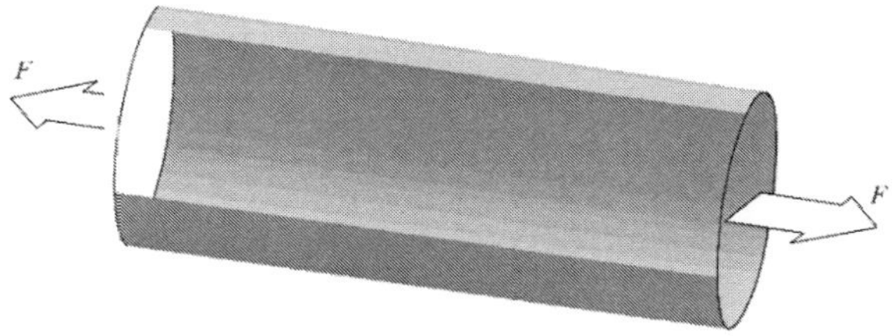

Podemos imaginar que el material de la barra está formado por una serie de cadenas longitudinales de partículas que interaccionan entre sí a través de fuerzas función de la distancia, representamos en la figura mediante muelles.

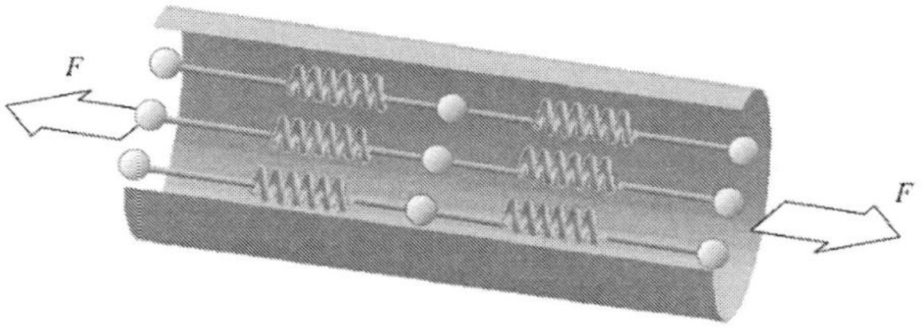

Sobre cada una de estas cadenas actuará cierta fracción, muy pequeña ΔF, de la carga total aplicada. Como consecuencia su acción cada partícula experimentará un corrimiento en la dirección longitudinal x. El corrimiento en dicha dirección x lo representaremos como u.

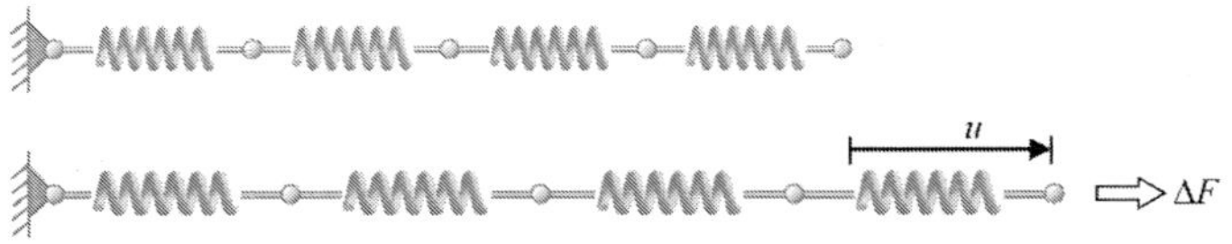

Como dicha fuerza actúa sobre cada eslabón de la cadena podemos simplificar aún más la cuestión centrando el análisis sobre dos partículas vecinas:

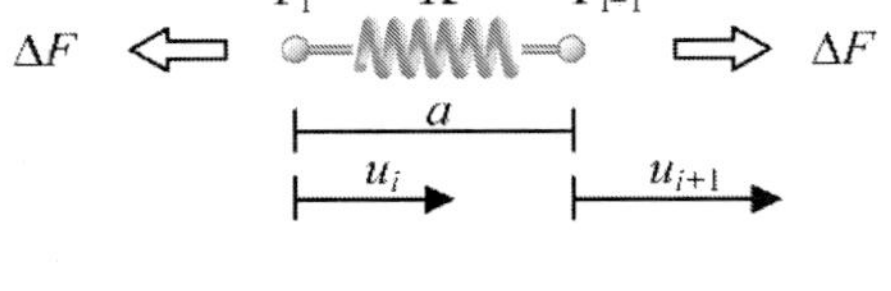

Llamando K a la rigidez del "muelle" equivalente a las fuerzas de interacción podemos escribir:

$$\Delta F = K\,(u_{i+1} - u_i)$$

Sin embargo, a nivel macroscópico, no podemos distinguir las partículas como entidades aisladas. De hecho no sabemos dónde están exactamente las partículas i e $i+1$, ni cuál es la distancia entre ellas a. No obstante sí podemos localizar puntos materiales sobre el medio identificándolos con el punto del espacio que ocupa sus mismas coordenadas en la configuración inicial y seguir su evolución hasta la configuración deformada, pudiendo medir su corrimiento.

La idealización del continuo evita la necesidad de tratar el problema partícula a partícula considerando que todo el volumen ocupado por el medio material está repleto de materia, de forma totalmente continua. Para enlazar esta nueva concepción del medio material con la anteriormente expuesta de sistema de partículas, se realiza un paso al límite en el que se identifica la distancia entre partículas a con una distancia infinitesimal Δx. El corrimiento de cada punto del material se considera como una función continua de la coordenada x. Entonces puede escribirse:

$$u_i = u(x) \qquad u_{i+1} = u(x+\Delta x) = u_i + \Delta u$$

y en consecuencia

$$\Delta F = K\big(u(x+\Delta x) - u(x)\big)$$

Con ello se consigue obviar la consideración de las partículas como entidades discretas y la materia pasa a considerarse continuamente distribuidas en el espacio, lo cual equivale a suponer que en cada punto espacial existe una partícula material. Por su parte los corrimientos dejan de ser un número finito de valores discretos para pasar a expresarse como funciones continuas de las coordenadas. En general se supone también que son funciones continuas del tiempo.

La idealización macromecánica que implica la aproximación de medio continuo es sumamente útil puesto que permite utilizar todos los recursos matemáticos asociados al análisis de funciones continuas. Así por ejemplo, si se multiplica y divide el miembro izquierdo de la igualdad por Δx, y pasando al límite aparece el concepto de derivada de la función corrimiento según x

$$\Delta F = K\,\Delta x \frac{u(x+\Delta x) - u(x)}{\Delta x} \quad \Rightarrow \quad dF = K\,dx \frac{du}{dx}$$

Como quiera que tampoco no es posible establecer la fuerza infinitesimal dF que actúa sobre cada cadena de partículas es más conveniente, referirse a la fuerza aplicada sobre un elemento infinitesimal de superficie dS, de éste modo al ser el cociente dF/dS un concepto *intensivo*, no es necesario distinguir una a una las partículas que se encuentran sobre el dS.

$$\frac{dF}{dS}=\frac{K\,dx}{dS}\,\frac{du}{dx}$$

En esta expresión aparecen tres parámetros de gran importancia en la mecánica del medio continuo, especialmente en el análisis de sólidos elásticos. El término dF/dS es una fuerza por unidad de área, más adelante definiremos y generalizaremos este concepto como tensión mecánica t. El término du/dx puede interpretarse como un incremento de longitud por unidad de longitud y más adelante lo identificaremos con el concepto de deformación longitudinal unitaria ε. El término $K\,dx/dS$ es una medida macroscópica de la intensidad de las fuerzas internas en función de la variación de las distancias entre partículas. La experiencia demuestra que en un sólido elástico esta cantidad es un valor característico del material denominado módulo de Young E.

En consecuencia podemos escribir: $\sigma=\mathrm{E}\cdot\varepsilon$ ecuación que se conoce con el nombre de ley de Hooke y que es la base de un apartado importante de la mecánica del medio continuo denominada elasticidad lineal.

1.6. Propiedades mecánicas intensivas

Tampoco es posible tratar las propiedades másicas partícula a partícula por lo que se introducen conceptos de tipo intensivo (que no dependen de la cantidad de materia) como la densidad, el peso específico etc.

A este respecto hay que destacar que existe un umbral para el tamaño del volumen a partir del cual puede considerarse que una propiedad intensiva es independiente del volumen considerado. Esto es debido a que para volúmenes muy pequeños extraídos de un mismo medio material, el número de partículas puede no ser constante. Sin embargo dicho valor umbral es lo suficientemente pequeño como para que su existencia no invalide la aproximación continua en las aplicaciones de ingeniería. Así por ejemplo definimos la densidad como:

$$\rho=\lim_{\Delta V\to\Delta V'}\frac{\Delta M}{\Delta V}$$

donde $\Delta V'$ es un elemento de volumen muy pequeño pero lo suficientemente grande para que contenga una cantidad representativa de partículas que permita el enfoque de medio continuo. Esta matización sin embargo se deja de lado para facilitar el tratamiento pasándose a una definición puramente matemática del siguiente estilo:

$$\rho=\lim_{\Delta V\to 0}\frac{\Delta M}{\Delta V}=\frac{dM}{dV}$$

donde se postula que el límite existe y es una cantidad finita. Este mismo postulado se admite para cualquier propiedad intensiva definida sobre el medio continuo.

En la mecánica del medio continuo se supone que todas las propiedades que describen su comportamiento quedan definidas adecuadamente por funciones continuas y derivables de las coordenadas y del tiempo.

1.7. Fuerzas de superficie y fuerzas de volumen

Tal como se señalaba anteriormente las fuerzas exteriores puntuales, aplicadas sobre una sola partícula, no tienen sentido en el contexto de la mecánica del medio continuo. En su lugar las fuerzas exteriores se tratan como fuerzas intensivas (fuerzas por unidad de área o volumen).

Dichas fuerzas exteriores pueden actuar sobre la superficie del medio, si resultan de la interacción de éste con su entorno en forma de acciones de contacto, o directamente sobre su volumen, si resultan de la acción de campos de fuerzas a distancia.

Las fuerzas que actúan sobre la superficie, en adelante fuerzas de superficie $\overline{f}$, se expresan en términos de fuerza por unidad de área (dimensionalmente F/ℓ^2). Como quiera que $\overline{f}$ no tiene porqué ser constante su valor en cada punto se refiere a un elemento infinitesimal de superficie en dicho punto tal como se ve en la siguiente figura.

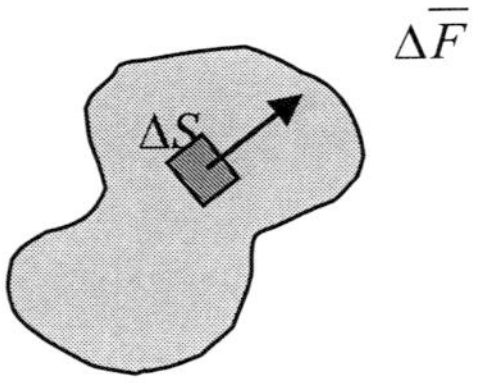

$$\overline{f} = \lim_{\Delta S \to 0} \frac{\Delta \overline{F}}{\Delta S} = \frac{d\overline{F}}{dS}$$

De igual modo las fuerzas que actúan sobre el volumen, en adelante fuerzas de volumen $\overline{b}$, se expresan en términos de fuerza por unidad de volumen (dimensionalmente F/ℓ^3). Como quiera que $\overline{b}$ no tiene porqué ser constante su valor en cada punto se refiere a un elemento infinitesimal de volumen en dicho punto tal como se ve en la siguiente figura.

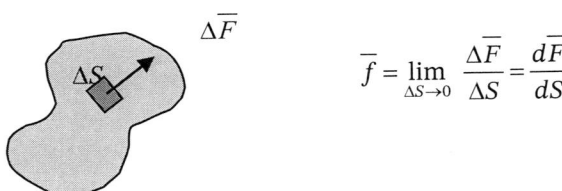

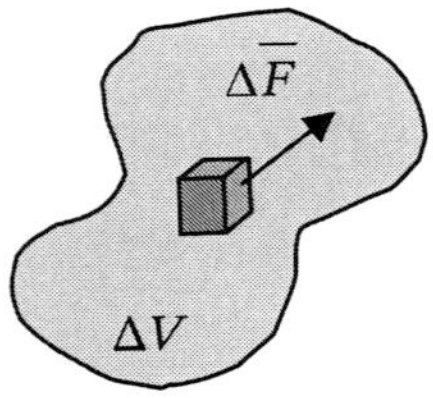

$$\overline{b} = \lim_{\Delta V \to 0} \frac{\Delta \overline{F}}{\Delta V} = \frac{d\overline{F}}{dV}$$

La resultante de las fuerzas exteriores sobre un medio continuo de volumen V y superficie S se expresa como:

$$\overline{R} = \int_S \overline{f}\, ds + \int_V \overline{b}\, dV$$

El momento resultante de las fuerzas exteriores respecto a un punto O se expresa como:

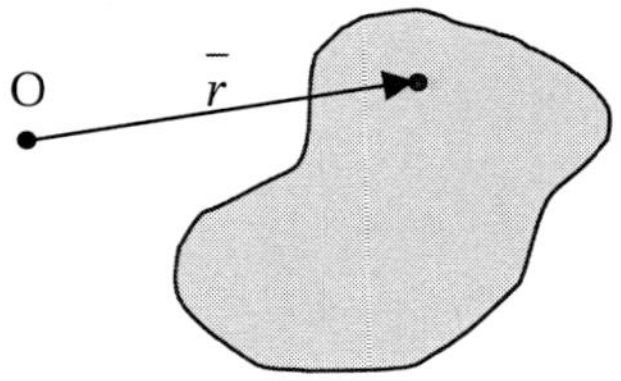

$$\overline{M_0} = \int_S \overline{r} \wedge \overline{f}\, dS + \int_V \overline{r} \wedge \overline{b}\, dV$$

1.8. Tensiones internas. Postulado de Euler-Cauchy

Las fueras de interacción entre partículas se transmiten a través de todo el volumen del medio continuo. Dichas fuerzas internas pueden caracterizarse a nivel macroscópico atendiendo a la fuerza transmitida por unidad de área a través de cualquier superficie imaginaria interior al medio. A este tipo de fuerza intensiva interior se la denomina tensión $\overline{t}$ y substituye convenientemente a las interacciones partícula a partícula.

El análisis detallado de las tensiones se desarrollará en el capítulo 3.

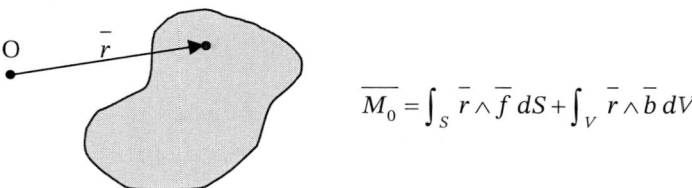

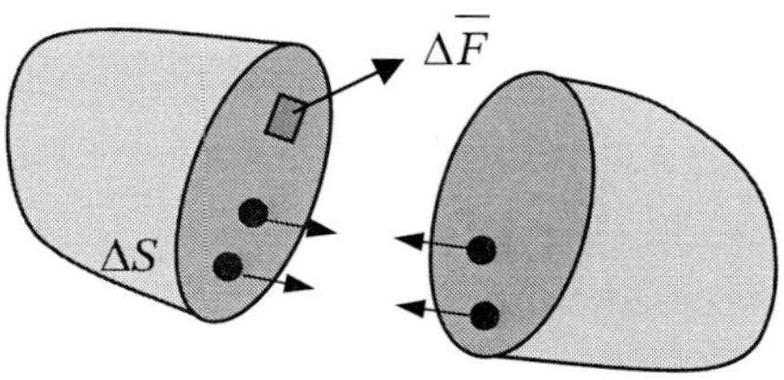

$$\overline{t} = \lim_{\Delta S \to 0} \frac{\Delta \overline{F}}{\Delta S} = \frac{d\overline{F}}{dS}$$

Por otra parte cualquier subdivisión arbitraria del medio considerada aisladamente, constituye un sistema de partículas que interaccionan. Como se vio anteriormente la dinámica de un sistema de este estilo depende sólo de las fuerzas exteriores y sus momentos. En el caso de la subdivisión arbitraria, las fuerzas y momentos exteriores se determina a partir de: las tensiones sobre las fronteras interiores con el resto del medio, las fuerzas sobre las superficies exteriores y las fuerzas sobre el volumen. Esto justifica el postulado de Euler-Cauchy:

"Las tensiones existen a través de cualquier elemento de superficie interior, y las leyes vectoriales del movimiento para cualquier subdivisión arbitraria del medio, incluido el elemento infinitesimal de volumen así como el medio en su conjunto, pueden expresarse a partir de ellas y de las fuerzas exteriores de superficie y de volumen"

Este postulado queda corroborado por el hecho de que las conclusiones que de él se derivan están de acuerdo con la evidencia experimental.

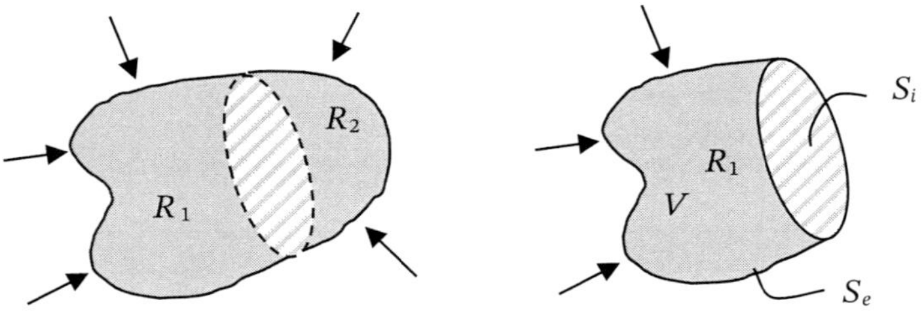

La resultante de las fuerzas exteriores sobre una subdivisión del medio continuo de volumen V, superficie exterior S_e y frontera interior S_i se expresa como:

$$\overline{R_{R_1}} = \int_{S_e} \bar{f}\, ds_e + \int_{S_i} \bar{t}\, ds_i + \int_V \bar{b}\, dV$$

El momento resultante de las fuerzas exteriores sobre una subdivisión del medio continuo respecto a un punto arbitrario 0 se expresa como:

$$\overline{M_{0_{R_1}}} = \int_{S_e} \bar{r} \wedge \bar{f}\, dS_e + \int_{S_i} \bar{r} \wedge \bar{t}\, dS_i + \int_V \bar{r} \wedge \bar{b}\, dV$$

Evidentemente si el medio continuo considerado en su conjunto está en equilibrio, sobre cualquier parte del mismo deberá verificarse la condición necesaria de equilibrio:

$$\overline{R_{R_1}} = 0 \qquad \overline{M_{0_{R_1}}} = 0$$

NOTA: *En este enfoque de la mecánica del medio continuo se omite la posible existencia de momentos distribuidos. Existe un enfoque más avanzado de la mecánica del medio continuo debido a Crosseraut en el que si se incluye este efecto. En el presente curso se seguirá no obstante el enfoque de Cauchy.*

1.9. Homogeneidad e isotropía

Se dice que un medio es homogéneo cuando sus propiedades mecánicas intrínsecas son las mismas en todos sus puntos.

Se dice que un medio es isótropo cuando sus propiedades mecánicas intrínsecas en un punto dado son las mismas independientemente de la dirección en que se evalúen.

Los medios materiales reales no son en general homogéneos ni isótropos. Sin embargo en muchas ocasiones pueden aceptarse estas hipótesis desde un punto de vista macroscópico con suficiente aproximación.

Homogeneidad e isotropía no son hipótesis esenciales de la mecánica del medio continuo sino sólo hipótesis convenientes en orden a simplificar el análisis.

2

Cinemática del medio continuo

2.1. Introducción

En este capítulo se analiza los procesos de transformación geométrica de un medio continuo desde un punto de vista puramente cinemático, sin atender a las causas que los producen.

Para el análisis de dichas transformaciones es preciso definir previamente ciertos conceptos esenciales:

- Denominaremos **punto** a una posición concreta fija en el espacio.
- Denominaremos **partícula** (o punto material) a un elemento infinitesimal de volumen de un medio continuo que contiene una cantidad constante de materia.
- En un instante de tiempo t, un medio continuo que tiene un volumen V y una superficie límite S, ocupa una región R del espacio físico. La identificación de las partículas con los puntos del espacio que ocupan en un instante t respecto a un conjunto adecuado de ejes coordenados define la **configuración** del medio continuo en dicho instante.

Se define el concepto de **deformación** como toda transformación geométrica de un medio continuo consistente en un cambio en su forma y/o volumen entre una configuración inicial sin deformar (o de referencia), y otra configuración final deformada (o actual).

Se define la **velocidad de deformación** como una medida del ratio de variación de la deformación respecto al tiempo.

Hay que observar que son posibles transformaciones geométricas que no impliquen deformación. Estas transformaciones corresponden a movimientos de sólido rígido y no implican, por tanto, la deformación del medio.

En general toda transformación geométrica puede incorporar una parte correspondiente a un movimiento de sólido rígido y otra parte puramente deformacional.

2.2. Hipótesis de partida

Como hipótesis fundamental se considerará la *continuidad* de la transformación geométrica. Además se admitirá que, dado que la materia no aparece ni desaparece durante la transformación, a cada punto de la configuración inicial le corresponde un único punto transformado en la configuración final y viceversa, por lo que existe una correspondencia biunívoca entre ambas configuraciones.

Si llamamos X_1, X_2, X_3 a las coordenadas de una partícula del sólido antes de la transformación (*configuración de referencia* correspondiente al instante inicial $t = t_0$) y x_1, x_2, x_3 a las coordenadas de esa misma partícula después de la misma (*configuración actual* correspondiente a un instante t), ambos conjuntos de coordenadas estarán relacionados entre sí:

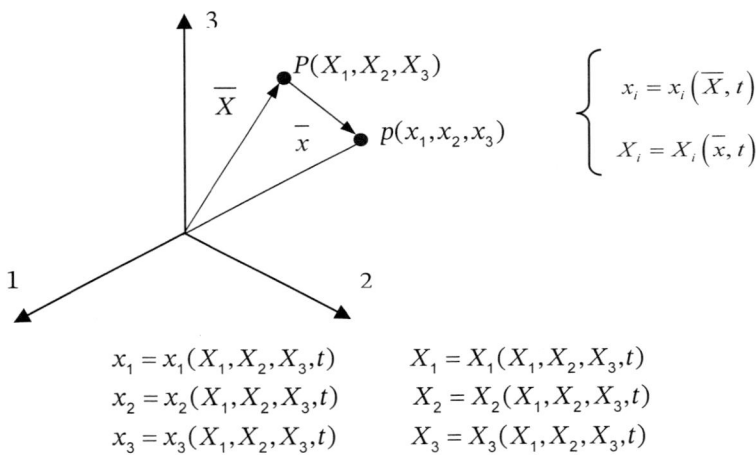

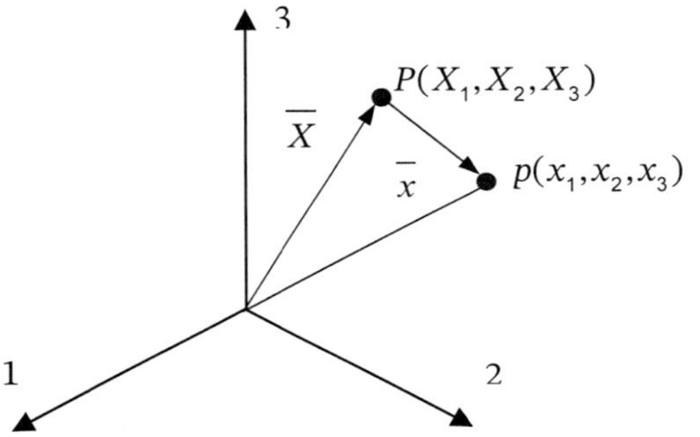

$$\begin{cases} x_i = x_i\left(\overline{X}, t\right) \\ X_i = X_i\left(\overline{x}, t\right) \end{cases}$$

$$\begin{aligned} x_1 &= x_1(X_1, X_2, X_3, t) \qquad & X_1 &= X_1(X_1, X_2, X_3, t) \\ x_2 &= x_2(X_1, X_2, X_3, t) \qquad & X_2 &= X_2(X_1, X_2, X_3, t) \\ x_3 &= x_3(X_1, X_2, X_3, t) \qquad & X_3 &= X_3(X_1, X_2, X_3, t) \end{aligned}$$

Desde el punto de vista matemático, y como consecuencia de las hipótesis fijadas, estas funciones son uniformemente continuas y tienen inversa única. Esta última hipótesis constituye uno de los postulados básicos de la mecánica del medio continuo. La condición necesaria y suficiente para la existencia de las funciones inversas es que el determinante jacobiano de la transformación no se anule:

$$J = \det\left[\frac{\partial x_i}{\partial X_j}\right] \neq 0$$

Además se supondrán funciones derivables con derivadas parciales continuas hasta cualquier orden ya que la experiencia demuestra que los resultados que se derivan de esta suposición son adecuados.

La continuidad de la transformación implica que:

- Dos puntos infinitamente próximos antes de la transformación permanecen infinitamente próximos después de la misma
- Una línea continua antes de la transformación sigue siendo continua después de la misma, y si aquella es cerrada ésta también lo es y viceversa.
- Una superficie continua antes de la transformación sigue siendo continua después de la misma, y si aquélla es cerrada ésta también lo es, y viceversa.

Quedan por tanto excluidos de este análisis aquellas situaciones en las que no se cumplan estos supuestos: por ejemplo cuando se formen grietas o huecos en el interior del material durante el proceso de transformación.

2.3. Enfoques lagrangiano y euleriano

El análisis de la transformación geométrica de un medio continuo puede realizarse según dos enfoques. En el primero, denominado **lagrangiano**, cada partícula queda identificada por las coordenadas del punto que ocupa inicialmente (también denominadas coordenadas materiales) X_1, X_2, X_3 que se toman como variables independientes. En un enfoque lagrangiano se denomina trayectoria de una partícula a la curva espacial definida por la ecuación:

$$\bar{x} = \bar{x}\left(\bar{X}, t\right)$$

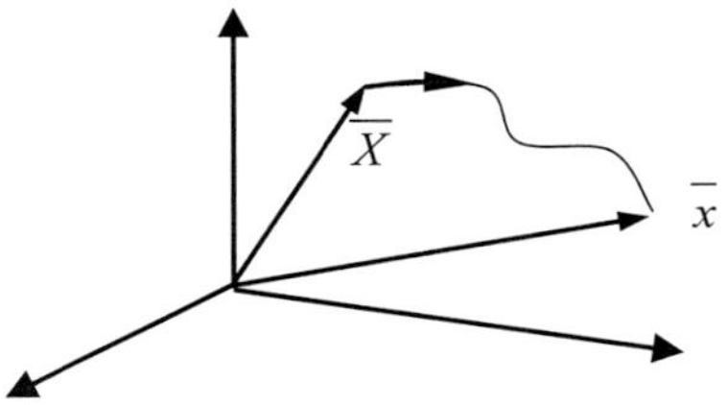

y es el lugar geométrico de todas las posiciones ocupadas por una misma partícula a lo largo del tiempo.

En el segundo enfoque, denominado **euleriano**, se centra la atención en un punto fijo del espacio de coordenadas x_1, x_2, x_3 (También denominadas coordenadas espaciales) que puede ser ocupado por distintas partículas en tiempos distintos. En este caso las variables x_1, x_2, x_3 juegan el papel de variables independientes.

Ambos planteamientos son equivalentes ya que, al ser invertibles las funciones que definen la transformación, dadas las coordenadas iniciales de una partícula es posible determinar su posición en cualquier instante y dada la posición de una partícula en un instante dado es posible determinar su posición inicial. La elección de uno u otro planteamiento queda condicionada por el tipo de problema a resolver y por el hecho de si se desea poner el énfasis en el seguimiento de una partícula dada o en la descripción de lo que sucede en cierto punto fijo del espacio.

Para el desarrollo de este curso se ha utilizado el enfoque lagrangiano en la formulación de la mecánica de los sólidos deformables ya que en este caso la geometría conocida es la geometría antes de la deformación. Sin embargo en los aspectos relacionados con el movimiento y flujo de sistemas fluidos, se aplicará el enfoque euleriano puesto que entonces es mucho más cómodo referir el problema a puntos fijos en el espacio.

2.4. Concepto de derivada material

Durante todo el curso va a ser necesario evaluar la rapidez de la variación temporal de diversa magnitudes asociadas a partículas materiales, es decir aquella que sería medida por un observador que viajara con la partícula. Para ello se introduce el concepto de derivada material definido del siguiente modo:

La **derivada material** es una medida de la rapidez de variación en el tiempo de cualquier propiedad del medio (escalar, vectorial o tensorial), referida a una partícula material específica tal como se observaría en la referencia de estudio. Se denota por D / Dt.

Así por ejemplo, la derivada material del vector de posición de una partícula es su velocidad:

$$\frac{D\overline{x}}{Dt} = \dot{\overline{x}} = \overline{v} \qquad\qquad v_i = \frac{dx_i}{dt}$$

> ***NOTA****: En este curso, excepto que cuando se indique de forma expresa, se supondrá que la referencia de estudio es galileana y que todas las derivadas temporales se realizan expresando las magnitudes físicas en una base fija.*

La derivada material puede evaluarse utilizando un enfoque lagrangiano o un enfoque euleriano del siguiente modo:

Sea P una propiedad cualquiera (magnitud escalar o componente de un vector o un tensor). Si P se expresa en coordenadas materiales (descripción lagrangiana), su derivada material es:

$$\frac{DP}{Dt} = \frac{\partial P\left(\overline{X}, t\right)}{\partial t} \qquad \left(\frac{D\overline{X}}{Dt} = 0 \quad \text{al ser la posición inicial dada por } \overline{X} \text{ independiente del tiempo} \right)$$

ya que $\overline{X}$ no varía con el tiempo. Sin embargo si P se expresa en coordenadas espaciales (descripción euleriana), la derivada material toma la forma:

$$\frac{DP}{Dt} = \frac{\partial P\left(\overline{x}, t\right)}{\partial t} + \sum_i \frac{\partial P\left(\overline{x}, t\right)}{\partial x_i} \frac{dx_i}{dt}$$

puesto que en este caso las coordenadas $\bar{x}$ si son función del tiempo y debe aplicarse la regla de la cadena. Como:

$$\frac{dx_i}{dt} = v_i$$

queda:

$$\frac{DP}{Dt} = \underbrace{\frac{\partial P}{\partial t}}_{\text{local}} + \underbrace{\sum_i v_i \frac{\partial P}{\partial x_i}}_{\text{convectiva}} = \frac{\partial P}{\partial t} + \bar{v}^T \times \overline{\text{grad}}\, P$$

Expresión presenta dos componentes denominadas **local y convectiva** respectivamente. La parte local denota la variación de la propiedad asociada al cambio temporal en la posición actual, mientras que la parte convectiva denota la variación de la propiedad asociada al cambio de posición de la partícula.

Por ejemplo, en el flujo de un fluido dentro de un conducto de sección variable, y supuesto que el caudal se mantiene constante, la velocidad de una partícula presenta sólo cambio convectivo debido a la variación de la sección al pasar ésta de un punto a otro. Sin embargo si el caudal varía con el tiempo aparece también el término de variación local de la velocidad en un punto fijo del espacio.

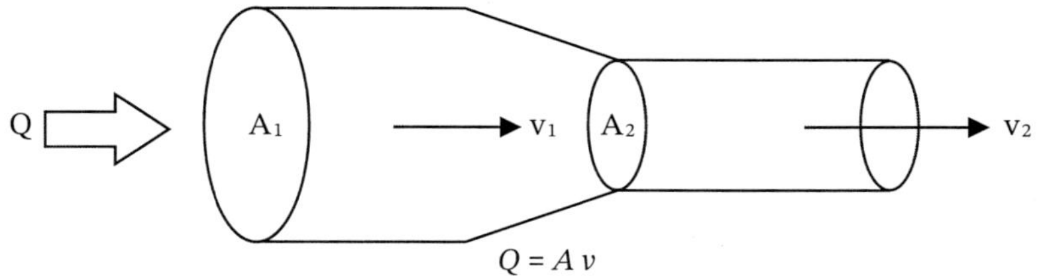

$Q = A\,v$

Se define el operador derivada material del siguiente modo:

$$\frac{D\bullet}{Dt} = \frac{\partial \bullet}{\partial t} + \sum_i v_i \frac{\partial \bullet}{\partial x_i}$$

en forma desarrollada: $\dfrac{D\bullet}{Dt} = \dfrac{\partial \bullet}{\partial t} + v_1 \dfrac{\partial \bullet}{\partial x_1} + v_2 \dfrac{\partial \bullet}{\partial x_2} + v_3 \dfrac{\partial \bullet}{\partial x_3} = \dfrac{\partial \bullet}{\partial t} + \bar{v}^T \times \overline{\text{grad}}\,\bullet$

Se define el **régimen estacionario** como aquel en el que se anula la parte local de la derivada material, es decir:

$$\frac{\partial P(\bar{x},t)}{\partial t} = 0$$

2.5. Vector desplazaciento

2.5.1. Concepto de desplazamiento

En muchos problemas de la mecánica del medio continuo el interés se centra en el estudio de la transformación geométrica existente entre dos configuraciones definidas y no en el proceso continuo en el tiempo que ha llevado de una hasta la otra. Para estos procesos es especialmente útil el estudio a partir del concepto de desplazamientos que se expone en este apartado.

Supongamos que la transformación del medio es continua y del tipo uno a uno. Cada punto P del cuerpo experimentará un desplazamiento $\overline{u}$, de componentes (u_1, u_2, u_3), desde su posición inicial $\overline{X}$ antes de la transformación, hasta su posición final $\overline{x}$ después de la transformación, a dicho desplazamiento, definido por la diferencia:

$$\overline{u} = \overline{x} - \overline{X}$$

se le denomina **vector desplazamiento**. El conjunto de los desplazamientos de los infinitos puntos materiales del medio forman un campo vectorial, las componentes del vector desplazamiento son funciones continuas y derivables.

El vector desplazamiento puede expresarse en

coordenadas lagrangianas:

$$\overline{u} = \overline{u}\left(\overline{X}, t\right) = \overline{x}\left(\overline{X}, t\right) - \overline{X}$$

o en coordenadas eulerianas:

$$\overline{u} = \overline{u}\left(\overline{x}, t\right) = \overline{x} - \overline{X}\left(\overline{x}, t\right)$$

siendo el significado físico de ambas expresiones distinto. En el primer caso se expresa el vector desplazamiento de la partícula que inicialmente está en la posición $\overline{X}$ de la configuración de referencia, mientras que en el segundo se expresa el vector desplazamiento de cualquier partícula material que en el instante t ocupa la posición espacial dada por las coordenadas $\overline{x}$ en la configuración actual.

Como quiera que el concepto de desplazamiento es especialmente útil para el análisis de la mecánica de medios sólidos deformables y en este caso la descripción lagrangiana es más adecuada, el resto de la explicación se ceñirá a este enfoque.

2.5.2. Análisis de desplazamientos en el entorno de un punto

Imaginemos otro punto material Q, infinitamente próximo y distante de P un $d\overline{X}$. Dicho punto experimentará un desplazamiento $\overline{u} + d\overline{u}$. En virtud de la deformabilidad del medio, y a diferencia de lo que ocurriría en un sólido rígido, la distancia entre P y Q, $d\overline{x}$ después de la transformación, puede ser distinta a la existente antes de la misma.

> ***NOTA**: Se utiliza la nomenclatura $d\overline{x}$ aún cuando no se corresponde con el concepto de diferencial total en el sentido matemático puesto que se evalúa sobre una misma configuración, correspondiente a un instante de tiempo fijo, haciendo variar sólo las coordenadas materiales. En un sentido estricto debería escribirse:*
>
> $$d\overline{x} = \sum \frac{\partial \overline{x}}{\partial X_i} dX_i + \frac{\partial \overline{x}}{\partial t} dt \text{ pero como } t = \text{cte.} \quad dt = 0 \text{ y } \left. d\overline{x} \right]_t = \sum \frac{\partial \overline{x}}{\partial X_i} dX_i$$

Los vectores $d\overline{x}$ y $d\overline{X}$ están relacionados geométricamente del siguiente modo:

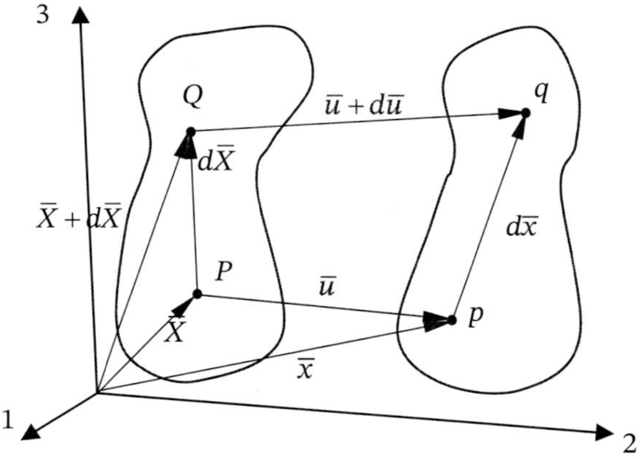

por geometría:

$$d\overline{X} + \overline{u} + d\overline{u} = \overline{u} + d\overline{x}$$

simplificando:

$$d\overline{X} + d\overline{u} = d\overline{x}$$

$d\overline{u} = [M]\, d\overline{X}$; Siendo $[M]$ el gradiente de $\overline{u}$ en P

$$P = \begin{bmatrix} \partial u_1/\partial X_1 & \partial u_1/\partial X_2 & \partial u_1/\partial X_3 \\ \partial u_2/\partial X_1 & \partial u_2/\partial X_2 & \partial u_2/\partial X_3 \\ \partial u_3/\partial X_1 & \partial u_3/\partial X_2 & \partial u_3/\partial X_3 \end{bmatrix} = [\text{grad } \overline{u}]$$

sustituyendo y sacando factor común $d\overline{X}$

$$d\overline{x} = \left([I] + [M]_X \right) d\overline{X} = [F]\, d\overline{X}$$

Si $\left[M\right]_X = 0$ en todo punto del medio, la transformación corresponde a una traslación de sólido rígido.

La matriz $[F]$ se denomina tensor gradiente de deformación.

$$[F] = \begin{bmatrix} \left(1+\partial u_1/\partial X_1\right) & \partial u_1/\partial X_2 & \partial u_1/\partial X_3 \\ \partial u_2/\partial X_1 & \left(1+\partial u_2/\partial X_2\right) & \partial u_2/\partial X_3 \\ \partial u_3/\partial X_1 & \partial u_3/\partial X_2 & \left(1+\partial u_3/\partial X_3\right) \end{bmatrix}$$

Evidentemente $[F]$ también puede escribirse a partir de la relación existente entre las variables lagrangianas y eulerianas.

$$\begin{Bmatrix} dx_1 \\ dx_2 \\ dx_3 \end{Bmatrix} = \begin{bmatrix} \partial x_1/\partial X_1 & \partial x_1/\partial X_2 & \partial x_1/\partial X_3 \\ \partial x_2/\partial X_1 & \partial x_2/\partial X_2 & \partial x_2/\partial X_3 \\ \partial x_3/\partial X_1 & \partial x_3/\partial X_2 & \partial x_3/\partial X_3 \end{bmatrix} \begin{Bmatrix} dX_1 \\ dX_2 \\ dX_3 \end{Bmatrix}$$

de esta expresión queda patente que el tensor gradiente de deformación es igual a la matriz jacobiana de la transformación y por lo tanto:

$$[F] = [J] \Longrightarrow J = \det[F]$$

En virtud de lo dicho anteriormente para que la transformación sea invertible el determinante jacobiano de$[F]$ debe ser distinto de 0, además debe ser > 0. En efecto puede demostrarse que $\det[F] = dV/dV_0$ donde dV_0 y dV son, respectivamente, el diferencial de volumen antes y después de la transformación.

$$dV_0 = \left(d\overline{X}_1 \wedge d\overline{X}_2\right) \times d\overline{X}_3 \qquad dV = \left(d\overline{x}_1 \wedge d\overline{x}_2\right) \times d\overline{x}_3$$

Al principio del proceso de deformación $dV=dV_0$ con lo que $\det[F]=1$, como $\det[F]$ debe ser $\neq 0$ durante todo el proceso, se sigue que $\det[F]>0$. Cualquier campo de desplazamientos debe cumplir esta condición para ser físicamente posible.

2.6. Vector velocidad

2.6.1. Concepto de velocidad

En otros muchos problemas de la mecánica del medio continuo la velocidad de cambio de la geometría durante el proceso de transformación es el factor dominante. En dichos casos el análisis atemporal entre dos configuraciones realizado a partir de los desplazamientos resulta insuficiente y es necesario un análisis instantáneo. Un concepto básico es entonces el de velocidad.

La velocidad de una partícula es la derivada material de su vector de posición, $\overline{v} = \frac{D\overline{x}}{Dt}$ si se escribe éste en función de las coordenadas iniciales y del vector desplazamiento en cada instante se obtiene:

$$\overline{x} = \overline{X} + \overline{u} \quad \Longrightarrow \quad \overline{v} = \underbrace{\frac{D\overline{X}}{Dt}}_{(=0)} + \frac{D\overline{u}}{Dt} = \frac{D\overline{u}}{Dt}$$

ya que la posición inicial es fija e independiente del tiempo.

Si el vector desplazamiento se expresa en forma lagrangiana, entonces el vector velocidad se obtiene también en forma lagrangiana:

$$\overline{v}\left(\overline{X}, t\right) = \frac{D\overline{u}\left(\overline{X}, t\right)}{Dt} = \frac{\partial \overline{u}\left(\overline{X}, t\right)}{\partial t}$$

Del mismo modo, utilizando un enfoque euleriano se obtiene:

$$\overline{v}\left(\overline{x}, t\right) = \frac{D\overline{u}\left(\overline{x}, t\right)}{Dt} = \frac{\partial \overline{u}\left(\overline{x}, t\right)}{\partial t} + \sum_i v_i\left(\overline{x}, t\right) \frac{\partial \overline{u}\left(\overline{x}, t\right)}{\partial x_i}$$

que también puede escribirse de forma más compacta como:

$$\overline{v}\left(\overline{x}, t\right) = \frac{\partial \overline{u}\left(\overline{x}, t\right)}{\partial t} + \left[M\right]_x \overline{v}\left(\overline{x}, t\right)$$

2.6.2. Campo de velocidades

En el enfoque euleriano resulta especialmente útil para el análisis de flujos, asociar a cada punto del espacio el vector velocidad de la partícula que lo ocupa instantáneamente, dando lugar a un campo vectorial de velocidades. Si el flujo es estacionario dicho campo será constante el tiempo mientras que no lo será si existe variación local de la velocidad.

Se define la **línea de corriente** como aquella línea trazada en el interior del flujo y que es tangente en cada punto a los vectores velocidad. Excepto en puntos singulares, por cada punto del espacio pasa una sola línea de corriente por lo que éstas no intersectan entre sí. Si $d\overline{\ell}$ es el elemento infinitesimal de longitud de una línea de corriente, a lo largo de la misma se cumple:

$$\frac{d\ell_1}{v_1} = \frac{d\ell_2}{v_2} = \frac{d\ell_3}{v_3}$$

Debe diferenciarse la línea de corriente de la **trayectoria** de una partícula, definida como el lugar geométrico de las sucesivas posiciones de la partícula,

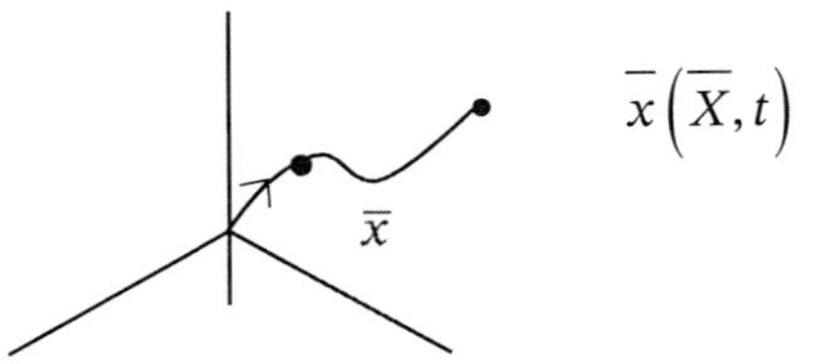

de la **línea de emisión**, o **traza**, que es el lugar geométrico de las posiciones que en un instante dado ocupan todas las partículas que han pasado por cierto punto del espacio.

Se denomina **superficie de corriente** a una superficie engendrada por líneas de corriente. Se denomina **tubo de corriente** al volumen delimitado por una superficie de corriente, engendrada por una curva cerrada no coincidente con una línea de corriente y todas las líneas de corriente que la intersectan.

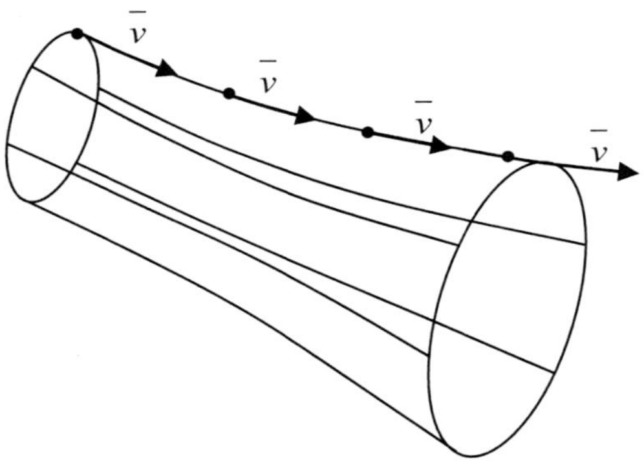

Como quiera que el concepto de velocidad es especialmente útil para el análisis de la mecánica de fluidos y en este caso la descripción euleriana es más adecuada, el resto de la explicación se ceñirá a este enfoque.

2.6.3. Análisis de velocidades en el entorno de un punto

Es interesante realizar un análisis detallado del campo de velocidades en el entorno de una partícula, semejante al que se realizó anteriormente con el campo de desplazamientos. Para ello considérese una determinada configuración en el tiempo t. Sea p una partícula que en dicho instante se mueve con una velocidad $\overline{v}_p$. Sea q otra partícula situada a una distancia infinitesimal de p. En virtud de la continuidad, la velocidad de q, $\overline{v}_q$ diferirá sólo en una magnitud infinitesimal de la velocidad de p. Por la teoría de las funciones continuas ambas velocidades se relacionan matemáticamente del siguiente modo:

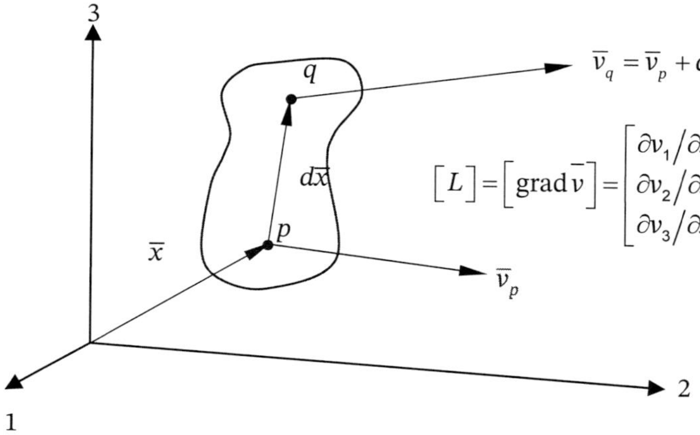

$$\bar{v}_q = \bar{v}_p + d\bar{v} = \bar{v}_p + [L]\,d\bar{x}$$

$$[L] = \left[\operatorname{grad}\bar{v}\right] = \begin{bmatrix} \partial v_1/\partial x_1 & \partial v_1/\partial x_2 & \partial v_1/\partial x_3 \\ \partial v_2/\partial x_1 & \partial v_2/\partial x_2 & \partial v_2/\partial x_3 \\ \partial v_3/\partial x_1 & \partial v_3/\partial x_2 & \partial v_3/\partial x_3 \end{bmatrix}$$

donde $[L]$ es el gradiente de velocidad. Si $[L]= 0$ en todo punto del medio, el campo de velocidades corresponde al de una traslación de sólido rígido.

Podemos realizar paralelamente un razonamiento de tipo físico para relacionar $\bar{v}_p$ y $\bar{v}_q$. Para ello imaginemos una referencia relativa solidaria al entorno inmediato del punto p. La velocidad absoluta del punto q, en base al esquema habitual de composición de velocidades, puede considerarse como una velocidad de arrastre formada por la velocidad absoluta de p, $\bar{v}_p$, más una velocidad de giro de q en torno a p que resultaría de imaginar a q fijo respecto a la referencia solidaria a p, más una velocidad relativa de q respecto a p en la referencia solidaria a p. Este último término resulta evidentemente del hecho de que el medio continuo puede deformarse. En un sólido rígido tal término no existiría.

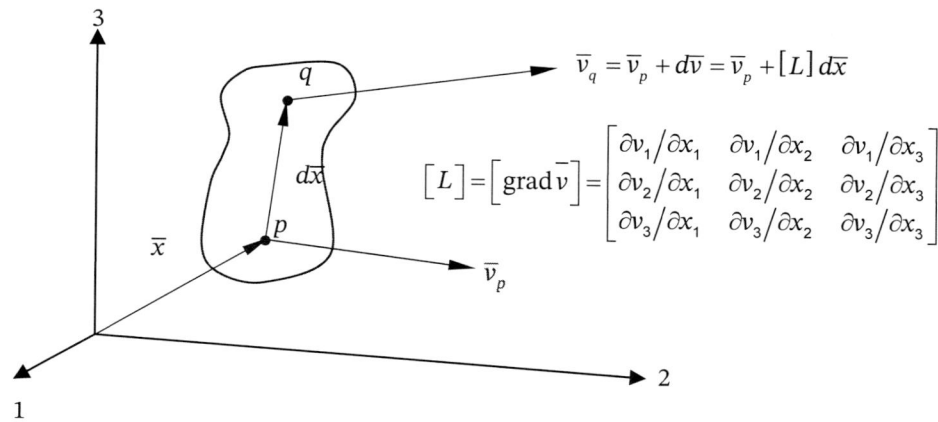

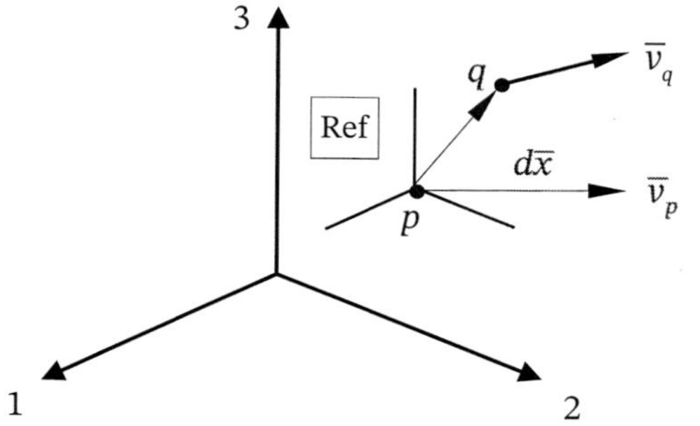

$$\bar{v}_q = \bar{v}_p + \dot{\bar{\omega}} \wedge d\bar{x} + \bar{v}_{q_{rel}}$$

El gradiente de velocidad $[L]$ puede descomponerse en una parte simétrica y otra antisimétrica del siguiente modo:

$$[L]=\frac{1}{2}\left([L]+[L]^T\right)+\frac{1}{2}\left([L]-[L]^T\right)=[D]+[W]$$

En componentes:

$$L_{ij}=\frac{\partial v_i}{\partial x_j}=\frac{1}{2}\left(\frac{\partial v_i}{\partial x_j}+\frac{\partial v_j}{\partial x_i}\right)+\frac{1}{2}\left(\frac{\partial v_i}{\partial x_j}-\frac{\partial v_j}{\partial x_i}\right)=D_{ij}+W_{ij}$$

siendo$[D]$ un tensor simétrico ($D_{ij}=D_{ji}$) y $[W]$ un tensor antisimétrico ($W_{ij}=-W_{ji}$).

La expresión de la velocidad de q queda entonces del siguiente modo:

$$\bar{v}_q=\bar{v}_p+[W]d\bar{x}+[D]d\bar{x}$$

expresión que debe ser equivalente a la anterior.

$$\bar{v}_q=\bar{v}_p+\bar{\dot{\omega}}\wedge d\bar{x}+\bar{v}_{q_{rel}}$$

Vorticidad

Identificando ésta última expresión con la resultante de la interpretación física realizada anteriormente se ve que el término antisimétrico se corresponde con el operador velocidad angular del entorno de p-producto vectorial. Por este motivo al tensor $[W]$ se le denomina **tensor vorticidad**, en efecto:

$$[W]=\begin{bmatrix} 0 & \frac{1}{2}\left(\frac{\partial v_1}{\partial x_2}-\frac{\partial v_2}{\partial x_1}\right) & \frac{1}{2}\left(\frac{\partial v_1}{\partial x_3}-\frac{\partial v_3}{\partial x_1}\right) \\ \frac{1}{2}\left(\frac{\partial v_2}{\partial x_1}-\frac{\partial v_1}{\partial x_2}\right) & 0 & \frac{1}{2}\left(\frac{\partial v_2}{\partial x_3}-\frac{\partial v_3}{\partial x_2}\right) \\ \frac{1}{2}\left(\frac{\partial v_3}{\partial x_1}-\frac{\partial v_1}{\partial x_3}\right) & \frac{1}{2}\left(\frac{\partial v_3}{\partial x_2}-\frac{\partial v_2}{\partial x_3}\right) & 0 \end{bmatrix}=\begin{bmatrix} 0 & W_{12} & W_{13} \\ -W_{12} & 0 & W_{23} \\ -W_{13} & -W_{23} & 0 \end{bmatrix}$$

Es fácil comprobar que: $[W]d\bar{x}=\bar{\dot{\omega}}\wedge d\bar{x}$ con $\bar{\dot{\omega}}=\begin{Bmatrix} -W_{23} \\ W_{13} \\ -W_{12} \end{Bmatrix}=\frac{1}{2}\operatorname{rot}\bar{v}=\frac{1}{2}\bar{q}$

Al vector $\bar{q}$ se le denomina **vector vorticidad** o **vector torbellino**, mientras que al vector $\bar{\dot{\omega}}$ se le denomina, debido a su interpretación física, **vector velocidad de rotación**.

Se dice que el campo de velocidades es **irrotacional** si el tensor vorticidad se anula en cualquier punto: $[W] = 0$.

En el enfoque euleriano también resulta útil para el análisis de flujos asociar a cada punto del espacio el vector torbellino de la partícula que lo ocupa instantáneamente, dando lugar a un campo vectorial de vorticidades, también conocido como campo de torbellinos.

Se define la línea de vorticosa como aquella línea trazada en el interior del flujo y que es tangente en cada punto a los vectores vorticidad. Excepto en puntos singulares, por cada punto del espacio pasa una sola línea vorticosa por lo que éstas no intersectan entre sí.

Se denomina superficie vorticosa a una superficie engendrada por líneas vorticosas. Se denomina tubo vorticoso al volumen delimitado por una superficie vorticosa engendrada por una curva cerrada no coincidente con una línea vorticosa y todas las líneas vorticosas que la intersectan.

Se define la intensidad H de un tubo vorticoso como: $H = \int_S \text{rot}\, \bar{v} \times \bar{n}\, ds$

Donde S es una sección transversal cualquiera del tubo. H es independiente de la elección que se haga de S.

A partir del teorema de Stokes es inmediato ver que la circulación del vector velocidad sobre la línea cerrada que define el contorno de S es igual a la intensidad H.

$$H = \oint_L \bar{v}\, d\ell$$

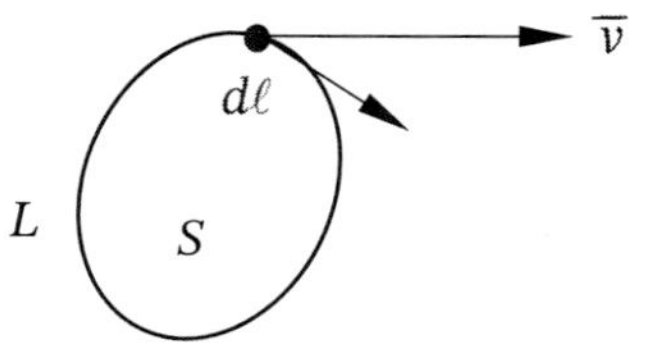

Velocidad de deformación

El término simétrico resultante de la descomposición de $[L]$, se relaciona con la velocidad relativa de q respecto a p y es por tanto la componente de velocidad no atribuible a un movimiento de sólido rígido, asociada a la velocidad de deformación del medio.

$$\bar{v}_{q_{rel}} = \left[D\right] d\bar{x} \text{ con } \left[D\right] = \begin{bmatrix} \dfrac{\partial v_1}{\partial x_1} & \dfrac{1}{2}\left(\dfrac{\partial v_1}{\partial x_2} + \dfrac{\partial v_2}{\partial x_1}\right) & \dfrac{1}{2}\left(\dfrac{\partial v_1}{\partial x_3} + \dfrac{\partial v_3}{\partial x_1}\right) \\ & \dfrac{\partial v_2}{\partial x_2} & \dfrac{1}{2}\left(\dfrac{\partial v_2}{\partial x_3} + \dfrac{\partial v_3}{\partial x_2}\right) \\ (con) & & \dfrac{\partial v_3}{\partial x_3} \end{bmatrix}$$

El tensor $[D]$ recibe el nombre de **tensor velocidad de deformación** y, como se verá posteriormente, es una medida del cambio de forma y/o de volumen por unidad de tiempo que experimenta el medio en el entorno del punto p. Es un tensor simétrico de 2º orden y disfruta de todas las propiedades matemáticas de este tipo de tensores.

Si $[D]= 0$ en todos los puntos, el medio presenta un campo de velocidades de sólido rígido.

Si dividimos ambos miembros de la expresión que da la velocidad relativa de q respecto a p por el módulo de $\overline{dx}$ se obtiene una forma más útil de medir la velocidad de deformación del medio en el entorno de p puesto que el resultado resulta independiente de la magnitud de $\overline{dx}$ y depende sólo de la dirección $\overline{pq}$ alrededor de p definida mediante un vector $\overline{n}$ En efecto, se define el **vector velocidad de deformación** asociado a la dirección $\overline{pq}$ del siguiente modo:

$$\overline{dx} = d\ell\,\overline{n} \Rightarrow \frac{\overline{v}_{q_{rel}}}{d\ell} = \left\{ \begin{array}{c} \text{Velocidad de cambio } \overline{dx} \\ \text{por unidad de tiempo y} \\ \text{por unidad de longitud} \\ \text{asociada a la deformación} \end{array} \right\} = \left[D\right]\overline{n} = \overline{\dot{d}}$$

Siendo $\overline{n}$ un vector unitario (versor) en la dirección $\overline{pq}$ y $d\ell = \left\|\overline{dx}\right\|$

Si proyectamos el vector velocidad de deformación sobre la propia dirección $\overline{pq}$ se obtiene una medida de la velocidad de deformación longitudinal en la dirección $\overline{pq}$:

$$\dot{\varepsilon} = \overline{n}^{T} \times \overline{\dot{d}} = \overline{n}^{T} \left[D\right] \overline{n} \qquad \overline{\dot{\varepsilon}} = \dot{\varepsilon}\,\overline{n}$$

Puede definirse también el vector velocidad de deformación transversal como la componente del vector velocidad de deformación perpendicular a la dirección de $\overline{pq}$

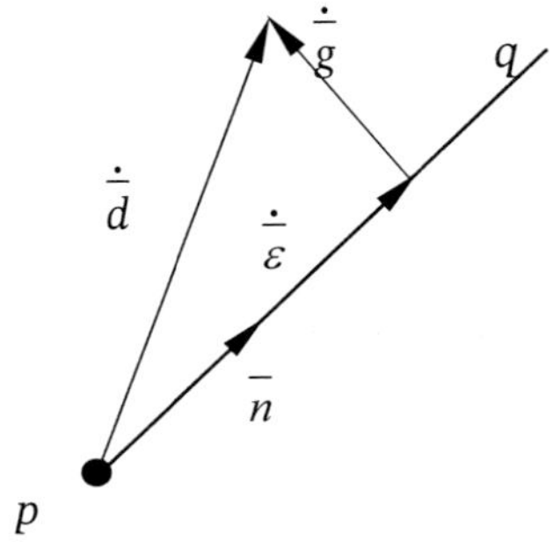

$$\dot{g} = \sqrt{\dot{d}^{2} - \dot{\varepsilon}^{2}}$$

A partir de esta expresión es fácil ver que las componentes de la diagonal de$[D]$ son las velocidades de deformación longitudinal en las direcciones definidas por los versores de la base. En efecto:

$$(1,0,0)[D]\begin{pmatrix}1\\0\\0\end{pmatrix}=D_{11} \qquad (0,1,0)[D]\begin{pmatrix}0\\1\\0\end{pmatrix}=D_{22} \qquad (0,0,1)[D]\begin{pmatrix}0\\0\\1\end{pmatrix}=D_{33}$$

Los componentes no diagonales de $[D]$ son proporcionales a las velocidades de variación (o distorsión) de los ángulos formados por cada pareja de versores de la base. Esta interpretación se justificará más adelante.

El tensor velocidad de deformación puede ser descompuesto como suma de dos tensores que aíslan los fenómenos de cambio de forma y cambio de volumen del siguiente modo:

$$[D]=[D_0]+[d]=\begin{bmatrix}D_0 & 0 & 0\\0 & D_0 & 0\\0 & 0 & D_0\end{bmatrix}+\begin{bmatrix}D_{11}-D_0 & D_{12} & D_{13}\\D_{12} & D_{22}-D_0 & D_{23}\\D_{13} & D_{23} & D_{33}-D_0\end{bmatrix} \quad \text{siendo}$$

$$D_0=\frac{t_r[D]}{3}$$

donde $[D_0]$ se denomina parte esférica y da cuenta de la velocidad de deformación por cambio de volumen, mientras que $[d]$ se denomina parte desviadora y caracteriza de la velocidad de deformación por cambio de forma. Más adelante se justificará el significado físico de esta descomposición.

2.7. Vector aceleración

2.7.1. Concepto de aceleración

Se define la aceleración de una partícula material como la derivada material de su vector velocidad. En el sentido clásico de la mecánica se trata de una medida de la variación por unidad de tiempo del vector velocidad.

Utilizando el enfoque lagrangiano se tiene:

$$\bar{a}(\bar{X},t)=\frac{D\bar{v}(\bar{X},t)}{Dt}=\frac{\partial\bar{v}(\bar{X},t)}{\partial t}$$

Alternativamente, en el enfoque euleriano se tiene:

$$\bar{a}(\bar{x},t)=\frac{D\bar{v}(\bar{x},t)}{Dt}=\frac{\partial\bar{v}(\bar{x},t)}{\partial t}+\sum_i v_i(\bar{x},t)\frac{\partial\bar{v}(\bar{x},t)}{\partial x_i}$$

Esta expresión puede reescribirse como:

$$\bar{a}(\bar{x},t)=\frac{\partial\bar{v}}{\partial t}+[L]\bar{v}=\frac{\partial\bar{v}}{\partial t}+[W]\bar{v}+[D]\bar{v}$$

de donde operando se obtiene otra forma de expresar la aceleración habitualmente utilizada en mecánica de fluidos:

$$\bar{a}(\bar{x},t)=\frac{\partial\bar{v}}{\partial t}+2\dot{\bar{\omega}}\wedge\bar{v}+\frac{1}{2}\overline{\text{grad}\, v^2}$$

Esta expresión, debida a Lagrange, admite la siguiente interpretación física:

- El término $\frac{\partial\bar{v}}{\partial t}$ es la aceleración local medida en un punto espacial fijo.
- El término $\frac{\overline{\text{grad}\, v^2}}{2}$ es la aceleración convectiva debida al cambio en el módulo de la velocidad al pasar de un punto a otro.
- El término $2\dot{\bar{\omega}}\wedge\bar{v}$ es la aceleración convectiva debida al cambio de dirección del vector velocidad al pasar de un punto a otro.

2.8. Transformaciones infinitésimas

En la mecánica de sólidos deformables existe una amplia clase de problemas en los que, debido a la naturaleza física de los materiales utilizados, existe realmente muy poca diferencia geométrica entre la configuración inicial (o sin deformar) y la configuración actual o deformada. En este tipo de problemas es habitual admitir, como hipótesis simplificativa adicional, que los desplazamientos y sus derivadas respecto a las coordenadas son cantidades infinitesimales, con las implicaciones que ello comporta en su tratamiento matemático.

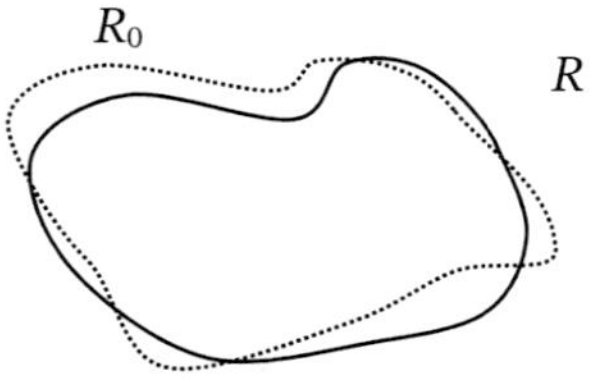

$$|u_i|<<<1$$
$$|\partial u_i/\partial X_i|<<<1$$

A este tipo de transformaciones se las denomina transformaciones infinitésimas, y en ellas es posible confundir en una sola las formulaciones lagrangiana y euleriana. En estas condiciones, las derivadas de cualquier propiedad respecto a las coordenadas lagrangianas y eulerianas son casi iguales. En efecto, sea una propiedad P cualquiera. entonces, y a título de ejemplo:

$$\frac{\partial P}{\partial X_1} = \frac{\partial P}{\partial x_1}\frac{\partial x_1}{\partial X_1} + \frac{\partial P}{\partial x_2}\frac{\partial x_2}{\partial X_1} + \frac{\partial P}{\partial x_3}\frac{\partial x_3}{\partial X_1}$$

pero: $x_i = X_i + u_i$

y por tanto: $$\frac{\partial x_1}{\partial X_1} = 1 + \frac{\partial u_1}{\partial X_1} \approx 1 \quad ; \quad \frac{\partial x_2}{\partial X_1} = \frac{\partial u_2}{\partial X_1} << \quad ; \quad \frac{\partial x_3}{\partial X_1} = \frac{\partial u_3}{\partial X_1} <<$$

con lo que, y en virtud de la hipótesis realizada:

$$\frac{\partial P}{\partial X_1} = \frac{\partial P}{\partial x_1}\left(1 + \frac{\partial u_1}{\partial X_1}\right) + \frac{\partial P}{\partial x_2}\frac{\partial u_2}{\partial X_1} + \frac{\partial P}{\partial x_3}\frac{\partial u_3}{\partial X_1} \approx \frac{\partial P}{\partial x_1}$$

al despreciar todos los infinitésimos de orden superior.

2.8.1. Campo de desplazamientos infinitésimos

En una transformación infinitésima, el campo de desplazamientos es análogo al campo de velocidades. En efecto, sea P la posición inicial de una partícula y $\bar{v}_P$ su velocidad inicial. La velocidad de otra partícula Q infinitamente próxima la obtenemos del estudio de composición de velocidades:

$$\bar{v}_Q = \bar{v}_P + \dot{\bar{\omega}} \wedge d\bar{X} + \bar{v}_{Q_{rel}}$$

Es de observar que en este análisis centramos el estudio en la configuración inicial (formulación lagrangiana). Por tratarse de una transformación infinitesimal podemos obtener el estudio del campo de desplazamientos simplemente multiplicando esta igualdad por Δt, siendo Δt el tiempo necesario para pasar de la configuración inicial a la final, y suponiendo que las velocidades se mantienen constantes durante dicho intervalo de tiempo:

$$\times \Delta t \quad \Rightarrow \quad \bar{u}_Q = \bar{u}_P + \bar{\omega} \wedge d\bar{X} + \bar{u}_{Q_{rel}}$$

En esta expresión $\bar{u}_P$ es el desplazamiento del punto P, $\bar{\omega}$ es una rotación de sólido rígido y $\bar{u}_Q$ es el desplazamiento relativo de q respecto a p debido a la deformación del medio tal como se deduce de la siguiente construcción geométrica:

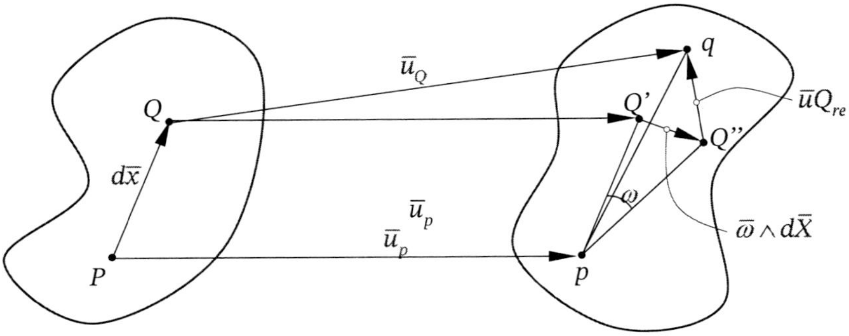

Matemáticamente puede obtenerse una expresión análoga a la obtenida con anterioridad para el análisis de velocidades, descomponiendo el tensor gradiente de desplazamiento en una parte simétrica y otra antisimétrica:

$$[M]=\frac{1}{2}\left([M]+[M]^T\right)+\frac{1}{2}\left([M]-[M]^T\right)=[\varepsilon]+[\Omega]$$

En componentes: $M_{ij}=\dfrac{\partial u_i}{\partial X_j}=\dfrac{1}{2}\left(\dfrac{\partial u_i}{\partial X_j}+\dfrac{\partial u_j}{\partial X_i}\right)+\dfrac{1}{2}\left(\dfrac{\partial u_i}{\partial X_j}-\dfrac{\partial u_j}{\partial X_i}\right)=\varepsilon_{ij}+\Omega_{ij}$

Siendo $\varepsilon_{ij}=\varepsilon_{ji}$ y $\Omega_{ij}=-\Omega_{ji}$ y por tanto:

$$\bar{u}_Q=\bar{u}_P+[M]d\bar{X}=\bar{u}_P+[\Omega]d\bar{X}+[\varepsilon]d\bar{X}$$

Identificando términos se obtiene el significado físico de ésta descomposición para una transformación infinitésima.

Componente antisimétrica:	Componente simétrica:
rotación de sólido rígido del entorno de P.	Desplazamiento relativo debido a la deformación del medio.
$[\Omega]d\bar{X}=\bar{\omega}\wedge d\bar{X}$	$[\varepsilon]d\bar{X}=\bar{u}_{Q_{rel}}$

Hay que observar sin embargo que aunque la descomposición matemática en parte simétrica y antisimétrica de$[M]$ es siempre posible, su interpretación física sólo tiene sentido en una transformación infinitésima.

Como consecuencia de dicha interpretación física, al tensor$[\Omega]$ se le denomina **tensor rotación**, y al vector $\bar{\omega}$ se le denomina **vector rotación infinitésima**.

$$[\Omega]=\begin{bmatrix} 0 & \frac{1}{2}\left(\frac{\partial u_1}{\partial X_2}-\frac{\partial u_2}{\partial X_1}\right) & \frac{1}{2}\left(\frac{\partial u_1}{\partial X_3}-\frac{\partial u_3}{\partial X_1}\right) \\ \frac{1}{2}\left(\frac{\partial u_2}{\partial X_1}-\frac{\partial u_1}{\partial X_2}\right) & 0 & \frac{1}{2}\left(\frac{\partial u_2}{\partial X_3}-\frac{\partial u_3}{\partial X_2}\right) \\ \frac{1}{2}\left(\frac{\partial u_3}{\partial X_1}-\frac{\partial u_1}{\partial X_3}\right) & \frac{1}{2}\left(\frac{\partial u_3}{\partial X_2}-\frac{\partial u_2}{\partial X_3}\right) & 0 \end{bmatrix}=\begin{bmatrix} 0 & \Omega_{12} & \Omega_{13} \\ -\Omega_{12} & 0 & \Omega_{23} \\ -\Omega_{13} & -\Omega_{23} & 0 \end{bmatrix}$$

$$[\Omega]\,d\overline{X}=\overline{\omega}\wedge d\overline{X} \quad \text{con} \quad \overline{\omega}=\begin{Bmatrix} -\Omega_{23} \\ \Omega_{13} \\ -\Omega_{12} \end{Bmatrix}=\frac{1}{2}\,rot\,\overline{u}$$

El tensor $[\varepsilon]$ recibe el nombre de **tensor deformación** (más exactamente tensor de deformación lineal lagrangiano para distinguirlo de otros desarrollos más elaborados).

$$[\varepsilon]=\begin{bmatrix} \frac{\partial u_1}{\partial X_1} & \frac{1}{2}\left(\frac{\partial u_1}{\partial X_2}+\frac{\partial u_2}{\partial X_1}\right) & \frac{1}{2}\left(\frac{\partial u_1}{\partial X_3}+\frac{\partial u_3}{\partial X_1}\right) \\ & \frac{\partial u_2}{\partial X_2} & \frac{1}{2}\left(\frac{\partial u_2}{\partial X_3}+\frac{\partial u_3}{\partial X_2}\right) \\ (sim) & & \frac{\partial u_3}{\partial X_3} \end{bmatrix}$$

A las relaciones que determinan a las componentes de $[\varepsilon]$ en función de las componentes de $\overline{u}$ se las conoce como relaciones cinemáticas.

2.8.2. Análisis de deformaciones infinitésimas

El tensor deformación así definido contiene toda la información referente a la deformación del medio por lo que su estudio detallado resulta de especial interés. El campo tensorial formado por los tensores deformación en cada punto, define el estado de deformación del medio continuo.

Vector deformación unitaria

Se define el vector deformación unitaria como el desplazamiento relativo por unidad de longitud:

$$\overline{d}=\frac{\overline{u}_{Q_{rel}}}{d\ell_0}=[\varepsilon]\frac{d\overline{X}}{d\ell_0}=[\varepsilon]\overline{N} \qquad \text{con} \qquad d\ell_0=\left\|d\overline{X}\right\|$$

El conjunto de todos los vectores deformación unitaria en el entorno de un punto definen el estado de deformación para ese punto. Queda pues evidenciado que el tensor deformación contiene toda la información referente al estado de deformación en el punto de estudio.

El vector deformación unitaria puede ser descompuesto de forma natural en dos componentes denominadas componentes intrínsecas, una ($\overline{\varepsilon}$) medida según la dirección $\overline{pq}$, y otra ($\overline{g}$) en la dirección perpendicular a $\overline{pq}$ del siguiente modo:

A fin de simplificar la notación denominaremos $d\ell = \left\| d\overline{x} \right\|$ y $d\ell_0 = \left\| d\overline{X} \right\|$

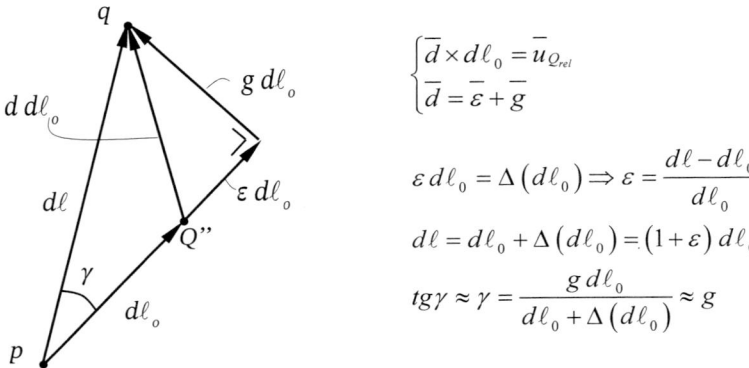

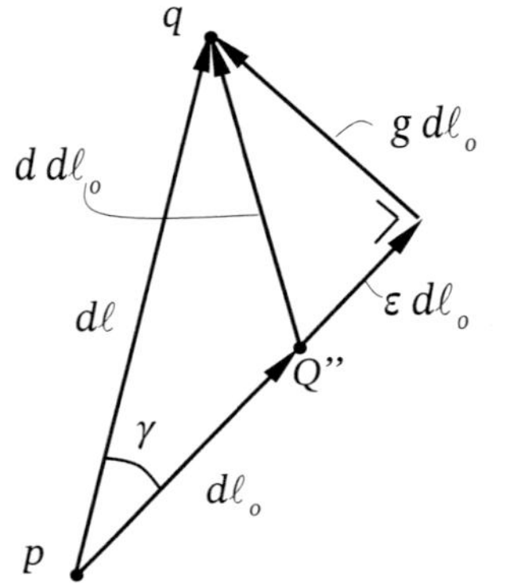

$$\begin{cases} \overline{d} \times d\ell_0 = \overline{u}_{Q_{rel}} \\ \overline{d} = \overline{\varepsilon} + \overline{g} \end{cases}$$

$$\varepsilon\, d\ell_0 = \Delta\left(d\ell_0\right) \Rightarrow \varepsilon = \frac{d\ell - d\ell_0}{d\ell_0}$$

$$d\ell = d\ell_0 + \Delta\left(d\ell_0\right) = \left(1+\varepsilon\right) d\ell_0$$

$$tg\gamma \approx \gamma = \frac{g\, d\ell_0}{d\ell_0 + \Delta\left(d\ell_0\right)} \approx g$$

Analíticamente puede obtenerse $\overline{\varepsilon}$ proyectando $\overline{d}$ sobre $\overline{N}$. Obsérvese que al proceder de este modo se desprecia el efecto de la rotación infinitésima de sólido rígido:

$$\varepsilon = \overline{N}^T \times \overline{d} = \overline{N}^T \left[\varepsilon\right] \overline{N} \qquad \overline{\varepsilon} = \varepsilon \times \overline{N}$$

Entonces $\overline{g}$ puede ser evaluada como: $\overline{g} = \overline{d} - \overline{\varepsilon}$ $\qquad g = \sqrt{d^2 - \varepsilon^2}$

El significado físico de ε y g queda patente a partir de la figura y de las expresiones expuestas:

- ε se denomina deformación longitudinal unitaria y es una medida de la variación del módulo de $d\overline{X}$ (positiva cuando el módulo aumenta y negativa en caso contrario).
- $\overline{\varepsilon}$ es el denominado vector deformación longitudinal unitaria.
- g se denomina deformación transversal unitaria y es una medida de la variación de la orientación de $d\overline{X}$ no atribuible al movimiento de sólido rígido.
- $\overline{g}$ es el denominado vector deformación transversal unitaria

Deformación angular

En ocasiones resulta de interés evaluar el cambio del ángulo definido entre dos direcciones arbitrarias alrededor de un punto. Para ello considérese lo siguiente: Sea P el punto de estudio y sean Q y Q' dos puntos infinitamente próximos que definen las dos direcciones que determinan el ángulo de interés. La transformación dará lugar a los cambios que se muestran en la figura:

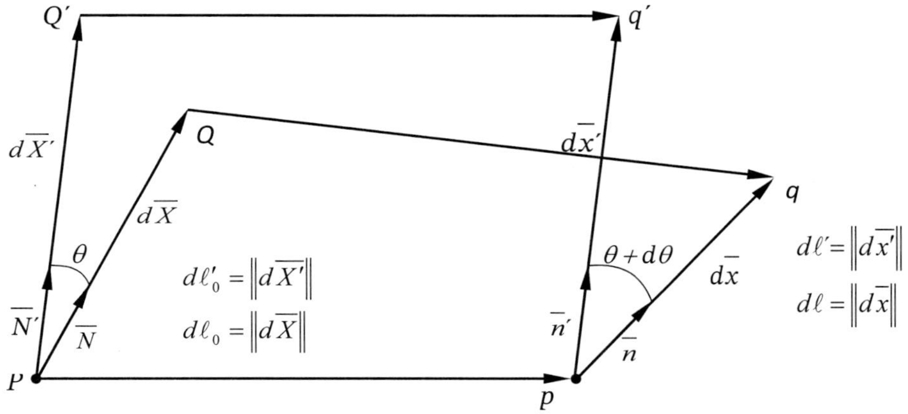

El ángulo final entre las direcciones de referencia puede evaluarse a partir del producto escalar $d\overline{x}' \times d\overline{x}$ de dos formas distintas:

a) A partir del significado físico del producto escalar y teniendo en cuenta la transformación de los módulos de $d\overline{X}$ y $d\overline{X}'$:

$$\left.\begin{aligned} & d\overline{x}' \times d\overline{x} = d\ell' \times d\ell \cos(\theta + d\theta) \\ & d\ell' = (1+\varepsilon')\, d\ell'_0 \\ & d\ell = (1+\varepsilon)\, d\ell_0 \end{aligned}\right\} d\overline{x}' \times d\overline{x} = (1+\varepsilon)(1+\varepsilon')\, d\ell_0\, d\ell'_0 \cos(\theta + d\theta)$$

b) A partir del tensor gradiente de deformación:

$$\left.\begin{aligned} & d\overline{x}' = [F]\, d\overline{X}' \\ & d\overline{x} = [F]\, d\overline{X} \end{aligned}\right\} d\overline{x}' \times d\overline{x} = \left([F]\, d\overline{X}'\right)^T \left([F]\, d\overline{X}\right) = d\overline{X}'^T [F]^T [F]\, d\overline{X}$$

donde el producto $[F]^T [F]$ se reduce, una vez eliminados todos los infinitésimos de orden superior resultantes de la hipótesis de pequeñez de las derivadas de los desplazamientos, a la expresión:

$$[F]^T [F] = [I] + 2\,[\varepsilon]$$

***NOTA:** Una demostración alternativa de esta expresión es la siguiente:*

$$\frac{d\ell^2 - d\ell_0^2}{d\ell_0^2} = \frac{d\ell - d\ell_0}{d\ell_0}\frac{d\ell + d\ell_0}{d\ell_0} \approx \varepsilon \times 2 = 2\overline{N}^T\left[\varepsilon\right]\overline{N}$$

$$d\ell^2 = d\overline{X}^T\left[F\right]^T\left[F\right]d\overline{X} = d\ell_0^2\,\overline{N}^T\left[F\right]^T\left[F\right]\overline{N} \;\Rightarrow\; \frac{d\ell^2 - d\ell_0^2}{d\ell_0^2} = \overline{N}^T\left[F\right]^T\left[F\right]\overline{N} - 1$$

$$2\overline{N}^T\left[\varepsilon\right]\overline{N} \approx \overline{N}^T\left[F\right]^T\left[F\right]\overline{N} - \overline{N}^T\left[I\right]\overline{N} \;\Rightarrow\; \left[F\right]^T\left[F\right] \approx \left[I\right] + 2\left[\varepsilon\right]$$

Igualando las dos expresiones del producto escalar y dividiendo ambos miembros por el producto de módulos:

$$(1+\varepsilon)(1+\varepsilon')\cos(\theta + d\theta) \approx \overline{N'}^T\left(\left[I\right] + 2\left[\varepsilon\right]\right)\overline{N} = \cos\theta + 2\overline{N'}^T\left[\varepsilon\right]\overline{N}$$

Finalmente introduciendo la relación trigonométrica:

$$\cos(\theta + d\theta) = \cos\theta - d\theta\,\mathrm{sen}\,\theta$$

se obtiene:

$$d\theta\cdot\mathrm{sen}\,\theta = (\varepsilon + \varepsilon')\cos\theta - 2\overline{N'}^T\left[\varepsilon\right]\overline{N}$$

Significado físico de las componentes de ε

Si se calculan las deformaciones longitudinales unitarias para las direcciones de los versores de la base de referencia queda patente que los elementos de la diagonal del tensor deformación no son otra cosa que dichas deformaciones. En efecto:

$$(1,0,0)\left[\varepsilon\right]\begin{pmatrix}1\\0\\0\end{pmatrix} = \varepsilon_{11} \qquad (0,1,0)\left[\varepsilon\right]\begin{pmatrix}0\\1\\0\end{pmatrix} = \varepsilon_{22} \qquad (0,0,1)\left[\varepsilon\right]\begin{pmatrix}0\\0\\1\end{pmatrix} = \varepsilon_{33}$$

Por otra parte si se evalúa el cambio del ángulo recto formado entre las respectivas parejas de versores de la base se obtiene:

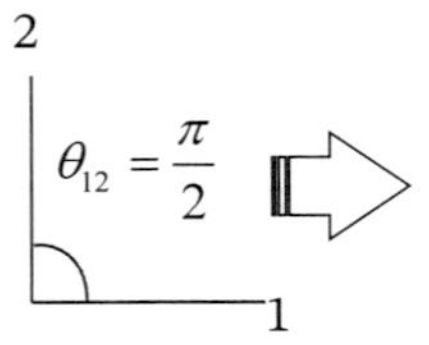

$$\begin{cases}\cos\theta = 0\\ \mathrm{sen}\,\theta = 1\end{cases} \qquad d\theta_{12} = -\overline{N'}^T\left[\varepsilon\right]\overline{N}$$

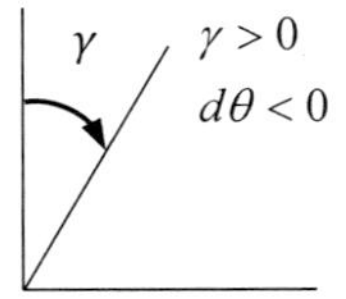

Por convenio

$$d\theta_{12} = -\gamma_{12} = -2\,(1,0,0)\,[\varepsilon]\begin{pmatrix}0\\1\\0\end{pmatrix} = -2\varepsilon_{12} \quad \Rightarrow \quad \varepsilon_{12} = -\frac{1}{2}d\theta_{12} = \frac{1}{2}\gamma_{12}$$

En general: $\varepsilon_{ij} = -\dfrac{1}{2}\,d\theta_{ij} = \dfrac{1}{2}\gamma_{ij}$

Con lo que las componentes fuera de la diagonal del tensor deformación resultan ser la mitad de las variaciones angulares de las direcciones de los ejes de la base cambiadas de signo.

Cambio de base. Deformaciones y direcciones principales

La información contenida en el tensor deformación, como entidad física que es, no depende de la base vectorial elegida. No obstante la matriz que lo representa sí presentará componentes distintas en función de la base elegida. Por tanto la matriz del tensor deformación cambia con un cambio de base; en efecto:

sea $\overline{e_i}$ la base en que se expresa $[\varepsilon]$.

sea $\overline{e_i}'$ la base en que se expresa $[\varepsilon']$.

sea $[R]$ la matriz de cambio de base definida del siguiente modo:

$$[R] = \left[\overline{e_1}', \overline{e_2}', \overline{e_3}'\right]_{e_i} \quad ; \quad [R]^T = [R]^{-1} \qquad \det[R] = 1$$

Un vector cualquiera se transforma al cambiar de base del siguiente modo:

$$\overline{V_{e_i'}} = [R]^T\,\overline{V_{e_i}}$$

En particular el vector deformación unitaria se transformará así:

$$\overline{d_{e_i'}} = [R]^T\,\overline{d_{e_i}} \qquad \text{y} \qquad \overline{d_{e_i}} = [R]\,\overline{d_{e_i'}}$$

En función de los tensores deformación queda:

$$\overline{d_{e_i'}} = [\varepsilon']\,\overline{N_{e_i'}} \qquad \Rightarrow \qquad [R]^T\,\overline{d_{e_i}} = [R]^T[\varepsilon]\,\overline{N_{e_i}}$$

Con lo que finalmente:

$$\overline{d_{e_i'}} = [R]^T[\varepsilon][R]\,\overline{N_{e_i'}} \qquad \Rightarrow \qquad [\varepsilon'] = [R]^T[\varepsilon][R]$$

Puede demostrarse que siempre existe una base en la que el tensor deformación diagonaliza, es decir una base cuyos ejes son ortogonales antes y después de la deformación al ser nulas las componentes fuera de la diagonal, y por tanto nulas las variaciones de los ángulos formados por los ejes de la base. A los elementos de la diagonal del tensor en dicha base de les denomina **deformaciones principales**, y a las direcciones de los versores de la base **direcciones principales**.

En efecto, planteemos el problema de encontrar todas aquellas direcciones en las que el vector deformación sea colineal con ellas mismas. Se trata por tanto de encontrar aquellas direcciones en las que sólo exista deformación longitudinal, es decir:

$$\overline{d} = \overline{\varepsilon} \text{ y por tanto } \overline{g} = 0$$

para que tales direcciones existan, el sistema de ecuaciones definido por:

$$\overline{d} = \left[\varepsilon\right]\overline{N} = \varepsilon\,\overline{N} = \overline{\varepsilon} \qquad \Rightarrow \qquad \left(\left[\varepsilon\right] - \varepsilon\left[I\right]\right)\overline{N} = 0$$

debe tener solución distinta de la trivial ($\overline{N} = 0$), y para que ello sea posible el determinante del sistema debe anularse:

$$\det\left(\left[\varepsilon\right] - \varepsilon\left[I\right]\right) = 0$$

Esta ecuación se denomina ecuación característica y desarrollada toma la forma:

$$-\varepsilon^3 + I_1{'}\varepsilon^2 - I_2{'}\varepsilon + I_3{'} = 0$$

donde el primer miembro es el denominado polinomio característico ya que sus coeficientes son cantidades invariantes frente a cambios de base.

Invariante lineal: $I_1{'} = \varepsilon_{11} + \varepsilon_{22} + \varepsilon_{33} = t_r\left[\varepsilon\right]$

Invariante cuadrático: $I_2{'} = \varepsilon_{11}\varepsilon_{22} + \varepsilon_{11}\varepsilon_{33} + \varepsilon_{22}\varepsilon_{33} - \left(\varepsilon_{12}^2 + \varepsilon_{13}^2 + \varepsilon_{23}^2\right)$

Invariante cúbico: $I_3{'} = \det\left[\varepsilon\right]$

Puede demostrarse que por ser la matriz de $\overline{\varepsilon}$ simétrica, la ecuación característica tiene siempre soluciones reales. Dichas soluciones son las deformaciones principales ε_1, ε_2, ε_3 (el vector deformación coincide con la componente intrínseca $\overline{\varepsilon}$). En términos matemáticos son los valores propios de [ε].

Los vectores asociados al cumplimiento de esta condición serán los que satisfagan:

$$\left(\left[\varepsilon\right] - \varepsilon_i\left[I\right]\right)\overline{N_i} = 0$$

Las direcciones de dichos vectores son las direcciones principales de deformación, en términos matemáticos los vectores propios de [ε], y puede demostrarse que son ortogonales entre sí.

En efecto, si $\varepsilon_i \neq \varepsilon_j$:

$$\left.\begin{array}{l} \overline{N_j}^T\left(\left[\varepsilon\right]-\varepsilon_i\left[I\right]\right)\overline{N_i}=\bar{0} \\ \overline{N_i}^T\left(\left[\varepsilon\right]-\varepsilon_j\left[I\right]\right)\overline{N_j}=\bar{0} \end{array}\right\} \text{ restando } \left(\varepsilon_i-\varepsilon_j\right)\overline{N_j}^T\left[I\right]\overline{N_i}=\bar{0} \quad \Rightarrow \quad \overline{N_j}\perp\overline{N_i}$$

Una vez normalizados y elegidos los sentidos adecuados para formar un triedro directo, puede construirse a partir de ellos la base ortonormal en la que el tensor deformación diagonaliza. En adelante, la base formada por las direcciones principales se denotará como $(\overline{N_{1^*}}, \overline{N_{2^*}}, \overline{N_{3^*}})$. En dicha base, el tensor deformación es diagonal y toma la forma:

$$\left[\varepsilon\right]_{1^*,2^*,3^*}=\begin{bmatrix} \varepsilon_1 & 0 & 0 \\ 0 & \varepsilon_2 & 0 \\ 0 & 0 & \varepsilon_3 \end{bmatrix}$$

siendo ε_1, ε_2 y ε_3 las deformaciones principales.

El problema físico planteado es por tanto desde el punto de vista matemático un simple problema de diagonalización de la matriz del endomorfismo definido por $[\varepsilon]$.

$$\overline{N}\in R^3 \xrightarrow{[\varepsilon]} \bar{d}\in R^3$$

Deformación volumétrica

Otra medida importante de la deformación de un medio continuo la constituye la **deformación volumétrica unitaria** definida del siguiente modo:

$$\varepsilon_V = \frac{dV - dV_0}{dV_0}$$

Este parámetro del estado de deformación es intrínseco al punto en que se evalúa y no depende por tanto de la base escogida para referir el tensor. Por este motivo, y para simplificar el desarrollo, se referirá el tensor a los ejes principales.

Un elemento infinitesimal de volumen con caras paralelas a los ejes principales se deformará sin alterar sus ángulos ya que en las direcciones principales no se producen variaciones angulares, al ser nulos los elementos fuera de la diagonal del tensor. Tal como puede verse en la figura resulta inmediato evaluar los volúmenes antes y después de la deformación:

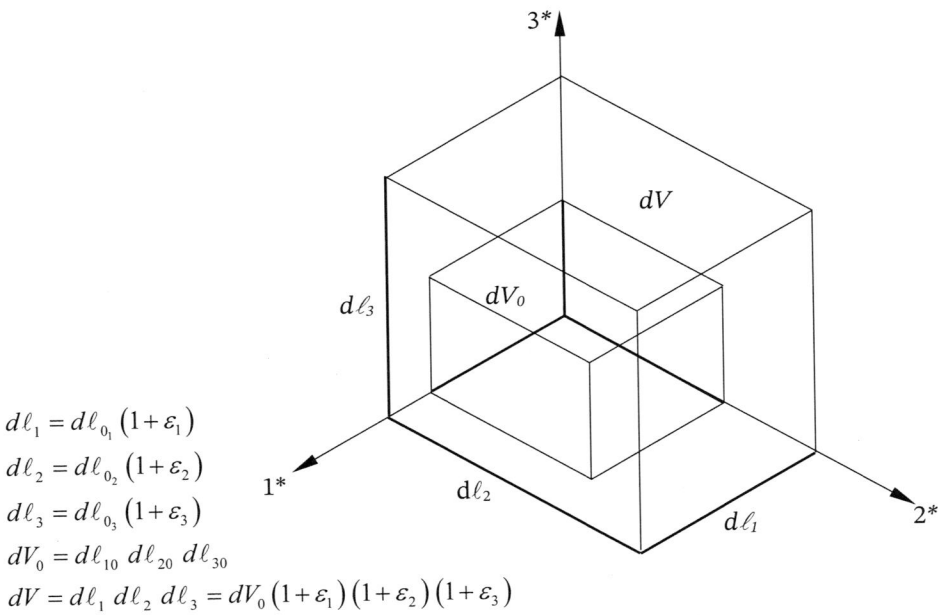

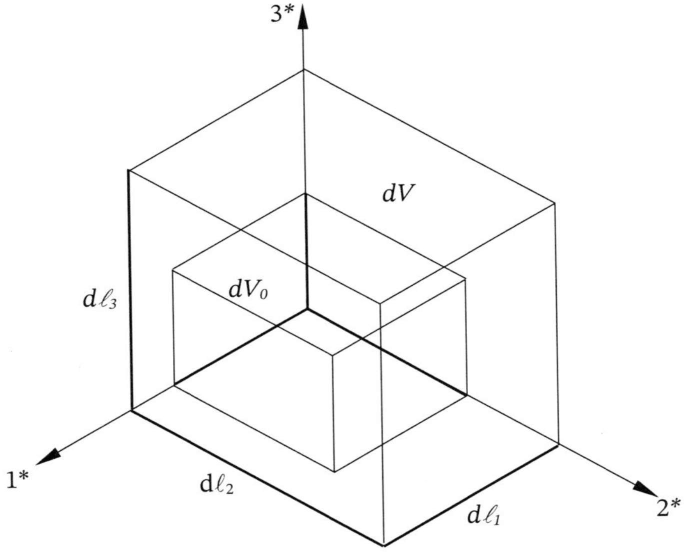

$$d\ell_1 = d\ell_{0_1}\left(1+\varepsilon_1\right)$$
$$d\ell_2 = d\ell_{0_2}\left(1+\varepsilon_2\right)$$
$$d\ell_3 = d\ell_{0_3}\left(1+\varepsilon_3\right)$$
$$dV_0 = d\ell_{10}\, d\ell_{20}\, d\ell_{30}$$
$$dV = d\ell_1\, d\ell_2\, d\ell_3 = dV_0\left(1+\varepsilon_1\right)\left(1+\varepsilon_2\right)\left(1+\varepsilon_3\right)$$

operando y eliminando infinitésimos de orden superior se tiene:

$$dV = dV_0\left(1+\varepsilon_1+\varepsilon_2+\varepsilon_3\right) \;\Rightarrow\; \varepsilon_V = \varepsilon_1+\varepsilon_2+\varepsilon_3 = t_r\left[\varepsilon\right] = div\,\overline{u}$$

de donde se deduce que la deformación volumétrica es igual a la traza del tensor deformación (es clara la independencia de este resultado de la base utilizada puesto que la traza es invariante frente a cambios de base).

Al mismo resultado se llega evaluando el determinante de la matriz del tensor gradiente de deformación si se eliminan los infinitésimos de orden superior:

$$\frac{dV}{dV_0} \overset{(*)}{=} \det\left[F\right] \approx 1+\frac{\partial u_1}{\partial X_1}+\frac{\partial u_2}{\partial X_2}+\frac{\partial u_3}{\partial X_3} = 1+\varepsilon_V$$

(*) tal como se vio anteriormente, la primera igualdad es válida para cualquier tipo de transformación.

Descomposición del tensor deformación en tensor esférico y desviador

Aprovechando este concepto es posible descomponer el tensor deformación en dos tensores con significados físicos bien distintos. En efecto el tensor deformación puede escribirse como:

$$\begin{bmatrix} \varepsilon_{11} & \varepsilon_{12} & \varepsilon_{13} \\ \varepsilon_{12} & \varepsilon_{22} & \varepsilon_{23} \\ \varepsilon_{13} & \varepsilon_{23} & \varepsilon_{33} \end{bmatrix} = \begin{bmatrix} \varepsilon_0 & 0 & 0 \\ 0 & \varepsilon_0 & 0 \\ 0 & 0 & \varepsilon_0 \end{bmatrix} + \begin{bmatrix} \varepsilon_{11}-\varepsilon_0 & \varepsilon_{12} & \varepsilon_{13} \\ \varepsilon_{12} & \varepsilon_{22}-\varepsilon_0 & \varepsilon_{23} \\ \varepsilon_{13} & \varepsilon_{23} & \varepsilon_{33}-\varepsilon_0 \end{bmatrix} = \left[\varepsilon_0\right] + \left[e\right]$$

$$\text{siendo } \varepsilon_0 = \frac{\varepsilon_V}{3} = \frac{t_r\left[\varepsilon\right]}{3}$$

Donde la componente diagonal se denomina parte esférica del tensor y presenta la característica de que la deformación que representa es puramente volumétrica y de valor igual a la del tensor deformación completo (no hay distorsión de forma al no alterarse los ángulos en ninguna dirección puesto que al ser las tres deformaciones principales iguales, todas las direcciones son direcciones principales). Este tensor esférico aísla por tanto la parte de deformación debida al cambio de volumen.

La componente no diagonal se denomina parte desviadora y presenta la característica de presentar una deformación volumétrica nula, es decir corresponde a una deformación puramente de cambio de forma. Este tensor desviador aísla por tanto la parte de deformación debida al cambio de forma.

Invariantes de $\left[e\right]$ y su relación con los invariantes de $\left[\varepsilon\right]$. Las invariantes de $\left[e\right]$ cumplen las siguientes relaciones:

$$J_1' = 0$$

$$J_2' = I_2' - \frac{1}{3} I_1'^{\,2} \qquad \text{siendo } I_1', I_2', I_3' \text{ los invariantes de } [\varepsilon]$$

$$J_3' = I_3' - \frac{I_2'\, I_1'}{3} + 2\frac{I_1'^{\,3}}{27}$$

Relación entre los tensores [ε] y [D]

En una transformación infinitésima las formulaciones lagrangiana y euleriana se confunden y en consecuencia es posible escribir:

$$\frac{\partial u_i}{\partial X_j} \approx \frac{\partial u_i}{\partial x_j} \quad \text{y} \quad \frac{d}{dt}\frac{\partial u_i}{\partial x_j} = \frac{\partial}{\partial x_j}\frac{du_i}{dt} \quad \Rightarrow \quad \frac{\partial v_i}{\partial x_j} \approx \frac{d}{dt}\frac{\partial u_i}{\partial X_j}$$

Por tanto, en una transformación infinitésima, los tensores de deformación y de velocidad de deformación se relacionan del siguiente modo:

$$[\dot{\varepsilon}] = [D]$$

Tensor de incrementos de deformación natural

En cualquier transformación geométrica, finita o infinitésima, del medio continuo es posible imaginar que el desplazamiento total se genera como suma de incrementos de desplazamiento de magnitud infinitesimal $d\bar{u}$. Entonces, cada incremento de desplazamiento define por sí mismo una transformación infinitésima entre las configuraciones del medio continuo correspondientes a los instantes t y $t + dt$.

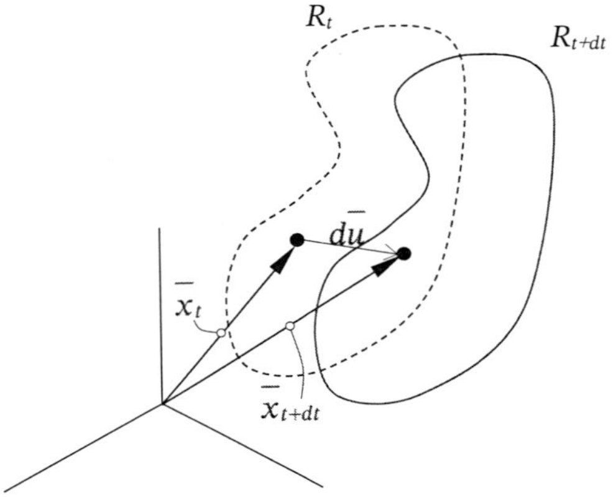

En este caso la configuración en el instante t actúa como configuración inicial, mientras que la correspondiente al instante $t + dt$ actúa como configuración final. Es posible entonces definir un incremento de deformación infinitésima entre ambas configuraciones tomando como campo de desplazamientos infinitésimos el definido por $d\bar{u}$. Al tensor deformación resultante se le denomina tensor de incrementos de deformación natural, que expresado en forma euleriana es:

$$d\varepsilon_{ij} = \frac{1}{2}\left[\frac{\partial du_i}{\partial x_j} + \frac{\partial du_j}{\partial x_i}\right] \quad ; \quad [d\varepsilon] = \begin{bmatrix} d\varepsilon_{11} & d\varepsilon_{12} & d\varepsilon_{13} \\ d\varepsilon_{12} & d\varepsilon_{22} & d\varepsilon_{23} \\ d\varepsilon_{13} & d\varepsilon_{23} & d\varepsilon_{33} \end{bmatrix}$$

A partir de esta definición es inmediato comprobar que: $D_{ij} = d\varepsilon_{ij}\, dt$

En efecto: $D_{ij} = \frac{1}{2}\left[\frac{\partial}{\partial x_j}\frac{du_i}{dt} + \frac{\partial}{\partial x_i}\frac{du_j}{dt}\right] = \frac{1}{dt}\frac{1}{2}\left[\frac{\partial du_i}{\partial x_j} + \frac{\partial du_j}{\partial x_i}\right] = \frac{1}{dt}d\varepsilon_{ij}$

El tensor de incrementos de deformación natural es muy útil en la descripción de fenómenos que dependen de la historia cinemática de la transformación del medio.

Este tensor puede ser descompuesto en parte esférica y desviadora, correspondientes al incremento de deformación volumétrica y al incremento de deformación distorsional respectivamente:

$$\left[d\varepsilon\right]=\left[d\varepsilon_0\right]+\left[de\right]$$

Dividiendo los dos miembros de esta expresión por dt se obtiene:

$$\frac{1}{dt}[d\varepsilon]=[D]=\frac{1}{dt}\left[\,[d\varepsilon_0]+[de]\,\right]$$

que no es más que la descomposición del tensor velocidad de deformación en sus partes esférica y desviadora:

$$\frac{1}{dt}\left[d\varepsilon_0\right]=\left[D_0\right] \quad \text{y} \quad \frac{1}{dt}\left[de\right]=\left[d\right]$$

De este razonamiento se desprende que la parte esférica de la descomposición del tensor velocidad de deformación tiene el significado físico de velocidad de deformación volumétrica, mientras que la parte desviadora lo tiene de velocidad de deformación distorsional, o de cambio de forma. Esta descomposición del tensor velocidad de deformación y su significado físico es por tanto válida para cualquier tipo de transformación.

De aquí se deriva otro importante resultado. La velocidad de deformación volumétrica unitaria:

$$\dot{\theta}=\frac{\left(\dfrac{D}{Dt}(dV)\right)}{dV}=\frac{d\varepsilon_V}{dt}=3\frac{d\varepsilon_0}{dt}=3D_0$$

puede expresarse como: $\dfrac{d\varepsilon_V}{dt}=\dfrac{\partial du_1}{\partial x_1\, dt}+\dfrac{\partial du_2}{\partial x_2\, dt}+\dfrac{\partial du_3}{\partial x_3\, dt}=\dfrac{\partial v_1}{\partial x_1}+\dfrac{\partial v_2}{\partial x_2}+\dfrac{\partial v_3}{\partial x_3}=div\,\bar{v}$

y en consecuencia, la derivada material del dV en cada instante es:

$$\frac{D}{Dt}\left(dV\right)=dV\ div\,\bar{v}$$

Integración del campo de desplazamientos

Las seis funciones que definen el tensor deformación no pueden ser independientes entre sí puesto que derivan de las tres únicas funciones u_1, u_2, u_3 que definen el campo de desplazamientos. En este apartado se analizan las interrelaciones existentes entre ellas y se presenta el procedimiento para la determinación del campo de desplazamientos.

Relaciones de compatibilidad

Al ser, por hipótesis, las funciones u_1, u_2, u_3 que definen el desplazamiento, continuas y derivables hasta cualquier orden el orden de derivación no debe afectar en el resultado, por tanto podemos establecer relaciones entre las componentes del tensor deformación del siguiente modo:

$$\frac{\partial^2 \varepsilon_{11}}{\partial X_2^2} = \frac{\partial^3 u_1}{\partial X_1 \partial X_2^2} \quad ; \quad \frac{\partial^2 \varepsilon_{22}}{\partial X_1^2} = \frac{\partial^3 u_2}{\partial X_2 \partial X_1^2} \quad ; \quad 2\frac{\partial^2 \varepsilon_{12}}{\partial X_1\, \partial X_2} = \frac{\partial^3 u_1}{\partial X_2^2\, \partial X_1} + \frac{\partial^3 u_2}{\partial X_1^2\, \partial X_2}$$

$$2\frac{\partial^2 \varepsilon_{12}}{\partial X_1\, \partial X_2} = \frac{\partial^2 \varepsilon_{11}}{\partial X_2^2} + \frac{\partial^2 \varepsilon_{22}}{\partial X_1^2}$$

de modo semejante:

$$\begin{cases} 2\dfrac{\partial^2 \varepsilon_{23}}{\partial X_2\, \partial X_3} = \dfrac{\partial^2 \varepsilon_{33}}{\partial X_2^2} + \dfrac{\partial^2 \varepsilon_{22}}{\partial X_3^2} \\[2ex] 2\dfrac{\partial^2 \varepsilon_{13}}{\partial X_1\, \partial X_3} = \dfrac{\partial^2 \varepsilon_{11}}{\partial X_3^2} + \dfrac{\partial^2 \varepsilon_{33}}{\partial X_1^2} \end{cases}$$

Otras tres relaciones pueden construirse del siguiente modo:

$$\frac{\partial^2 \varepsilon_{11}}{\partial X_2\, \partial X_3} = \frac{\partial^3 u_1}{\partial X_1\, \partial X_2\, \partial X_3} \quad ; \quad 2\frac{\partial \varepsilon_{12}}{\partial X_3} = \frac{\partial^2 u_1}{\partial X_2\, \partial X_3} + \frac{\partial^3 u_2}{\partial X_1\, \partial X_3}$$

$$2\frac{\partial \varepsilon_{13}}{\partial X_2} = \frac{\partial^2 u_1}{\partial X_3\, \partial X_2} + \frac{\partial^2 u_3}{\partial X_1\, \partial X_2} \quad ; \quad 2\frac{\partial \varepsilon_{23}}{\partial X_1} = \frac{\partial^2 u_2}{\partial X_3\, \partial X_1} + \frac{\partial^2 u_3}{\partial X_2\, \partial X_1}$$

Por procedimientos análogos se llega a las expresiones:

$$\frac{\partial^2 \varepsilon_{11}}{\partial X_2\, \partial X_3} = \frac{\partial}{\partial X_1}\left(-\frac{\partial \varepsilon_{23}}{\partial X_1} + \frac{\partial \varepsilon_{13}}{\partial X_2} + \frac{\partial \varepsilon_{12}}{\partial X_3} \right)$$

$$\frac{\partial^2 \varepsilon_{11}}{\partial X_2\, \partial X_3} = \frac{\partial}{\partial X_1}\left(-\frac{\partial \varepsilon_{23}}{\partial X_1} + \frac{\partial \varepsilon_{13}}{\partial X_2} + \frac{\partial \varepsilon_{12}}{\partial X_3} \right)$$

y de igual forma se obtienen:

$$\begin{cases} \dfrac{\partial^2 \varepsilon_{22}}{\partial X_1\, \partial X_3} = \dfrac{\partial}{\partial X_2}\left(+\dfrac{\partial \varepsilon_{23}}{\partial X_1} - \dfrac{\partial \varepsilon_{13}}{\partial X_2} + \dfrac{\partial \varepsilon_{12}}{\partial X_3} \right) \\[2ex] \dfrac{\partial^2 \varepsilon_{33}}{\partial X_1\, \partial X_2} = \dfrac{\partial}{\partial X_3}\left(+\dfrac{\partial \varepsilon_{23}}{\partial X_1} + \dfrac{\partial \varepsilon_{13}}{\partial X_2} - \dfrac{\partial \varepsilon_{12}}{\partial X_3} \right) \end{cases}$$

El significado físico de estas relaciones, denominadas relaciones de compatibilidad, es que debido a la continuidad de la transformación, los elementos de volumen contiguos se deforman de forma compatible, es decir encajan perfectamente antes y después de la deformación, sin superponerse ni dejar huecos que creen discontinuidades.

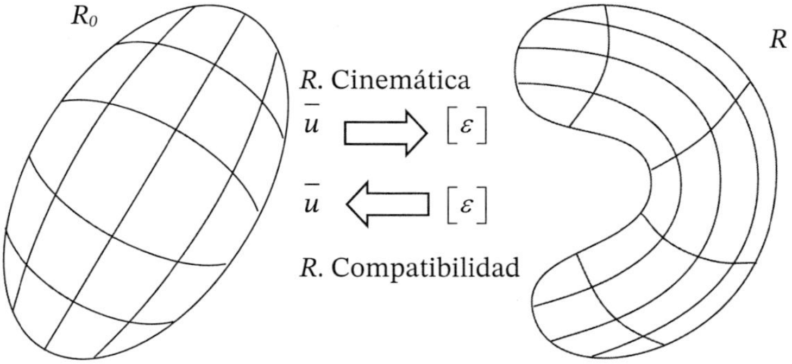

El cumplimiento de las condiciones de compatibilidad garantiza la existencia de las funciones que definen el campo de desplazamientos pero no su unicidad. El tensor deformación determina los desplazamientos relativos pero deja el desplazamiento total indeterminado en cuanto a los movimientos de traslación y de rotación de sólido rígido, puesto que éstos no modifican el estado de deformación.

De forma análoga pueden escribirse las ecuaciones de compatibilidad para las componentes del tensor velocidad de deformación.

Proceso de integración del campo de desplazamientos

En muchas aplicaciones prácticas, la incógnita del problema cinemático planteado es el vector desplazamiento, siendo los datos de partida el tensor deformación en cada punto del medio y el movimiento de sólido rígido asociado a uno de sus puntos (traslación y rotación): $\overline{u_p}, \overline{\omega_p}$

Para una geometría simplemente conexa, el cálculo del campo de desplazamiento se realiza mediante una doble integración según el esquema siguiente:

1. Se escriben las ecuaciones diferenciales de $d\bar{\omega}$ en función de $[\varepsilon]$. La integrabilidad queda garantizada por el cumplimiento de las condiciones de compatibilidad que coinciden con las de integrabilidad en un recinto simplemente conexo. El conocimiento de la rotación de sólido rígido del punto de referencia se utiliza como condición de contorno en esta primera integración.

2. Se escriben las ecuaciones diferenciales de $d\bar{u}$ en función de las componentes de $[\varepsilon]$ y de las rotaciones. El conocimiento de la traslación de sólido rígido del punto de referencia se utiliza como condición de contorno en esta segunda integración.

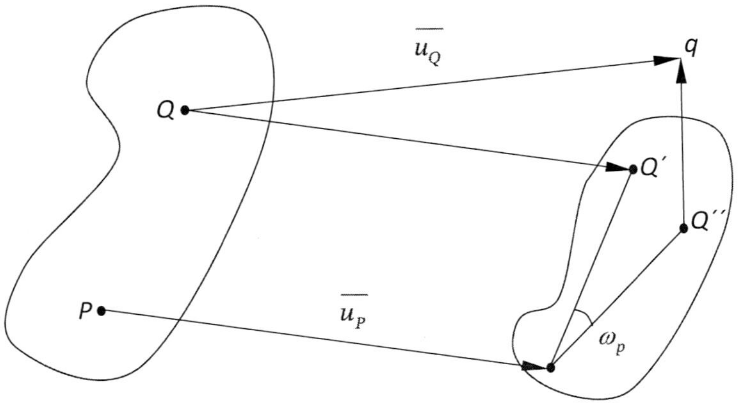

NOTA: *Este procedimiento puede aplicarse a un recinto múltiplemente conexo dividiéndolo en partes simplemente conexas y obligando la compatibilidad de desplazamientos en las fronteras entre las partes.*

2.9. Transformaciones finitas

El estudio de las transformaciones infinitésimas tiene muchas aplicaciones prácticas y es la base de la mecánica lineal del medio sólido deformable. Sin embargo hay una gran cantidad de aplicaciones en las que las hipótesis antes realizadas para este tipo de transformaciones ya no son admisibles, total o parcialmente. Para resolver estos problemas se ha desarrollado la teoría de las transformaciones finitas, en la que no es necesario admitir ninguna hipótesis a parte de las propias de la idealización del continuo.

Los problemas que implican transformaciones finitas pueden agruparse en tres familias:

a) Problemas en los que interviene el tiempo y el camino seguido para llegar de la configuración inicial a la final. Por ejemplo la deformación viscoplástica de materiales sólidos.

b) Problemas en los que el tiempo no interviene en la física del problema pero en los que el camino seguido para llegar de la configuración inicial a la final si es importante. Por ejemplo los problemas de la deformación plástica de materiales sólidos.

c) Problemas en los que sólo intervienen las configuraciones inicial y final. Por ejemplo problemas de grandes deformaciones en componentes hiperelásticos. O problemas en los que existen rotaciones de sólido rígido no infinitésimas entre dos configuraciones.

Los problemas del tipo *a*) y *b*) deben ser resueltos de forma incremental, considerando una sucesión continua de transformaciones infinitésimas entre configuraciones consecutivas, y no son objeto del presente capítulo que se centrará en el tipo de medida de deformación más característico del tercer tipo de problemas.

2.9.1. El ratio de extensión

En contraposición a la definición de sólido rígido que da la Mecánica Racional, se define el sólido deformable como aquel que no mantiene fija la distancia entre sus puntos. Por tanto una medida natural de la deformación del sólido se obtiene comparando la longitud de los vectores $d\overline{X}$ y $d\overline{x}$, antes y después de la deformación respectivamente, a través del denominado ratio de extensión definido del siguiente modo:

sean:

$d\overline{X} = d\ell_0 \times \overline{N}$ con $d\ell_0 = \left\| d\overline{X} \right\|$ y $\overline{N}$ el versor en la dirección de $d\overline{X}$

$d\overline{x} = d\ell \times \overline{n}$ con $d\ell = \left\| d\overline{x} \right\|$ y $\overline{n}$ el versor en la dirección de $d\overline{x}$

entonces se define el ratio de extensión como el cociente:

$$\lambda = d\ell / d\ell_0$$

Si expresamos los productos escalares de ambos vectores por sí mismos antes y después de la deformación y establecemos su cociente se obtiene el cuadrado del ratio de extensión:

$$\frac{d\overline{x} \times d\overline{x}}{d\overline{X} \times d\overline{X}} = \frac{d\ell^2}{d\ell_0^2} = \lambda^2$$

Existen materiales, como el caucho, que pueden llegar a presentar ratios de extensión de 4 ó 5, mientras que otros, como por ejemplo los materiales metálicos en régimen elástico, presentan variaciones de longitud inferiores al 1%. Por otra parte el ratio de extensión no se anula cuando no existe deformación sino que entonces toma un valor unitario. Estos y otros motivos hacen que a menudo el ratio de extensión no sea una medida de deformación adecuada, por lo que se usan también otras definiciones alternativas para la medida de la deformación, dependiendo de la naturaleza del problema a tratar. Cualquier función monótona creciente del ratio de extensión $\varepsilon = f(\lambda)$, puede ser utilizada como medida alternativa de la deformación experimentada por el sólido. A continuación se presentan algunas de ellas:

Deformación de Biot:

Se define como $\varepsilon = \dfrac{d\ell - d\ell_0}{d\ell_0} = \lambda - 1$

Esta medida de deformación es la anteriormente utilizada para el análisis de problemas linealizados. Fuera de este contexto su utilización resulta compleja.

Deformación de Green:

Se define como $\varepsilon_g = \dfrac{d\ell^2 - d\ell_0^2}{2d\ell_0^2} = 1/2\left(\lambda^2 - 1\right)$

Esta medida de deformación es utilizada en problemas que implican transformaciones geométricas importantes (finitas) pero que pueden ser tratadas sin atender a las situaciones intermedias.

Deformación logarítmica:

Se define como $\varepsilon_L = \int_{\ell_0}^{\ell} d\ell/\ell = \mathrm{Ln}\left(\lambda\right)$

Esta medida de deformación es utilizada en problemas que implican transformaciones geométricas importantes (finitas) que por su naturaleza deben ser tratadas de forma incremental.

Cuando las deformaciones son pequeñas estas tres definiciones conducen a valores semejantes.

2.9.2. El tensor deformación de Cauchy-Green (Lagrangiano)

Expresando ahora $d\overline{x}$ en función de $d\overline{X}$ a través de la matriz gradiente de deformación obtenemos:

$$d\ell^2 = d\overline{x}^T \times d\overline{x} = \left(\left[F\right]d\overline{X}\right)^T\left(\left[F\right]d\overline{X}\right) = d\overline{X}\left[F\right]^T\left[F\right]d\overline{X} = d\ell_0^2\,\overline{N}^T\left[F\right]^T\left[F\right]\overline{N}$$

y dividiendo ambos miembros por $d\ell_0^2$ se obtiene la expresión general del cuadrado del ratio de extensión en cualquier dirección alrededor de un punto en función del versor en la dirección de estudio, referida a la geometría inicial, y del denominado tensor deformación de Cauchy-Green [C].

$$\left[C\right] = \left[F\right]^T\left[F\right] \qquad \left(d\ell/d\ell_0\right)^2 = \lambda^2 = \overline{N}^T\left[C\right]\overline{N}$$

$[C]$ es un tensor simétrico de segundo orden cuyas componentes, en función de las derivadas de las componentes del vector desplazamiento son:

$$C_{11} = \left(1+\partial u_1/\partial X_1\right)^2 + \left(\partial u_2/\partial X_1\right)^2 + \left(\partial u_3/\partial X_1\right)^2$$
$$C_{22} = \left(1+\partial u_2/\partial X_2\right)^2 + \left(\partial u_3/\partial X_2\right)^2 + \left(\partial u_1/\partial X_2\right)^2$$
$$C_{33} = \left(1+\partial u_3/\partial X_3\right)^2 + \left(\partial u_1/\partial X_3\right)^2 + \left(\partial u_2/\partial X_3\right)^2$$

$$C_{12} = \left(1+\partial u_1/\partial X_1\right)\times\partial u_1/\partial X_2 + \partial u_2/\partial X_1\times\left(1+\partial u_2/\partial X_2\right) + \partial u_3/\partial X_1\times\partial u_3/\partial X_2$$
$$C_{23} = \left(1+\partial u_2/\partial X_2\right)\times\partial u_2/\partial X_3 + \partial u_3/\partial X_2\times\left(1+\partial u_3/\partial X_3\right) + \partial u_1/\partial X_2\times\partial u_1/\partial X_3$$
$$C_{13} = \left(1+\partial u_3/\partial X_3\right)\times\partial u_3/\partial X_1 + \partial u_1/\partial X_3\times\left(1+\partial u_1/\partial X_1\right) + \partial u_2/\partial X_3\times\partial u_2/\partial X_1$$

Cuando el tensor $[C]$ es igual al tensor identidad en todo el sólido, todo vector $d\overline{X}$ conserva su módulo, el ratio de extensión es igual a la unidad y por tanto no existe deformación. Se trata pues de una transformación de sólido rígido.

2.9.3. El tensor de deformaciones finitas Lagrangiano

El tensor de deformación de Cauchy-Green puede expresarse en la forma:

$$[C] = [I] + 2[E] \qquad [E] = \frac{1}{2}\left[\,[C] - [I]\,\right]$$

Siendo $[E]$ también un tensor simétrico de segundo orden denominado tensor de deformaciones finitas Lagrangiano (o de Green), cuyas componentes en función de las derivadas del vector desplazamiento son:

$$E_{11} = \partial u_1/\partial X_1 + \frac{1}{2}\left[\left(\partial u_1/\partial X_1\right)^2 + \left(\partial u_2/\partial X_1\right)^2 + \left(\partial u_3/\partial X_1\right)^2\right]$$
$$E_{22} = \partial u_2/\partial X_2 + \frac{1}{2}\left[\left(\partial u_2/\partial X_2\right)^2 + \left(\partial u_3/\partial X_2\right)^2 + \left(\partial u_1/\partial X_2\right)^2\right]$$
$$E_{33} = \partial u_3/\partial X_3 + \frac{1}{2}\left[\left(\partial u_3/\partial X_3\right)^2 + \left(\partial u_1/\partial X_3\right)^2 + \left(\partial u_2/\partial X_3\right)^2\right]$$

$$E_{12} = \frac{1}{2}\left[\partial u_1/\partial X_2 + \partial u_2/\partial X_1 + \left(\partial u_1/\partial X_1\times\partial u_1/\partial X_2 + \partial u_2/\partial X_1\times\partial u_2/\partial X_2 + \partial u_3/\partial X_1\times\partial u_3/\partial X_2\right)\right]$$
$$E_{23} = \frac{1}{2}\left[\partial u_2/\partial X_3 + \partial u_3/\partial X_2 + \left(\partial u_2/\partial X_2\times\partial u_2/\partial X_3 + \partial u_3/\partial X_2\times\partial u_3/\partial X_3 + \partial u_1/\partial X_2\times\partial u_1/\partial X_3\right)\right]$$
$$E_{13} = \frac{1}{2}\left[\partial u_3/\partial X_1 + \partial u_1/\partial X_3 + \left(\partial u_3/\partial X_3\times\partial u_3/\partial X_1 + \partial u_1/\partial X_3\times\partial u_1/\partial X_1 + \partial u_2/\partial X_3\times\partial u_2/\partial X_1\right)\right]$$

Cuando el tensor $[E]$ es nulo en todo el sólido no existe deformación y el ratio de extensión es igual a la unidad. Se trata pues de una transformación de sólido rígido.

2.9.4. Deformación longitudinal unitaria de Green

El tensor de deformación de Green permite calcular la deformación existente en un punto y en una dirección, referida a la configuración inicial, del siguiente modo:

$$d\ell^2 = d\ell_0^2 \, \overline{N}^T \left([I] + 2[E] \right) \overline{N} = d\ell_0^2 \left(1 + \overline{N}^T \, 2[E] \overline{N} \right)$$

$$\overline{N}^T [E] \overline{N} = \frac{d\ell^2 - d\ell_0^2}{2 d\ell_0^2} = \frac{1}{2}\left(\lambda^2 - 1\right)$$

2.9.5. Deformación longitudinal unitaria de Biot

La medida de deformación más utilizada en ingeniería es la deformación de Biot definida como:

$$\varepsilon = \frac{d\ell^2 - d\ell_0}{d\ell_0} = \lambda \; -1$$

La deformación de Biot puede calcularse a partir de los tensores deformación de Cauchy-Green y de Green del siguiente modo:

$$\varepsilon = \sqrt{\overline{N}^T [C] \overline{N}} - 1 = \sqrt{2\overline{N}^T [E] \overline{N} + 1} - 1$$

Así pues las deformaciones longitudinales unitarias de Biot en las direcciones de los ejes de referencia son, aplicando esta expresión a los versores en las direcciones de los ejes de referencia:

$$\varepsilon_{11} = \sqrt{1 + 2\partial u_1/\partial X_1 + \left(\partial u_1/\partial X_1\right)^2 + \left(\partial u_2/\partial X_1\right)^2 + \left(\partial u_3/\partial X_1\right)^2} - 1$$

$$\varepsilon_{22} = \sqrt{1 + 2\partial u_2/\partial X_2 + \left(\partial u_2/\partial X_2\right)^2 + \left(\partial u_3/\partial X_2\right)^2 + \left(\partial u_1/\partial X_2\right)^2} - 1$$

$$\varepsilon_{33} = \sqrt{1 + 2\partial u_3/\partial X_3 + \left(\partial u_3/\partial X_3\right)^2 + \left(\partial u_1/\partial X_3\right)^2 + \left(\partial u_2/\partial X_3\right)^2} - 1$$

Estas expresiones pueden interpretarse físicamente a partir de la siguiente figura, trazada para el caso de ε_{11}:

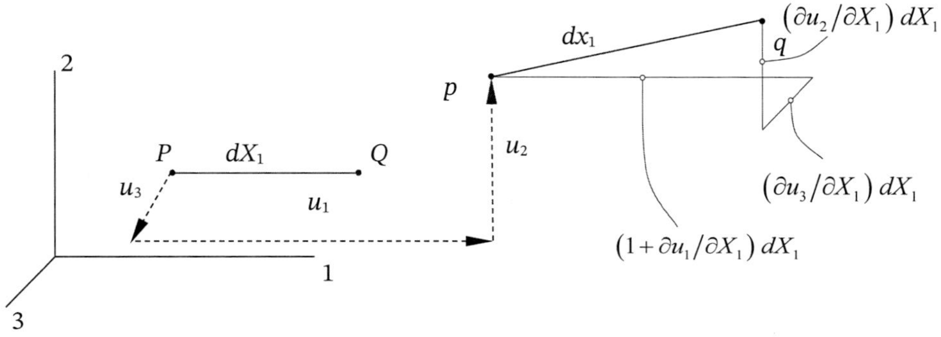

Despejando ε_{11} esta última expresión se obtiene:

$$dx_1 = \left(1+\varepsilon_{11}\right) dX_1 \quad \Rightarrow \quad \left(1+\varepsilon_{11}\right)^2 dX_1^2 = dx_1^2 = \left[\left(1+\frac{\partial u_1}{\partial X_1}\right)^2 + \left(\frac{\partial u_2}{\partial X_1}\right)^2 + \left(\frac{\partial u_3}{\partial X_1}\right)^2\right] dX_1^2$$

$$\varepsilon_{11} = \sqrt{1+2\partial u_1/\partial X_1 + \left(\partial u_1/\partial X_1\right)^2 + \left(\partial u_2/\partial X_1\right)^2 + \left(\partial u_3/\partial X_1\right)^2} - 1$$

2.9.6. Deformaciones angulares

Cuando un sólido se deforma, el ángulo formado por dos direcciones arbitrarias antes de la deformación puede variar después de la deformación. Para establecer una medida de dicha variación basta expresar el producto escalar de dos vectores infinitesimales $d\overline{X}$ y $d\overline{X'}$ en las direcciones de estudio definidas por los versores $\overline{N}$ y $\overline{N'}$ antes de la deformación, con el de sus transformados $d\overline{x}$ y $d\overline{x'}$. Dichos vectores sufrirán una deformación longitudinal unitaria ε y ε' respectivamente. Con lo que los productos escalares antes y después de la deformación estarán relacionados del siguiente modo:

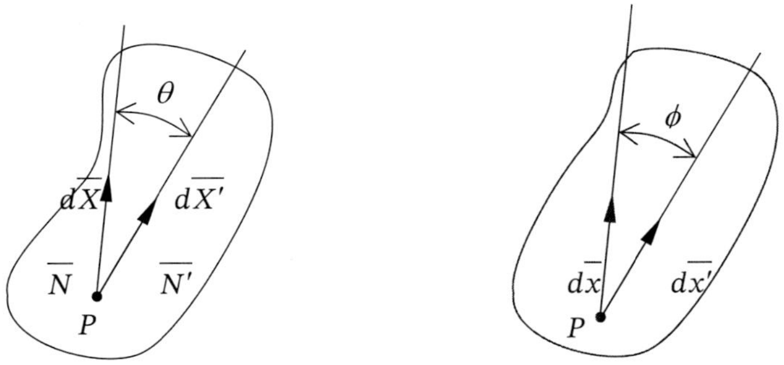

$$\overline{dX'}^{T} \times \overline{dX} = d\ell_0\, d\ell'_0 \cos(\theta) = d\ell_0\, d\ell'_0 \overline{N}^{T} \left[I\right] \overline{N'}$$
$$\overline{dx'}^{T} \times \overline{dx} = d\ell\, d\ell' \cos(\phi) = (1+\varepsilon)(1+\varepsilon')\, d\ell_0\, d\ell'_0 \cos(\phi) = d\ell_0\, d\ell'_0 \overline{N}^{T} \left[C\right] \overline{N'}$$

de donde: $\cos(\theta) = \overline{N}^{T} \left[I\right] \overline{N'}$ y $\cos(\varphi) = \dfrac{\overline{N}^{T} \left[C\right] \overline{N'}}{(1+\varepsilon)(1+\varepsilon')}$

Siendo θ y ϕ los ángulos formados por los dos vectores antes y después de la deformación respectivamente.

Las variaciones angulares de los ejes de referencia pueden calcularse a partir de este resultado, tomando como versores los dirigidos según los ejes de referencia, del siguiente modo:

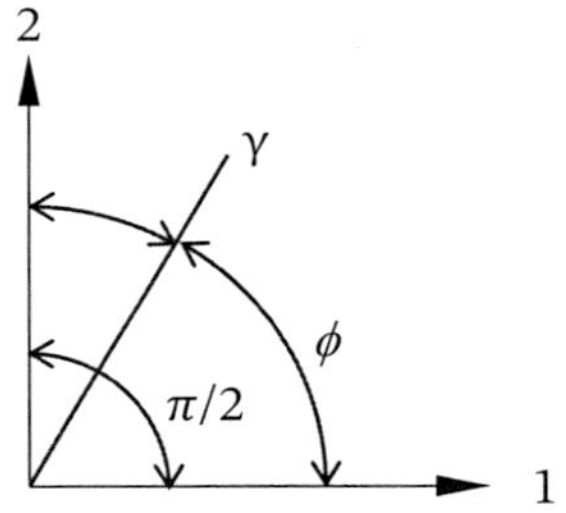

De la figura se deduce que $\gamma = \pi/2 - \phi$ y en consecuencia

$\text{sen}(\gamma) = \text{sen}(\pi/2 - \phi) = \cos(\phi)$

Por tanto:

$$\gamma_{12} = \text{arcsen}\left(\frac{\partial u_1/\partial X_2 + \partial u_2/\partial X_1 + \theta_{12}}{(1+\varepsilon_{11})(1+\varepsilon_{22})} \right)$$

donde $\theta_{12} = \partial u_1/\partial X_1 \times \partial u_1/\partial X_2 + \partial u_2/\partial X_1 \times \partial u_2/\partial X_2 + \partial u_3/\partial X_1 \times \partial u_3/\partial X_2$

$$\gamma_{23} = \text{arcsen}\left(\frac{\partial u_2/\partial X_3 + \partial u_3/\partial X_2 + \theta_{23}}{(1+\varepsilon_{22})(1+\varepsilon_{33})} \right)$$

donde $\theta_{23} = \partial u_2/\partial X_2 \times \partial u_2/\partial X_3 + \partial u_3/\partial X_2 \times \partial u_3/\partial X_3 + \partial u_1/\partial X_2 \times \partial u_1/\partial X_3$

$$\gamma_{13} = \text{arcsen}\left(\frac{\partial u_3/\partial X_1 + \partial u_1/\partial X_3 + \theta_{13}}{(1+\varepsilon_{33})(1+\varepsilon_{11})} \right)$$

donde $\theta_{13} = \partial u_3/\partial X_3 \times \partial u_3/\partial X_1 + \partial u_1/\partial X_3 \times \partial u_1/\partial X_1 + \partial u_2/\partial X_3 \times \partial u_2/\partial X_1$

Estas expresiones pueden justificarse físicamente a partir de la siguiente figura, trazada para el caso de la variación angular de los ejes 1, 2:

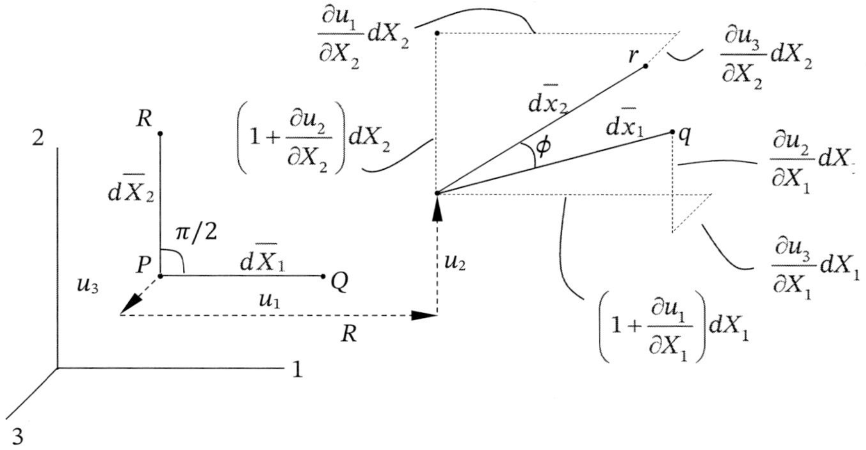

$$dx_1\, dx_2 \cos\varphi = \left[\left(1+\frac{\partial u_1}{\partial X_1}\right) dX_1 \left(\frac{\partial u_1}{\partial X_2} dX_2\right) + \left(1+\frac{\partial u_2}{\partial X_2}\right) dX_2 \left(\frac{\partial u_2}{\partial X_1} dX_1\right) + \left(\frac{\partial u_3}{\partial X_1} dX_1\right)\left(\frac{\partial u_3}{\partial X_2} dX_2\right)\right] = \operatorname{sen}\left(\frac{\pi}{2} - \phi\right) = \operatorname{sen}\gamma_{12}$$

Pasando dx_1 y dx_2 al otro miembro y teniendo en cuenta que:

$$\frac{dX_1}{dx_1} = \frac{dX_1}{\left(1+\varepsilon_{11}\right) dX_1} = \frac{1}{1+\varepsilon_{11}}$$

$$\frac{dX_2}{dx_2} = \frac{dX_2}{\left(1+\varepsilon_{22}\right) dX_2} = \frac{1}{1+\varepsilon_{22}}$$

queda:

$$\gamma_{12} = \operatorname{arcsen}\left(\frac{\frac{\partial u_1}{\partial X_2} + \frac{\partial u_2}{\partial X_1} + \frac{\partial u_1}{\partial X_1}\frac{\partial u_1}{\partial X_2} + \frac{\partial u_2}{\partial X_1}\frac{\partial u_2}{\partial X_2} + \frac{\partial u_3}{\partial X_1}\frac{\partial u_3}{\partial X_2}}{\left(1+\varepsilon_{11}\right)\left(1+\varepsilon_{22}\right)}\right)$$

2.9.7. Hipótesis simplificativas

En el desarrollo realizado hasta el momento no se ha incluido ninguna hipótesis sobre la pequeñez de los desplazamientos, rotaciones o deformaciones, por lo que los resultados obtenidos son aplicables a cualquier situación de deformación finita, con la única suposición de que la longitud del segmento de referencia es infinitamente pequeña. Sin embargo existen muchas situaciones prácticas en las que es posible realizar ciertas hipótesis simplificativas.

Pequeñas deformaciones

Por ejemplo, si las deformaciones son pequeñas, la deformación de Green es aproximadamente igual a la deformación de Biot, en efecto:

$$\frac{d\ell^2 - d\ell_0^2}{2\,d\ell_0^2} = \frac{(1+\varepsilon)^2\,d\ell_0^2 - d\ell_0^2}{2\,d\ell_0^2} = \frac{1+\varepsilon^2+2\,\varepsilon-1}{2} \approx \varepsilon$$

y por otra parte: $\operatorname{sen}(\gamma) \approx \gamma$

En estas condiciones los elementos de la diagonal del tensor de Green son las deformaciones longitudinales unitarias en las direcciones de los ejes de referencia, mientras que los elementos fuera de la diagonal son el doble de las variaciones angulares de dichos ejes.

Pequeñas rotaciones. El tensor de deformación lineal de Lagrange

Si a esta hipótesis se añade la de que las derivadas de los desplazamientos son suficientemente pequeñas para ser consideradas infinitésimos de primer orden, es posible prescindir de todos los productos y cuadrados de dichas derivadas con lo que se obtiene el tensor de deformación lineal de Lagrange $[\varepsilon]$ introducido anteriormente para el análisis de deformaciones en transformaciones infinitésimas, cuyas componentes son:

$$\varepsilon_{11} = \frac{\partial u_1}{\partial X_1} \qquad \varepsilon_{12} = \frac{\gamma_{12}}{2} = \frac{1}{2}\left(\frac{\partial u_1}{\partial X_2} + \frac{\partial u_2}{\partial X_1}\right)$$

$$\varepsilon_{22} = \frac{\partial u_2}{\partial X_2} \qquad \varepsilon_{23} = \frac{\gamma_{23}}{2} = \frac{1}{2}\left(\frac{\partial u_1}{\partial X_2} + \frac{\partial u_2}{\partial X_1}\right)$$

$$\varepsilon_{33} = \frac{\partial u_3}{\partial X_3} \qquad \varepsilon_{13} = \frac{\gamma_{13}}{2} = \frac{1}{2}\left(\frac{\partial u_3}{\partial X_1} + \frac{\partial u_1}{\partial X_3}\right)$$

3
El estado de tensión

3.1. Introducción

Tal como se explicó en el capitulo 1, las fuerzas aplicadas a un medio continuo se transmiten a través de él en forma de fuerzas de interacción entre partículas. Dichas fuerzas de interacción se caracterizan a nivel macroscópico de forma intensiva a partir de la fuerza transmitida por unidad de área a través de cualquier superficie imaginaria interior al medio. A este tipo de fuerza intensiva interior se la denomina tensión $\overline{t}$. El postulado de Euler-Cauchy admite que las tensiones así definidas son suficientes para establecer las leyes de la dinámica para cualquier subdivisión arbitraria del medio continuo.

En el presente capitulo se realiza un análisis detallado del concepto de tensión, o de modo más general, del estado de tensión en un medio continuo.

3.2. El vector tensión

Las acciones internas se transmiten a través de cualquier sección interior imaginaria del medio continuo. Así por ejemplo si el medio de la figura, en su configuración actual, se divide en dos partes A y B por una sección plana arbitraria *S*, la parte A estará bajo el efecto de las acciones directas y las acciones internas que se transmiten a través de S.

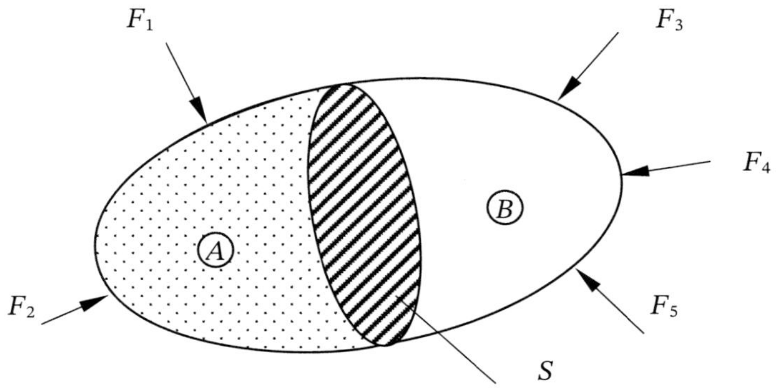

Estas acciones internas deben ahora matematizarse dentro del contexto de la mecánica del medio continuo. Para ello consideremos un elemento de superficie S en un punto interior p situado sobre el plano de corte S.

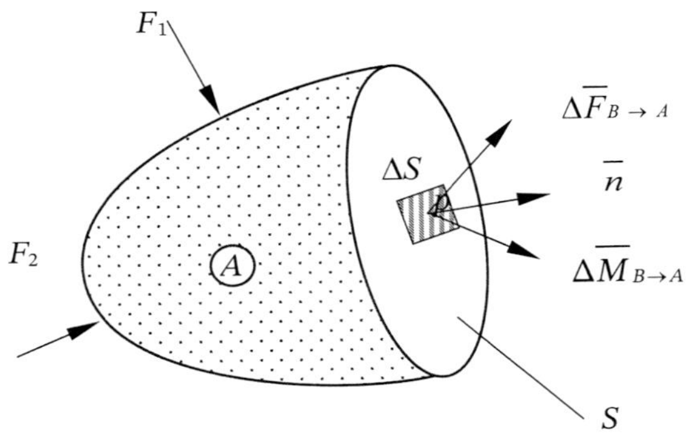

La orientación de dicho elemento de superficie en la configuración actual del medio se realiza, por convenio, asignándole un versor $\overline{n}$ perpendicular al mismo y dirigido según la normal exterior al material de la parte de medio continuo considerada, en este caso la parte A. Las componentes de dicho versor (n_1, n_2, n_3) son los cosenos directores asociados a su dirección:

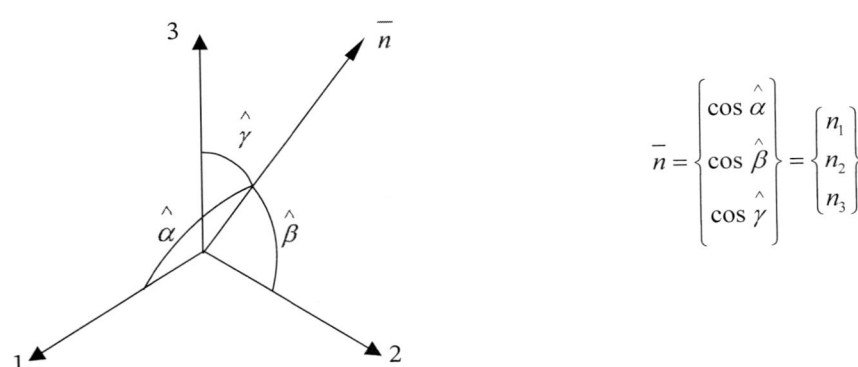

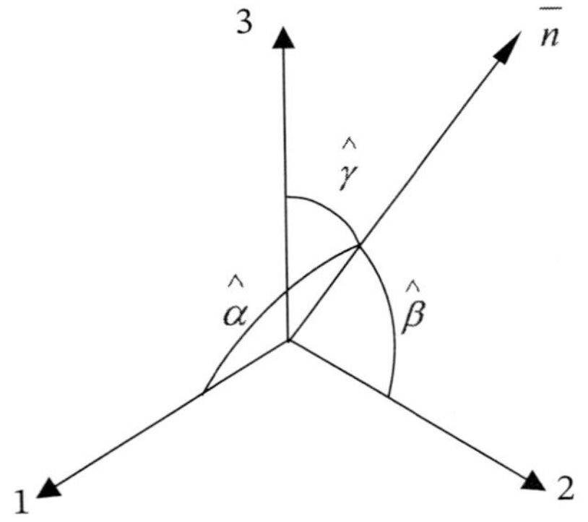

$$\overline{n} = \begin{Bmatrix} \cos \hat{\alpha} \\ \cos \hat{\beta} \\ \cos \hat{\gamma} \end{Bmatrix} = \begin{Bmatrix} n_1 \\ n_2 \\ n_3 \end{Bmatrix}$$

A través de dicho elemento de superficie se transmite una fuerza $\Delta \overline{F}$ y un momento $\Delta \overline{M}$, resultante de la interacción entre las partículas a uno y otro lado de ΔS. El Principio de Tensión de Cauchy establece que al tender la superficie ΔS a cero se cumple que:

El límite $\lim\limits_{\Delta S \to 0} \dfrac{\Delta \overline{F}_{B \to A}}{\Delta S} = \dfrac{d\overline{F}}{dS} = \bar{t}\,(\overline{n})$ existe y es finito (a)

$$\lim_{\Delta S \to 0} \frac{\Delta \overline{M}_{B \to A}}{\Delta S} = \overline{0} \quad \text{(b)}$$

La expresión (a) define el concepto de vector tensión $\overline{t}$ de forma semejante a como se definía el concepto de fuerza de superficie, sólo que en este caso se trata de fuerza sobre una sección interior imaginaria.

El vector tensión así definido representa la fuerza por unidad de superficie que la parte *B* hace sobre la parte *A* en el punto O, a través del elemento infinitesimal de superficie *dS* orientado por $\overline{u}$.

> ***NOTA:*** *Es importante insistir en que el elemento infinitesimal de superficie implicado en la definición de* $\overline{t}$ *corresponde a la geometría actual del medio y no a su geometría inicial. Esta distinción puede resultar importante cuando la variación de la geometría entre la configuración inicial y la configuración actual es significativa.*

Si en lugar de considerar las acciones de la parte *B* sobre la parte *A* en el punto p se consideran las de la parte *A* sobre la parte *B*, basta definir en dicho punto un *dS*, orientado por $-\overline{n}$ a través del cual se trasmite la fuerza por unidad de superficie que *A* hace sobre *B*. Nótese que el *dS* visto desde *A* o visto desde *B* es el mismo pero su orientación es contraria ya que ésta siempre se define según la normal exterior al material.

Aplicando el principio de acción y reacción se deduce una importante propiedad del vector tensión:

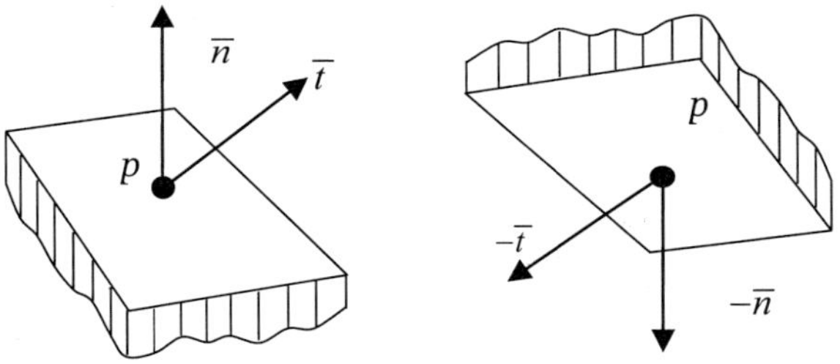

$$\overline{t}(\overline{n}) = -\overline{t}\,(-\overline{n})$$

3.3. Componentes intrínseca del vector tensión

El vector tensión puede descomponerse de forma natural en dos componentes intrínsecas, una correspondiente a su proyección sobre la dirección del versor y la otra correspondiente a su proyección sobre el plano perpendicular al mismo. A la primera se la denomina tensión normal $\overline{\sigma}$, y a la segunda tensión tangencial, o cortante $\overline{\tau}$.

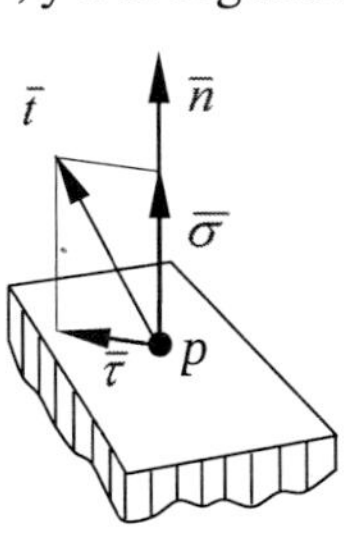

Esta descomposición tiene una gran importancia física ya que el papel que juegan ambas componentes intrínsecas en la mecánica del medio continuo es esencialmente distinto.

La tensión normal es aquella que tiende a juntar o a separar dos planos contiguos dentro del material. En el primer caso se dice que es de compresión y en el segundo que es de tracción.

El convenio de signos aceptado es el de considerar a las tracciones positivas y a las compresiones negativas según se muestra en la siguiente figura:

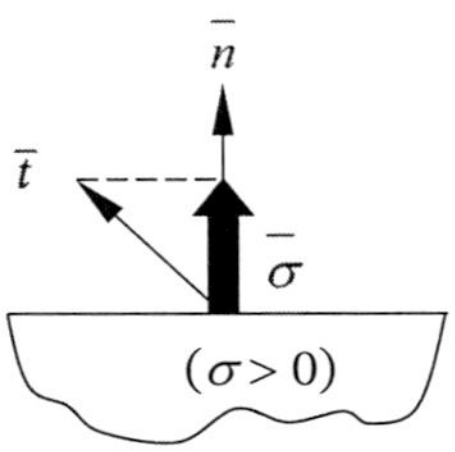

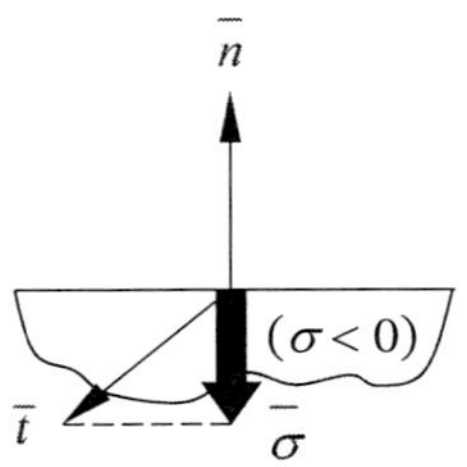

Las tensiones normales de tracción son las responsables de la decohesión interna de los materiales sólidos. Cuando éstas superan cierto valor límite, que depende de las características del material, se produce el fenómeno de rotura frágil. Por este motivo en los sólidos las tensiones normales de tracción son en general más peligrosas que las de compresión ya que, contrariamente a las primeras, tienden a compactar el material. Los líquidos y los gases en reposo no admiten tensiones normales de tracción sino sólo de compresión, concepto que se corresponde con el de presión en el interior de un fluido, aunque por simplicidad en este caso suele definirse la presión como positiva.

Las tensiones cortantes tienden a deslizar planos contiguos en el interior del material. Aquí el convenio de signos es puramente operativo ya que el fenómeno de deslizamiento no presenta la polaridad antes mencionada para las tensiones normales. Se acepta como criterio el que se muestra en la siguiente figura, en la que el plano del papel corresponde al definido por $\bar{n}$ y $\bar{t}$, y el signo corresponde al del giro, desde $\bar{n}$ hacia $\bar{t}$ considerando la normal positiva a dicho plano orientada hacia el lector.

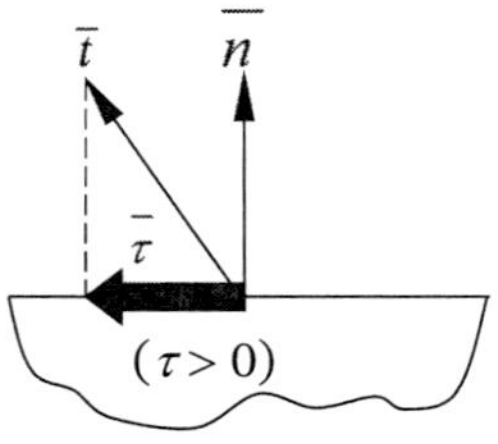

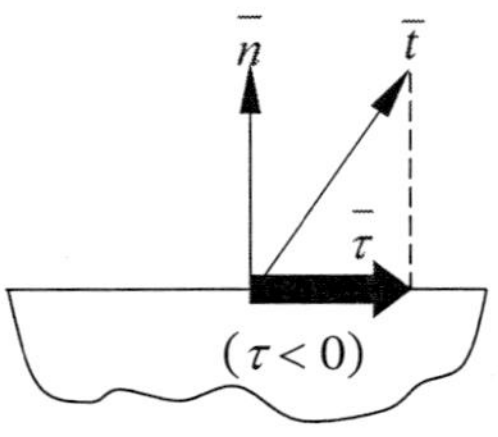

Las tensiones cortantes son las responsables de los fenómenos de deslizamiento interno en el material. En los medios sólidos, y si la tensión cortante supera ciertos valores límite característicos para cada material, dicho deslizamiento conduce primero a deformaciones permanentes y posteriormente a la fractura dúctil. En los fluidos viscosos las tensiones cortantes están asociadas con los gradientes espaciales de velocidad.

Se define la tensión normal σ como el producto escalar de $\overline{t}$ por $\overline{n}$. El signo resultante es consistente con el signo atribuido a σ en función de su naturaleza física (tracción + y compresión –).

$$\sigma = \overline{t}^{T} \times \overline{n}$$

El vector tensión y sus componentes intrínsecas guardan las siguientes relaciones matemáticas:

$$\overline{\sigma} = \sigma \, \overline{n}$$
$$\overline{t} = \overline{\sigma} + \overline{\tau}$$
$$t^2 = \sigma^2 + \tau^2$$
$$\overline{\tau} = \overline{n} \wedge (\overline{t} \wedge \overline{n})$$

3.4. El tensor tensión

El concepto de vector tensión, aunque fundamental desde un punto de vista físico, constituye una mala descripción del estado de tensión existente en un punto interior de un medio continuo. Esto es así por que el vector tensión está asociado a un elemento infinitesimal de superficie orientado por un versor $\overline{n}$, existiendo un número infinito de tales elementos infinitesimales de superficie en cada punto, y por tanto también un número infinito de vectores tensión.

De hecho el estado de tensión en un punto *p* sólo queda totalmente definido si se conoce la infinidad de posibles valores de $\overline{t}$ en función de $\overline{n}$, de modo análogo a lo que sucede con el estado de deformación. Este problema puede resolverse convenientemente si se define el estado de tensión de forma alternativa a partir de la relación existente entre $\overline{n}$ y $\overline{t}$ y no a partir de sus valores concretos.

3.4.1. Expresión matemática del tensor tensión

A continuación se muestra cómo tal relación queda totalmente definida si se conocen tres vectores tensión actuantes sobre tres elementos infinitesimales de superficie. Por comodidad se eligen tres elementos infinitesimales con sus versores orientados formando una base ortonormal.

En efecto, llamemos $\overline{e}_1, \overline{e}_2$ y $\overline{e}_3$ a los versores que orientan elementos infinitesimales de superficie perpendiculares a los ejes 1, 2, 3 respectivamente. Sean $\overline{t}_1, \overline{t}_2$ y $\overline{t}_3$ los vectores tensión que actúan sobre ellos. En los ejes 1, 2, 3 cada vector tensión tendrá tres componentes. Así por ejemplo $\overline{t}_1$ se proyecta sobre el eje 1 dando lugar a una componente $\overline{\sigma}_{11}$ que se corresponde con el concepto de tensión normal por tratarse de la proyección de $\overline{t}_1$ sobre el versor normal al elemento infinitesimal de superficie sobre el que actúa. Por otra parte $\overline{t}_1$ se proyecta también sobre el plano 12 dando lugar a la componente de tensión cortante. Esta a su vez se proyecta sobre los ejes 2 y 3 de la base dando lugar a las componentes $\overline{\sigma}_{12}$ y $\overline{\sigma}_{13}$ respectivamente que son las dos componentes de la tensión cortante sobre dicho plano.

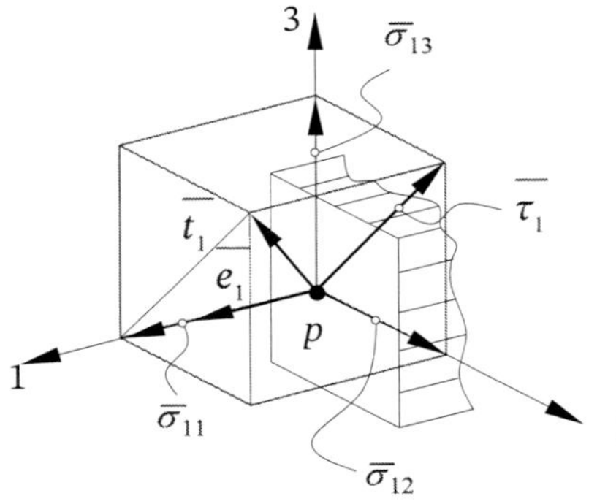

$$\overline{t}_1 = \begin{pmatrix} \sigma_{11} \\ \sigma_{12} \\ \sigma_{13} \end{pmatrix} = \overline{t}\,(\overline{e}_1)$$

El mismo razonamiento se aplica a $\overline{t}_2$ y a $\overline{t}_3$. Cada uno de dichos vectores tensión se proyecta sobre los versores de la base dando lugar a una componente de tensión normal y dos componentes de tensión cortante tal como se muestra en las figuras siguientes:

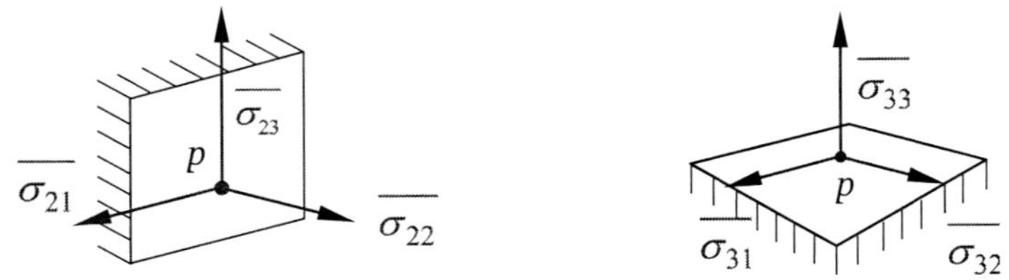

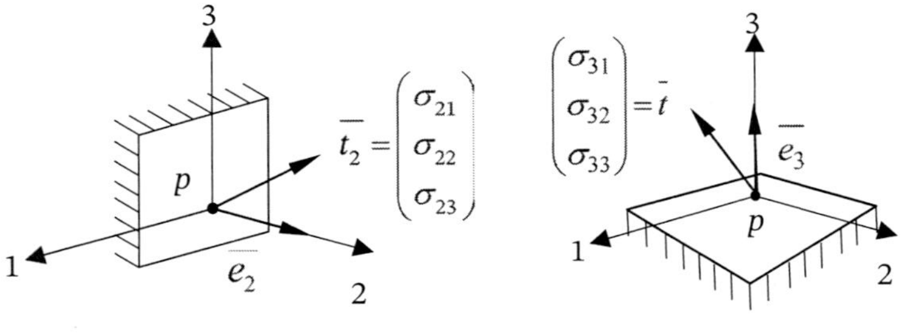

$$\overline{t}_2 = \begin{pmatrix} \sigma_{21} \\ \sigma_{22} \\ \sigma_{23} \end{pmatrix} \qquad \begin{pmatrix} \sigma_{31} \\ \sigma_{32} \\ \sigma_{33} \end{pmatrix} = \overline{t}$$

Veamos a continuación como es posible expresar el vector tensión que actúa en un plano orientado de forma arbitraria respecto a los ejes 1, 2, 3 en función de $\overline{t}_1, \overline{t}_2$ y $\overline{t}_3$, sin más que considerar el principio de la cantidad de movimiento (2ª ley de Newton) sobre un elemento de volumen infinitesimal definido del siguiente modo:

Supongamos en un punto *p* de estudio, un *dS* orientado de forma arbitraria a través de su correspondiente versor $\overline{n}$. Sobre dicho *dS* actuará cierto vector tensión $\overline{t}$ que se desea expresar en función de $\overline{t}_1, \overline{t}_2$ y $\overline{t}_3$. Para ello imaginemos un plano paralelo al *dS* desplazado de *p* una distancia infinitesimal hasta el punto *p′*. Dicho plano intersecta a los planos coordenados formando un tetraedro material *ABCP* de magnitud infinitesimal.

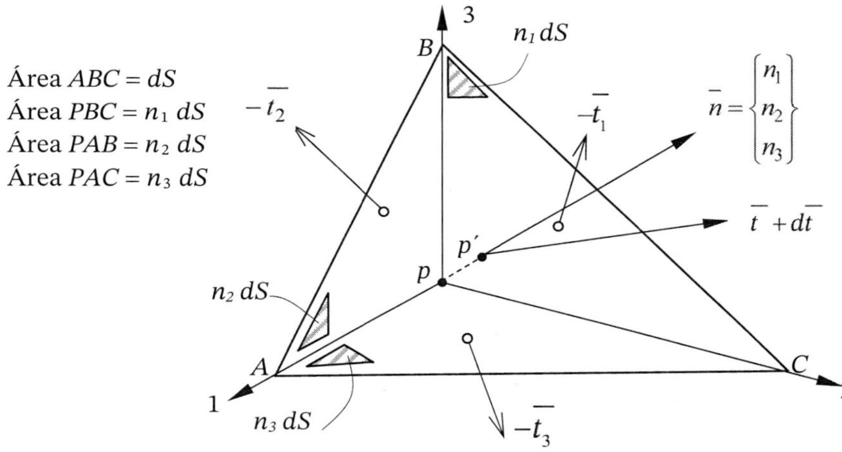

Sobre la cara *ABC* de dicho tetraedro actuará un vector tensión que se supondrá uniforme sobre ella por tratarse de un triángulo infinitesimal. Del mismo modo sobre las caras contenidas en los planos coordenados actuarán $-\overline{t}_1, -\overline{t}_2$ y $-\overline{t}_3$ respectivamente, ya que la normal exterior a cada una de dichas caras está dirigida según el sentido negativo de los ejes.

> *NOTA: Hay que recordar que, por ejemplo,* $\overline{t}_1$ *según se ha definido anteriormente actúa en un dS orientado en la dirección positiva del eje 1; en consecuencia, y aplicando la propiedad del vector tensión de que* $\overline{t}(\overline{n}) = -\overline{t}\ (-\overline{n})$, *si el versor se orienta en el sentido negativo del eje 1, sobre el actuará* $-\overline{t}_1$. *Lo mismo sucede con* $\overline{t}_2$ *y con* $\overline{t}_3$.

En virtud del postulado de Euler-Cauchy la 2ª ley de Newton puede ser aplicada al tetraedro infinitesimal evaluando las fuerzas actuantes sobre sus caras a partir de las tensiones, y sólo de ellas, al tratarse de un elemento de material totalmente interior. Por tanto las fuerzas exteriores al tetraedro son:

- Fuerzas sobre las caras, consecuencia de las tensiones internas transmitidas a través de cada una de ellas. Su valor es igual al producto del vector tensión correspondiente a cada cara por su área.
- Fuerzas de volumen, iguales al producto de la fuerza unitaria por el volumen del tetraedro.

En virtud de la 2ª ley de Newton:

$$-\bar{t}_1\, n_1\, dS - \bar{t}_2 n_2\, dS - \bar{t}_3\, n_3\, dS + (\bar{t} + d\bar{t})\, dS + \bar{b}\, dV = \rho\, \bar{a}_G dV$$

En esta ecuación aparecen tres cantidades: $d\bar{t}\ dS,\quad \bar{b}dV,\quad \rho\bar{a}_G\ dV$ que son infinitésimos de orden superior respecto a los demás sumandos y que por tanto pueden ser eliminados, resultando finalmente la expresión:

$$\bar{t} = \bar{t}_1\, n_1 + \bar{t}_2\, n_2 + \bar{t}_3\, n_3$$

NOTA: *En un enfoque de equilibrio dinámico de D'Alembert podemos suponer la fuerza de inercia incluida en las fuerzas de volumen.*

Como puede observarse $\bar{t}$ queda expresado en función de $\bar{t}_1$, $\bar{t}_2$ y $\bar{t}_3$ así como de la dirección del versor que orienta el dS sobre el que actúa. Escribiendo todas las componentes se obtiene:

$$\begin{Bmatrix} t_1 \\ t_2 \\ t_3 \end{Bmatrix} = \begin{Bmatrix} \sigma_{11} \\ \sigma_{12} \\ \sigma_{13} \end{Bmatrix} n_1 + \begin{Bmatrix} \sigma_{21} \\ \sigma_{22} \\ \sigma_{23} \end{Bmatrix} n_2 + \begin{Bmatrix} \sigma_{31} \\ \sigma_{32} \\ \sigma_{33} \end{Bmatrix} n_3$$

expresión que matricialmente puede expresarse como:

$$\begin{Bmatrix} t_1 \\ t_2 \\ t_3 \end{Bmatrix} = \begin{bmatrix} \sigma_{11} & \sigma_{21} & \sigma_{31} \\ \sigma_{12} & \sigma_{22} & \sigma_{32} \\ \sigma_{13} & \sigma_{23} & \sigma_{33} \end{bmatrix} \begin{Bmatrix} n_1 \\ n_2 \\ n_3 \end{Bmatrix} \qquad \text{ó} \qquad \bar{t} = [\sigma]^T\, \bar{n}$$

donde $[\sigma]$ es una entidad física que describe totalmente el estado de tensión alrededor de *p* ya que conocida la matriz que lo representa es posible determinar el vector tensión asociado a cualquier dirección alrededor de dicho punto. Es lo que se conoce como tensor tensión y como se verá seguidamente es un tensor simétrico de 2º orden.

3.4.2. Condiciones de contorno

El mismo planteamiento realizado sobre un tetraedro infinitesimal interior para introducir el tensor tensión, puede ser aplicado a la superficie exterior del medio continuo sin más que considerar que la cara triangular *ABC* se encuentra sobre la superficie libre actuando sobre ella la fuerza exterior de superficie $\overline{f}$:

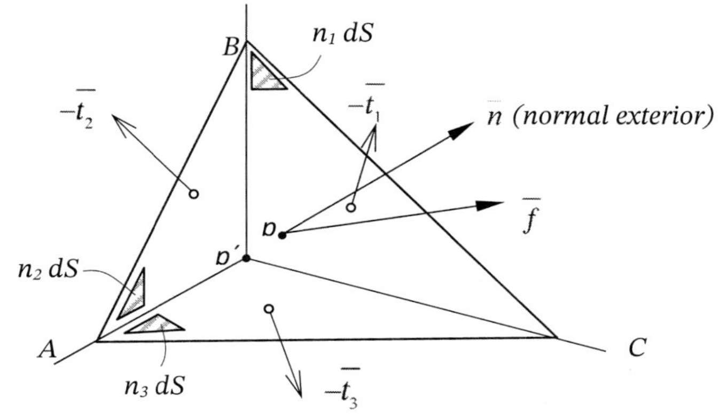

Planteando el principio de la cantidad de movimiento a dicho tetraedro se tiene:

$$-\overline{t}_1\, n_1\, dS - \overline{t}_2\, n_2\, dS - \overline{t}_3\, n_3\, dS + \overline{f}\, dS + \overline{b}\, dV = \rho\, \overline{a_G}\, dV$$

de donde, eliminando infinitésimos de orden superior, se obtiene finalmente la condición de contorno para las tensiones:

$$\overline{t}_1\, n_1 + \overline{t}_2\, n_2 + \overline{t}_3\, n_3 = \overline{f}$$
$$\overline{f} = [\sigma]^T\, \overline{n}$$

> ***NOTA**: En este caso las variaciones de los vectores tensión al pasar de p a p´, dan lugar a infinitésimas de orden superior que no se han reflejado en la deducción.*

3.4.3. Reciprocidad de las tensiones cortantes

En el apartado 0 se ha utilizado el principio de la cantidad de movimiento para expresar $\overline{t}$ en función de $\overline{t}_1$, $\overline{t}_2$ y $\overline{t}_3$. Aplicando el teorema del momento cinético se justifica además que la matriz del tensor tensión debe ser simétrica.

Para simplificar consideremos sólo la suma de momentos respecto a un eje paralelo al eje 3 de las fuerzas que actúan sobre un diferencial de volumen en forma de cubo de arista $dx \approx dx_1 \approx dx_2 \approx dx_3$. En la figura siguiente solo se han dibujado las componentes de tensión que dan momentos respecto al eje 3. Hay que considerar que en cada cara actuará una fuerza igual al producto de la tensión por el área de la cara y aplicada en el centro de la misma. También actuará una fuerza volumétrica igual al producto de la fuerza de volumen por el volumen del elemento infinitesimal de volumen y aplicada en el c.d.g. del mismo.

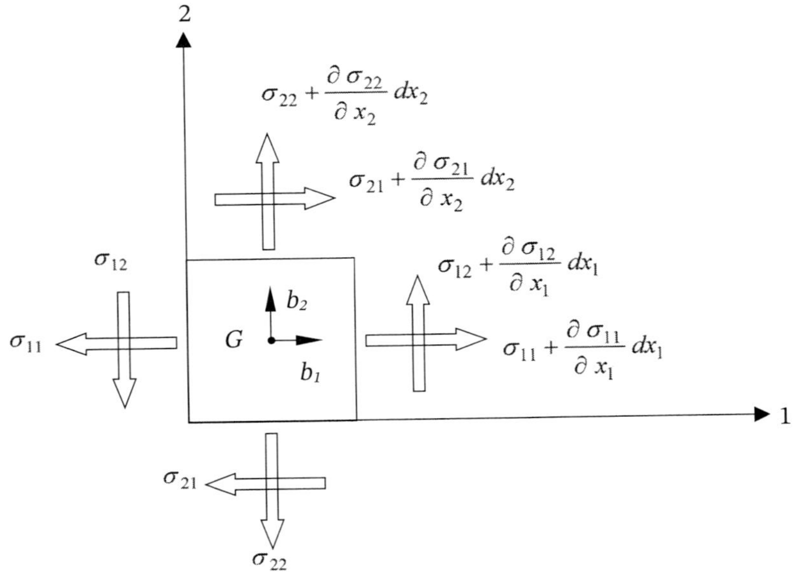

Tomando momentos respecto al eje paralelo a 3 que pasa por G se tiene una de las tres ecuaciones escalares del teorema del momento cinético:

$$\sum M_{G_3} = \left(\sigma_{12} + \frac{\partial \sigma_{12}}{\partial x_1} dx_1 \right) dx_2 \; dx_3 \frac{dx_1}{2} + \sigma_{12} \frac{dx_1}{2} dx_2 \; dx_3 -$$

$$- \left(\sigma_{21} + \frac{\partial \sigma_{21}}{\partial x_2} dx_2 \right) dx_3 \; dx_1 \frac{dx_2}{2} - \sigma_{21} \frac{dx_2}{2} dx_1 \; dx_3 \cong$$

$$\cong I_{G_3} \; \ddot{\omega}_{3\,\text{med}} = \frac{1}{12} \rho \; dx_1 \; dx_2 \; dx_3 \left(dx_1^2 + dx_2^2 \right) \ddot{\omega}_{3\,\text{med}} \qquad (\text{si } dx_1 \approx dx_2 \approx dx_3)$$

En esta expresión el primer miembro es la suma de momentos de las acciones exteriores respecto al eje 3 (las tensiones normales y la fuerza de volumen no dan momentos porque cortan al eje 3. Los momentos generados por las variaciones de tensión al pasar de una cara a otra son infinitésimos de orden superior), mientras que el segundo miembro es una aproximación a la derivada temporal del momento cinético respecto a G en una referencia que se traslada con G, obtenida considerando al elemento infinitesimal de volumen como un sólido rígido. Aún cuando esta aproximación no es rigurosa desde el punto de vista matemático, es suficiente para poner de relieve que el segundo miembro es un infinitésimo de orden superior respecto a los términos del primer miembro y por tanto es lícito escribir:

$$2\sigma_{12} \frac{dx_1}{2} dx_2 \; dx_3 - 2\sigma_{21} \; dx_1 \frac{dx_2}{2} dx_3 = 0$$

De donde $\sigma_{12} = \sigma_{21}$ Procediendo de igual modo con las otras dos ecuaciones puede demostrarse que $\sigma_{13} = \sigma_{31}$ y $\sigma_{23} = \sigma_{32}$ de lo que se desprende que la matriz de $[\sigma]$ es simétrica y en adelante se escribirá como:

$$[\sigma] = \begin{bmatrix} \sigma_{11} & \sigma_{12} & \sigma_{13} \\ \sigma_{12} & \sigma_{22} & \sigma_{23} \\ \sigma_{13} & \sigma_{23} & \sigma_{33} \end{bmatrix} \quad \text{con } [\sigma] = [\sigma]^T \quad \text{y por tanto: } \bar{t} = [\sigma]\bar{n} \;\text{ y }\; \bar{f} = [\sigma]\bar{n}$$

En consecuencia el estado de tensión queda definido en una base dada por seis cantidades independientes: tres tensiones normales σ_{11}, σ_{22}, σ_{33} y tres tensiones cortantes σ_{12}, σ_{13}, σ_{23}.

3.4.4. Las componentes intrínsecas en función del tensor tensión

Las componentes intrínsecas de t pueden calcularse directamente a partir de σ del siguiente modo:

$$\sigma = \bar{n}^T [\sigma] \bar{n}$$

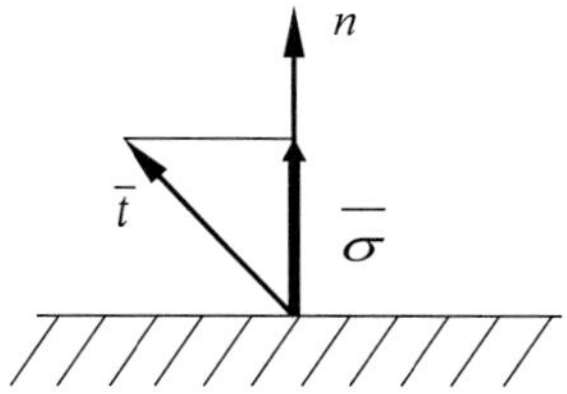

Componente normal:

Como σ es simétrica se trata de una forma cuadrática

$$\tau = \bar{n}_1^T [\sigma] \bar{n}$$

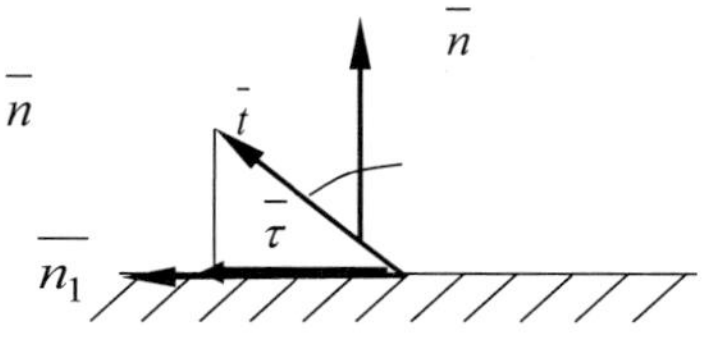

Componente cortante:

Siendo $\bar{n}_1$ perpendicular a $\bar{n}$ y contenido en el plano definido por $\bar{n}$ y $\bar{t}$ (en dirección anti-horaria de $\bar{n}$ hacia $\bar{t}$).

Como $[\sigma]$ es simétrica se trata de una forma bilineal simétrica.

3.5. Cambio de base. Direcciones y tensiones principales

3.5.1. Cambio de base

La expresión matemática del tensor tensión se ha ligado al conocimiento de los vectores tensión actuantes en elementos de superficie infinitesimales orientados según los sentidos positivos tres ejes ortogonales de referencia. Esto equivale a expresar el tensor en la base vectorial asociada a los versores que orientan dichos ejes. Desde el punto de vista puramente matemático, el tensor tensión define una aplicación lineal entre el conjunto de los versores y el conjunto de los vectores tensión. Dicha aplicación lineal puede expresarse en cualquier base vectorial que se desee sin más que realizar el correspondiente cambio de base. Evidentemente el hecho de cambiar la base no altera el significado físico del tensor tensión sino sólo su representación matemática.

Sea $\overline{e_i}$ la base en la que se expresa $[\sigma]$

Sea $\overline{e_i'}$ la base en la que se expresa $[\sigma']$

Entonces $[\sigma]$ y $[\sigma']$ se relacionan del siguiente modo: $[\sigma'] = [R]^T [\sigma][R]$, donde $[R]$ es la matriz de cambio de base tal como se definió en el apartado 2.8.2.4 del tema 2.

3.5.2. Tensiones y direcciones principales

A partir de razonamientos puramente matemáticos es posible deducir que por ser $[\sigma]$ una aplicación lineal simétrica, su matriz es siempre diagonalizable con valores propios reales. A los valores propios de $[\sigma]$ se les denomina tensiones principales y a los vectores propios asociados (base vectorial en la que la expresión de $[\sigma]$ diagonaliza) direcciones principales.

En este apartado se da una interpretación física a este resultado del álgebra.

Planteemos el siguiente problema: Dado un estado de tensión representado por cierto tensor tensión $[\sigma]$ expresado en una base arbitraria asociada a unos ejes 1, 2, 3 se desea determinar aquellas direcciones en las que $\overline{n}$ y $\overline{t}$ resulten colineales, es decir aquellas en las que el vector tensión tiene sólo componente normal, siendo nula la componente tangencial.

$$\overline{t} = \overline{\sigma} \quad \text{y} \quad \overline{\tau} = 0$$

por tanto:

$$\overline{t} = [\sigma]\overline{n} = \sigma\,\overline{n}$$

Para que tales direcciones existan, el sistema:

$$\left([\sigma] - \sigma[I]\right)\overline{n} = \overline{0}$$

debe tener una solución distinta a la trivial. En consecuencia el determinante del sistema debe ser nulo, esto es:

$$\det\left|[\sigma] - \sigma[I]\right| = 0$$

Lo que conduce a la ecuación característica: $-\sigma^3 + I_1\sigma^2 - I_2\sigma + I_3 = 0$

donde I_1, I_2, I_3 son los invariantes definidos por:

Invariante lineal: $I_1 = \sigma_{11} + \sigma_{22} + \sigma_{33} = t_r[\sigma]$

Invariante cuadrático: $I_2 = \sigma_{11}\sigma_{22} + \sigma_{11}\sigma_{33} + \sigma_{22}\sigma_{33} - (\sigma_{12}^2 + \sigma_{13}^2 + \sigma_{23}^2)$

Invariante cúbico: $I_3 = \det[\sigma]$

Puede demostrarse que la ecuación característica en este caso siempre presenta soluciones reales. Dichas soluciones son, en términos matemáticos, los valores propios de la aplicación. En términos físicos son las tensiones normales que actúan en los planos en los que $\bar{t}$ y $\bar{n}$ son colineales. Dichos planos quedan determinados por los vectores que cumplen la condición:

$$([\sigma] - \sigma_i[I])\overline{n_i} = \bar{0}$$

Las direcciones de dichos vectores son ortogonales y se denominan direcciones principales, en términos matemáticos son los vectores propios de $[\sigma]$. La matriz de $[\sigma]$ expresada en la base orientada según las direcciones principales, definida por los versores $\bar{n}_{1^*}, \bar{n}_{2^*}, \bar{n}_{3^*}$ resulta diagonal ya que las tensiones tangenciales sobre los planos orientados por dichas direcciones son nulas.

$$[\sigma]_{1^*,2^*,3^*} = \begin{bmatrix} \sigma_1 & 0 & 0 \\ 0 & \sigma_2 & 0 \\ 0 & 0 & \sigma_3 \end{bmatrix}$$

Por conveniencia en adelante, se establece la siguiente notación:

Tensiones principales sin ordenar: σ_1 , σ_2 , σ_3

Tensiones principales ordenadas: $\sigma_I \geq \sigma_{II} \geq \sigma_{III}$ $\begin{cases} \sigma_I = \max(\sigma_1, \sigma_2, \sigma_3) \\ \sigma_{III} = \min(\sigma_1, \sigma_2, \sigma_3) \end{cases}$

3.5.3. Valores característicos de las componentes intrínsecas

Valores extremos

Como quiera que la capacidad de los materiales reales de soportar tensiones normales y/o cortantes es limitada, resulta de gran interés la acotación de todos los posibles valores de dichas tensiones en el entorno de un punto.

La acotación de los posibles valores de la tensión normal puede realizarse a partir del análisis de extremos de la expresión que la define. Expresando σ en direcciones principales:

$$\sigma = \overline{n}^T [\sigma] \, \overline{n} = \sigma_1 \, n_1^2 + \sigma_2 \, n_2^2 + \sigma_3 \, n_3^2$$

Expresión condicionada a que los cosenos directores deben cumplir la relación: $n_1^2 + n_2^2 + n_3^2 = 1$

La resolución de este problema de extremos condicionados conduce a las siguientes soluciones:

n_1	n_2	n_3
± 1	0	0
0	± 1	0
0	0	± 1

y por tanto los valores extremos de la tensión normal σ se producen en las direcciones principales, esto es:

$$\sigma_I \geq \sigma_{II} \geq \sigma_{III}$$

De modo parecido pueden encontrarse los valores extremos para la tensión cortante, obtenida a partir del teorema de Pitágoras:

$$\tau^2 = t^2 - \sigma^2 \qquad \begin{cases} t^2 = \sigma_1^2 \, n_1^2 + \sigma_2^2 \, n_2^2 + \sigma_3^2 \, n_3^2 \\ \sigma^2 = \left(\sigma_1 \, n_1^2 + \sigma_2 \, n_2^2 + \sigma_3 \, n_3^2\right)^2 \end{cases}$$

$$\tau^2 = \sigma_1^2 \, n_1^2 + \sigma_2^2 \, n_2^2 + \sigma_3^2 \, n_3^2 - \left(\sigma_1 \, n_1^2 + \sigma_2 \, n_2^2 + \sigma_3 \, n_3^2\right)^2$$

con la misma condición de antes entre las componentes de $\overline{n}$. Como τ aparece elevada al cuadrado, en este caso se obtienen dos juegos de soluciones, el primero de ellos corresponde a la solución trivial $t^2 = 0$ asociada a las direcciones principales. La solución no trivial viene dada por:

n_1	n_2	n_3	
0	$\pm 1/\sqrt{2}$	$\pm 1/\sqrt{2}$	$\Longrightarrow \; \lvert \tau \rvert = \left\lvert \dfrac{\sigma_2 - \sigma_3}{2} \right\rvert$
$\pm 1/\sqrt{2}$	0	$\pm 1/\sqrt{2}$	$\Longrightarrow \; \lvert \tau \rvert = \left\lvert \dfrac{\sigma_3 - \sigma_1}{2} \right\rvert$
$\pm 1/\sqrt{2}$	$\pm 1/\sqrt{2}$	0	$\Longrightarrow \; \lvert \tau \rvert = \left\lvert \dfrac{\sigma_1 - \sigma_2}{2} \right\rvert$

lo cual denota que existen tres valores extremos, entre los cuales se encuentra el máximo absoluto definido por:

$$|\tau_{max}| = \frac{\sigma_I - \sigma_{III}}{2}$$

Es de observar que en los planos en los que las tensiones cortantes son extremas, las tensiones normales no son nulas y están dadas por las siguientes expresiones:

$$|\tau| = \frac{\sigma_I - \sigma_{III}}{2} \quad \Rightarrow \quad \sigma = \frac{\sigma_I + \sigma_{III}}{2}$$

$$|\tau| = \frac{\sigma_{II} - \sigma_{III}}{2} \quad \Rightarrow \quad \sigma = \frac{\sigma_{II} + \sigma_{III}}{2}$$

$$|\tau| = \frac{\sigma_I - \sigma_{II}}{2} \quad \Rightarrow \quad \sigma = \frac{\sigma_I + \sigma_{II}}{2}$$

Si se representan en un mismo plano el lugar geométrico de los valores posibles de las componentes intrínsecas del vector tensión éste deberá quedar incluido necesariamente en un cuadrado de lado ($\sigma_I - \sigma_{III}$), tal como se muestra en la figura siguiente:

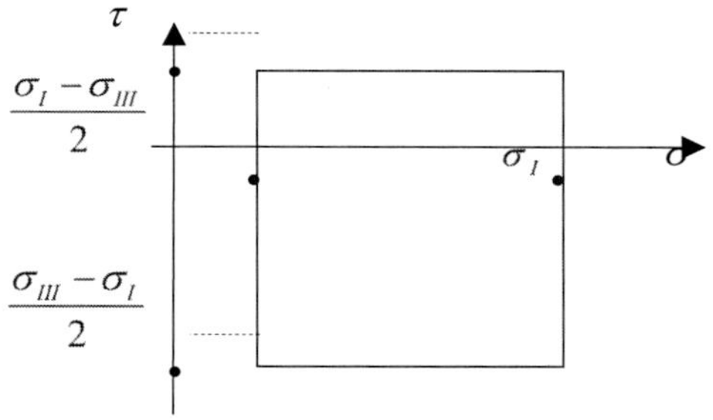

Sin embargo tal como se verá posteriormente, no todos los puntos del interior de este cuadro representan parejas σ, τ posibles.

Valores octaédricos

Otros valores característicos importantes de las componentes intrínsecas son los correspondientes a los denominados planos octaédricos. Dichos planos se definen como aquéllos cuyas normales forman ángulos iguales con los ejes principales, esto es:

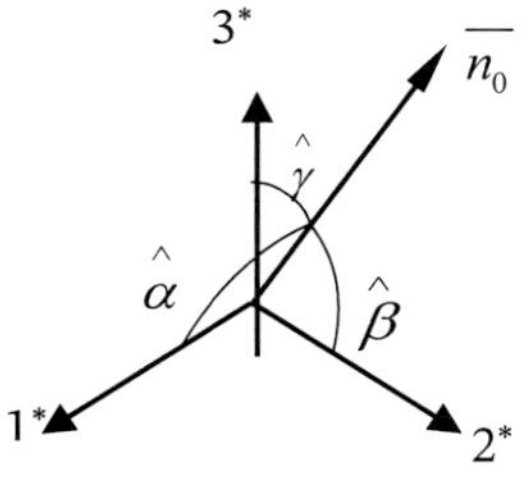

$$\hat{\alpha} = \hat{\beta} = \hat{\gamma} \quad \Rightarrow \quad n_{0_1}^2 + n_{0_2}^2 + n_{0_3}^2 = 1 \quad \Rightarrow \quad \overline{n_0} = \begin{Bmatrix} \pm 1/\sqrt{3} \\ \pm 1/\sqrt{3} \\ \pm 1/\sqrt{3} \end{Bmatrix}$$

(8 versores)

y por tanto:

$$\overline{t_0} = \begin{Bmatrix} \sigma_1/\pm\sqrt{3} \\ \sigma_2/\pm\sqrt{3} \\ \sigma_3/\pm\sqrt{3} \end{Bmatrix}$$

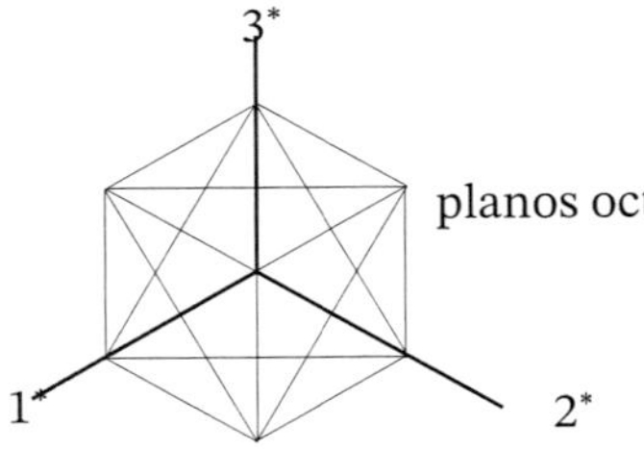

Entonces se define la tensión normal octaédrica como:

$$\sigma_0 = \overline{n_0}^T [\sigma] \overline{n}_0 = \sigma_1 n_{0_1}^2 + \sigma_2 n_{0_2}^2 + \sigma_3 n_{0_3}^2 = \frac{\sigma_1 + \sigma_2 + \sigma_3}{3}$$

y la tensión tangencial octaédrica como:

$$\tau_0 = \sqrt{t_0^2 - \sigma_0^2} = \frac{1}{3}\sqrt{(\sigma_1 - \sigma_2)^2 + (\sigma_2 - \sigma_3)^2 + (\sigma_1 - \sigma_3)^2}$$

3.6. Descomposición del tensor tensión en tensor esférico y desviador

El mismo tipo de descomposición utilizado en el tensor deformación puede ser aplicado al tensor tensión. En efecto el tensor tensión puede escribirse como:

$$\begin{bmatrix} \sigma_{11} & \sigma_{12} & \sigma_{13} \\ \sigma_{12} & \sigma_{22} & \sigma_{23} \\ \sigma_{13} & \sigma_{23} & \sigma_{33} \end{bmatrix} = \begin{bmatrix} \sigma_0 & 0 & 0 \\ 0 & \sigma_0 & 0 \\ 0 & 0 & \sigma_0 \end{bmatrix} + \begin{bmatrix} \sigma_{11} - \sigma_0 & \sigma_{12} & \sigma_{13} \\ \sigma_{12} & \sigma_{22} - \sigma_0 & \sigma_{23} \\ \sigma_{13} & \sigma_{23} & \sigma_{33} - \sigma_0 \end{bmatrix} \quad \text{con } \sigma_0 = \frac{t_r[\sigma]}{3}$$

En forma compacta: $[\sigma] = \sigma_0 [I] + [s]$

donde la componente diagonal se denomina parte esférica del tensor y presenta la característica de que corresponde a un estado de tensión hidrostática pura(no hay tensiones cortantes en ninguna dirección puesto que al ser las tres tensiones principales iguales, todas las direcciones son direcciones principales). Las componentes de la diagonal se corresponden con la tensión octaédrica antes definida, por este motivo recibe también el nombre de tensión hidrostática. Resulta evidente que la tensión normal octaédrica de la parte esférica es igual a la del tensor tensión completo.

La componente no diagonal se denomina parte desviadora y representa la diferencia entre el estado de tensión total y su componente hidrostática. Corresponde a un estado de cizalladura pura, entendiéndose por tal aquél para el que existe una base vectorial en la que todos los términos diagonales se anulan, es decir en la que el vector tensión actuante sobre los elementos infinitesimales de superficie situados sobre los planos coordenados tiene sólo componentes cortantes. En dicha base:

$$[\sigma]=\begin{bmatrix}\sigma_0 & 0 & 0\\ 0 & \sigma_0 & 0\\ 0 & 0 & \sigma_0\end{bmatrix}+\begin{bmatrix}0 & \sigma_{12} & \sigma_{13}\\ \sigma_{12} & 0 & \sigma_{23}\\ \sigma_{13} & \sigma_{23} & 0\end{bmatrix}=$$

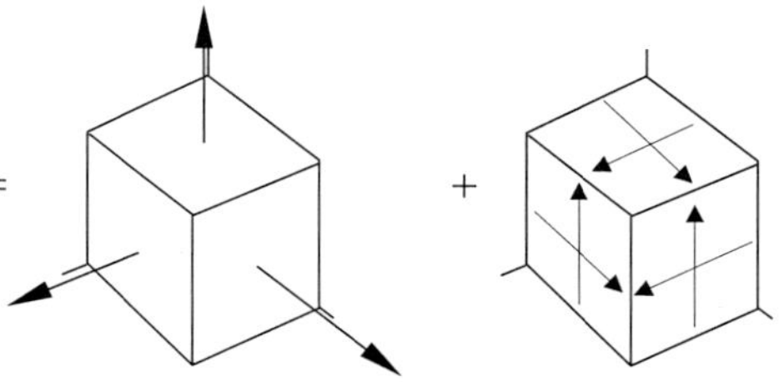

La tensión tangencial octaédrica de la parte desviadora, es igual a la del tensor tensión completo y sus direcciones principales coinciden con las de éste.

Las tensiones principales de $[s]$ se relacionan con las de $[\sigma]$ del siguiente modo: $s_i = \sigma_i - \sigma_0$. Por otra parte los invariantes de $[s]$ cumplen las siguientes relaciones:

$$J_1 = 0$$

$$J_2 = I_2 - \frac{1}{3} I_1^2 = -\frac{1}{2}\left(s_1^2 + s_2^2 + s_3^2 \right) \quad \text{y} \quad \tau_0 = \sqrt{-\frac{2}{3} J_2}$$

$$J_3 = I_3 - \frac{I_1 I_2}{3} + 2\frac{I_1^3}{27}$$

3.7. Representación gráfica del estado de tensión

3.7.1. Elipsoide de Lamé

Es interesante observar que la superficie definida por el lugar geométrico de los extremos de los vectores tensión alrededor de un punto es un elipsoide conocido como elipsoide de Lamé. En efecto, en ejes principales se tiene:

$$\bar{t}=\begin{bmatrix}\sigma_1 & 0 & 0\\ 0 & \sigma_2 & 0\\ 0 & 0 & \sigma_3\end{bmatrix}\begin{Bmatrix}n_1\\ n_2\\ n_3\end{Bmatrix}=\begin{Bmatrix}\sigma_1 n_1\\ \sigma_2 n_2\\ \sigma_3 n_3\end{Bmatrix}=\begin{Bmatrix}t_1\\ t_2\\ t_3\end{Bmatrix}$$

Por $n_1 = \frac{t_1}{\sigma_1}$, $n_2 = \frac{t_2}{\sigma_2}$, $n_3 = \frac{t_3}{\sigma_3}$ tanto: siendo $n_1^2 + n_2^2 + n_3^2 = 1$.

Si denominamos X, Y, Z a las coordenadas de los extremos de t en un espacio tridimensional se tiene:

$$\frac{X^2}{\sigma_1^2}+\frac{Y^2}{\sigma_2^2}+\frac{Z^2}{\sigma_3^2}=1$$

que es la ecuación del elipsoide de Lamé.

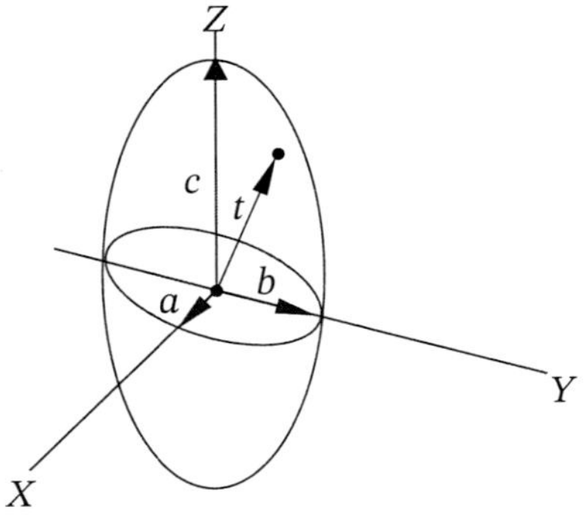

$$a = |\sigma_1|$$
$$b = |\sigma_2|$$
$$c = |\sigma_3|$$

de donde resulta evidente que:

$$\max(a, b, c) \geq \left\| \bar{t} \right\| \geq \min(a, b, c)$$

3.7.2. Círculos de Mohr

Una forma gráfica muy ilustrativa para representar el estado de tensión en un punto consiste en determinar todas las parejas posibles de las componentes intrínsecas σ, τ de sus correspondientes vectores tensión. Dichas parejas se representan luego en un gráfico σ, τ obtenido abatiendo todos los versores de los elementos infinitesimales de superficie alrededor del punto, sobre en una misma dirección. Anteriormente se ha demostrado que el lugar geométrico de dichas parejas debe estar inscrito dentro de un cuadrado de lado $\sigma_I - \sigma_{III}$, seguidamente se verá que además queda definido por tres círculos característicos denominados círculos de Mohr. En efecto, abatiendo todos los dS de modo que sus versores queden superpuestos se obtiene el plano σ, τ:

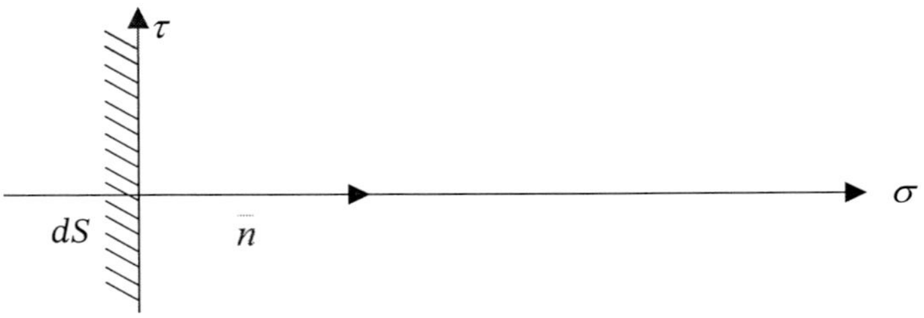

Expresando las componentes intrínsecas en los ejes principales:

$$t^2 = \sigma_I^2\, n_1^2 + \sigma_{II}^2\, n_2^2 + \sigma_{III}^2\, n_3^2$$
$$\sigma = \sigma_I\, n_1^2 + \sigma_{II}\, n_2^2 + \sigma_{III}\, n_3^2$$
$$\tau^2 = t^2 - \sigma^2$$

y teniendo en cuenta la relación existente entre los cosenos directores: $n_1^2+n_2^2+n_3^2=1$, queda un sistema de 4 ecuaciones con 6 incógnitas $(t, \sigma, \tau, \overline{n})$, que definen las parejas $\bar{t}, \overline{n}$, asociadas a $\left[\sigma\right]$.

Eliminando de estas ecuaciones sucesivamente (t^2, n_1^2, n_2^2), (t^2, n_1^2, n_3^2) y (t^2, n_2^2, n_3^2) se obtienen las ecuaciones de tres familias de círculos en el plano σ, τ parametrizadas por la componente de $\overline{n}$ no eliminada en cada caso (n_1, n_2 ó n_3). Dichas familias son:

– Círculos c_1 de parámetro n_1:

Resultan de eliminar t^2, n_2^2, n_3^2 en las anteriores ecuaciones. Son una familia de círculos concéntricos parametrizada por n_1, de ecuación general:

$$\left(\sigma-\frac{\sigma_{II}+\sigma_{III}}{2}\right)^2+\tau^2=\left(\frac{\sigma_{II}-\sigma_{III}}{2}\right)^2+n_1^2\left(\sigma_I-\sigma_{II}\right)\left(\sigma_I-\sigma_{III}\right)=r_1^2$$

por tanto su centro está en el punto: $\begin{cases}\tau_C=0\\ \sigma_C=\dfrac{\sigma_{II}+\sigma_{III}}{2}\end{cases}$

y su radio es:

$$r_1=\left[\left(\frac{\sigma_{II}-\sigma_{III}}{2}\right)^2+n_1^2\left(\sigma_I-\sigma_{II}\right)\left(\sigma_I-\sigma_{III}\right)\right]^{1/2}$$

Todos los círculos de la familia son exteriores al círculo base de la familia (C_1) definido por $n_1=0$, cuya ecuación es:

$$\left(\sigma-\frac{\sigma_{II}+\sigma_{III}}{2}\right)^2+\tau^2=\left(\frac{\sigma_{II}-\sigma_{III}}{2}\right)^2=R_1^2$$

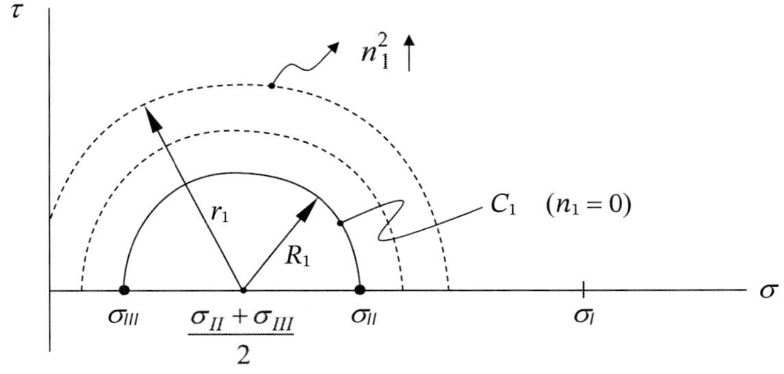

– Círculos c_2 de parámetro n_2:

Resultan de eliminar t^2, n_1^2, n_3^2 en las anteriores ecuaciones. Son una familia de círculos concéntricos parametrizada por n_2, de ecuación general:

$$\left(\sigma - \frac{\sigma_I + \sigma_{III}}{2}\right)^2 + \tau^2 = \left(\frac{\sigma_I - \sigma_{III}}{2}\right)^2 - n_2^2\left(\sigma_{II} - \sigma_{III}\right)\left(\sigma_I - \sigma_{II}\right) = r_2^2$$

por tanto su centro está en el punto: $\begin{cases} \tau_C = 0 \\ \sigma_C = \dfrac{\sigma_I + \sigma_{III}}{2} \end{cases}$

y su radio es:

$$r_2 = \left[\left(\frac{\sigma_I - \sigma_{III}}{2}\right)^2 - n_2^2\left(\sigma_{II} - \sigma_{III}\right)\left(\sigma_I - \sigma_{II}\right)\right]^{1/2}$$

Todos los círculos de la familia son interiores al círculo base de la familia (C_2) definido por $n_2 = 0$, cuya ecuación es:

$$\left(\sigma - \frac{\sigma_I + \sigma_{III}}{2}\right)^2 + \tau^2 = \left(\frac{\sigma_I - \sigma_{III}}{2}\right)^2 = R_2^2$$

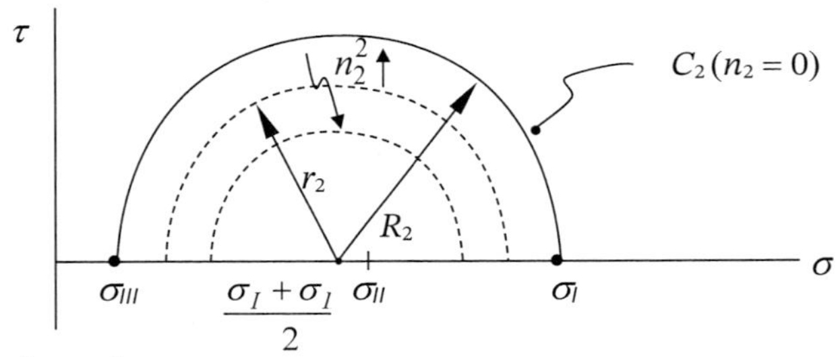

– Círculos c_3 de parámetro n_3:

Resultan de eliminar t^2, n_1^2, n_2^2 en las anteriores ecuaciones. Son una familia de círculos concéntricos parametrizada por n_3, de ecuación general:

$$\left(\sigma - \frac{\sigma_I + \sigma_{II}}{2}\right)^2 + \tau^2 = \left(\frac{\sigma_I - \sigma_{II}}{2}\right)^2 + n_3^2\left(\sigma_I - \sigma_{III}\right)\left(\sigma_{II} - \sigma_{III}\right) = r_3^2$$

por tanto su centro está en el punto: $\begin{cases} \tau_C = 0 \\ \sigma_C = \dfrac{\sigma_I + \sigma_{II}}{2} \end{cases}$

y su radio es:

$$r_3 = \left[\left(\frac{\sigma_I - \sigma_{II}}{2} \right)^2 + n_3^2 \left(\sigma_I - \sigma_{III} \right) \left(\sigma_{II} - \sigma_{III} \right) \right]^{1/2}$$

Todos los círculos de la familia son exteriores al círculo base de la familia (C_3) definido por $n_3 = 0$, cuya ecuación es:

$$\left(\sigma - \frac{\sigma_I + \sigma_{II}}{2} \right)^2 + \tau^2 = \left(\frac{\sigma_I - \sigma_{II}}{2} \right)^2 = R_3^2$$

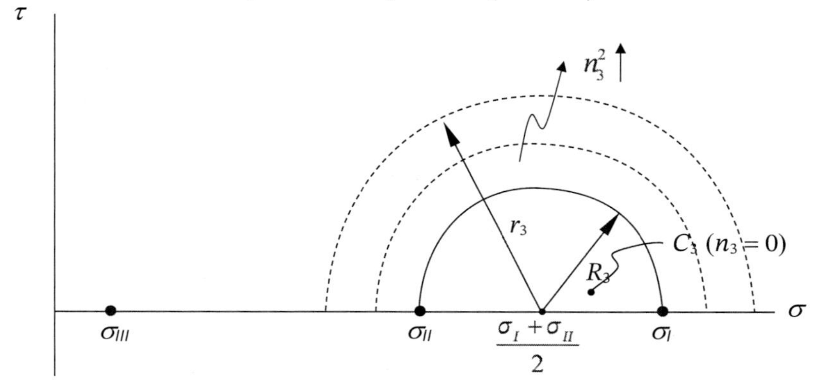

Dado un vector tensión, físicamente posible para el estado de tensión analizado, sus componentes intrínsecas σ y τ deberán verificar simultáneamente las ecuaciones de los 3 círculos de Mohr, uno de cada familia, cuyos parámetros n_1, n_2 y n_3 son las componentes del versor que orienta el elemento infinitesimal de superficie sobre el que actúan. El único punto que verifica esta condición es la intersección de dichos círculos.

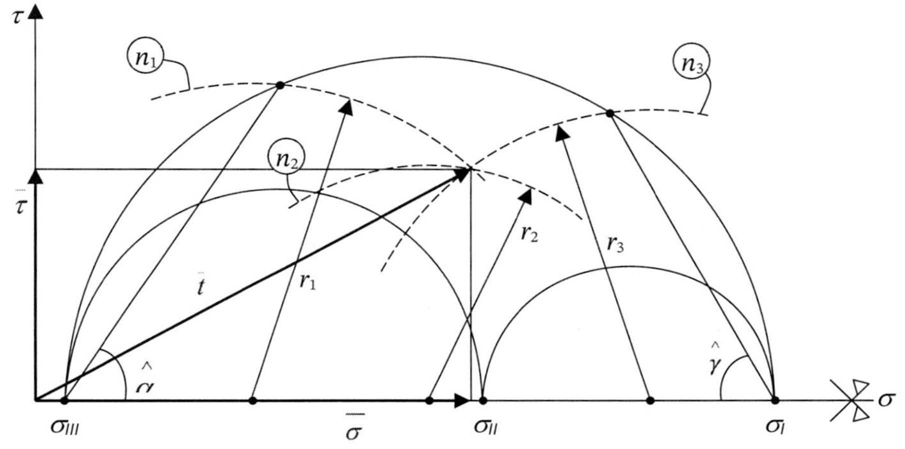

El vector tensión puede representarse por composición vectorial de σ y τ. Se puede demostrar que los ángulos α y γ quedan determinados en verdadera magnitud a partir de la construcción geométrica de la figura.

Por consiguiente cualquier valor posible de las parejas σ, τ debe corresponderse con una intersección de un círculo de cada familia. Al ser las familias c_1 y c_3 concéntricas exteriores a los círculos base C_1 y C_3, y ser la familia c_2 concéntricos interiores al círculo C_2, tales intersecciones sólo son posibles en los triángulos curvilíneos delimitados por los círculos base:

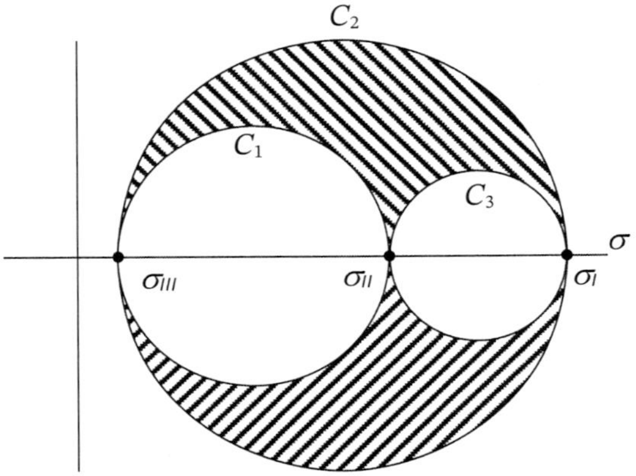

Es fácil ver que los círculos base son los lugares geométricos de los extremos de los vectores tensión que actúan sobre elementos infinitesimales de superficie cuyos versores se encuentra contenidos en uno de los planos coordenados principales:

- Círculo C_1: Versores sobre el plano definido por las direcciones principales II y III ($n_1 = 0$)
- Círculo C_2: Versores sobre el plano definido por las direcciones principales I y III ($n_2 = 0$)
- Círculo C_3: Versores sobre el plano definido por las direcciones principales I y II ($n_3 = 0$)

En esta representación resultan evidentes los siguientes resultados:

La tensión normal está acotada entre:

$$\sigma_I \geq \sigma \geq \sigma_{III}$$

La tensión cortante está acotada entre:

$$\frac{\sigma_I - \sigma_{III}}{2} \geq \tau \geq \frac{\sigma_{III} - \sigma_I}{2}$$

por tanto,

$$|\tau_{max}| = \frac{\sigma_I - \sigma_{III}}{2} \quad \text{para} \quad \sigma = \frac{\sigma_I + \sigma_{III}}{2}$$

Existiendo dos extremos locales de la tensión cortante definidos por:

$$\tau = \pm\frac{\sigma_I - \sigma_{II}}{2} \qquad \left(\sigma = \frac{\sigma_I + \sigma_{II}}{2}\right)$$

$$\tau = \pm\frac{\sigma_{II} - \sigma_{III}}{2} \qquad \left(\sigma = \frac{\sigma_{II} + \sigma_{III}}{2}\right)$$

Si dos tensiones principales son iguales el círculo de Mohr básico correspondiente degenera en un punto.

En un estado de tensiones hidrostático (esférico) los tres círculos, al igual que los triángulos curvilíneos, degeneran en un punto. En consecuencia no hay tensiones cortantes en ninguna dirección; todas las direcciones son principales. El vector tensión siempre coincide con el vector tensión normal. El elipsoide de Lamé se transforma en una esfera.

Si a las tensiones tres tensiones principales se les suma un mismo valor constante, es decir un estado de tensión hidrostático, los tres círculos se desplazan sobre el eje σ sin modificar sus dimensiones. En consecuencia los círculos de Mohr del tensor tensión y las de su parte desviadora son idénticos, estando los segundos desplazados una cantidad igual a la tensión hidrostática.

En las siguientes figuras se recogen los círculos de Mohr para algunos estados de tensión singulares:

a) Tracción y compresión puras:

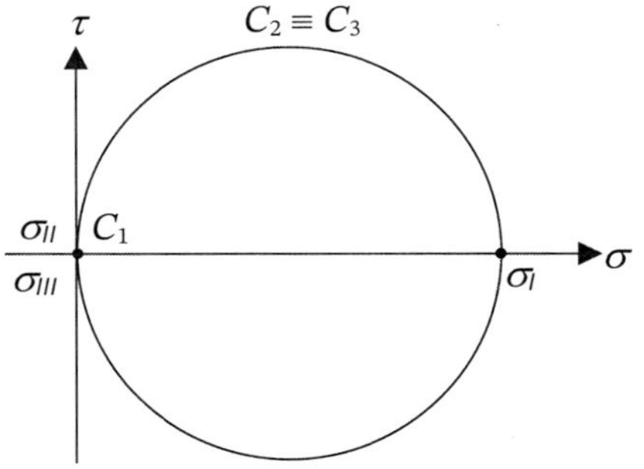

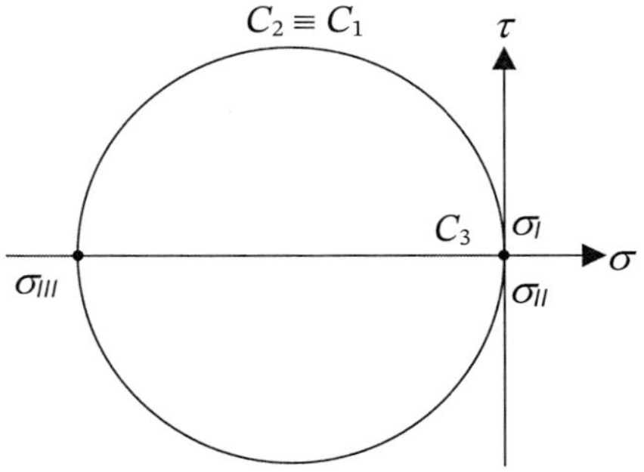

- Tracción: El círculo C_1 degenera en un punto y los círculos C_2 y C_3 están superpuestos. El triángulo curvilíneo se transforma en el círculo exterior.
- Compresión: El círculo C_3 degenera en un punto y los círculos C_1 y C_2 están superpuestos. El triángulo curvilíneo se transforma en el círculo exterior.

b) Cizalladura pura:

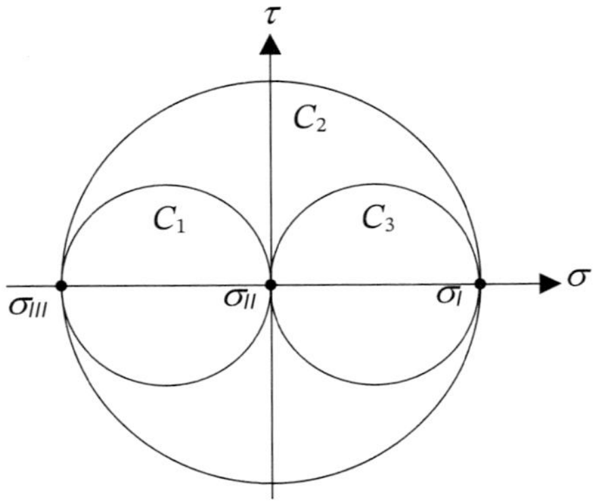

Las tensiones principales máxima y mínima son iguales y de signo contrario. La tensión principal intermedia es nula ($I_1 = 0$). El círculo C_2 está centrado y los círculos C_1 y C_3 son simétricos.

> ***NOTA**: La técnica gráfica de los círculos de Mohr puede ser utilizada como herramienta para el análisis genérico de cualquier tensor simétrico de 2º orden, siendo por tanto también aplicable al análisis de deformaciones. Además de poner de manifiesto importantes propiedades físicas, permite realizar cambios de base y determinar las tensiones y direcciones principales.*

3.8. Análisis bidimensional de tensiones

Es relativamente frecuente tener el tensor tensión expresado en una base tal que una de sus direcciones es una dirección principal (–en lo que sigue supondremos que la dirección 3 es la principal–). Esto es especialmente cierto en los denominados estados planos de tensión (tensión y deformación plana) en los que una de las direcciones principales queda determinada *a priori* por un simple razonamiento físico.

En este caso, y si el análisis de tensiones se centra sólo en los elementos infinitesimales de superficie que tienen su versor sobre el plano 1, 2, dicho análisis puede ser reducido a sólo 2 dimensiones.

3.8.1. Vector tensión

Sea $[\sigma] = \begin{bmatrix} \sigma_{11} & \sigma_{12} & 0 \\ \sigma_{12} & \sigma_{22} & 0 \\ 0 & 0 & \sigma_{33} \end{bmatrix}$ y sea $\bar{n}$ un versor en el plano 1, 2:

$$\bar{n} = \begin{Bmatrix} n_1 \\ n_2 \\ 0 \end{Bmatrix} = \begin{Bmatrix} \cos\theta \\ \operatorname{sen}\theta \\ 0 \end{Bmatrix}$$

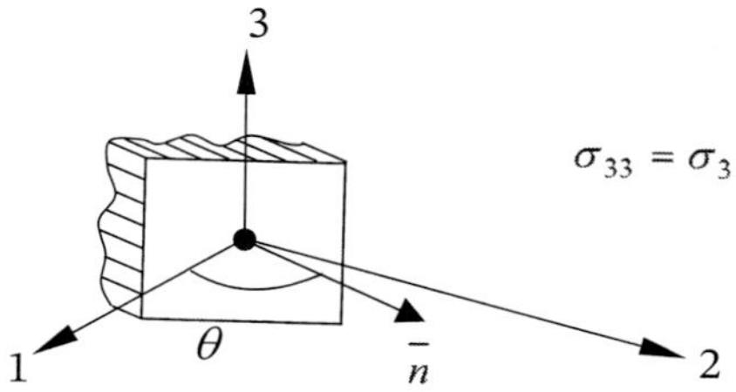

$$\sigma_{33} = \sigma_3$$

Entonces el vector tensión está también contenido en el plano 1, 2:

$$\bar{t} = \begin{bmatrix} \sigma_{11} & \sigma_{12} & 0 \\ \sigma_{12} & \sigma_{22} & 0 \\ 0 & 0 & \sigma_{33} \end{bmatrix} \begin{Bmatrix} n_1 \\ n_2 \\ 0 \end{Bmatrix} = \begin{Bmatrix} \sigma_{11}\, n_1 + \sigma_{12}\, n_2 \\ \sigma_{12}\, n_1 + \sigma_{22}\, n_2 \\ 0 \end{Bmatrix} = \begin{Bmatrix} t_1 \\ t_2 \\ 0 \end{Bmatrix}$$

En el caso particular de que $\sigma_3 = 0$ (tensión plana), el vector tensión está contenido en el plano 1, 2 para cualquier elemento infinitesimal de superficie. En efecto:

$$\bar{t} = \begin{bmatrix} \sigma_{11} & \sigma_{12} & 0 \\ \sigma_{12} & \sigma_{22} & 0 \\ 0 & 0 & 0 \end{bmatrix} \begin{Bmatrix} n_1 \\ n_2 \\ n_3 \end{Bmatrix} = \begin{Bmatrix} t_1 \\ t_2 \\ 0 \end{Bmatrix}$$

En consecuencia, cuando el tensor tensión está expresado en una base orientada según una dirección principal y sólo son objeto de análisis los elementos infinitesimales de superficie cuyos versores se encuentran sobre el plano perpendicular a dicha dirección principal, el problema puede reducirse a dos dimensiones.

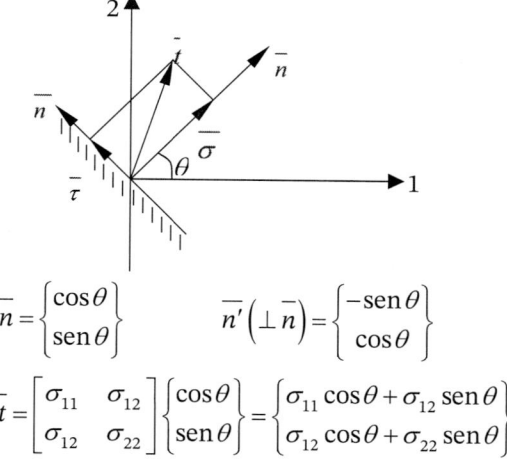

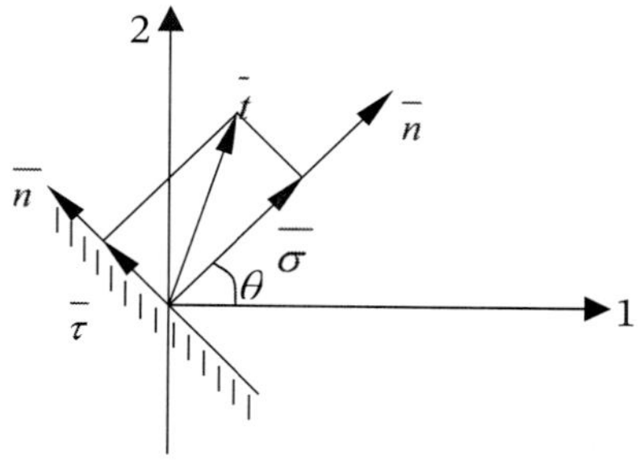

$$\bar{n} = \begin{Bmatrix} \cos\theta \\ \operatorname{sen}\theta \end{Bmatrix} \qquad \bar{n}'\left(\perp \bar{n}\right) = \begin{Bmatrix} -\operatorname{sen}\theta \\ \cos\theta \end{Bmatrix}$$

$$\bar{t} = \begin{bmatrix} \sigma_{11} & \sigma_{12} \\ \sigma_{12} & \sigma_{22} \end{bmatrix} \begin{Bmatrix} \cos\theta \\ \operatorname{sen}\theta \end{Bmatrix} = \begin{Bmatrix} \sigma_{11}\cos\theta + \sigma_{12}\operatorname{sen}\theta \\ \sigma_{12}\cos\theta + \sigma_{22}\operatorname{sen}\theta \end{Bmatrix}$$

Las componentes intrínsecas para los elementos infinitesimales de superficie cuyos versores están sobre el plano 1, 2 son:

$$\sigma = \left(\cos\theta, \operatorname{sen}\theta\right)\begin{bmatrix}\sigma_{11} & \sigma_{12}\\ \sigma_{12} & \sigma_{22}\end{bmatrix}\begin{pmatrix}\cos\theta\\ \operatorname{sen}\theta\end{pmatrix} = \sigma_{11}\cos^2\theta + \sigma_{22}\operatorname{sen}^2\theta + 2\sigma_{12}\operatorname{sen}\theta\cos\theta$$

$$\tau = \left(-\operatorname{sen}\theta, \cos\theta\right)\begin{bmatrix}\sigma_{11} & \sigma_{12}\\ \sigma_{12} & \sigma_{22}\end{bmatrix}\begin{pmatrix}\cos\theta\\ \operatorname{sen}\theta\end{pmatrix} = \frac{\sigma_{22} - \sigma_{11}}{2}\operatorname{sen}2\theta + \sigma_{12}\cos 2\theta$$

Es importante observar que estas expresiones no dan todos los valores posibles de las componentes intrínsecas σ y τ para el estado de tensión dado, sino sólo las correspondientes a los planos analizados ($n_3 = 0$). En el plano σ, τ esto corresponde a puntos sobre el círculo base asociado a $n_3 = 0$, que será uno de los tres círculos base (C_1, C_2 o C_3) dependiendo de la relación de orden existente entre σ_3 y las otras dos tensiones principales contenidas en el plano 1, 2 σ_1 y σ_2.

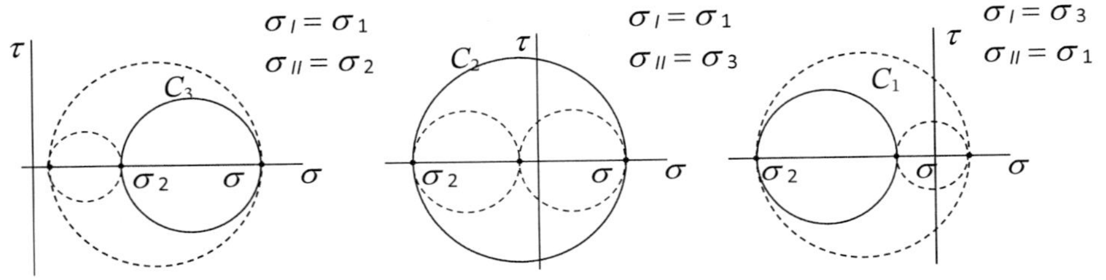

A *B* *C*

Por tanto existen otros pares de valores σ, τ pero no son objeto del análisis bidimensional planteado. Sin embargo pueden ser determinantes desde un punto de vista físico. Por ejemplo en la figura anterior los casos A y C presentan tensiones cortantes máximas superiores a la tensión cortante máxima en el plano 1, 2.

3.8.2. Cambio de base. Tensiones y direcciones principales

En el análisis bidimensional los cambios de base suelen limitarse a rotaciones alrededor del eje 3. Las expresiones especializadas para este caso son las siguientes:

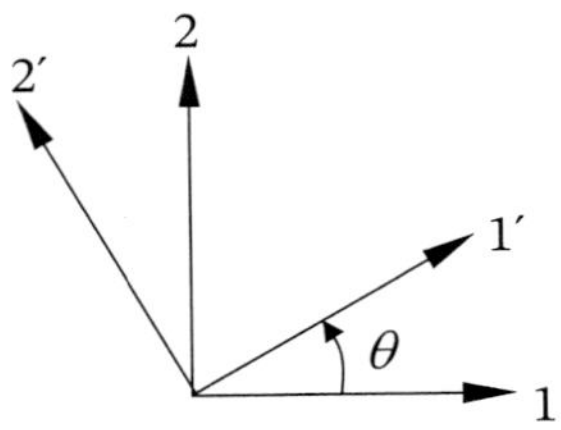

$$\overline{e_1'} = \begin{Bmatrix}\cos\theta\\ \operatorname{sen}\theta\end{Bmatrix}_{1,2} \qquad \overline{e_2'} = \begin{Bmatrix}-\operatorname{sen}\theta\\ \cos\theta\end{Bmatrix}_{1,2}$$

$$[R] = \begin{bmatrix}\cos\theta & -\operatorname{sen}\theta\\ \operatorname{sen}\theta & \cos\theta\end{bmatrix}$$

$$[\sigma']_{1',2'} = [R]^T[\sigma]_{1,2}[R]$$

$$\begin{cases} \sigma'_{11} = \dfrac{\sigma_{11}+\sigma_{22}}{2} + \dfrac{\sigma_{11}-\sigma_{22}}{2}\cos 2\theta + \sigma_{12}\,\text{sen}\,2\theta \\ \sigma'_{22} = \dfrac{\sigma_{11}+\sigma_{22}}{2} - \dfrac{\sigma_{11}-\sigma_{22}}{2}\cos 2\theta - \sigma_{12}\,\text{sen}\,2\theta \\ \sigma'_{12} = \sigma_{12}\cos 2\theta - \dfrac{\sigma_{11}-\sigma_{22}}{2}\,\text{sen}\,2\theta \end{cases}$$

La determinación de las tensiones y direcciones principales pueden reducirse también al plano 1, 2 puesto que la dirección 3 es ya principal. La diagonalización de la submatriz:

$$[\sigma] = \begin{bmatrix} \sigma_{11} & \sigma_{12} \\ \sigma_{12} & \sigma_{22} \end{bmatrix}$$

se consigue por un simple giro respecto al eje 3:

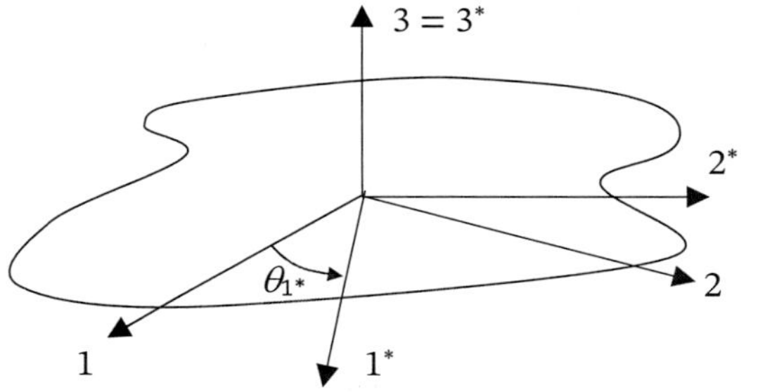

La formulación analítica del problema de valores y vectores propios queda muy simplificado, obteniéndose las siguientes expresiones especializadas:

– Tensiones principales en el plano:

$$\begin{vmatrix} \sigma_{11}-\sigma & \sigma_{12} \\ \sigma_{12} & \sigma_{22}-\sigma \end{vmatrix} = 0 \quad \Rightarrow \quad \sigma^2 - \sigma\left(\sigma_{11}+\sigma_{22}\right) + \sigma_{11}\,\sigma_{22} - \sigma_{12}^2 = 0$$

$$\sigma = \frac{\sigma_{11}+\sigma_{22} \pm \sqrt{\left(\sigma_{11}+\sigma_{22}\right)^2 - 4\left(\sigma_{11}\,\sigma_{22} - \sigma_{12}^2\right)}}{2}$$

o bien $\sigma_{1,2} = \dfrac{\sigma_{11}+\sigma_{22}}{2} \pm \sqrt{\left(\dfrac{\sigma_{11}-\sigma_{22}}{2}\right)^2 + \sigma_{12}^2}$

Tomamos $\sigma_1 > \sigma_2$ (independientemente de σ_3).

– Direcciones principales en el plano:

$$\begin{pmatrix} \sigma_{11}-\sigma_1 & \sigma_{12} \\ \sigma_{12} & \sigma_{22}-\sigma_1 \end{pmatrix} \begin{Bmatrix} \cos\theta_{1^*} \\ \operatorname{sen}\theta_{1^*} \end{Bmatrix} = \begin{Bmatrix} 0 \\ 0 \end{Bmatrix} \quad \Rightarrow \quad \sigma_{12}\cos\theta_{1^*} + (\sigma_{22}-\sigma_1)\operatorname{sen}\theta_{1^*} = 0$$

$$tg\theta_{1^*} = \frac{\sigma_{12}}{\sigma_1-\sigma_{22}} = \frac{\sigma_{12}}{\sigma_{11}-\sigma_2}$$

ya que:

$$I_1 = cte. \quad \text{y} \quad \sigma_3 = \sigma_{33} \quad \Rightarrow \quad \sigma_{11}+\sigma_{22}+\sigma_{33} = \sigma_1+\sigma_2+\sigma_3 \quad \Rightarrow \quad \sigma_1-\sigma_{22} = \sigma_{11}-\sigma_2$$

3.8.3. Representación gráfica del estado de tensión en el plano

Si se particularizan las expresiones de cambio de base al caso particular de que una de las bases corresponde a las direcciones principales se tiene:

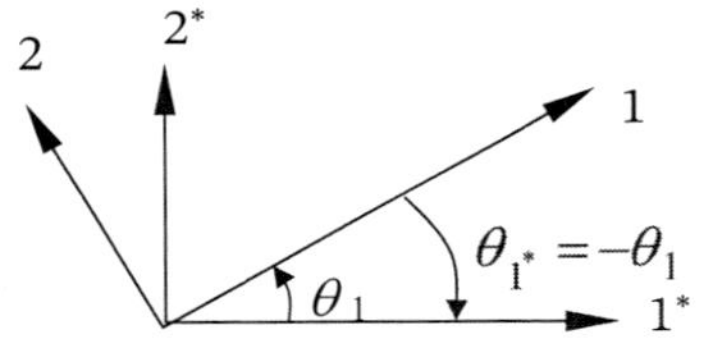

$$\begin{cases} \sigma_{11} = \dfrac{\sigma_1+\sigma_2}{2} + \dfrac{\sigma_1-\sigma_2}{2}\cos 2\theta_1 \\ \sigma_{22} = \dfrac{\sigma_1+\sigma_2}{2} - \dfrac{\sigma_1-\sigma_2}{2}\cos 2\theta_1 \\ \sigma_{12} = \dfrac{\sigma_2-\sigma_1}{2}\operatorname{sen} 2\theta_1 \end{cases}$$

$$\text{si } \theta_1 > 0 \text{ y } \sigma_2 < \sigma_1 \quad \Rightarrow \quad \sigma_{12} < 0$$

O alternativamente:

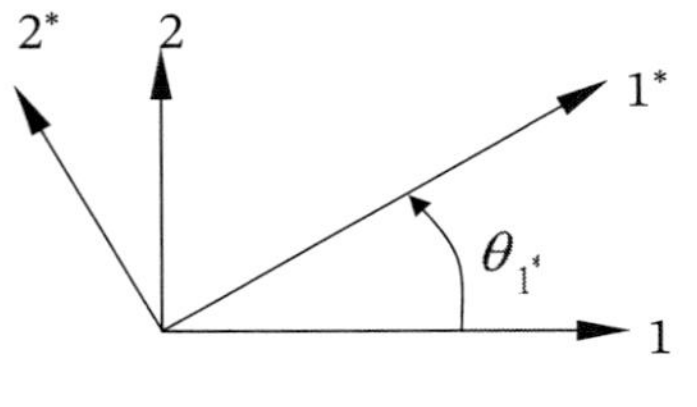

$$\begin{cases} \sigma_{11} = \dfrac{\sigma_1+\sigma_2}{2} + \dfrac{\sigma_1-\sigma_2}{2}\cos 2\theta_{1^*} \\ \sigma_{22} = \dfrac{\sigma_1+\sigma_2}{2} - \dfrac{\sigma_1-\sigma_2}{2}\cos 2\theta_{1^*} \\ \sigma_{12} = \dfrac{\sigma_1-\sigma_2}{2}\operatorname{sen} 2\theta_{1^*} \end{cases}$$

$$\text{si } \theta_{1^*} > 0 \text{ y } \sigma_2 < \sigma_1 \quad \Rightarrow \quad \sigma_{12} > 0$$

Estas ecuaciones pueden representarse gráficamente, dando lugar al círculo de Mohr básico relevante para el análisis realizado. En efecto:

Convenio de signos

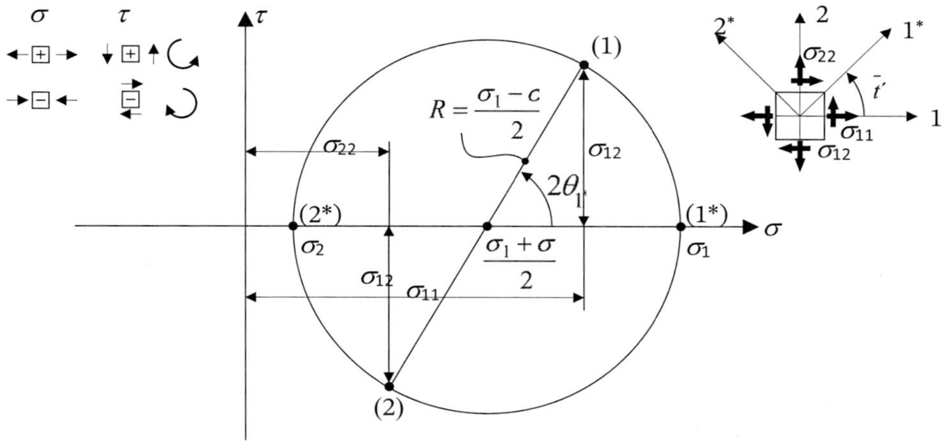

En esta figura es de destacar lo siguiente:

- El convenio de signos en cuanto a las tensiones normales es el habitual.
- El convenio de signos en cuanto a las tensiones cortantes, se referencia al sentido de giro que imprimen al elemento infinitesimal de volumen. (positivo en sentido contrario a las agujas del reloj)
- En ángulo girado alrededor del centro del círculo para pasar del punto (1) que representa el extremo del vector tensión que actúa en elemento infinitesimal de superficie orientado según la dirección 1, hasta el punto (1^*) que representa el extremo del vector tensión asociado a la dirección principal 1^*, es doble y de sentido contrario al ángulo que forman que forman dichas direcciones en la realidad.

Este último resultado es genérico y puede aplicarse a cualquier par de direcciones tal como se muestra en la siguiente figura:

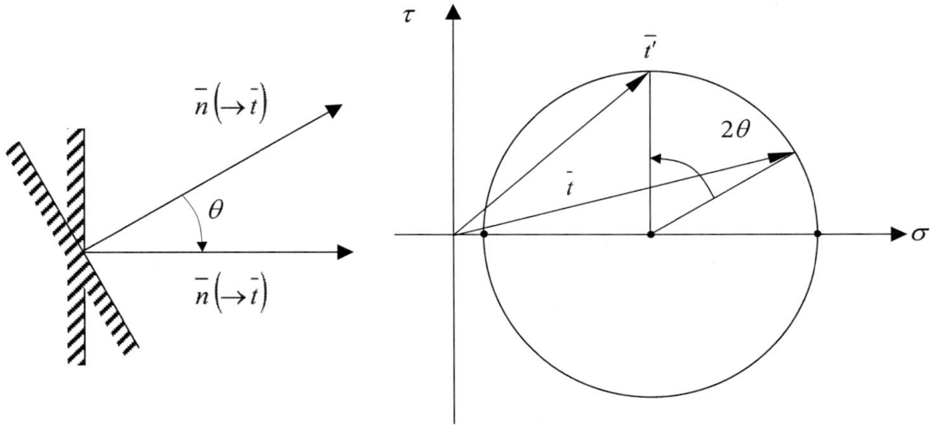

4
Dinámica del medio continuo

4.1. Introducción

Una vez introducidos los conceptos fundamentales necesarios para describir la cinemática y las fuerzas actuantes sobre cualquier parte del medio continuo, y en virtud del postulado de Euler Cauchy, se dispone de las herramientas necesarias para formular las leyes de la dinámica. Dichas leyes son análogas a las que puedan establecerse para un sistema de partículas, y toman la forma de los conocidos teoremas vectoriales de la mecánica racional. Son por tanto leyes aplicables a cualquier medio continuo con independencia de la constitución interna de la materia que los forma.

Se presentarán también en este capítulo los teoremas y principios relacionados con la energía, aplicados al medio continuo. Para un sistema totalmente mecánico es establecerá el teorema de las fuerzas vivas a partir del cual se introducirá el concepto de energía de deformación. Posteriormente, y para problemas más complejos de tipo termomecánico, se introducirá una formulación completa del principio de conservación de la energía, o primer principio de la termodinámica. También en este caso las leyes resultantes son aplicables a cualquier medio continuo con independencia de la constitución interna de la materia que los forma.

En el capítulo siguiente se introducirá otro conjunto de leyes, conocidas como ecuaciones constitutivas, que añadirán la información necesaria al respecto de la constitución interna de cada material en particular.

4.2. Concepto de volumen de control

Como es sabido, la mecánica del medio continuo no contempla a las partículas como entidades aisladas, por lo que los teoremas vectoriales y energéticos deben establecerse sobre un volumen de estudio, o "volumen de control". Se define el volumen de control como una zona del espacio delimitada por una superficie cerrada, o "superficie de control". Se trata de una definición puramente geométrica e independiente de las partículas del medio continuo. Existen diversas formas de seleccionar el volumen de control y tal selección depende de la naturaleza del problema a resolver. En lo que sigue la explicación se referirá a los dos casos particulares más importantes desde un punto de vista conceptual.

Se dice que el volumen de control es material (o lagrangiano) si se escoge de modo que encierre en cada instante una misma cantidad de materia. El volumen de control material se mueve con el medio. Este tipo de volumen de control recibe también el nombre de sistema.

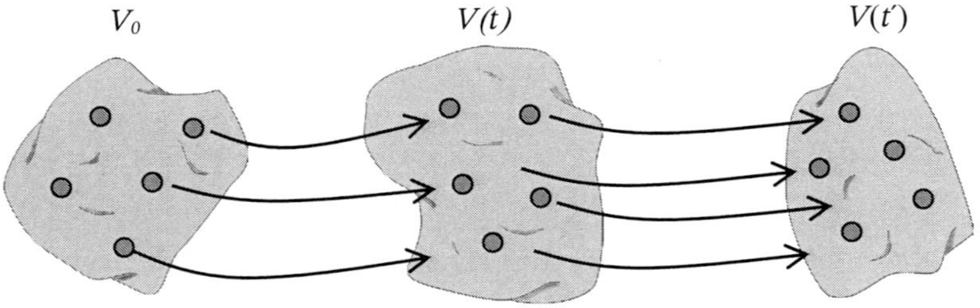

Todos los volúmenes utilizados hasta el momento en los desarrollos precedentes eran de tipo material. Por este motivo se mantendrá la nomenclatura V, S cuando nos refiramos a este tipo de volumen de control.

Se dice que el volumen de control es espacial (o euleriano) si se escoge fijo en el espacio. En este caso el medio fluye a través del volumen de control.

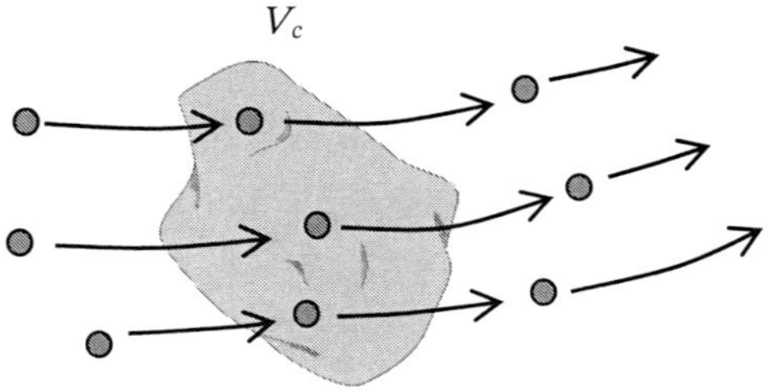

Para distinguir este volumen de control del anterior se le asignará el subíndice c.

Las leyes de la dinámica pueden escribirse para cualquiera de los dos tipos de volumen de control y en forma diferencial o integral, dependiendo de que se apliquen a un volumen de control infinitesimal o finito respectivamente. Existe pues cuatro formas posibles de cada una de dichas leyes. La utilización de una u otra depende de la naturaleza concreta del problema planteado.

Cuando las leyes de la dinámica se escriben para un volumen de control fijo (euleriano) toman la forma de balances (leyes de conservación). En caso contrario, no.

El modelo de volumen de control material es especialmente útil en el análisis de medios continuos sólidos donde el volumen de control queda determinado por la propia geometría del sólido. El modelo de volumen de control espacial es adecuado al análisis de medios continuos fluidos, donde el interés se centra en el flujo de las partículas más que en su comportamiento individualizado.

4.3. Derivada material de una integral de volumen

Es frecuente que una propiedad mecánica extensiva se exprese en forma de una integral de volumen, por ejemplo la masa total de la materia contenida en un volumen de control material se expresa como:

$$M = \int_V \rho \, dV$$

Por este motivo es interesante analizar la forma matemática que toma la derivada material de una propiedad definida de este modo.

En general, si $P(t)$ es una propiedad extensiva definida por una integral de volumen de la correspondiente propiedad intensiva $p\,(\bar{x}, t)$, sobre un volumen material que encierra una cantidad fija de materia:

$$P(t) = \int_V p\,(\bar{x}, t)\, dV$$

Su derivada material viene dada por:

$$\frac{D}{Dt} P(t) = \frac{D}{Dt} \int_V p\,(\bar{x}, t)\, dV$$

La derivación respecto al tiempo no puede intercambiarse a priori por la integral de volumen puesto que el volumen de control material es a su vez función del tiempo. Sin embargo realizando un cambio de variable, y pasando a la formulación lagrangiana, el volumen de integración pasa a ser independiente del tiempo al estar referido a la configuración de referencia con lo que se puede introducir la derivada respecto al tiempo dentro de la integral. Teniendo esto en cuenta:

$$\frac{D}{Dt} \int_V p\,(\bar{x}, t)\, dV = \frac{D}{Dt} \int_{V_0} p\,(\bar{X}, t) \cdot J \, dV_0 = \int_{V_0} \frac{D}{Dt}\left(p\,(\bar{X}, t) \cdot J \right) dV_0$$

Recordando las siguientes relaciones: $\left.\begin{aligned} \frac{dV}{dV_0} &= \det\left[F\right] = J \\ \frac{D}{Dt}\left(dV\right) &= dV \; div \, \bar{v} \end{aligned}\right\} \qquad \frac{DJ}{Dt} = J \; div \, \bar{v}$

se tiene:

$$\int_{V_0} \frac{D}{Dt}\left(p\left(\overline{X}, t\right)\cdot J\right) dV_0 = \int_{V_0}\left(J\cdot\frac{D}{Dt}p\left(\overline{X}, t\right) + p\left(\overline{X}, t\right)\frac{DJ}{Dt}\right) dV_0 =$$

$$\int_{V_0}\left(\frac{D}{Dt}p\left(\overline{X}, t\right) + p\left(\overline{X}, t\right)\, div\, \overline{v}\right)\cdot J\, dV_0$$

Deshaciendo el cambio de variable y volviendo a la formulación euleriana queda finalmente la expresión:

$$\frac{D}{Dt}\int_V p\left(\overline{x}, t\right) dV = \int_V\left(\frac{D}{Dt}p\left(\overline{x}, t\right) + p\left(\overline{x}, t\right)\, div\, \overline{v}\right) dV$$

introduciendo entonces la expresión euleriana de la derivada material:

$$\frac{D}{Dt}p\left(\overline{x}, t\right) = \frac{\partial p}{\partial t} + \overline{v}^T \times \overline{\mathrm{grad}}\; p$$

y recordando la siguiente expresión del cálculo vectorial:

$$\overline{v}^T \times \overline{\mathrm{grad}}\; p + p\, div\, \overline{v} = div\left(p\overline{v}\right)$$

se tiene la expresión alternativa:

$$\frac{D}{Dt}\int_V p\left(\overline{x}, t\right) dV = \int_V\left(\frac{\partial p}{\partial t} + \overline{v}^T \times \overline{\mathrm{grad}}\; p + p\, div\, \overline{v}\right) dV = \int_V\left(\frac{\partial p}{\partial t} + div\left(p\overline{v}\right)\right) dV$$

4.4. Teorema del transporte de Reynolds

El anterior desarrollo es adecuado para un volumen de control material. Sin embargo en muchos casos resulta más práctico evaluar las variaciones de cierta propiedad a partir del análisis realizado sobre un volumen fijo en el espacio a través del cual fluye el medio. Para ello debe relacionarse la variación de la propiedad el volumen de control material con la variación de la propiedad en el interior del volumen de control espacial. Esto es lo que hace el teorema del transporte de Reynolds que se presenta a continuación.

Considérese un volumen de control espacial fijo V_c y sea V el volumen de control material que en el instante t coincide con V_c. Sea $P(t)$ la cantidad total de cierta propiedad en el sistema material y sea $P_c(t)$ la cantidad total de esa propiedad encerrada por V_c también en dicho instante.

En el instante t ambos volúmenes de control coinciden y por tanto:

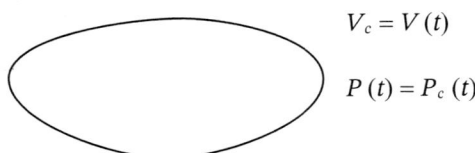

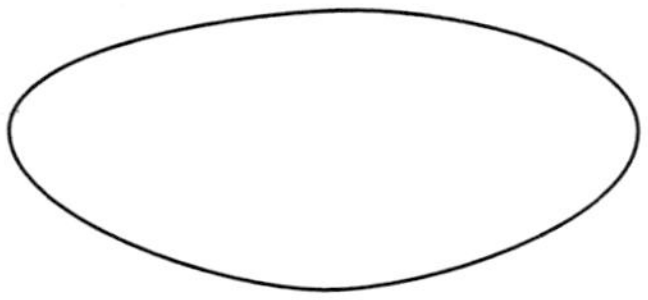

$V_c = V(t)$

$P(t) = P_c(t)$

Sin embargo un instante Δt después V se ha desplazado mientras que V_c permanece fijo:

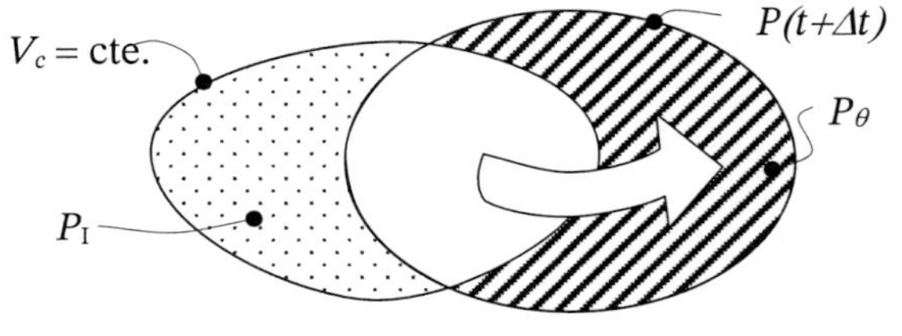

Si denominados P_θ a la cantidad de propiedad perteneciente a V que ha salido de V_c y P_I la cantidad de propiedad no perteneciente a V que ha entrado en V_c se tiene el siguiente balance para el instante $t + \Delta t$:

$$P(t+\Delta t) = P_\theta + P_c(t+\Delta t) - P_I$$

de donde restando $P(t)$ a los dos miembros y teniendo en cuenta que $P(t) = P_c(t)$ queda:

$$P(t+\Delta t) - P(t) = P_\theta + P_c(t+\Delta t) - P_c(t) - P_I$$

Dividiendo por Δt y pasando al límite se tiene:

$$\lim_{\Delta t \to 0} \frac{P(t+\Delta t) - P(t)}{\Delta t} = \lim_{\Delta t \to 0} \frac{P_c(t+\Delta t) - P_c(t)}{\Delta t} + \lim_{\Delta t \to 0} \frac{P_\theta - P_I}{\Delta t}$$

de donde:

$$\frac{D}{Dt} P(t) = \frac{d}{dt} P_c(t) + \varphi_P$$

El primer miembro de esta igualdad es la derivada material de la propiedad definida sobre el volumen material.

$$\frac{D}{Dt} P(t) = \frac{D}{Dt} \int_V p(\bar{x}, t)\, dV$$

El primer término del segundo miembro es la derivada temporal de la cantidad de propiedad en el interior del volumen de control espacial. Como V_c es un volumen fijo en el espacio puede permutarse la derivada por la integral, y como la variación temporal de la propiedad se mide en el volumen de control, a $\bar{x} = cte.$, la derivada temporal es una derivada parcial respecto al tiempo.

$$\frac{d}{dt} P_c(t) = \frac{d}{dt} \int_{V_c} p(\bar{x}, t)\, dV_c \quad = \quad \int_{V_c} \frac{\partial}{\partial t} p(\bar{x}, t)\, dV_c$$

El segundo término del segundo miembro es el flujo neto saliente de la propiedad a través de la superficie de control.

En efecto:

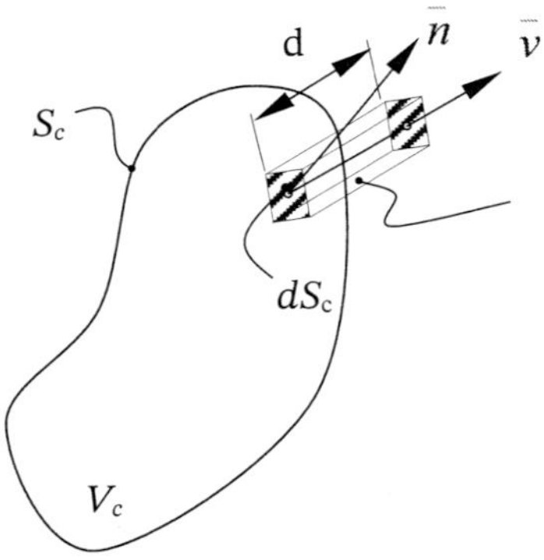

$$\delta\left(\lim_{\Delta t\to 0}\frac{P_\theta - P_I}{\Delta t}\right) = \frac{p(\bar{x},t)\,dV_n}{dt} = \delta\varphi_p$$

$$dV_n = dS_c\,d\ell = dS_c\,\bar{n}^T \times \bar{v}\,dt$$

$$\delta\varphi_p = p(\bar{x},t)(\bar{v}^T \times \bar{n})\,dS_c$$

$$\varphi_p = \int_{S_c} p(\bar{x},t)(\bar{v}^T \times \bar{n})\,dS_c$$

Y por tanto puede escribirse:

$$\frac{D}{Dt}\int_V p(\bar{x},t)\,dV = \int_{V_c}\frac{\partial}{\partial t}p(\bar{x},t)\,dV_c + \int_{S_c} p(\bar{x},t)(\bar{v}^T \times \bar{n})\,dS_c$$

Este último resultado se conoce como Teorema del Transporte de Reynolds.

El mismo resultado puede obtenerse, de forma menos intuitiva, introduciendo el teorema de la divergencia de Gauss en la expresión final de la derivada material de una integral de volumen presentada en el apartado anterior. En efecto:

$$\frac{D}{Dt}\int_V p(\bar{x},t)\,dV = \int_V\left(\frac{\partial p}{\partial t} + div\,(p\,\bar{v})\right)dV$$

Pero según el teorema de la divergencia:

$$\int_V div\,(p\,\bar{v})\,dV = \int_S p\,(\bar{v}^T \times \bar{n})\,dS$$

Con lo que: $\frac{D}{Dt}\int_V p(\bar{x},t)\,dV = \int_V \frac{\partial p}{\partial t}\,dV + \int_S p\,(\bar{v}^T \times \bar{n})\,dS$

Expresión equivalente al teorema de Reynolds ya que las integrales del segundo miembro pueden interpretarse como evaluadas sobre un volumen fijo que en el instante dado coincide con el volumen material móvil. El teorema del transporte de Reynolds puede enunciarse del siguiente modo:

"El ritmo de crecimiento de la propiedad P(t) en aquella parte del medio continuo que ocupa instantáneamente el volumen V, es igual a la suma de la cantidad de propiedad creada dentro de V por unidad de tiempo más el flujo neto saliente a través de la superficie de V."

4.5. Principio de conservación de la masa

En la mecánica de medio continuo se admite, como hipótesis de partida fundamental, que en cualquier transformación del medio la masa se conserva.

$$M = \int_V \rho\left(\bar{x}, t\right) dV = cte.$$

o lo que es equivalente:

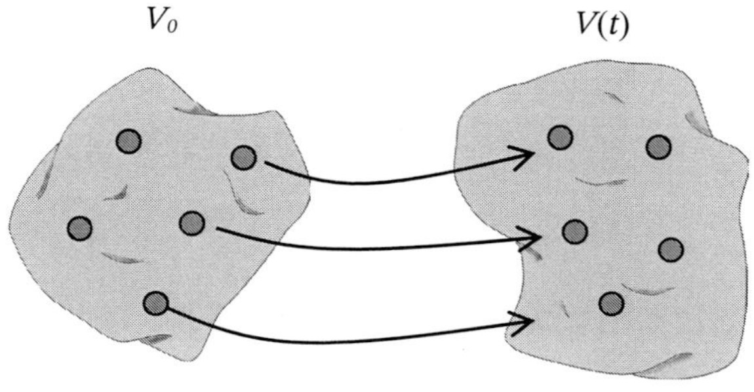

$$\int_{V_0} \rho_0\left(\bar{x}, t_0\right) dV_0 = \int_V \rho\left(\bar{x}, t\right) dV$$

Esta hipótesis es válida para la gran mayoría de problemas prácticos de ingeniería aunque resulta inadecuada para fenómenos físicos que impliquen intercambios entre masa y energía. El principio de conservación de la masa toma diversas formas matemáticas conocidas con el nombre genérico de ecuación de continuidad.

4.5.1. Ecuación de continuidad para un volumen de control material

Enfoque lagrangiano

En un enfoque lagrangiano, y considerando un volumen de control material, la conservación de la masa se expresa del siguiente modo:

En la configuración inicial: $\rho_0 = \dfrac{d M_0}{d V_0}$

En la configuración actual: ya que $\rho = \dfrac{d M_0}{d V} = \rho\left(\bar{x}(\bar{X}, t), t\right) \quad d M = d M_0$

y por tanto:

$$\frac{\rho_0}{\rho} = \frac{d V}{d V_0} = J \quad \Rightarrow \quad \rho_0 = \rho\, J$$

Expresión esta última que establece el principio de conservación de la masa a nivel diferencial. Como ρ_0 es un valor fijo independiente del tiempo, también puede escribirse:

$$\frac{D\rho_0}{Dt}=0 \;\;\Rightarrow\;\; \frac{D}{Dt}(\rho\,J)=0$$

Enfoque Euleriano

En un enfoque euleriano se tiene, para un volumen de control material:

$$\frac{DM}{Dt}=0 \;\;\Rightarrow\;\; \frac{D}{Dt}\int_V \rho\,(\bar{x},t)\,dV=\int_V\left(\frac{D\rho}{Dt}+\rho\,div\,\bar{v}\right)dV=0$$

Que es la expresión integral de la ecuación de continuidad para un volumen de control material.

Como esta expresión debe ser válida para cualquier volumen de control material elegido, debe cumplirse también que:

$$\frac{D\rho}{Dt}+\rho\,div\,\bar{v}=0$$

que es la expresión diferencial de la ecuación de continuidad para un elemento infinitesimal de volumen material. En forma desarrollada

$$\frac{D\rho}{Dt}+\rho\left(\frac{\partial v_1}{\partial x_1}+\frac{\partial v_2}{\partial x_2}+\frac{\partial v_3}{\partial x_3}\right)=0$$

Esta ecuación puede obtenerse directamente del siguiente modo: $dM=\rho\,dV$

de donde, al ser M constante: $\frac{DM}{Dt}=\frac{D}{Dt}(\rho dV)=\frac{D\rho}{Dt}dV+\rho\frac{D}{Dt}(dV)=0$

pero como: $\frac{D}{Dt}(dV)=dV\cdot div\,\bar{v}$

se tiene: $\frac{D\rho}{Dt}+\rho\,div\,\bar{v}=0$

4.5.2. Ecuación de continuidad para un volumen de control espacial (Enfoque euleriano)

Aplicando a la masa el teorema del transporte de Reynolds:

$$\frac{D}{Dt}\int_V \rho\,dV \;=\; \int_{V_c}\frac{\partial\rho}{\partial t}dV_c \;+\; \int_{S_c}\rho\,(\bar{v}^T\times\bar{n})\,dS_c=0$$

Que es la expresión integral de la ecuación de continuidad para un volumen de control espacial.

Intercambiando integral por derivada e introduciendo el teorema de la divergencia, tal como se ha hecho anteriormente, se obtiene:

$$0 = \int_{V_c} \left(\frac{\partial \rho}{\partial t} + div\,(\rho\,\bar{v})\right) dV_c$$

Ecuación que debe cumplirse para cualquier volumen de control espacial. Por tanto la formulación diferencial para un elemento infinitesimal de volumen fijo en el espacio es:

$$\frac{\partial \rho}{\partial t} + div\,(\rho\,\bar{v}) = 0$$

que es la expresión diferencial de la ecuación de continuidad para un elemento infinitesimal de volumen espacial. En forma desarrollada:

$$\frac{\partial \rho}{\partial t} + \frac{\partial(\rho v_1)}{\partial x_1} + \frac{\partial(\rho v_2)}{\partial x_2} + \frac{\partial(\rho v_3)}{\partial x_3} = 0$$

4.5.3. Consecuencias del principio de conservación de la masa

Medio incompresible

Se define el medio incompresible como aquel en el que el volumen se mantiene constante. La condición cinemática correspondiente es:

$$\frac{D}{Dt}(dV) = 0 = div\,\bar{v} \cdot dV$$

y por tanto:

$$div\,\bar{v} = 0$$

Por otra parte:

$$\det[F] = J = \frac{dV}{dV_0} = 1$$

Si el volumen se mantiene constante y la masa se conserva entonces en un medio incompresible la densidad se mantiene constante:

$$\rho = \frac{dM}{dV} = \frac{dM_0}{dV_0} = \rho_0$$

Caso particular de la derivada material de una integral de volumen

De la ecuación de continuidad se deriva un caso particular importante en la evaluación de derivadas materiales de integrales de volumen, correspondiente a propiedades que pueden ser expresadas por unidad de masa. En efecto, sea:

$$P(t) = \int_V q\,(\bar{x}, t)\,\rho\,dV$$

es decir: $p\,(\bar{x}, t) = q\,(\bar{x}, t)\,\rho$ entonces:

$$\frac{D}{Dt}\int_V q\,\rho\,dV = \frac{D}{Dt}\int_{V_0} q\,\rho\,J\,dV_0 = \int_{V_0}\frac{D}{Dt}(q\,\rho\,J)\,dV_0 = \int_{V_0}\left(\frac{Dq}{Dt}\rho\,J + q\frac{D}{Dt}(\rho\,J)\right)dV_0$$

pero por continuidad:

$$\frac{D}{Dt}(\rho\,J) = 0$$

con lo que:

$$\frac{D}{Dt}\int_V q\,\rho\,dV = \int_V \frac{Dq}{Dt}\rho\,dV$$

4.6. Principio de la cantidad de movimiento

Uno de los principios básicos de la mecánica clásica es el de la cantidad de movimiento (2ª ley de Newton para un sistema de masa constante). En este apartado se formula el principio de la cantidad de movimiento, en su enfoque euleriano, para un volumen de control material y para un volumen de control espacial.

4.6.1. Principio de la cantidad de movimiento para un volumen de control material

Sea un fragmento de medio continuo delimitado por una superficie exterior S_e y otra interior S_i, frontera con otra parte de medio continuo colindante. Sobre el volumen de control material definido por el fragmento considerado actúan:

- Las fuerzas de volumen.
- Las fuerzas de superficie exteriores a través de S_e.
- Las tensiones internas a través de S_i.

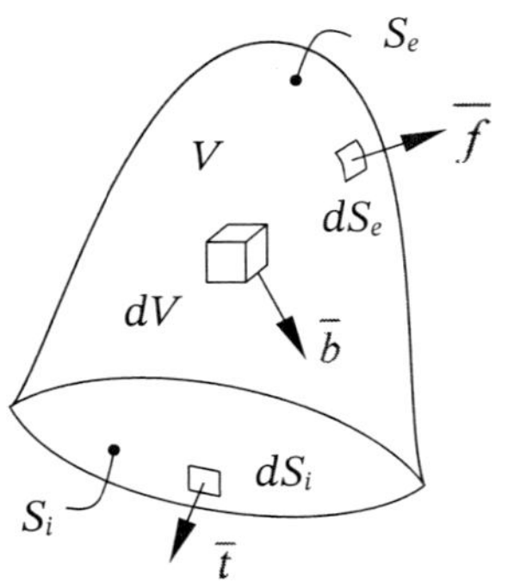

La resultante de fuerzas exteriores es pues:

$$\bar{R} = \int_V \bar{b}\, dV + \int_{S_e} \bar{f}\, dS_e + \int_{S_i} \bar{t}\, dS_i$$

Por otra parte cada elemento infinitesimal de volumen posee una cantidad de movimiento dada por:

$$d\, c.m. = \bar{v}\, dM = \bar{v}\, \rho\, dV$$

La cantidad de movimiento total para el fragmento de medio considerado será:

$$c.m. = \int_V \bar{v}\, \rho\, dV$$

El principio de la cantidad de movimiento para el sistema encerrado en el volumen de control material postula que:

$$\frac{D}{Dt}\int_V \bar{v}\, \rho\, dV = \int_V \bar{a}\, \rho\, dV = \int_V \bar{b}\, dV + \int_{S_e} \bar{f}\, dS_e + \int_{S_i} \bar{t}\, dS_i = \bar{R}$$

Ecuación que constituye la forma integral del principio de la cantidad de movimiento para un volumen de control material.

La forma diferencial del principio de la cantidad de movimiento se encuentra aplicando el principio de la cantidad de movimiento directamente a un elemento infinitesimal de volumen material de dimensiones dx_1, dx_2 y dx_3.

En la figura se muestran los vectores tensión actuantes sobre los planos coordenados y los actuantes sobre las caras paralelas a dichos planos. Además de las fuerzas que resultan de estas acciones sobre la superficie de dV, deberá considerarse la posible existencia de fuerzas de volumen $\bar{b}$, cuya resultante se aplica al centro de gravedad de dV.

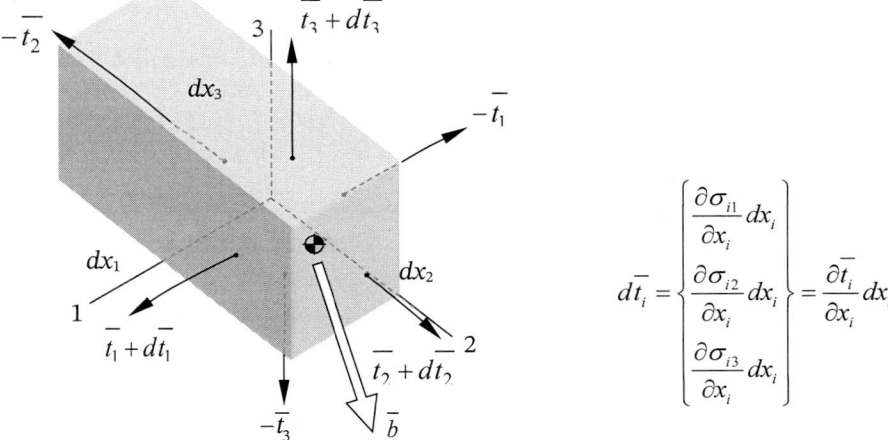

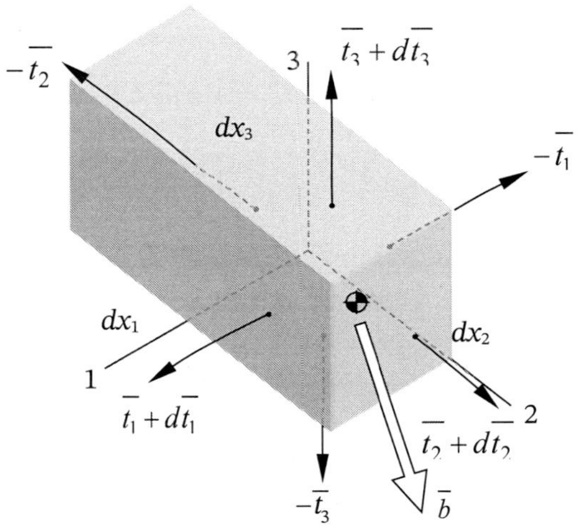

$$d\bar{t}_i = \begin{Bmatrix} \dfrac{\partial \sigma_{i1}}{\partial x_i} dx_i \\ \dfrac{\partial \sigma_{i2}}{\partial x_i} dx_i \\ \dfrac{\partial \sigma_{i3}}{\partial x_i} dx_i \end{Bmatrix} = \frac{\partial \bar{t}_i}{\partial x_i} dx_i$$

Planteando la segunda ley de Newton al elemento infinitesimal de volumen se tiene:

$$\left(\bar{t}_1 + d\bar{t}_1 \right) dx_2\, dx_3 + \left(\bar{t}_2 + d\bar{t}_2 \right) dx_1\, dx_3 + \left(\bar{t}_3 + d\bar{t}_3 \right) dx_1\, dx_2 +$$

$$+\bar{b}\, dx_1\, dx_2\, dx_3 - \left(\bar{t}_1\, dx_2\, dx_3 + \bar{t}_2\, dx_1\, dx_3 + \bar{t}_3\, dx_1\, dx_2 \right) = \rho \frac{D\bar{v}}{Dt} dx_1\, dx_2\, dx_3$$

Simplificando:

$$d\bar{t}_1\, dx_2\, dx_3 + d\bar{t}_2\, dx_1\, dx_3 + d\bar{t}_3\, dx_1\, dx_2 + \bar{b}\, dx_1\, dx_2\, dx_3 = \rho \frac{D\bar{v}}{Dt} dx_1\, dx_2\, dx_3$$

de donde:

$$\frac{\partial \bar{t}_1}{\partial x_1} + \frac{\partial \bar{t}_2}{\partial x_2} + \frac{\partial \bar{t}_3}{\partial x_3} + \bar{b} = \rho \frac{D\bar{v}}{Dt}$$

siendo:

$$\sum_1^3 \frac{\partial \bar{t}_i}{\partial x_i} = div\left[\sigma\right]$$

y por tanto:

$$div\left[\sigma\right] + \bar{b} = \rho \frac{D\bar{v}}{Dt} = \rho\, \bar{a}$$

expresión que constituye la forma diferencial del principio de la cantidad de movimiento para un elemento infinitesimal de volumen material, que en forma desarrollada es:

$$\frac{\partial \sigma_{11}}{\partial x_1} + \frac{\partial \sigma_{12}}{\partial x_2} + \frac{\partial \sigma_{13}}{\partial x_3} + b_1 = \rho \frac{Dv_1}{Dt} = \rho\, a_1$$

$$\frac{\partial \sigma_{12}}{\partial x_1} + \frac{\partial \sigma_{22}}{\partial x_2} + \frac{\partial \sigma_{23}}{\partial x_3} + b_2 = \rho \frac{Dv_2}{Dt} = \rho\, a_2$$

$$\frac{\partial \sigma_{13}}{\partial x_1} + \frac{\partial \sigma_{23}}{\partial x_2} + \frac{\partial \sigma_{33}}{\partial x_3} + b_3 = \rho \frac{Dv_3}{Dt} = \rho\, a_3$$

Este mismo resultado puede obtenerse por aplicación del teorema de la divergencia a las integrales de superficie de la forma integral del principio de la cantidad de movimiento para un volumen material.

En efecto, se tiene que:

$$\bar{t} = \left[\sigma\right] \bar{n} \text{ en } S_i \quad \rightarrow \quad \int_{S_i} \bar{t}\, dS_i = \int_{S_i} \left[\sigma\right] \bar{n}\, dS_i$$

$$\bar{f} = \left[\sigma\right] \bar{n} \text{ en } S_e \quad \rightarrow \quad \int_{S_e} \bar{f}\, dS_e = \int_{S_e} \left[\sigma\right] \bar{n}\, dS_e$$

para toda la superficie:

$$\int_{S_i} [\sigma] \bar{n} \, dS_i + \int_{S_e} [\sigma] \bar{n} \, dS_e = \int_S [\sigma] \bar{n} \, dS$$

y aplicando el teorema de la divergencia:

$$\int_S [\sigma] \bar{n} \, dS = \int_V div [\sigma] \, dV$$

Entonces, agrupando todas las integrales de volumen:

$$\int_V \bar{b} \, dV + \int_V div [\sigma] \, dV = \int_V \left(div [\sigma] + \bar{b} \right) dV = \int_V \rho \frac{D\bar{v}}{Dt} \, dV$$

y como esta ecuación debe ser válida para todo volumen, se tiene que:

$$div [\sigma] + \bar{b} = \rho \frac{D\bar{v}}{Dt} = \rho \bar{a}$$

4.6.2. Principio de la cantidad de movimiento para un volumen de control espacial

Para aplicar el principio de la cantidad de movimiento a un volumen de control finito fijo, basta con transformar, mediante el teorema de Reynolds, la derivada material de la integral de volumen del segundo miembro de la forma integral del principio de la cantidad de movimiento.

$$\int_{V_c} \left(div [\sigma] + \bar{b} \right) dV = \int_{V_c} \frac{\partial}{\partial t} (\rho \, \bar{v}) \, dV + \int_{S_c} \rho \bar{v} \, (\bar{v}^T \times \bar{n}) \, dS_c$$

Esta ecuación constituye la forma integral del principio de la cantidad de movimiento para un volumen de control espacial.

Aplicando al igual que antes el teorema de la divergencia, es posible transformar todas las integrales de superficie en integrales de volumen. Transformando y agrupando se tiene:

$$\int_{V_c} \left(div [\sigma] + \bar{b} \right) dV = \int_{V_c} \frac{\partial}{\partial t} (\rho \bar{v}) \, dV + \int_{V_c} \left[\frac{\partial}{\partial x_1} (\rho \, v_1 \bar{v}) + \frac{\partial}{\partial x_2} (\rho \, v_2 \bar{v}) + \frac{\partial}{\partial x_3} (\rho \, v_3 \bar{v}) \right] dV$$

Expresión que debe ser válida para cualquier volumen de control espacial. Simplificando se obtiene finalmente:

$$div [\sigma] + \bar{b} = \rho \left(\frac{\partial \bar{v}}{\partial t} + [L] \bar{v} \right) = \rho \, \bar{a}$$

Que es la forma diferencial del principio de la cantidad de movimiento para un elemento infinitesimal de volumen de control fijo en el espacio. Es de observar que esta ecuación es equivalente a la obtenida para un elemento infinitesimal de volumen material sin más que identificar la expresión euleriana de la derivada material del vector velocidad. En forma desarrollada:

$$\frac{\partial \sigma_{11}}{\partial x_1}+\frac{\partial \sigma_{12}}{\partial x_2}+\frac{\partial \sigma_{13}}{\partial x_3}+b_1=\rho\left(\frac{\partial v_1}{\partial t}+v_1\frac{\partial v_1}{\partial x_1}+v_1\frac{\partial v_1}{\partial x_2}+v_3\frac{\partial v_1}{\partial x_3}\right)$$

$$\frac{\partial \sigma_{12}}{\partial x_1}+\frac{\partial \sigma_{22}}{\partial x_2}+\frac{\partial \sigma_{23}}{\partial x_3}+b_2=\rho\left(\frac{\partial v_2}{\partial t}+v_1\frac{\partial v_2}{\partial x_1}+v_1\frac{\partial v_2}{\partial x_2}+v_3\frac{\partial v_2}{\partial x_3}\right)$$

$$\frac{\partial \sigma_{13}}{\partial x_1}+\frac{\partial \sigma_{23}}{\partial x_2}+\frac{\partial \sigma_{33}}{\partial x_3}+b_3=\rho\left(\frac{\partial v_3}{\partial t}+v_1\frac{\partial v_3}{\partial x_1}+v_1\frac{\partial v_3}{\partial x_2}+v_3\frac{\partial v_3}{\partial x_3}\right)$$

Si la aceleración se descompone en sus términos intrínsecos se obtiene la expresión alternativa:

$$div\left[\sigma\right]+\bar{b}=\rho\left(\frac{\partial \bar{v}}{\partial t}+2\dot{\bar{\omega}}\wedge\bar{v}+\frac{1}{2}\overline{\text{grad}\, v^2}\right)$$

4.7. Teorema del momento cinético

El teorema del momento cinético se deriva directamente del principio de la cantidad de movimiento y no constituye, en consecuencia, un postulado básico de la mecánica. Se incluye aquí porque su utilización resulta útil en algunos problemas de la mecánica de fluidos y por que de él se desprende la simetría del tensor tensión, tal como se apuntó al introducir dicho tensor en el capítulo 3.

En este apartado se formula el teorema del momento cinético, en su enfoque euleriano, para un volumen de control material y para un volumen de control espacial. Por simplicidad se ha escogido la versión del teorema respecto a un punto fijo en la referencia de estudio, tomándose como tal el origen de coordenadas.

4.7.1. Teorema del momento cinético para un volumen de control material

Para enunciar este teorema basta considerar los mismos términos del principio de la cantidad de movimiento y tomar para cada uno de ellos momentos respecto al origen:

$$\int_V \bar{x}\wedge\bar{b}\,dV+\int_{S_i}\bar{x}\wedge\bar{t}\,dS_i+\int_{S_e}\bar{x}\wedge\bar{f}\,dS_e=\frac{D}{Dt}\int_V \bar{x}\wedge\bar{v}\,\rho\,dV$$

expresión que constituye la forma integral del teorema del momento cinético. La forma diferencial de este teorema se reduce a la condición de reciprocidad de las tensiones cortantes ya presentada al justificar la simetría del tensor tensión. En efecto:

$$\int_{S_i} \bar{x} \wedge \bar{t}\, dS_i + \int_{S_e} \bar{x} \wedge \bar{f}\, dS_e = \int_S \bar{x} \wedge [\sigma]\, \bar{n}\, dS$$

donde

$$\bar{x} \wedge [\sigma] \equiv \left[\ \bar{x} \wedge \bar{t}_1,\ \bar{x} \wedge \bar{t}_2,\ \bar{x} \wedge \bar{t}_3\ \right]$$

Aplicando el teorema de la divergencia puede tranformarse esta integral de volumen en otra de superficie:

$$\int_S \bar{x} \wedge [\sigma]\, \bar{n}\, dS = \int_V \operatorname{div}\left(\ \bar{x} \wedge [\sigma]\ \right) dV$$

donde

$$\operatorname{div}\left(\ \bar{x} \wedge [\sigma]\ \right) = \sum_1^3 \frac{\partial}{\partial x_i}\left(\ \bar{x} \wedge \bar{t}_i\ \right) = \sum_1^3 \frac{\partial \bar{x}}{\partial x_i} \wedge \bar{t}_i + \sum_1^3 \bar{x} \wedge \frac{\partial \bar{t}_i}{\partial x_i} = \sum_1^3 \bar{e}_i \wedge \bar{t}_i + \bar{x} \wedge \operatorname{div}[\sigma]$$

Substituyendo en el teorema del momento cinético:

$$\int_V \bar{x} \wedge \bar{b}\, dV + \int_V \bar{x} \wedge \operatorname{div}[\sigma]\, dV + \int_V \sum_1^3 \bar{e}_i \wedge \bar{t}_i\, dV = \frac{D}{Dt}\int_V \bar{x} \wedge \bar{v}\, \rho\, dV$$

$$\bar{v} \wedge \bar{v} = 0$$

por otra parte: $\displaystyle \frac{D}{Dt}\int_V \bar{x} \wedge \bar{v}\, \rho\, dV = \int_V \left(\frac{D\bar{x}}{Dt} \wedge \bar{v} + \bar{x} \wedge \frac{D\bar{v}}{Dt}\right) \rho\, dV$

con lo que, agrupando términos, queda:

$$\int_V \bar{x} \wedge \left(\bar{b} + \operatorname{div}[\sigma]\right) dV + \int_V \sum_1^3 \bar{e}_i \wedge \bar{t}_i\, dV = \int_V \bar{x} \wedge \frac{D\bar{v}}{Dt}\, \rho\, dV$$

como $\bar{b} + \operatorname{div}[\sigma] = \rho \dfrac{D\bar{v}}{Dt}$ se sigue que debe cumplirse $\displaystyle \sum_1^3 \bar{e}_i \wedge \bar{t}_i = \bar{0}$

$$\boxed{\sigma_{ij} = \sigma_{ji}} \quad \text{c.q.d.}$$

4.7.2. Teorema del momento cinético para un volumen de control espacial

También en este caso, en muchas aplicaciones prácticas resulta más conveniente trabajar sobre un volumen de control fijo en el espacio. Para ello debe transformarse el segundo miembro de la forma integral por aplicación del teorema de Reynolds:

$$\int_{V_c} \bar{x} \wedge \bar{b}\, dV + \int_{S_{c_e}} \bar{x} \wedge \bar{f}\, dS_e + \int_{S_{c_i}} \bar{x} \wedge \bar{t}\, dS_i = \int_{V_c} \frac{\partial}{\partial t}\left(\ \bar{x} \wedge \bar{v}\, \rho\ \right) dV_c + \int_{S_c} \bar{x} \wedge \bar{v}\, \rho \left(\ \bar{v}^T \times \bar{n}\ \right) dS_c$$

Así mismo, las integrales del primer miembro se evalúan sobre el volumen de control fijo puesto que en el instante analizado coincide con el volumen de control material de referencia. Esta es la forma integral del teorema de momento cinético para un volumen de control espacial.

4.8. Condiciones de equilibrio para un medio continuo

El equilibrio de un sistema es un caso particular de la dinámica para el que no existe movimiento. En el capítulo 1 se definió el equilibrio en una referencia de estudio como el estado de reposo mantenido en dicha referencia. La condición necesaria y suficiente de equilibrio para un sistema de partículas era que cada una de las partículas estuviera en equilibrio.

También se vio que la condición de suma de fuerzas y suma de momentos exteriores nulas era necesaria y suficiente de equilibrio sólo para un sólido rígido, siendo condición necesaria pero no suficiente para un sistema de partículas, y por tanto también para un medio continuo.

La condición necesaria y suficiente de equilibrio para un medio continuo, de forma semejante a como sucede en un sistema de partículas, consiste en garantizar el equilibrio de todos y cada uno de sus elementos infinitesimales de volumen. Seguidamente se establece dicha condición para los puntos interiores y periféricos del medio continuo.

4.8.1. Condiciones de equilibrio para un punto interior

La condición de equilibrio de fuerzas para un punto interior es un caso particular del principio de la cantidad de movimiento que corresponde al caso de aceleración nula. En consecuencia la condición de equilibrio para un punto interior es:

$$div\left[\sigma\right]+\bar{b}=0$$

La simetría del tensor tensión por su parte garantiza el equilibrio de momentos sobre el elemento infinitesimal de volumen.

4.8.2. Condiciones de equilibrio para un punto del contorno

Al estudiar las condiciones de contorno de las tensiones, se aplicó el principio de la cantidad de movimiento a un tetraedro infinitesimal ubicado en la superficie. El equilibrio de dicho tetraedro se obtiene de anular el término de aceleraciones, sin embargo éste no interviene en el resultado final por tratarse de un infinitésimo de orden superior. Por tanto la condición de equilibrio para un punto del contorno coincide con la propia condición de contorno:

$$[\sigma]\,\overline{n} = \overline{f}$$

La simetría del tensor tensión por su parte garantiza el equilibrio de momentos sobre el elemento infinitesimal de volumen.

4.9. Trabajo y potencia de las fuerzas exteriores

Atendiendo a la definición clásica de trabajo de una fuerza, el trabajo realizado por las fuerzas exteriores sobre el medio continuo puede evaluarse a nivel infinitesimal como el producto escalar de la fuerza por un incremento de corrimiento de magnitud infinitesimal.

Así pues las fuerzas intensivas de superficie, aplicadas sobre *dS*, realizarán un trabajo infinitesimal dado por:

$$\delta\tau_{\overline{f}} = d\overline{u}^{T} \times \overline{f}\, dS$$

Mientras que las fuerzas intensivas de volumen, aplicadas sobre *dV*, realizarán un trabajo infinitesimal dado por:

$$\delta\tau_{\overline{b}} = d\overline{u}^{T} \times \overline{b}\, dV$$

El trabajo infinitesimal total realizado sobre el medio continuo por las fuerzas exteriores en un incremento del campo de corrimientos vendrá dado por la suma de todos los trabajos realizados sobre cada *dS* y cada *dV*:

$$d\tau = \int_{S_e} d\overline{u}^{T} \times \overline{f}\, dS + \int_{S_i} d\overline{u}^{T} \times \overline{t}\, dS_i + \int_{V} d\overline{u}^{T} \times \overline{b}\, dV$$

En esta expresión, y a efectos de obtener una expresión más general, se ha añadido el trabajo realizado por las tensiones sobre una hipotética superficie frontera entre el fragmento de medio continuo analizado y el resto del medio colindante con él.

El trabajo infinitesimal no tiene porqué ser la diferencial exacta de ninguna función puesto que es sabido de física elemental, que el trabajo finito realizado por una fuerza al desplazarse su punto de aplicación entre dos puntos en el espacio depende del camino seguido en el desplazamiento. Por este motivo, y por el hecho de trabajar con cantidades finitas en lugar de magnitudes infinitésimas, se introduce el concepto de potencia.

Atendiendo a la definición clásica de potencia instantánea de una fuerza, la potencia las fuerzas exteriores sobre el medio continuo puede evaluarse como el trabajo realizado por unidad de tiempo, siendo la potencia una cantidad finita. Así pues las fuerzas intensivas de superficie, aplicadas sobre *dS*, realizarán una potencia dada por:

$$\delta P_{\overline{f}} = \overline{v}^{T} \times \overline{f}\, dS$$

Mientras que las fuerzas intensivas de volumen, aplicadas sobre dV, realizarán una potencia dada por:

$$\delta P_{\bar{b}} = \bar{v}^T \times \bar{b}\, dV$$

La potencia total realizada sobre el medio continuo por las fuerzas exteriores en un instante dado es la suma de todas las potencias realizadas sobre cada dS y cada dV en dicho instante:

$$P_{ext} = \int_{S_e} \bar{v}^T \times \bar{f}\, dS_e + \int_{S_i} \bar{v}^T \times \bar{t}\, dS_i + \int_V \bar{v}^T \times \bar{b}\, dV$$

En esta expresión, y a efectos de obtener una expresión más general, se ha añadido también la potencia realizada por las tensiones sobre una hipotética superficie frontera entre el fragmento de medio continuo analizado y el resto del medio colindante con él.

4.10. Teorema de las fuerzas vivas. Energía de deformación

4.10.1. Forma diferencial del teorema de las fuerzas vivas

Como se vio en el capítulo 1, el medio continuo puramente mecánico es una forma límite de un sistema de partículas que interaccionan, siéndole también aplicable el teorema de las fuerzas vivas. Por tanto el trabajo de las fuerzas exteriores más el trabajo de las fuerzas interiores, realizados en un intervalo de tiempo dado, debe ser igual al incremento en la energía cinética del medio en dicho intervalo. Enunciado en forma instantánea, el teorema de las fuerzas vivas establece que, en cualquier instante, la suma de la potencia de las fuerzas exteriores más la potencia de las fuerzas interiores es igual a la velocidad de variación de la energía cinética del sistema en dicho instante.

Es interesante analizar la forma diferencial del teorema de las fuerzas vivas, aplicado a un elemento infinitesimal de volumen material totalmente interior al volumen de control, puesto que de este desarrollo surge una expresión para la potencia y el trabajo realizados por las fuerzas interiores.

Las fuerzas actuantes sobre el elemento infinitesimal de volumen son las asociadas a las tensiones internas actuantes sobre cada una de sus caras más las fuerzas de volumen actuantes sobre el centro de gravedad de dV (Ver apartado 5.6.1.). La potencia total desarrollada sobre el elemento se obtienen sumando la potencia asociada a cada término. Para ello resulta útil considerar las caras del elemento por pares orientados según cada uno de los ejes de referencia. Por ejemplo, si tomamos las caras perpendiculares al eje 1 se tiene:

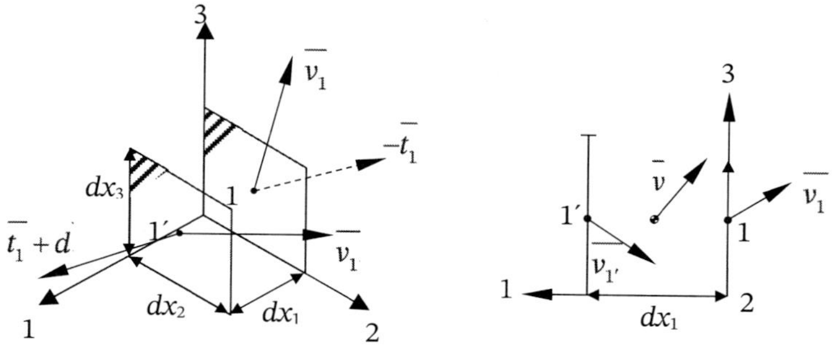

$$\delta P_{11'} = \overline{v_{1'}}^{T} \times \left(\overline{t_1} + \overline{dt_1}\right) dx_2\, dx_3 - \overline{v_1}^{T} \times \overline{t_1}\, dx_2\, dx_3$$

reordenando:

$$\delta P_{11'} = \overline{v_{1'}}^{T} \times \overline{dt_1}\, dx_2\, dx_3 + \left(\overline{v_{1'}} - \overline{v_1}\right)^{T} \times \overline{t_1}\, dx_2\, dx_3$$

pero:

$$\overline{v_{1'}} = \overline{v} + \frac{\overline{dv}}{2}$$

con lo que, eliminando infinitésimos de orden superior:

$$\overline{v_{1'}}^{T} \times \overline{dt_1}\, dx_2 dx_3 = \overline{v}^{T} \times \overline{dt_1}\, dx_2 dx_3 = \overline{v}^{T} \times \overline{dt_1}\, dS_1$$

Además, al ser 1 y 1' dos puntos infinitamente próximos sus velocidades se relacionan del siguiente modo:

$$\overline{v_{1'}} - v_1 = \dot{\overline{\omega}} \wedge \overline{dx_1} + [D]\overline{dx_1} = \left(\dot{\overline{\omega}} \wedge \overline{e_1} + [D]\overline{e_1}\right) dx_1$$

Aplicando estos resultados a todos los pares de caras y sumando la potencia de las fuerzas de volumen, se obtiene la expresión de la potencia de las fuerzas exteriores actuantes sobre el elemento infinitesimal de volumen:

$$\delta P_{ext} = \overline{v}^{T} \times \overline{b}\, dV + \sum_{1}^{3} \overline{v}^{T} \times \overline{dt_i}\, \overline{dS_i} + \sum_{1}^{3} \left(\dot{\overline{\omega}} \wedge \overline{e_i} + [D]\overline{e_i}\right)^{T} \times \overline{t_i}\, dV =$$

$$= \left[\overline{v}^{T} \times \left(div\,[\sigma] + \overline{b}\right) + \sum_{1}^{3} \left(\dot{\overline{\omega}} \wedge \overline{e_i} + [D]\overline{e_i}\right)^{T} \times \overline{t_i}\right] dV$$

y por otra parte es fácil comprobar que:

$$\left(\dot{\overline{\omega}} \wedge \overline{e_1}\right)^{T} \times \overline{t_1} = -\sigma_{12} W_{12} - \sigma_{13} W_{13}; \qquad \left(\dot{\overline{\omega}} \wedge \overline{e_2}\right)^{T} \times \overline{t_2} = \sigma_{12} W_{12} - \sigma_{23} W_{23}$$

$$\left(\dot{\overline{\omega}} \wedge \overline{e_3}\right)^{T} \times \overline{t_3} = \sigma_{13} W_{13} + \sigma_{23} W_{23}$$

y en consecuencia $\sum_{1}^{3}\left(\dot{\bar{\omega}}\wedge \bar{e}_i\right)^T \times \bar{t}_i = 0$ o lo que es equivalente $t_r\left(\left[W\right]^T\left[\sigma\right]\right)=0$

El término $\sum_{1}^{3}\left(\left[D\right]\bar{e}_i\right)^T \times \bar{t}_i$ es igual a $t_r\left(\left[D\right]\left[\sigma\right]\right)\equiv\left[\sigma\right]:\left[D\right]$

Con lo que finalmente se llega a la siguiente expresión para la potencia de las fuerzas exteriores al elemento infinitesimal de volumen:

$$\delta P_{ext} = \left[\bar{v}^T \times\left(div\,[\sigma]+\bar{b}\right)+\left[\sigma\right]:\left[D\right]\right]dV$$

Por otra parte, la energía cinética para el elemento infinitesimal de volumen es:

$$\delta E_C = \frac{1}{2}dM\, v^2 = \frac{1}{2}\rho v^2\, dV$$

Su derivada material puede escribirse como: $\frac{D}{Dt}\left(\delta E_C\right)=\bar{v}^T \times \rho\frac{D\bar{v}}{Dt}dV$

ya que al ser dM constante: $\rho\, dV = cte.$ y $\frac{D}{Dt}\left(\rho dV\right)=0$

Del principio de la cantidad de movimiento se tiene: $div\,[\sigma]+\bar{b}=\rho\frac{D\bar{v}}{Dt}$

Multiplicando ambos miembros por la velocidad y operando en el segundo miembro:

$$\bar{v}^T \times(div\left[\sigma\right]+\bar{b})=\bar{v}^T \times\rho\frac{D\bar{v}}{Dt}=\frac{1}{dV}\frac{D}{Dt}\left(\delta E_C\right)$$

Por tanto la potencia de las variaciones de las fuerzas de superficie al pasar de una cara a otra más la potencia de las fuerzas de volumen es igual a la velocidad de variación de la energía cinética.

Al aplicar estos resultados en la formulación del teorema de las fuerzas vivas para un elemento infinitesimal de volumen se tiene finalmente:

$$\delta P_{int} + \bar{v}^T \times\left(div\left[\sigma\right]+\bar{b}\right)dV + \left[\sigma\right]:\left[D\right]dV = \frac{D}{Dt}\left(\delta E_C\right)$$

Es decir, la potencia debida a las fuerzas de volumen y a las variaciones de las tensiones se emplea en modificar la energía cinética del elemento infinitesimal de volumen, mientras que la potencia desarrollada por la parte autoequilibrada de las tensiones es igual y cambiada de signo a la potencia desarrollada por las fuerzas interiores.

4.10.2. Potencia de tensión

Se define la potencia de tensión como la potencia de las fuerzas interiores cambiada de signo (la potencia de tensión es potencia entregada al medio mientras que la potencia de las fuerzas interiores es potencia entregada por el medio). La potencia de tensión puede evaluarse a partir de las tensiones y del campo de velocidades de deformación del siguiente modo:

$$\delta P_\sigma = [\sigma]:[D]\,dV = -\delta P_{int}$$

En forma desarrollada la potencia de tensión por unidad de volumen es:

$$[\sigma]:[D] = \sigma_{11}D_{11} + \sigma_{22}D_{22} + \sigma_{33}D_{33} + 2\left(\sigma_{12}D_{12} + \sigma_{13}D_{13} + \sigma_{23}D_{23}\right) = \frac{\delta P_\sigma}{dV} = P_\sigma^*$$

La potencia de tensión sobre un fragmento finito del medio continuo resulta de integrar este resultado a todo su volumen:

$$P_\sigma = \int_V [D]:[\sigma]\,dV$$

Es interesante observar que si se descomponen $[\sigma]$ y $[D]$ en sus componentes esférica y desviadora, y teniendo en cuenta que las trazas de las componentes desviadoras son nulas, puede expresarse la potencia de tensión como suma de dos términos.

$$P_\sigma = \int_V [\sigma_0]:[D_0]\,dV + \int_V [s]:[d]\,dV$$

donde el primer término está asociado a la potencia de cambio de volumen del medio y el segundo a la potencia de cambio de forma.

4.10.3. Forma integral del teorema de las fuerzas vivas

La energía cinética del medio continuo es igual a la suma de las energías cinéticas de cada uno de sus elementos infinitesimales de volumen por lo que puede escribirse:

$$\delta E_C = \frac{1}{2}\rho v^2 dV \qquad \Rightarrow \qquad E_C = \int_V \frac{1}{2}\rho v^2\,dV$$

En consecuencia la forma integral de la versión instantánea del teorema de las fuerzas vivas para un volumen de control material puede expresarse como:

$$P_{int} + P_{ext} = -\int_V [\sigma]:[D]\,dV + \int_{S_i} \bar{v}^T \times \bar{t}\,dS_i + \int_{S_e} \bar{v}^T \times \bar{f}\,dS_e + \int_V \bar{v}^T \times \bar{b}\,dV = \frac{D}{Dt}\int_V \frac{1}{2}\rho v^2\,dV$$

NOTA: *esta expresión puede deducirse directamente a partir del principio de la cantidad de movimiento simplemente multiplicando ambos miembros por* $\bar{v}$, *integrarlas sobre un volumen de control material V y realizar una serie de operaciones matemáticas.*

Transformando la derivada material por aplicación del teorema de Reynolds se obtiene la forma integral de dicho teorema para un volumen de control espacial:

$$P_{int} + P_{ext} = \int_{V_C} \frac{1}{2}\frac{\partial}{\partial t}\left(\rho v^2 \right) dV + \int_{S_C} \frac{1}{2}\rho v^2 (\bar{v}^T \times \bar{n}) \, dS_C$$

4.10.4. Energía de deformación

Se define la energía de deformación como el trabajo realizado contra las fuerzas interiores entre dos configuraciones del medio continuo. De forma análoga, el trabajo infinitesimal realizado contra las fuerzas interiores entre dos configuraciones infinitamente próximas recibe el nombre de incremento de energía de deformación. El incremento de energía de deformación no depende de los corrimientos absolutos sino sólo de los corrimientos relativos entre partículas por lo que puede expresarse en función de los tensores de tensión y de incrementos de deformación. Para ello basta multiplicar por *dt* la expresión encontrada anteriormente para la potencia de tensión ya que, como se vio en el capítulo 2:

$$d\varepsilon_{ij} = D_{ij} dt$$

En forma desarrollada el incremento de energía de deformación por unidad de volumen, o densidad de energía de deformación, es:

$$dE_\varepsilon^* = \frac{\delta \, dE_\varepsilon}{dV} = \sigma_{11} d\varepsilon_{11} + \sigma_{22} d\varepsilon_{22} + \sigma_{33} d\varepsilon_{33} + 2\left(\sigma_{12} d\varepsilon_{12} + \sigma_{13} d\varepsilon_{13} + \sigma_{23} d\varepsilon_{23} \right)$$

El incremento de densidad de energía de deformación suele escribirse abreviadamente como:

$$dE_\varepsilon^* = tr\left(\left[\sigma \right] \left[d\varepsilon \right] \right) = \left[\sigma \right] : \left[d\varepsilon \right]$$

El incremento de energía de deformación sobre un fragmento finito del medio continuo resulta de integrar este resultado a todo su volumen:

$$dE_\varepsilon = \int_V \left[\sigma \right] : \left[d\varepsilon \right] dV$$

Igual que en el caso de la potencia de tensión, el incremento de energía de deformación puede descomponerse en un término de energía de cambio de volumen y otro de energía de cambio de forma:

$$dE_\varepsilon = \int_V \left[\sigma_0 \right] : \left[d\varepsilon_0 \right] dV + \int_V \left[s \right] : \left[d\, e \right] dV$$

donde $dE_V^* = [\sigma_0]:[d\varepsilon_0]$ es el incremento de densidad de energía de cambio de volumen. y $dE_d^* = [s]:[d\,e]$ es el incremento de densidad de energía de distorsión, o de cambio de forma.

4.11. Teorema de las potencias virtuales

La potencia de las fuerzas exteriores para un volumen de control material *V* se expresa como:

$$P_{ext} = \int_V \left[\bar{v}^T \times \left(\operatorname{div}[\sigma] + \bar{b} \right) + [\sigma]:[D] \right] dV = \int_{S_i} \bar{v}^T \times \bar{t}\, dS_i + \int_{S_e} \bar{v}^T \times \bar{f}\, dS_e + \int_V \bar{v}^T \times \bar{b}\, dV$$

De aquí, introduciendo el principio de la cantidad de movimiento, puede evaluarse la potencia de tensión como:

$$\int_V [\sigma]:[D]\, dV = \int_{S_i} \bar{v}^T \times \bar{t}\, dS_i + \int_{S_e} \bar{v}^T \times \bar{f}\, dS_e + \int_V \bar{v}^T \times \bar{b}\, dV - \int_V \bar{v}^T \times \rho \frac{D\bar{v}}{Dt}\, dV$$

Donde la última integral del segundo miembro puede interpretarse como la potencia generada por las fuerzas ficticias de inercia. Esta expresión es válida para cualquier campo virtual de velocidades físicam

siendo $\left[D^* \right]$ el tensor velocidad de deformación asociado al campo de velocidades virtuales.

Evidentemente si el medio continuo está en equilibrio el término asociado a las fuerzas de inercia desaparece.

Esta misma expresión multiplicada por *dt* da lugar al teorema de los trabajos virtuales, sin más que substituir las velocidades virtuales por corrimientos infinitésimos virtuales

$$\int_V [\sigma]:[d\varepsilon^*]\, dV = \int_{S_i} \overline{du^*}^T \times \bar{t}\, dS_i + \int_{S_e} \overline{du^*}^T \times \bar{f}\, dS_e + \int_V \overline{du^*}^T \times \bar{b}\, dV - \int_V \overline{du^*}^T \times \rho \frac{D\bar{v}}{Dt}\, dV$$

donde el primer miembro es el incremento virtual de energía de deformación asociado al campo de corrimientos virtuales impuestos.

4.12. Primer principio de la termodinámica

El teorema de las fuerzas vivas establece el principio de conservación de la energía, o primer principio de la termodinámica, para un sistema totalmente mecánico. La expresión antes deducida para la versión instantánea de dicho teorema,

$$\frac{D}{Dt} \int_V \frac{1}{2} \rho v^2\, dV + \int_V [\sigma]:[D]\, dV = \int_{S_i} \bar{v}^T \times \bar{t}\, dS_i + \int_{S_e} \bar{v}^T \times \bar{f}\, dS_e + \int_V \bar{v}^T \times \bar{b}\, dV$$

puede expresarse de forma compacta del siguiente modo:

$$\frac{DE_c}{Dt}+\frac{DU}{Dt}=P_{ext}$$

donde *U* es la energía mecánica interna asociada al proceso deformacional

$$\frac{DU}{Dt}=P_{\sigma}$$

En este enunciado del teorema de la conservación de la energía se contempla sólo la existencia de energía mecánica. Dicho planteamiento resulta limitativo para el estudio de medios continuos en los que esté también presente energía en forma de calor y en los que exista una cantidad significativa de energía como consecuencia de la cinética molecular (movimientos microscópicos de las partículas entorno a sus movimientos promedio). También son de importancia casos más generales en los que se aporta al sistema energía de otros tipos como son la energía debida a campos electromagnéticos, energía debida a reacciones químicas o nucleares etc.). En todos estos casos el primer principio de la termodinámica debe ser generalizado para incorporar otras formas de energía distintas de la mecánica.

En el caso de un medio termomecánico, dicha generalización se realiza incluyendo en U la energía derivada de la cinética molecular y considerando la energía aportada en forma de calor. La expresión instantánea del primer principio de la termodinámica toma entonces la forma:

$$\frac{DE_c}{Dt}+\frac{DU}{Dt}=P_{ext}+\frac{\bar{d}\,Q}{dt}$$

Se define la energía interna específica *u* a partir de la expresión

$$U=\int_V \rho u dV$$

y el calor aportado al medio por unidad de tiempo

$$\frac{\bar{d}\,Q}{dt}$$

Se considera como la suma de dos componentes:

- Calor generado en el volumen, caracterizado por la función que expresa la generación de calor por unidad de masa y tiempo

$$\int_V \rho \dot{z} dV$$

- Calor saliente a través de la superficie exterior del medio, caracterizado por el vector de flujo de calor por unidad de área y tiempo

$$-\int_S \dot{\bar{q}}^T \times \bar{n}\, dS$$

introduciendo estos conceptos en la expresión del primer principio de la termodinámica para un volumen de control material, se tiene:

$$\frac{D}{Dt}\int_V \rho \frac{v^2}{2} dV + \frac{D}{Dt}\int_V \rho\, u\, dV =$$
$$= \int_{S_i} \bar{v}^T \times \bar{t}\, dS_i + \int_{S_e} \bar{v}^T \times \bar{f}\, dS_e + \int_V \bar{v}^T \times \bar{b}\, dV + \int_V \rho \dot{z} dV - \int_S \dot{\bar{q}} \times \bar{n}\, dS$$

o lo que es equivalente, teniendo en cuenta la expresión deducida en 0 para δP_{ext} y transformando la integral de superficie

$$\int_S \dot{\bar{q}}^T \times \bar{n}\, dS$$

en una integral de volumen por aplicación del teorema de Gauss.

$$\int_V \bar{v}^T \times \rho \frac{D\bar{v}}{Dt} dV + \int_V \rho \frac{Du}{Dt} dV =$$
$$= \int_V \left[\bar{v}^T \times \left(\bar{b} + \text{div}\left[\sigma\right] \right) + \left[\sigma\right] : \left[D\right] \right] dV + \int_V \left(\rho \dot{z} - \text{div}\, \dot{\bar{q}} \right) dV$$

Entonces, considerando el principio de la cantidad de movimiento, queda:

$$\int_V \rho \frac{Du}{Dt} dV = \int_V \left[\sigma\right] : \left[D\right] dV + \int_V \left(\rho \dot{z} - \text{div}\, \dot{\bar{q}} \right) dV$$

expresión que debe ser válida para cualquier volumen de control material, por lo que:

$$\rho \frac{Du}{Dt} = \left[\sigma\right] : \left[D\right] + \rho \dot{z} - \text{div}\, \dot{\bar{q}}$$

y que para un volumen de control espacial toma la forma:

$$\frac{\partial\left(\rho u\right)}{\partial t} + \text{div}\left(\rho u\, \bar{v}\right) = \left[\sigma\right] : \left[D\right] + \rho \dot{z} - \text{div}\, \dot{\bar{q}}$$

NOTA: ver el apartado 4.3. para la transformación del primer miembro de esta igualdad

5

Modelos constitutivos materiales

5.1. Introducción

En el capítulo anterior se presentaron una serie de ecuaciones fundamentales cuya formulación es genérica y única para cualquier medio continuo. En este capítulo se introducen las ecuaciones constitutivas que complementan a las anteriores en la descripción fisicomatemática del medio, y que permiten diferenciar a un medio continuo de otro. Las ecuaciones constitutivas expresan a escala macroscópica, los comportamientos derivados de la naturaleza interna de la materia.

Existen diversos tipos de ecuaciones constitutivas, las que describen la conducción del calor, como la ley de Fourier, las que usa la termodinámica para describir el estado del medio, o ecuaciones de estado, que relacionan las variaciones de presión, volumen y temperatura, las que describen el comportamiento tenso-deformacional a temperatura constante, y otras más especializadas como por ejemplo las que miden el dañado interno del material a consecuencia de un proceso de deformación o fatiga, etc..

La gran variedad de comportamientos posibles en los materiales reales hace que no sea posible, ni tan solo deseable, escribir ecuaciones constitutivas genéricas. Es mucho más conveniente escribir en cada caso ecuaciones que describan de forma adecuada los comportamientos de interés, hasta un nivel suficiente para la aplicación.

La clase de ecuaciones constitutivas más importante desde el punto de vista puramente mecánico es la formada por las ecuaciones de comportamiento material, cuyo objetivo es caracterizar macroscópicamente la relación existente entre las fuerzas internas de interacción entre las partículas y la cinemática deformacional del medio. El presente capítulo se dedica básicamente a ésta última categoría de ecuaciones constitutivas.

5.2. Modelos constitutivos materiales elementales

Los modelos constitutivos materiales reflejan las relaciones existentes entre tensiones, deformaciones y velocidades de deformación, expresando las características internas del material en forma de propiedades macroscópicas que intervienen en dichas relaciones. Estas ecuaciones pueden resultar tremendamente complejas si se pretende abarcar todos los detalles del comportamiento mecánico y termodinámico del medio. Por ello se han desarrollado diversas versiones simplificadas de las mismas que describen sólo los comportamientos de interés en cada caso, hasta un grado de aproximación que se considera suficiente para el objetivo del análisis. En este sentido hay que destacar que una excesiva simplificación puede ocultar efectos de interés mientras que una complicación excesiva supone un esfuerzo de análisis inútil, siendo preciso llegar a un justo equilibrio.

La representación gráfica más simple de una ecuación constitutiva es el clásico resultado de un ensayo de tracción. Como puede verse en la figura incluso en este caso se aprecia ya el efecto de las variaciones de temperatura y de la velocidad de deformación.

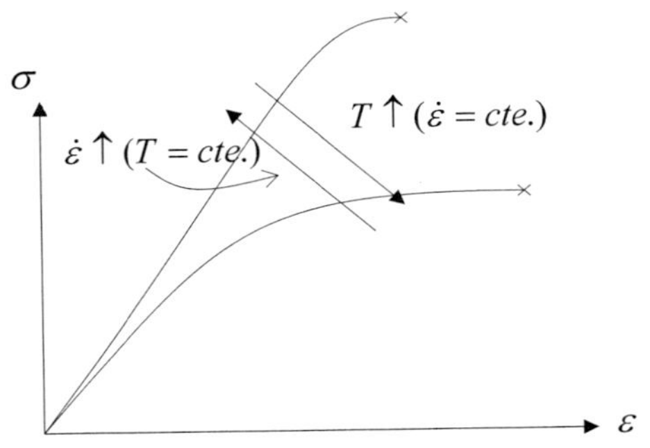

El efecto del tiempo es importante y puede ejemplificarse analizando el comportamiento de un material sometido a un nivel de tensión constante durante un tiempo limitado, tal como se muestra en la figura siguiente:

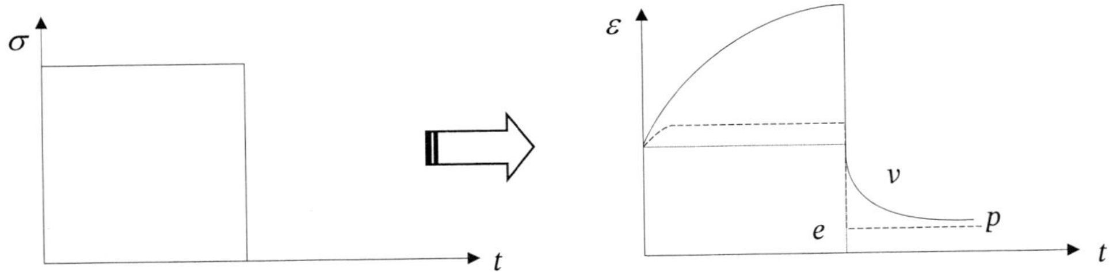

Un material perfectamente elástico (curva *e* de la figura) responde de forma prácticamente instantánea a la aplicación de la tensión, y si esta se mantiene constante la deformación también lo hace. Cuando la tensión desaparece el material recupera totalmente su forma inicial, siendo nula la deformación permanente. Se trata de un proceso reversible.

Si el material presenta un comportamiento elastoplástico (curva *p* de la figura) la deformación aumenta de forma relativamente rápida, aún manteniendo la tensión constante, hasta alcanzarse un valor de saturación en el que dicho aumento se detiene. Al desaparecer la tensión la parte elástica de la deformación se recupera de forma prácticamente instantánea pero el material no recupera su forma inicial, quedando una deformación plástica permanente. Se trata de un proceso parcialmente reversible.

Un material viscoelástico (curva v de la figura) presenta, además de la deformación elástica prácticamente instantánea, un aumento sostenido de la deformación en el tiempo a tensión constante. Al desaparecer la tensión la parte elástica de la deformación se recupera de forma prácticamente instantánea, pero el material no recupera su forma inicial hasta transcurrido un cierto tiempo durante el que se produce la relajación de la deformación remanente. Esta recuperación puede ser total o no, en cuyo caso se dice que el comportamiento es viscoelastoplástico.

Este último comportamiento es el más general puesto que incorpora a todos los anteriores. Sin embargo en la práctica, y por las razones argumentadas anteriormente, se manejan aproximaciones independientes para cada tipo de comportamiento. Dichas aproximaciones se construyen a partir de tres comportamientos básicos, simbolizados por los tres elementos mecánicos discretos de la figura siguiente:

(elemento elástico) (elemento viscoso) (elemento de rozamiento)

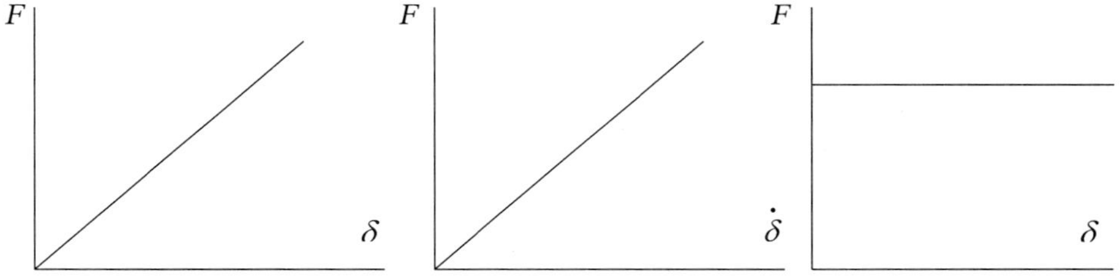

El muelle representa a las fuerzas interiores conservativas, dependientes de la distancia entre las partículas del medio. El amortiguador viscoso representa a las fuerzas disipativas internas que son función de la velocidad relativa entre partículas. Por último el elemento rozamiento representa a las fuerzas internas necesarias para generar deslizamientos irreversibles en la estructura del material.

Las ecuaciones constitutivas resultantes pueden agruparse en dos grandes familias en función de la influencia o no de la variable tiempo en el comportamiento del medio. Dentro de cada una de estas familias pueden realizarse a su vez dos subdivisiones: La primera en función de que el comportamiento sea isótropo (iguales propiedades mecánicas en cualquier dirección alrededor de un punto) o anisótropo (no isótropo); la segunda en base a la linealidad o no de las relaciones resultantes entre los parámetros que definen el modelo.

Todos estos modelos constitutivos unidimensionales pueden ser generalizados a los correspondientes comportamientos tridimensionales.

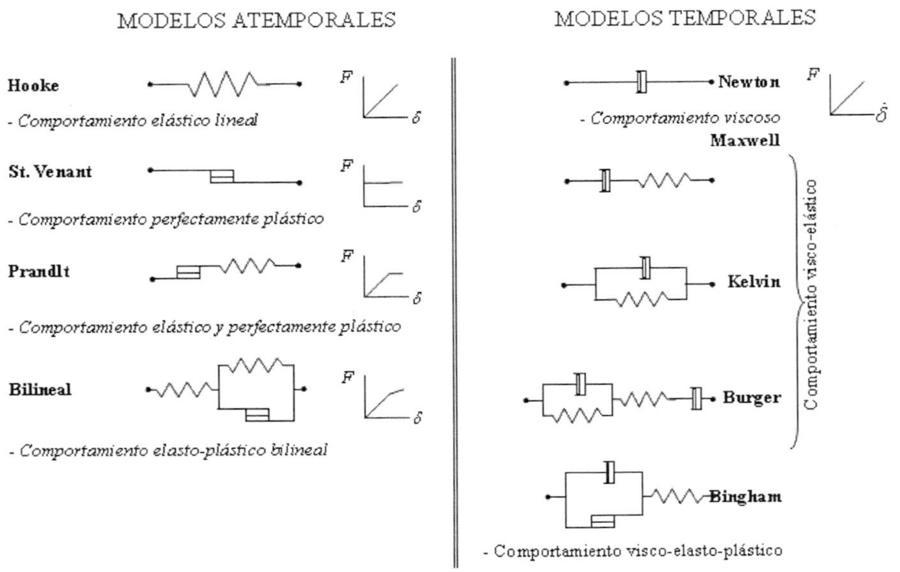

5.3. Postulados básicos de las ecuaciones constitutivas materiales

Se admite que cualquier ecuación constitutiva utilizada para la descripción del comportamiento material debe verificar los siguientes criterios:

1. Principio de determinismo del estado de tensión: El estado de tensión en un medio continuo queda determinado por la historia temporal de su cinemática.

   En el caso particular de los medios sólidos elásticos y de los fluidos este principio se relaja admitiéndose que el estado de tensión depende sólo de la cinemática instantánea desapareciendo cualquier incidencia de su historia anterior.

2. Principio de la acción local: El estado de tensión en un punto depende sólo de la cinemática en el entorno del mismo.

3. Principio de indiferencia frente a cambios de referencia: Las ecuaciones constitutivas deben ser invariantes frente a cambios de referencia.

4. Principio de admisibilidad física: Las ecuaciones constitutivas deben ser compatibles con el primer y segundo principios de la termodinámica.

Estos postulados puramente mecánicos se complementan con otros derivados de consideraciones termodinámicas, útiles para el estudio de medios continuos sólidos.

5.4. Modelos constitutivos materiales sólidos

En este capítulo se presentan de forma detallada algunos de los modelos constitutivos materiales más importantes, haciendo especial énfasis en el sólido elástico lineal.

5.4.1. Sólido elástico

En un medio elástico se admite, por definición de elasticidad, que el proceso tenso-deformacional es totalmente reversible. Puede demostrarse que siendo así, y para una transformación adiabática e isoterma, la energía interna es puramente mecánica e igual a la energía de deformación. Al ser la energía interna función de estado, quiere esto decir que a cada estado de tensión le corresponde un estado de deformación y solo uno, independientemente del camino de carga. En el modelo puramente elástico las fuerzas de interacción dependen sólo de la variación de la distancia entre partículas esto es, del estado de deformación, y no de la velocidad de deformación.

La función densidad de energía de deformación podrá expresarse en función de las deformaciones y su diferencial será:

$$dE_\varepsilon^* = \sum \frac{\partial E_\varepsilon^*}{\partial \varepsilon_{ij}} d\varepsilon_{ij}$$

Comparando esta expresión con la correspondiente al incremento de energía de deformación se concluye que las derivadas parciales de la energía de deformación coinciden con las tensiones.

$$dE_\varepsilon^* = \sum \sigma_{ij}\, d\varepsilon_{ij} \qquad \Rightarrow \qquad \sigma_{ij} = \frac{\partial E_\varepsilon^*}{\partial \varepsilon_{ij}}$$

Por otra parte las derivadas parciales segundas serán independientes del orden de derivación con lo que:

$$\frac{\partial E_d}{\partial \varepsilon_{ij}\, \partial \varepsilon_{k\ell}} = \frac{\partial \sigma_{ij}}{\partial \varepsilon_{k\ell}} = \frac{\partial \sigma_{k\ell}}{\partial \varepsilon_{ij}}$$

Sólido elástico lineal

Lo visto hasta aquí es válido para un sólido elástico en general. Sin embargo se observa en muchos materiales sólidos que el comportamiento elástico es, al menos para las deformaciones de interés práctico, también un fenómeno lineal. De aquí surge el modelo de elasticidad lineal, en el que se considera sólo el rango de deformaciones infinitésimas.

El medio continuo sólido elástico lineal constituye uno de los modelos más simple de comportamiento, siendo a la vez uno de los más útiles. En este apartado se estudia en detalle este tipo de modelo, primero para el caso isotermo (sin variación de la temperatura) y luego para el caso no isotermo (con variación de temperatura) dando lugar el modelo de sólido termoelástico.

El modelo constitutivo elástico lineal puede generalizarse a partir del comportamiento uniaxial considerando, en el caso isotermo, que la relación entre todas las componentes del tensor tensión y todas las componentes del tensor deformación puede expresarse en forma de una aplicación lineal.

$$\begin{Bmatrix} \sigma_{11} \\ \sigma_{22} \\ \sigma_{33} \\ \sigma_{12} \\ \sigma_{13} \\ \sigma_{23} \end{Bmatrix} = \begin{bmatrix} & & \\ & D & \\ & & \end{bmatrix} \begin{Bmatrix} \varepsilon_{11} \\ \varepsilon_{22} \\ \varepsilon_{33} \\ \varepsilon_{12} \\ \varepsilon_{13} \\ \varepsilon_{23} \end{Bmatrix}$$

[D] es un tensor de cuarto orden representado por una matriz de constantes elásticas que define una aplicación lineal de R^6 en R^6. La expresión de las tensiones en función de las deformaciones recibe el nombre de ecuaciones de Lame mientras que la de las deformaciones en función de las tensiones se conoce como ley de Hooke:

$$\{\bar{\bar{\sigma}}\} = [D]\{\bar{\bar{\varepsilon}}\} \qquad \{\bar{\bar{\varepsilon}}\} = [C]\{\bar{\bar{\sigma}}\}$$

Ecuaciones de Lame — Ley de Hooke

siendo evidentemente: $[D] = [C]^{-1}$

La existencia de una función energía de deformación permite asegurar que las matrices [D] y [C] son simétricas. En efecto, por ejemplo:

$$\sigma_{11} = D_{11}\varepsilon_{11} + D_{12}\varepsilon_{22} + D_{13}\varepsilon_{33} + D_{14}\varepsilon_{12} + D_{15}\varepsilon_{13} + D_{16}\varepsilon_{23}$$
$$\sigma_{22} = D_{21}\varepsilon_{11} + D_{22}\varepsilon_{22} + D_{23}\varepsilon_{33} + D_{24}\varepsilon_{12} + D_{25}\varepsilon_{13} + D_{26}\varepsilon_{23}$$

Derivando y teniendo en cuenta la igualdad de las derivadas cruzadas de la energía de deformación:

$$\frac{\partial \sigma_{11}}{\partial \varepsilon_{22}} = D_{12} \quad = \frac{\partial \sigma_{22}}{\partial \varepsilon_{11}} = D_{21}$$

resultado que es generalizable al resto de componentes fuera de la diagonal.

Por tanto, en el caso más general, contiene sólo 21 constantes independientes. La expresión más general de [D] corresponde a sólidos anisótropos con características elásticas dependientes de la dirección alrededor de un punto. No obstante es frecuente que los materiales presenten algún tipo de simetría interna que permita reducir ostensiblemente el número de constantes independientes. El caso que se estudiará seguidamente es la situación más simple posible correspondiente al comportamiento isótropo, es decir independiente de la dirección.

Al imponer la condición de isotropía la relación entre tensiones y deformaciones debe resultar invariante respecto a una rotación arbitraria de la base de estudio. Puede demostrarse que tal condición conduce a que la matriz $[D]$ tome la forma:

$$[D] = \begin{bmatrix} d_1 & d_2 & d_2 & 0 & 0 & 0 \\ d_2 & d_1 & d_2 & 0 & 0 & 0 \\ d_2 & d_2 & d_1 & 0 & 0 & 0 \\ 0 & 0 & 0 & d_3 & 0 & 0 \\ 0 & 0 & 0 & 0 & d_3 & 0 \\ 0 & 0 & 0 & 0 & 0 & d_3 \end{bmatrix}$$

Donde los términos no nulos d_1, d_2 y d_3 quedan definidos por sólo dos constantes independientes. De este resultado se desprende que:

a) La caracterización macroscópica del comportamiento elástico lineal isótropo puede realizarse mediante sólo dos propiedades características del material.

b) Observando la estructura de la matriz $[D]$ es inmediato ver que, sea cual sea la base de estudio, las componentes diagonales de los tensores tensión y deformación se relacionan entre sí, con independencia de las componentes fuera de la diagonal, y viceversa. Dicho de otro modo, la relación entre tensiones normales y deformaciones longitudinales está totalmente desacoplada de la relación existente entre las tensiones cortantes y las deformaciones angulares.

c) Como consecuencia inmediata de lo anterior se deriva que las direcciones principales de tensiones y deformaciones coinciden.

Un tipo importante de comportamiento elástico corresponde a los denominados sólidos ortótropos. Dichos materiales no son isótropos pero presenta tres planos de simetría ortogonales entre sí. En este caso la matriz [D] tiene 9 componentes independientes.

Ley de Hooke generalizada

Como se ha comentado anteriormente, en un sólido isótropo las matrices $[C]$ y $[D]$ son invariantes frente a rotaciones. Por este motivo es válido establecer las componentes razonando sobre los ejes principales, comunes a tensiones y deformaciones. El resultado obtenido será entonces también válido para cualquier otra dirección.

Por otra parte al suponer un comportamiento lineal, y en el ámbito de las pequeñas deformaciones será también válido el principio de superposición, con lo que podrá derivarse el comportamiento multiaxial a partir del comportamiento uniaxial que se estudia a continuación.

Para una única tensión normal aplicada en la dirección 1, la ley de Hooke elemental establece los siguientes dos resultados de la observación experimental:

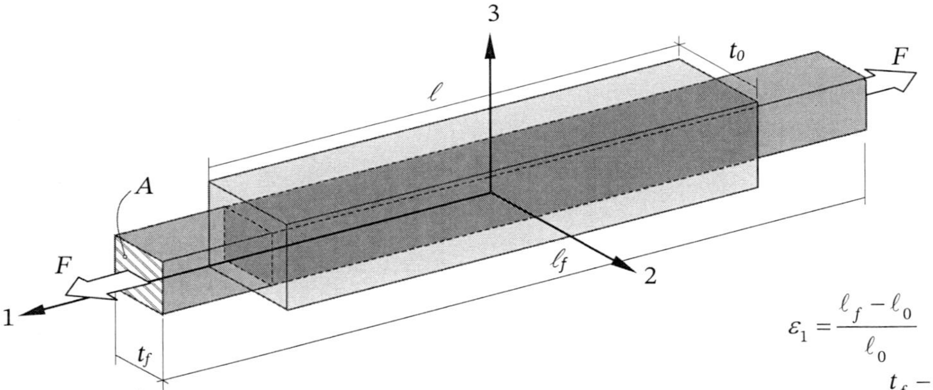

$$\varepsilon_1 = \frac{\ell_f - \ell_0}{\ell_0}$$

$$\varepsilon_2 = \varepsilon_3 = \frac{t_f - t_0}{t_0}$$

$$\sigma_1 = F/A$$

a) La tensión aplicada es proporcional a la deformación longitudinal resultante. La relación de proporcionalidad entre ambas E es una constante características del material denominada módulo de Young o módulo elástico. E es una cantidad dimensional que se expresa en unidades de tensión al ser la deformación una magnitud adimensional.

$$\sigma_1 = E\,\varepsilon_1$$

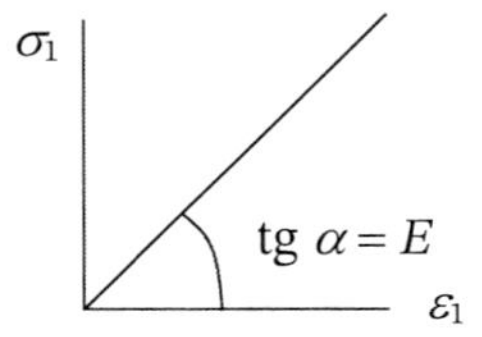

b) La deformación en la dirección longitudinal lleva asociada una deformación transversal. Ambas deformaciones mantienen también una relación de proporcionalidad caracterizada por una constante característica del material ν denominada coeficiente de Poisson. ν es una cantidad adimensional puesto que relaciona dos magnitudes que también lo son.

$$\varepsilon_2 = \varepsilon_3 = -\nu\,\varepsilon_1$$

El signo – se introduce en la ecuación debido a que en casi la totalidad de casos prácticos las deformaciones longitudinal y transversal son de signo contrario y de este modo ν resulta una cantidad positiva. No obstante, como se verá posteriormente, aún con esta definición algunos materiales presentan coeficientes de Poisson negativos.

Algunos valores típicos de E y ν se recogen en la siguiente tabla:

Material	**E (MPa)**	ν
Acero	206.000	0.29
Aluminio	71.000	0.32
Plomo	17.000	0.44
Hormigón	20.000	0.20
Goma	1 a 3	0.48

Imaginemos ahora un estado de tensión arbitrario expresado en sus ejes principales. Puede suponerse este estado de tensión como el resultado de la superposición del efecto de tres estados de tensión uniaxiales ortogonales aplicados según cada una de las tres direcciones principales.

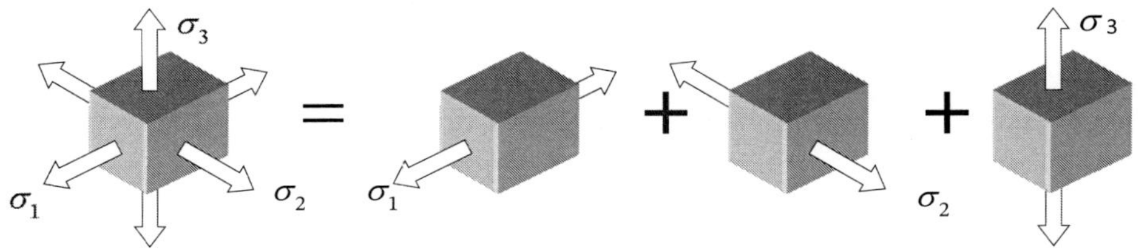

Al aplicar separadamente sobre el material sendas solicitaciones uniaxiales según cada uno de los ejes principales se originarán las deformaciones que se indican en las tres primeras columnas de tabla siguiente:

	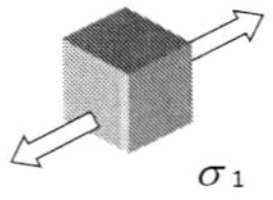 σ_1	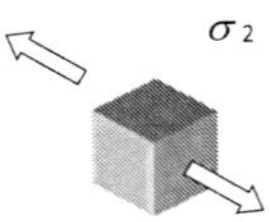 σ_2	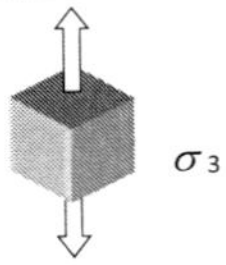 σ_3	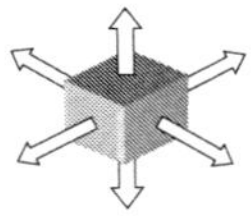
ε_1	σ_1/E	$-\nu/E\,\sigma_2$	$-\nu/E\,\sigma_3$	$\dfrac{1}{E}\left(\sigma_1-\nu\left(\sigma_2+\sigma_3\right)\right)$
ε_2	$-\nu/E\,\sigma_1$	σ_2/E	$-\nu/E\,\sigma_3$	$\dfrac{1}{E}\left(\sigma_2-\nu\left(\sigma_1+\sigma_3\right)\right)$
ε_3	$-\nu/E\,\sigma_1$	$-\nu/E\,\sigma_2$	σ_3/E	$\dfrac{1}{E}\left(\sigma_3-\nu\left(\sigma_1+\sigma_2\right)\right)$

Como se ha dicho, la situación real resulta de la superposición de estos tres casos de modo que la deformación total en una dirección cualquiera será igual a la suma de las aportaciones de cada uno de ellos a la deformación en esa dirección. El resultado de la superposición se recoge en la cuarta columna de la tabla, o en forma matricial:

$$\begin{Bmatrix}\varepsilon_1\\ \varepsilon_2\\ \varepsilon_3\end{Bmatrix}=\frac{1}{E}\begin{bmatrix}1 & -\nu & -\nu\\ -\nu & 1 & -\nu\\ -\nu & -\nu & 1\end{bmatrix}\begin{Bmatrix}\sigma_1\\ \sigma_2\\ \sigma_3\end{Bmatrix}$$

Los resultados de la cuarta columna de la tabla anterior pueden escribirse de forma más conveniente para su generalización del siguiente modo:

$$\varepsilon_1=\frac{-\nu}{E}\left(\sigma_1+\sigma_2+\sigma_3\right)+\frac{1+\nu}{E}\sigma_1$$
$$\varepsilon_2=\frac{-\nu}{E}\left(\sigma_1+\sigma_2+\sigma_3\right)+\frac{1+\nu}{E}\sigma_2$$
$$\varepsilon_3=\frac{-\nu}{E}\left(\sigma_1+\sigma_2+\sigma_3\right)+\frac{1+\nu}{E}\sigma_3$$

Aplicando la notación habitual para la escritura de los correspondientes tensores de tensión y deformación:

$$\begin{pmatrix}\varepsilon_1 & 0 & 0\\ 0 & \varepsilon_2 & 0\\ 0 & 0 & \varepsilon_3\end{pmatrix}=\frac{-\nu}{E}\left(\sigma_1+\sigma_2+\sigma_3\right)\begin{pmatrix}1 & 0 & 0\\ 0 & 1 & 0\\ 0 & 0 & 1\end{pmatrix}+\frac{1+\nu}{E}\begin{pmatrix}\sigma_1 & 0 & 0\\ 0 & \sigma_2 & 0\\ 0 & 0 & \sigma_3\end{pmatrix}$$

Pero al tratarse de un sólido isótropo dicha relación es invariante con lo que en general deberá cumplirse:

$$\begin{pmatrix} \varepsilon_{11} & \varepsilon_{12} & \varepsilon_{13} \\ \varepsilon_{12} & \varepsilon_{22} & \varepsilon_{23} \\ \varepsilon_{13} & \varepsilon_{23} & \varepsilon_{33} \end{pmatrix} = \frac{-\nu}{E}\left(\sigma_{11}+\sigma_{22}+\sigma_{33}\right)\begin{pmatrix} 1 & 0 & 0 \\ 0 & 1 & 0 \\ 0 & 0 & 1 \end{pmatrix} + \frac{1+\nu}{E}\begin{pmatrix} \sigma_{11} & \sigma_{12} & \sigma_{13} \\ \sigma_{12} & \sigma_{22} & \sigma_{23} \\ \sigma_{13} & \sigma_{23} & \sigma_{33} \end{pmatrix}$$

En forma compacta, recordando que:

$$\sigma_0 = \frac{\sigma_{11}+\sigma_{22}+\sigma_{33}}{3}$$

$$\boxed{[\varepsilon] = -\frac{3\nu}{E}[\sigma_0] + \frac{1+\nu}{E}[\sigma]}$$

o bien en componentes:

$$\varepsilon_{11} = \frac{1}{E}\left(\sigma_{11} - \nu\left(\sigma_{22}+\sigma_{33}\right)\right) \qquad \varepsilon_{12} = \frac{1+\nu}{E}\sigma_{12}$$
$$\varepsilon_{22} = \frac{1}{E}\left(\sigma_{22} - \nu\left(\sigma_{11}+\sigma_{33}\right)\right) \qquad \varepsilon_{13} = \frac{1+\nu}{E}\sigma_{13}$$
$$\varepsilon_{33} = \frac{1}{E}\left(\sigma_{33} - \nu\left(\sigma_{22}+\sigma_{11}\right)\right) \qquad \varepsilon_{23} = \frac{1+\nu}{E}\sigma_{23}$$

Estas ecuaciones dejan patente el hecho de que en un sólido elástico lineal isótropo las relaciones entre tensiones y deformaciones quedan definidas mediante sólo dos constantes elásticas, en este caso E y ν. Sin embargo existen otras posibles definiciones de las constantes elásticas basadas en fenómenos físicos distintos de la deformación bajo el ensayo de tracción, aunque en conjunto sigue siendo cierto que sólo dos de todas ellas resultan independientes.

Módulo de elasticidad transversal y módulo de compresibilidad

Seguidamente se definen otras dos constantes elásticas de gran importancia por su significado físico.

a) Módulo de elasticidad transversal G:

Si se somete un bloque paralepipédico de material elástico lineal a un ensayo de cizalladura pura y se relaciona la tensión cortante aplicada con la variación angular correspondiente, ambas resultan proporcionales con una relación de proporcionalidad G denominada módulo de elasticidad transversal o módulo cortante.

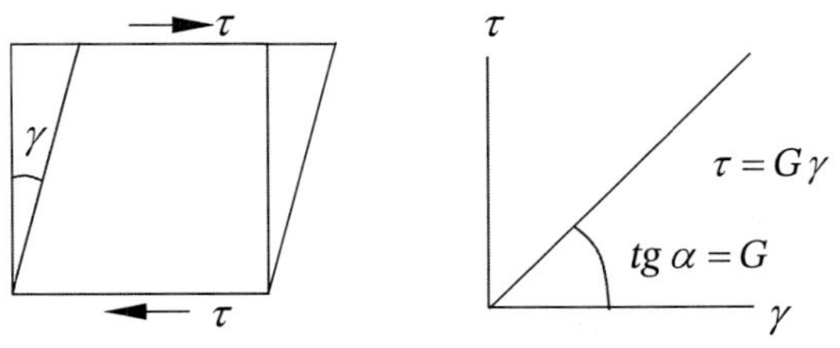

G es una cantidad que se expresa en unidades de tensión al ser la variación angular una magnitud adimensional.

Observando las relaciones dadas por la ley de Hooke y recordando el significado físico de las componentes fuera de la diagonal de los tensores de tensión y deformación es inmediato observar que:

$$\varepsilon_{ij} = \frac{1}{2}\gamma_{ij} = \frac{1+\nu}{E}\sigma_{ij} \qquad \Rightarrow \qquad \gamma_{ij}\frac{E}{2(1+\nu)} = \sigma_{ij}$$

y por tanto G se relaciona con E y con ν del siguiente modo:

$$G = \frac{E}{2(1+\nu)}$$

b) Módulo de compresibilidad.

El módulo de compresibilidad a temperatura constante K, expresa la relación de proporcionalidad existente entre la deformación volumétrica unitaria ε_v y la tensión hidrostática. En efecto, si expresamos la ley de Hooke en ejes principales se tiene:

$$\varepsilon_1 = \frac{1}{E}\left(\sigma_1 - \nu\left(\sigma_2 + \sigma_3\right)\right)$$
$$\varepsilon_2 = \frac{1}{E}\left(\sigma_2 - \nu\left(\sigma_1 + \sigma_3\right)\right)$$
$$\varepsilon_3 = \frac{1}{E}\left(\sigma_3 - \nu\left(\sigma_1 + \sigma_2\right)\right)$$

Sumando estas tres expresiones miembro a miembro se obtiene finalmente:

$$\varepsilon_1 + \varepsilon_2 + \varepsilon_3 = \varepsilon_v = \frac{1-2\nu}{E}\left(\sigma_1 + \sigma_2 + \sigma_3\right) = \frac{3(1-2\nu)}{E}\sigma_0$$

El primer miembro tiene un significado físico inmediato puesto que es la deformación volumétrica unitaria asociada al estado de deformación. En el segundo miembro se observa que ésta resulta proporcional a la tensión hidrostática aplicada. Se define el módulo de compresibilidad K a partir de este resultado del siguiente modo:

$$K = \frac{E}{3(1-2\nu)}$$

La ecuación:

$$K\,\varepsilon_v = \sigma_0$$

Es la forma que toma la ecuación de estado de un sólido elástico lineal en el caso isotermo.

K es una cantidad dimensional que se expresa en unidades de tensión al ser la deformación volumétrica unitaria una magnitud adimensional.

Ecuaciones de Lamé

La ley de Hooke generalizada expresa las deformaciones en función de las tensiones. Las ecuaciones de Lamé resultan de invertir dichas relaciones a fin expresar las tensiones en función de las deformaciones. Para ello se introducen dos nuevas constantes elásticas conocidas como coeficientes de Lamé, definidas del siguiente modo:

$$\lambda = \frac{E\nu}{(1+\nu)(1-2\nu)} \qquad \mu = \frac{E}{2(1+\nu)}$$

La primera constante de Lamé no tiene un significado físico concreto y su introducción es puramente operativa en orden a simplificar las expresiones resultantes. La segunda constante de Lamé es el módulo de elasticidad transversal G ya definido.

Las ecuaciones de Lamé son, en forma desarrollada:

$$\begin{aligned} \sigma_{11} &= \lambda\,\varepsilon_v + 2\mu\varepsilon_{11} & \sigma_{12} &= 2\mu\varepsilon_{12} \\ \sigma_{22} &= \lambda\,\varepsilon_v + 2\mu\varepsilon_{22} & \sigma_{13} &= 2\mu\varepsilon_{13} \\ \sigma_{33} &= \lambda\,\varepsilon_v + 2\mu\varepsilon_{33} & \sigma_{23} &= 2\mu\varepsilon_{23} \end{aligned}$$

y en forma compacta,

$$\boxed{[\sigma] = \lambda\,\varepsilon_v\,[I] + 2\mu\,[\varepsilon]}$$

Relaciones entre las constantes elásticas

Como ya se ha dicho, en un sólido elástico lineal existen sólo dos constantes independientes. En consecuencia pueden tomarse dos como fundamentales y expresar las demás en función de ellas.

Tomando E y ν como fundamentales se tienen las expresiones ya conocidas:

$$\lambda = \frac{E\nu}{(1+\nu)(1-2\nu)} \qquad \mu = \frac{E}{2(1+\nu)} \qquad K = \frac{E}{3(1-2\nu)}$$

Tomando λ y μ como fundamentales se tienen las siguientes formas alternativas:

$$\nu = \frac{\lambda}{2(\lambda+\mu)} \qquad E = \mu\frac{3\lambda+2\mu}{\lambda+\mu} \qquad K = \lambda + \frac{2}{3}\mu$$

Finalmente, tomando K y G como fundamentales se tiene:

$$\nu = \frac{3K-2G}{2(3K+G)} \qquad E = \frac{9GK}{3K+G} \qquad \lambda = K - \frac{2G}{3}$$

Evidentemente pueden escribirse otras relaciones tomando cualquier pareja de constantes como fundamental.

Campo de existencia de las constantes elásticas fundamentales

El hecho de que un modelo material elástico lineal isótropo sea físicamente posible establece límites a los valores de las constantes elásticas que lo definen. Así por ejemplo, por razonamientos de tipo energético, se encuentra que K y G deben encontrarse en el rango: $0 < K, G \leq \infty$

Por otra parte para que el material sea estable debe cumplirse que $E > 0$. Estas condiciones fijan el campo de variación posible para los valores del coeficiente de Poisson. En efecto:

$$\left.\begin{array}{l} G>0 \\ E>0 \end{array}\right\} \Rightarrow 2(1+\nu) > 0 \Rightarrow -1<\nu$$

$$\left.\begin{array}{l} K>0 \\ E>0 \end{array}\right\} \Rightarrow 3(1-2\nu) > 0 \Rightarrow \nu<0.5$$

$$-1<\nu<0.5$$

Para $\nu = 0.5$, K se hace infinito. Se trata de un sólido incompresible en el que la tensión hidrostática puede tomar cualquier valor ya que:

$\varepsilon_V = \dfrac{\sigma_0}{K} = 0$ siendo σ_0 cualquier valor finito.

Existen diversos materiales que se aproximan a la condición de incompresibles, como por ejemplo las gomas.

Para $\nu = -1$, G se hace infinito. Se trataría de un sólido compresible pero indistorsionable. Aunque tal comportamiento es compatible con la física, es muy extraño en la práctica. De hecho en los materiales habituales el coeficiente de Poisson no baja por debajo de 0 (aunque existen materiales con coeficientes de Poisson negativos), por lo que en algunos textos se establece como límites al coeficiente de Poisson los siguientes:

$$0 < \nu \leq 0.5$$

Relaciones entre partes esféricas y desviadoras

En un sólido elástico lineal la parte esférica del tensor tensión resulta proporcional a la parte esférica del tensor deformación con un factor de proporcionalidad igual a $3K$, mientras que la parte desviadora de tensión lo es a la parte desviadora de deformación con un factor de proporcionalidad $2G$. En efecto:

$\sigma_0 = K\varepsilon_V$ y por tanto

$$[\sigma_0] = K\,\varepsilon_V\,[I] = 3K\,[\varepsilon_0]$$

Por otra parte:

$$[S] = [\sigma] - [\sigma_0] = 3\lambda\,[\varepsilon_0] + 2\mu[\varepsilon] - 3K\,[\varepsilon_0] = 3(\lambda - K)\;[\varepsilon_0] + 2\mu[\varepsilon]$$

y teniendo en cuenta que: $\lambda - K = \lambda - \lambda - \frac{2}{3}\mu = -\frac{2}{3}\mu$

resulta finalmente una relación entre las partes desviadoras de los tensores tensión y deformación:

$$[S] = -2\mu\,[\varepsilon_0] + 2\mu[\varepsilon] = 2\mu[e] = 2\,G[e]$$

con lo que: $[\sigma] = 3K\,[\varepsilon_0] + 2\,G[e]$ y en forma inversa: $[\varepsilon] = \frac{[\sigma_0]}{3K} + \frac{[S]}{2G}$

Por este motivo *K* y *G* reciben también los nombres de módulo elástico isotrópico y módulo elástico distorsional respectivamente, siendo consideradas como las características elásticas más fundamentales desde el punto de vista físico.

Energía de deformación

Debido al carácter lineal de la relación entre $[\sigma]$ y $[\varepsilon]$ y a la independencia del valor final de la densidad de energía de deformación respecto al camino de carga (condición que define el carácter elástico del material), su cálculo resulta muy simple.

En efecto, considerando el caso uniaxial se tiene:

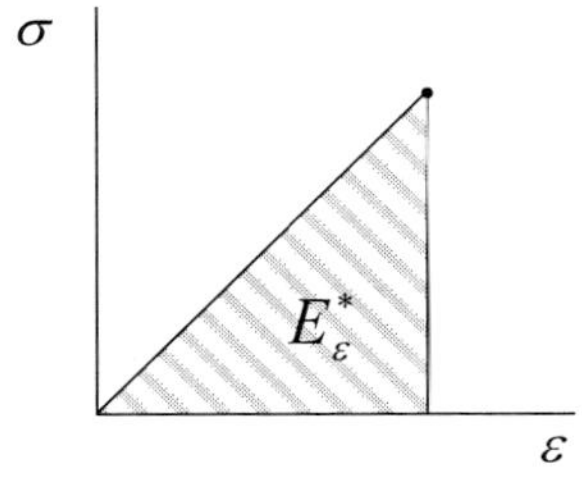

$$E^*_\varepsilon = \int \sigma d\varepsilon = \int E\varepsilon\, d\varepsilon = \frac{E}{2}\,\varepsilon^2 = \frac{1}{2}\,\sigma\,\varepsilon$$

De igual modo en el caso multiaxial se tiene: $E^*_\varepsilon = \int\,[\sigma]:[d\varepsilon] = \frac{1}{2}[\sigma]:[\varepsilon]$

NOTA: $\frac{1}{2}[\sigma]:[\varepsilon] \;=\; \frac{1}{2}Tr\big(\,[\sigma][\varepsilon]\,\big)$ *(doble producto escalar)*

E_ε^* puede expresarse sólo en función de las deformaciones introduciendo las ecuaciones de Lamé.

En efecto:

$$\left[\sigma\right]=3\lambda\left[\varepsilon_0\right]+2\mu\left[\varepsilon\right]$$

con lo que

$$E_\varepsilon^*=\frac{3}{2}\lambda\,[\varepsilon_0]:[\varepsilon]+\mu\,[\varepsilon]:[\varepsilon]=\frac{\lambda}{2}\varepsilon_v^2+\mu\,[\varepsilon]:[\varepsilon]$$

Alternativamente E_ε^* puede expresarse sólo en función de las tensiones aplicando la ley de Hooke:

$$\left[\varepsilon\right]=-\frac{3\nu}{E}\left[\sigma_0\right]+\frac{1+\nu}{E}\left[\sigma\right]$$

con lo que:

$$E_\varepsilon^*=-\frac{3\nu}{2E}[\sigma]:[\sigma_0]+\mu\frac{1+\nu}{2E}[\sigma]:[\sigma]=\frac{1}{2E}\left(-9\nu\,\sigma_0^2+\left(1+\nu\right)[\sigma]:[\sigma]\right)=$$

$$=\frac{1}{2E}\left[\sigma_{11}^2+\sigma_{22}^2+\sigma_{33}^2-2\nu\left(\sigma_{11}\sigma_{22}+\sigma_{11}\sigma_{33}+\sigma_{22}\sigma_{33}\right)+2\left(1+\nu\right)\left(\sigma_{12}^2+\sigma_{13}^2+\sigma_{23}^2\right)\right]=$$

$$=\frac{1}{2}\left[\frac{I_1^2}{E}-\frac{I_2}{G}\right]$$

La densidad de energía de deformación puede descomponerse como suma de las energías de cambio de forma y volumen sin más que considerar:

$$E_V^*=\int[\sigma_0]:[d\varepsilon_0]=\frac{1}{2}\,[\sigma_0]:[\varepsilon_0]=\frac{1}{6K}\,[\sigma_0]:[\sigma_0]=\frac{\sigma_0^2}{2K}=\frac{I_1^2}{18K}$$

$$E_d^*=\int[S]:[de]=\frac{1}{2}\,[S]:[e]=\frac{1}{4G}\,[S]:[S]=-\frac{J_2}{2G}=\frac{3\,\tau_0^2}{4G}$$

Comportamiento elástico lineal isótropo no isotermo

Lo visto hasta aquí corresponde a un comportamiento isotermo, es decir sin variaciones de temperatura durante el proceso de transformación geométrica del medio continuo. Sin embargo en muchas aplicaciones prácticas de la ingeniería las deformaciones de origen mecánico, producidas por las tensiones, se acompañan de dilataciones y contracciones térmicas originadas por variaciones de temperatura.

Es conocido de la física elemental que, entre ciertos límites, el volumen de un cuerpo libre de coacciones varía proporcionalmente con la temperatura. La relación entre ambas magnitudes físicas se caracteriza mediante una constante del material denominada coeficiente de dilatación térmica, definido en el caso uniaxial por la expresión:

$$\Delta\ell = \alpha\,\Delta T\,\ell_0 \quad \Rightarrow \quad \alpha = \frac{\Delta\ell}{\ell_0}\frac{1}{\Delta T} = \frac{\varepsilon}{\Delta T}$$

El coeficiente de dilatación térmica es por tanto una cantidad dimensionalmente inversa a una temperatura.

La generalización de esta expresión al caso multiaxial se sigue de la observación empírica de que la dilatación térmica es isotrópica, es decir igual en todas direcciones, y en consecuencia puede escribirse:

$$[\varepsilon_{\Delta T}] = \alpha\,\Delta T\,[I] = \begin{pmatrix} \alpha\,\Delta T & 0 & 0 \\ 0 & \alpha\,\Delta T & 0 \\ 0 & 0 & \alpha\,\Delta T \end{pmatrix}$$

Por tanto, en presencia de variaciones de temperatura, el estado de deformación total que experimenta un sólido resulta de la superposición de la deformación térmica con la deformación mecánica originada por las tensiones. La consideración de estas dos aportaciones conduce a las ecuaciones constitutivas del comportamiento sólido termoelástico lineal.

A continuación se introduce el efecto de las variaciones de temperatura en cada una de las ecuaciones vistas anteriormente para las transformaciones isotermas. Es de destacar sin embargo que en este caso las constantes elásticas del material así como el coeficiente de dilatación térmica pueden ser función de la temperatura, factor que en muchas ocasiones debe tenerse en cuenta.

En las siguientes ecuaciones $\overline{\overline{\varepsilon}}$ es la deformación total (mecánica + térmica)

$$\{\overline{\overline{\varepsilon}}\} = \{\overline{\overline{\varepsilon}}_m\} + \{\overline{\overline{\varepsilon}}_{\Delta T}\}$$

siendo

$$\{\overline{\overline{\sigma}}\} = [D]\{\overline{\overline{\varepsilon}}_m\} = [D](\{\overline{\overline{\varepsilon}}\} - \{\overline{\overline{\varepsilon}}_{\Delta T}\}) \qquad \text{(Lamé)}$$

$$\{\overline{\overline{\varepsilon}}\} = [C]\{\overline{\overline{\sigma}}\} + \{\overline{\overline{\varepsilon}}_{\Delta T}\} \qquad \text{(Hooke)}$$

a) Ecuación de estado:

$$[\sigma_0] = 3K([\varepsilon_0] - \alpha\,\Delta T\,[I])$$

b) Ley de Hooke generalizada no isoterma (Relaciones de Duhamel-Neumann):

$$\varepsilon_{11} = \frac{1}{E}\left(\sigma_{11} - \nu\left(\sigma_{22} + \sigma_{33}\right) \right) + \alpha\,\Delta T \qquad \varepsilon_{12} = \frac{1+\nu}{E}\sigma_{12}$$
$$\varepsilon_{22} = \frac{1}{E}\left(\sigma_{22} - \nu\left(\sigma_{11} + \sigma_{33}\right) \right) + \alpha\,\Delta T \qquad \varepsilon_{13} = \frac{1+\nu}{E}\sigma_{13}$$
$$\varepsilon_{33} = \frac{1}{E}\left(\sigma_{33} - \nu\left(\sigma_{22} + \sigma_{11}\right) \right) + \alpha\,\Delta T \qquad \varepsilon_{23} = \frac{1+\nu}{E}\sigma_{23}$$

$$\boxed{\left[\varepsilon\right] = \left(\alpha\,\Delta T - \frac{3\nu}{E}\sigma_0\right)\left[I\right] + \frac{1+\nu}{E}\left[\sigma\right]}$$

c) Ecuaciones de Lamé:

$$\varepsilon_{11} = \lambda\,\varepsilon_v + 2\mu\varepsilon_{11} - 3K\alpha\,\Delta T \qquad \sigma_{12} = 2\mu\varepsilon_{12}$$
$$\varepsilon_{22} = \lambda\,\varepsilon_v + 2\mu\varepsilon_{22} - 3K\alpha\,\Delta T \qquad \sigma_{13} = 2\mu\varepsilon_{13}$$
$$\varepsilon_{33} = \lambda\,\varepsilon_v + 2\mu\varepsilon_{33} - 3K\alpha\,\Delta T \qquad \sigma_{23} = 2\mu\varepsilon_{23}$$

$$\boxed{\left[\sigma\right] = \left(\lambda\,\varepsilon_v - 3K\alpha\,\Delta T\right)\left[I\right] + 2\mu\left[\varepsilon\right]}$$

d) Relaciones $\left[\sigma\right], \left[\varepsilon\right]$ en términos de las componentes esféricas y desviadoras:

$$\left[\sigma\right] = 3K\left(\varepsilon_0 - \alpha\,\Delta T\right)\left[I\right] + 2G\left[e\right]$$

$$\left[\varepsilon\right] = \left(\alpha\,\Delta T + \frac{\sigma_0}{3K}\right)\left[I\right] + \frac{\left[S\right]}{2G}$$

Es importante notar que en estas ecuaciones las constantes elásticas y el coeficiente térmico α son en realidad variables con la temperatura, por lo que deben considerarse valores medios en el intervalo de temperaturas especificada.

Teoría del fallo

La capacidad de un material sólido para mantener un comportamiento elástico (reversible) no es infinita. Cuando se supera cierto límite en términos de tensión o de deformación, aparecen deformaciones irreversibles que persisten aún en ausencia de las acciones que las ocasionaron.

En este apartado se presentan una serie de criterios que permiten establecer el límite del comportamiento elástico. La aplicabilidad de dichos criterios trasciende la hipótesis de linealidad e incluso en algunos casos tienen también aplicaciones más allá del límite elástico.

Introducción al mecanismo físico del fallo estático

Cuando un material es traccionado manteniendo la tensión por debajo de cierto límite la deformación resultante es temporal, recuperándose la forma inicial al desaparecer el esfuerzo. Si dicho límite es superado aparecen deformaciones irreversibles, y si la solicitación externa perdura puede llegarse a la rotura final.

A nivel atómico los materiales metálicos pueden sufrir tres tipos distintos de alteraciones de su red cristalina bajo la acción de las tensiones internas. Dichas alteraciones son el deslizamiento, el maclaje y el clivaje. Hay un valor crítico de la tensión cortante para que se inicie el deslizamiento, valor que disminuye con la temperatura. Así mismo hay un valor crítico de la tensión cortante para que tenga lugar el maclaje, valor que depende del nivel de deformación previa. Por último, existe un valor crítico de la tensión normal para iniciar el clivaje sobre un plano en particular, no sensible a la deformación previa ni a la temperatura.

El proceso de fallo que tiene finalmente lugar depende de la tensión crítica que se supera primero. En el caso de que se produzca un deslizamiento o un maclaje, el metal presentará deformación plástica y posteriormente una rotura dúctil. Si la tensión crítica que se supera primero es la de clivaje se producirá la rotura frágil por separación de dos planos cristalinos.

En la siguiente figura se representa un esquema, denominado diagrama de estado mecánico, que permite visualizar la variedad de fallo que puede tener lugar. La situación está algo simplificada puesto que se considera un solo valor crítico para los mecanismos de fallo asociados a las tensiones cortantes. El diagrama se construye partiendo de que, en función del tipo de estado tensional, los materiales pueden fallar como consecuencia de las tensiones normales de tracción, por desprendimiento, o de las tensiones cortantes, por cizalladura. Según esto se representan los valores críticos correspondientes a cada concepto en forma de fronteras sobre el gráfico. Dichas fronteras se consideran características del material.

Sobre el mismo gráfico se han representado las fronteras correspondientes a dos tipos de material uno en línea continua y el otro en línea discontinua. Así mismo se han representado tres líneas que corresponden a la evolución de tres estados tensionales distintos durante un proceso de carga proporcional.

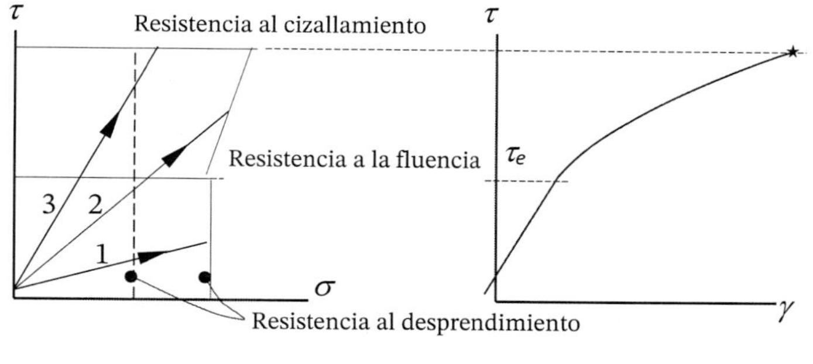

Si consideramos el comportamiento del primer material (fronteras en línea continua) observamos que en el primer caso, línea 1, se producirá el fallo por desprendimiento antes que la deformación plástica, dando lugar a un comportamiento frágil. En el segundo caso, línea 2, se iniciará un fallo por fluencia y una posterior rotura por desprendimiento. Por último, en el caso representado por la línea 3, se iniciará un fallo por fluencia plástica y una posterior rotura por cizallamiento. En estos dos últimos casos el comportamiento será más bien dúctil. Si consideramos ahora el comportamiento del segundo material (fronteras en líneas discontinuas) observamos que en todos los procesos de carga el fallo final se produce de forma frágil, por desprendimiento, sin que llegue a producirse fluencia plástica en los casos 1 y 2.

Por tanto el comportamiento dúctil o frágil del material depende de su constitución física (en los metales se considera un comportamiento frágil cuando el alargamiento a rotura en el ensayo de tracción es inferior al 5%) pero también del estado tensional a que se ve sometido.

La aparición de cualquiera de estos fenómenos, rotura o fluencia, supondrá o bien el fallo del material o bien la aparición de deformaciones irreversibles. Por este motivo resulta de gran importancia establecer criterios que fijen la frontera por encima de la cual se presentará cada tipo de fallo.

En las situaciones simples de tracción, compresión y cortadura puras es relativamente fácil establecer experimentalmente dicho límite. Sin embargo el problema resulta mucho más complejo cuando el estado tensional es multiaxial. En lo que sigue se exponen diversos enfoques para resolver esta cuestión.

La superficie límite en el espacio de las tensiones principales

La Mecánica del Medio Continuo permite dar una solución al problema de valorar el fallo de un material determinado bajo tensión. Para ello se introduce el concepto de superficie límite que se describe seguidamente, y que es válido para predecir el fallo en un material isótropo tanto si éste consiste en inicio de deformaciones irreversibles como si consiste en la rotura.

Sea $[\sigma]$ el tensor tensión que actúa sobre un punto de un material isótropo. Como es sabido, dicho tensor queda definido por seis cantidades independientes, 3 tensiones normales y 3 tensiones cortantes. Si se expresa el tensor en sus ejes principales, estas 6 variables son substituidas por las 3 tensiones principales y los 3 ángulos que orientan las direcciones principales. Sin embargo si el material es isótropo desde un punto de vista resistente, la orientación de las tensiones principales no puede incidir en la evaluación de la condición de fallo, por lo que el estado de tensión debe quedar totalmente caracterizado desde éste punto de vista, sólo con la terna de valores correspondientes a las tensiones principales.

Así pues puede considerarse que en un sólido isótropo cada posible tensor tensión queda representado por un punto en un espacio tridimensional cuyas coordenadas son las tensiones principales. Dicho espacio se denomina espacio de Haigh-Westergaard.

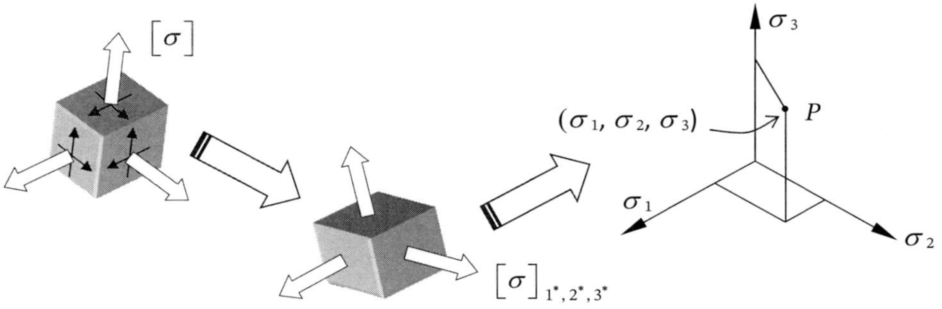

Dado un estado de tensión arbitrario sus componentes se pueden escalar mediante un factor k que varíe entre 0 y cualquier valor. De este modo podemos imaginar un experimento ideal consistente en, partiendo del origen, ir incrementando el estado de tensión proporcionalmente hasta alcanzar la situación límite más allá de la cual aparece el fallo (rotura o deformación irreversible). El valor de K para ese instante representa el número por el que hay que multiplicar el estado de tensión dado para alcanzar la condición límite. En términos de ingeniería dicho valor recibe el nombre de coeficiente de seguridad.

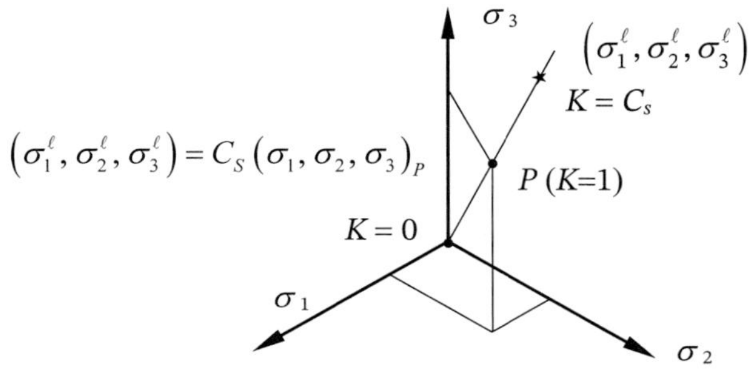

Evidentemente el proceso de carga así definido queda representado mediante un segmento de recta en el espacio de las tensiones principales que parte del origen y acaba en un punto que representa el estado límite. Si para un material dado, y para el mecanismo de fallo analizado, se repite este experimento en todas las posibles orientaciones alrededor del origen, se obtendrá finalmente una superficie, lugar geométrico de todos los puntos representativos de estados límite así obtenidos, conocida como superficie límite.

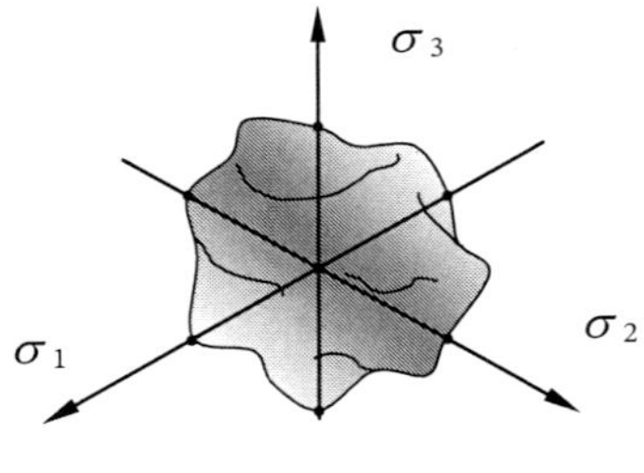

La superficie límite es una característica del material que define su resistencia respecto a un modo de fallo determinado. Un estado de tensión dado es "seguro" si el coeficiente de seguridad es mayor que la unidad, es decir si el punto representativo del estado de tensión está dentro de la superficie límite.

Para el caso particular habitual de tensión plana, en el que una de las tensiones principales es nula, el dominio de seguridad queda definido por una curva cerrada, intersección de la superficie límite con uno de los planos coordenados.

Para un mismo material pueden existir diversas superficies límite, cada una de ellas asociada a un modo de fallo distinto. El modo de fallo que se produce primero depende de la superficie límite que se alcanza en primer lugar durante el proceso de carga. El "fallo" en un sentido genérico queda definido entonces por la envolvente interior de todas las posibles superficies límite.

Este enfoque es teóricamente correcto pero presenta un grave inconveniente práctico; la determinación de la superficie límite por el camino señalado resultaría tremendamente laboriosa y su coste inasumible. Por este motivo se han desarrollado diversas teorías de fallo, consistentes en establecer algún tipo de aproximación continua a la superficie límite. Dichas aproximaciones han sido o bien de tipo puramente matemático, postulando una ecuación genérica de la superficie límite y ajustando sus coeficientes a los datos experimentales disponible, o bien de tipo físico, postulando parámetros definitorios del fallo (tensiones, deformaciones o energía de deformación) y utilizando el valor de dichos parámetros para correlacionar cualquier estado tensional genérico con los resultados de los ensayos tecnológicos disponibles, generalmente tracción, compresión o cizalladura simples.

Concepto de tensión equivalente

El último enfoque expuesto para la estimación de la superficie límite lleva generalmente asociado el hecho de que la información disponible suele ser únicamente la correspondiente al ensayo de tracción uniaxiales, en cuyo caso resulta especialmente útil el concepto de tensión equivalente que se define seguidamente.

La tensión equivalente a un estado de tensión multiaxial, y para un modo de fallo dado, es aquella tensión que en el ensayo de tracción uniaxial causaría el mismo "efecto" que el estado multiaxial analizado.

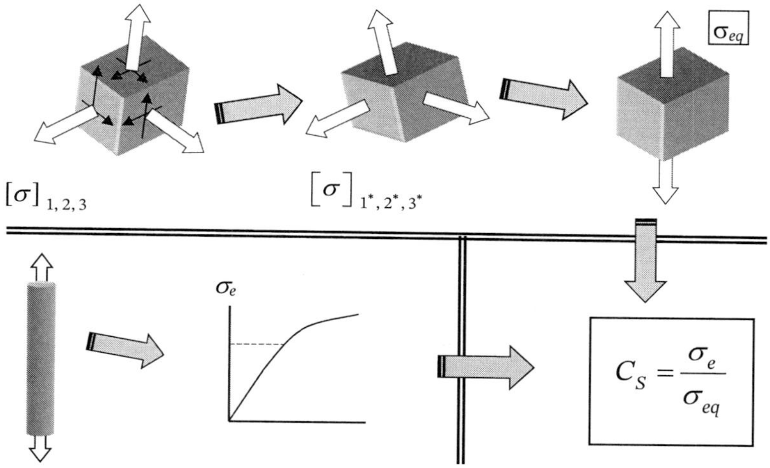

Hay que interpretar aquí que "causar el mismo efecto" es sinónimo de que cierto parámetro físico, considerado determinante del fallo, tome el mismo valor en el estado uniaxial equivalente que en el estado multiaxial por él representado.

Es de destacar que existen materiales con diferente valor de resistencia a tracción que a compresión; dichos materiales se denominan asimétricos. Para ellos pueden definirse dos tensiones equivalentes (una para tracción y otra para compresión) o bien una única tensión equivalente definida a tracción.

Seguidamente se presentan las principales teorías de fallo existentes en función del parámetro de correlación considerado, la superficie límite a la que dan lugar, así como la expresión de la correspondiente tensión equivalente asociada.

Teorías simples de fallo

Se incluyen bajo este título seis teorías que se fundamentan en la elección de uno solo de los muchos factores que influyen sobre la resistencia del material.

Teoría de la tensión normal máxima (Rankine)

La teoría de la tensión normal máxima postula que, para un estado de tensión arbitrario, el fallo del material comienza cuando una de las tensiones principales extremas alcanza un valor igual al valor límite de dicho parámetro asociado al fallo a tracción o a compresión en los ensayos de tracción y compresión simples.

En consecuencia la tensión normal debe mantenerse acotada entre los valores:

$$-\sigma_{e^-} \leq \sigma \leq \sigma_{e^+}$$

La condición límite, expresada en función de las tensiones principales ordenadas es:

$$\left|\sigma_{III}\right|_C = \sigma_{e^-} \qquad \left|\sigma_I\right|_T = \sigma_{e^+}$$

Es fácil comprobar que estas condiciones corresponden a un cubo en el espacio de las tensiones principales. Dicho cubo queda desplazado del origen si el material es asimétrico.

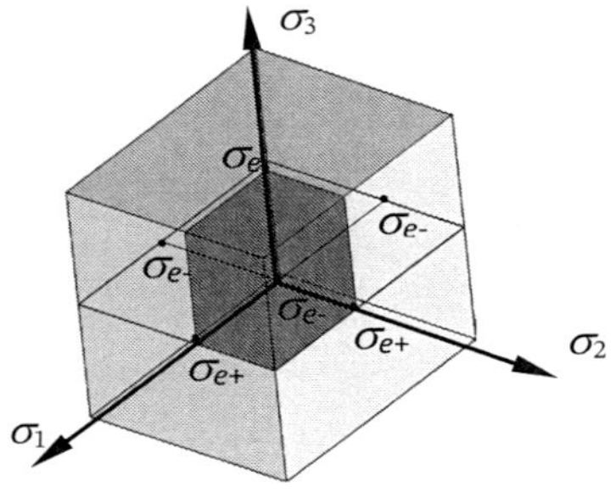

La tensión equivalente toma dos posibles valores según se trate de comparar con la tensión límite a tracción o a compresión.

$$\sigma_{eq}^{+} = \max\left(\sigma_1, \sigma_2, \sigma_3\right)_T \qquad \sigma_{eq}^{-} = \min\left(\sigma_1, \sigma_2, \sigma_3\right)_C$$

Es de destacar que este criterio predice una resistencia finita tanto a la tracción como a la compresión hidrostáticas. Aunque lo primero es consistente con las observaciones experimentales, no parece que pueda fijarse un límite a la resistencia a la compresión hidrostática.

Para el caso habitual de tensión plana se obtiene un cuadrado.

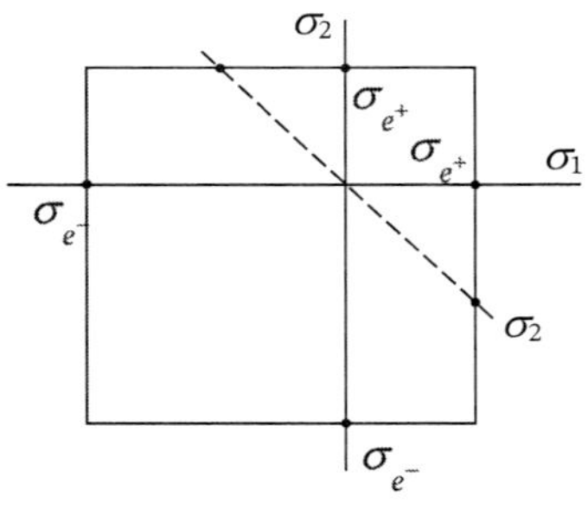

En este mismo gráfico es inmediato ver que en un caso de cizalladura pura, donde las tensiones principales son iguales y de signos contrarios e iguales en valor absoluto a la tensión cortante máxima, este criterio predice que el fallo se produce para tensiones cortantes de igual valor a la resistencia a la tracción. Este resultado es aproximadamente cierto para materiales frágiles con baja resistencia al desprendimiento pero no para materiales dúctiles cuando el fallo se produce por deslizamiento.

Experimentalmente se ha verificado que el criterio de la tensión normal máxima es seguro en los cuadrantes 1º y 3º pero puede resultar inseguro en los cuadrantes 2º y 4º, especialmente cuando se utiliza para analizar materiales dúctiles.

Criterio de la tensión cortante máxima (Tresca-Guest)

La teoría de la tensión cortante máxima postula que, para un estado de tensión arbitrario, el fallo del material comienza cuando la tensión cortante máxima alcanza un valor igual al valor límite de dicho parámetro asociado al fallo en el ensayo de tracción simple.

Al estar la deformación plástica ligada a la presencia de tensiones cortantes, este criterio es especialmente útil para predecir el inicio de la fluencia plástica en materiales dúctiles.

La tensión cortante máxima al alcanzarse el fallo en el ensayo de tracción es igual al radio del círculo de Mohr correspondiente, y por tanto:

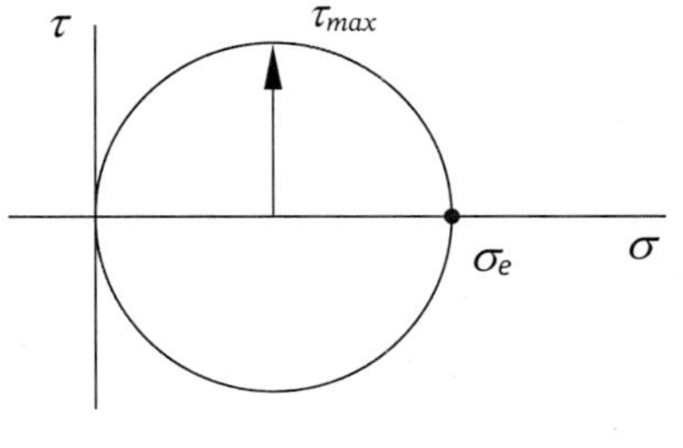

$$\tau_{\max} = \frac{\sigma_e}{2}$$

En el estado multiaxial de tensión se ha visto anteriormente que la tensión cortante máxima es:

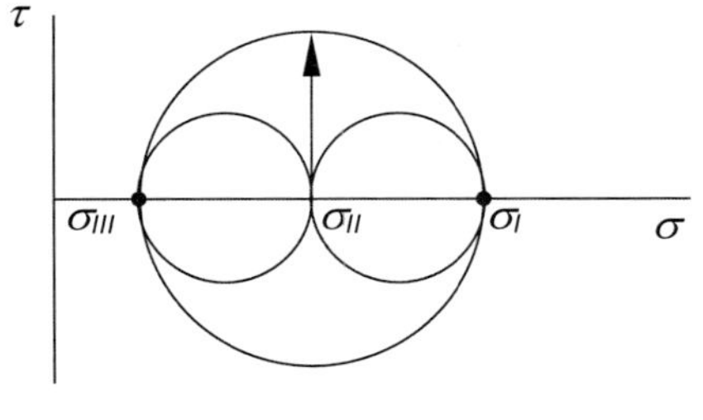

$$\tau_{\max} = \frac{\sigma_I - \sigma_{III}}{2}$$

Con lo que la condición límite para este criterio puede formularse de la siguiente forma:

$$\frac{\sigma_I - \sigma_{III}}{2} = \frac{\sigma_e}{2}$$

O bien en términos de una tensión uniaxial equivalente: $\sigma_{eq} = \sigma_I - \sigma_{III} = \sigma_e$

Es fácil comprobar que esta condición corresponde, en el espacio de las tensiones principales, a un prisma hexagonal regular cuya directriz coincide con la bisectriz del primer octante.

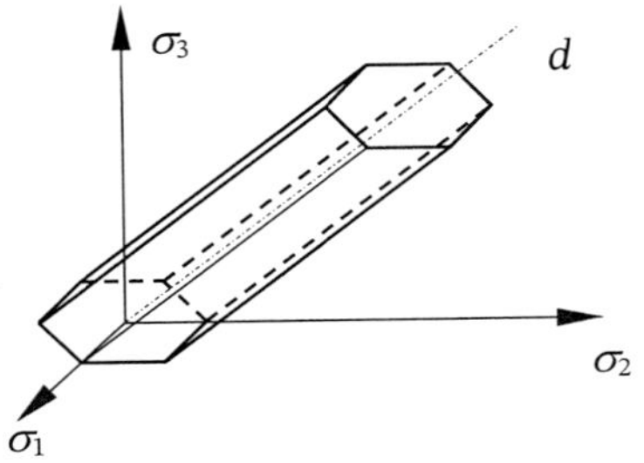

Tanto la expresión analítica del criterio como su representación gráfica ponen de manifiesto que un estado de tensiones próximo o igual a una tensión hidrostática, de tracción o de compresión, no producirían fallo por fluencia. Sin embargo esto no quiere decir que el material no pudiera fallar por desprendimiento frágil como causa de las tensiones normales de tracción. Para verificar este punto debería utilizarse otro criterio, por ejemplo el antes expuesto de la tensión normal máxima. También es de observar que el criterio de la tensión cortante máxima no permite tratar materiales con desigual resistencia a tracción que a compresión, y por tanto su aplicación queda limitada a materiales simétricos.

Para el caso habitual de tensión plana se obtiene un hexágono irregular. En este mismo gráfico es inmediato ver que en un caso de cizalladura pura, donde las tensiones principales son iguales y cambiadas de signo e iguales en valor absoluto a la tensión cortante máxima, este criterio predice que el fallo se produce para tensiones cortantes de valor igual a la mitad de la resistencia a la tracción. Dicho resultado es aproximadamente cierto cuando el criterio se utiliza para predecir el inicio de la fluencia en materiales dúctiles, especialmente si se trata de cristales puros; en materiales policristalinos el valor crítico predicho para la tensión cortante es del orden de un 15% inferior al observado experimentalmente.

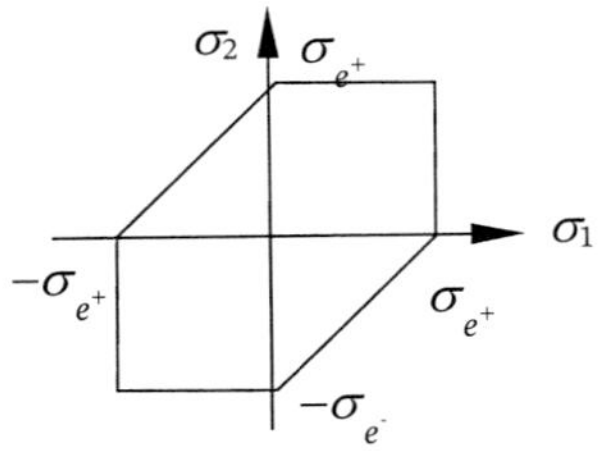

Criterio de la máxima deformación longitudinal unitaria

La teoría de la máxima deformación longitudinal unitaria postula que, para un estado de tensión arbitrario, el fallo del material comienza cuando la deformación longitudinal unitaria alcanza un valor igual al valor límite de dicho parámetro asociado al fallo en el ensayo de tracción simple.

La deformación longitudinal máxima al alcanzarse el fallo en el ensayo de tracción es, aplicando la ley de Hooke elemental:

$$\varepsilon_e = \frac{\sigma_e}{E}$$

Mientras que en el estado multiaxial de tensión se tiene: $\varepsilon_I = \frac{1}{E}\left[\sigma_I - \upsilon\left(\sigma_{II} + \sigma_{III}\right)\right]$

Con lo que la condición límite para este criterio puede formularse de la siguiente forma:

$$\frac{1}{E}\left[\sigma_I - \upsilon\left(\sigma_{II} + \sigma_{III}\right)\right] = \frac{\sigma_e}{E}$$

O bien en términos de una tensión uniaxial equivalente: $\sigma_{eq} = \sigma_I - \upsilon\left(\sigma_{II} + \sigma_{III}\right) = \sigma_e$

Para el caso habitual de tensión plana se obtiene un rombo:

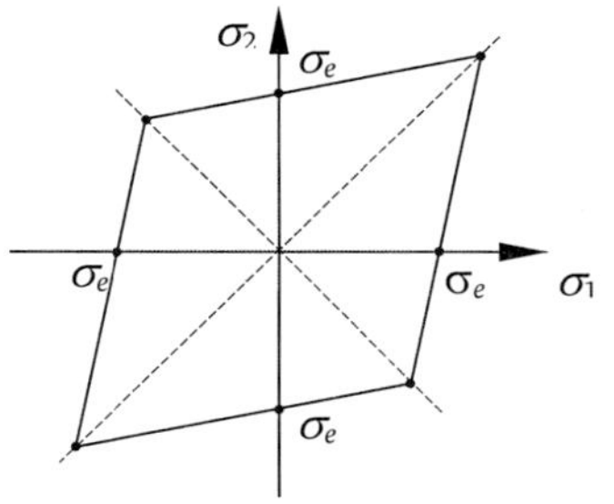

En un caso de cizalladura pura, donde las tensiones principales son iguales y de signo contrario e iguales en valor absoluto a la tensión cortante máxima, este criterio predice que el fallo se produce para tensiones cortantes de valor igual a:

$$\tau = \frac{\sigma_e}{1+\upsilon}$$

Esta teoría es aplicable a materiales simétricos con igual resistencia a tracción que a compresión y cuando el fallo se origina por decohesión entre diversos componentes de un material compuesto como consecuencia de su desigual deformabilidad. También se ha utilizado extensamente para el análisis de la resistencia a la fatiga. En el resto de casos no se aconseja su uso.

Teoría de la energía de deformación

La teoría de la energía de deformación postula que, para un estado de tensión arbitrario, el fallo del material comienza cuando la energía de deformación absorbida por unidad de volumen alcanza un valor igual al valor límite de dicho parámetro asociado al fallo en el ensayo de tracción simple.

La densidad de energía de deformación al alcanzarse el fallo en el ensayo de tracción es igual a:

$$E_\varepsilon^* = \frac{\sigma_e^2}{2E}$$

En el estado multiaxial de tensión se ha visto anteriormente que la densidad de energía de deformación es:

$$E_\varepsilon^* = \frac{1}{2E}\left(\sigma_1^2 + \sigma_2^2 + \sigma_3^2 - 2\upsilon\left(\sigma_1\sigma_2 + \sigma_1\sigma_3 + \sigma_2\sigma_3\right)\right)$$

Con lo que la condición límite para este criterio puede formularse de la siguiente forma:

$$\frac{1}{2E}\left(\sigma_1^2 + \sigma_2^2 + \sigma_3^2 - 2\upsilon\left(\sigma_1\sigma_2 + \sigma_1\sigma_3 + \sigma_2\sigma_3\right)\right) = \frac{\sigma_e}{2E}$$

O bien en términos de una tensión uniaxial equivalente:

$$\sigma_{eq} = \sigma_1^2 + \sigma_2^2 + \sigma_3^2 - 2\upsilon\left(\sigma_1\sigma_2 + \sigma_1\sigma_3 + \sigma_2\sigma_3\right) = \sigma_e$$

Para el caso habitual de tensión plana se obtiene una figura elíptica:

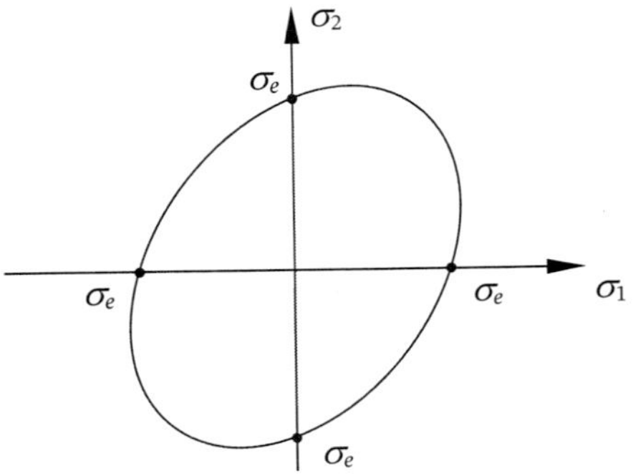

De la expresión analítica de la condición de fallo es inmediato ver que en un caso de cizalladura pura, donde las tensiones principales son iguales y de signo contrario e iguales en valor absoluto a la tensión cortante máxima, este criterio predice que el fallo se produce para tensiones cortantes de valor igual a:

$$\tau = \frac{\sigma_e}{\sqrt{2(1+\upsilon)}}$$

Este criterio es aplicable sólo a materiales con igual resistencia a tracción que a compresión. Sin embargo aún en este caso los resultados no son satisfactorios puesto que resultan conservadores en los cuadrantes 1º y 3º pero excesivamente optimistas en los cuadrantes 2º y 4º.

Teoría de la energía de distorsión (von Mises)

Esta teoría es una evolución de la anterior en la que se pretende predecir el fallo por fluencia observando que éste está asociado a la energía de cambio de forma, o de distorsión, pero no a la de cambio de volumen ya que éste último es un fenómeno esencialmente elástico.

La teoría de la energía de distorsión postula que, para un estado de tensión arbitrario, el fallo del material comienza cuando la energía de distorsión absorbida por unidad de volumen alcanza un valor igual al valor límite de dicho parámetro asociado al fallo en el ensayo de tracción simple.

En el estado multiaxial de tensión se ha visto anteriormente que la densidad de energía de distorsión es:

$$E_d^* = \frac{1+\upsilon}{6E}\left[(\sigma_1 - \sigma_2)^2 + (\sigma_2 - \sigma_3)^2 + (\sigma_3 - \sigma_1)^2 \right]$$

La densidad de energía de distorsión al alcanzarse el fallo en el ensayo de tracción es igual a:

$$E_d^* = \frac{1+\upsilon}{3E}\sigma_e^2$$

Con lo que la condición límite para este criterio puede formularse de la siguiente forma:

$$\frac{1+\upsilon}{6E}\left[(\sigma_1 - \sigma_2)^2 + (\sigma_2 - \sigma_3)^2 + (\sigma_3 - \sigma_1)^2 \right] = \frac{1+\upsilon}{3E}\sigma_e^2$$

O bien en términos de una tensión uniaxial equivalente:

$$\sigma_{eq} = \frac{1}{\sqrt{2}}\sqrt{(\sigma_1 - \sigma_2)^2 + (\sigma_2 - \sigma_3)^2 + (\sigma_3 - \sigma_1)^2} = \sigma_e$$

Al igual que sucede con el criterio de la tensión cortante máxima, tanto la expresión analítica del criterio como su representación gráfica ponen de manifiesto que un estado de tensiones próximo o igual a una tensión hidrostática, de tracción o de compresión, no produciría fallo por fluencia. Sin embargo esto no quiere decir que el material no pudiera fallar por desprendimiento frágil como causa de las tensiones normales de tracción. Para verificar este punto debería utilizarse otro criterio, por ejemplo el antes expuesto de la tensión normal máxima.

También es de observar que el criterio de la energía de distorsión no permite tratar materiales asimétricos con desigual resistencia a tracción que a compresión.

El criterio de la energía de distorsión corresponde, en el espacio de las tensiones principales, a un cilindro de radio $r=\sqrt{2/3}\,\sigma_e$ cuya directriz coincide con la bisectriz del primer octante, y que inscribe al prisma hexagonal resultante del criterio de la tensión cortante máxima.

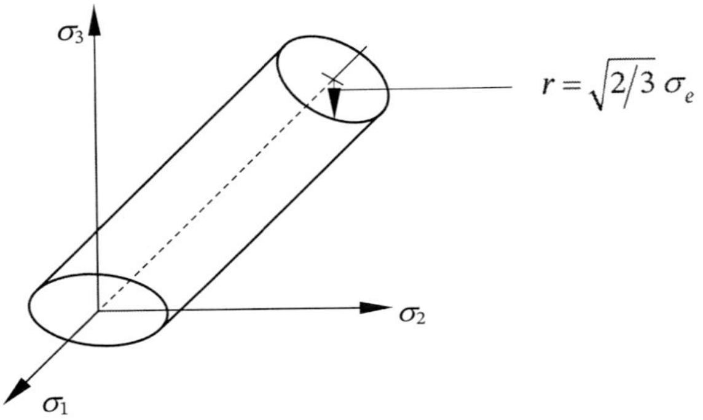

Para el caso habitual de tensión plana se obtiene una elipse:

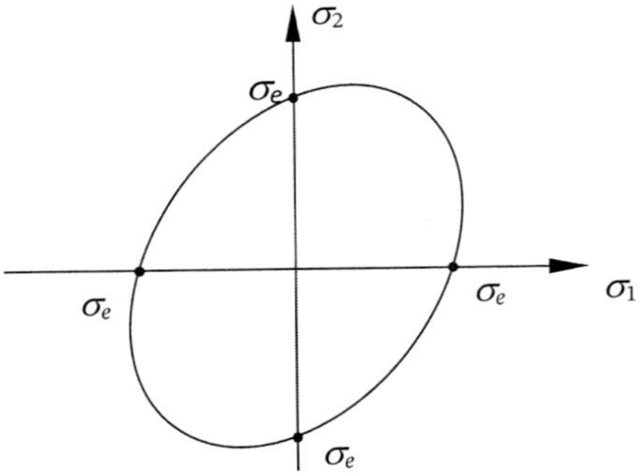

De la expresión analítica del criterio inmediato ver que en un caso de cizalladura pura, donde las tensiones principales son iguales y de signo contrario e iguales en valor absoluto a la tensión cortante máxima, este criterio predice que el fallo se produce para tensiones cortantes de valor igual a:

$$\tau=\frac{\sigma_e}{\sqrt{3}}$$

Este resultado es muy ajustado a los resultados experimentales cuando el criterio se utiliza para predecir el inicio de la fluencia.

El criterio de la energía de distorsión presenta la limitación de ser aplicable sólo a materiales simétricos con igual resistencia a tracción que a compresión.

Existe un enfoque alternativo que conduce exactamente al mismo resultado que el criterio de la energía de distorsión y que consiste en tomar como parámetro definitorio del fallo la tensión cortante que actúa en los planos octaédricos. De este modo se extiende el campo de validez de este criterio más allá del aparentemente impuesto por su anterior deducción a partir de la teoría de la elasticidad lineal. En efecto, la tensión tangencial octaédrica en el caso general es:

$$\tau_0 = \frac{1}{3}\sqrt{(\sigma_1 - \sigma_2)^2 + (\sigma_2 - \sigma_3)^2 + (\sigma_1 - \sigma_3)^2}$$

y al alcanzar el límite elástico en el ensayo de tracción toma el valor:

$$\tau_{0_e} = \frac{\sqrt{2}}{3}\sigma_e$$

igualando ambos resultados:

$$\frac{1}{3}\sqrt{(\sigma_1 - \sigma_2)^2 + (\sigma_2 - \sigma_3)^2 + (\sigma_1 - \sigma_3)^2} = \frac{\sqrt{2}}{3}\sigma_e$$

y operando:

$$\sigma_{eq} = \frac{1}{\sqrt{2}}\sqrt{(\sigma_1 - \sigma_2)^2 + (\sigma_2 - \sigma_3)^2 + (\sigma_1 - \sigma_3)^2} = \sigma_e$$

resultado coincidente con el anterior.

Otras teorías

A parte de las teorías expuestas existen otras muchas que intentan dar una solución más general al problema del fallo estático de los materiales resolviendo algunas de sus limitaciones. A continuación se presentan algunas de ellas.

Teoría de la curva intrínseca

En este enfoque se postula que existe una relación causa efecto entre el vector tensión y el fallo del material en un determinado plano. Por tanto el fallo resulta de la interacción entre tensiones normales y cortantes y no sólo de una de ellas.

Para visualizarlo imaginemos que se aumenta la solicitación de modo progresivo y homotético (carga proporcional), hasta que se inicie el fallo en un plano determinado. Se dice entonces que el vector tensión correspondiente ha alcanzado el estado límite en dicho plano. Los extremos de todos los vectores tensión correspondientes a estados límite sobre dicho plano así obtenidos definen una superficie denominada superficie intrínseca.

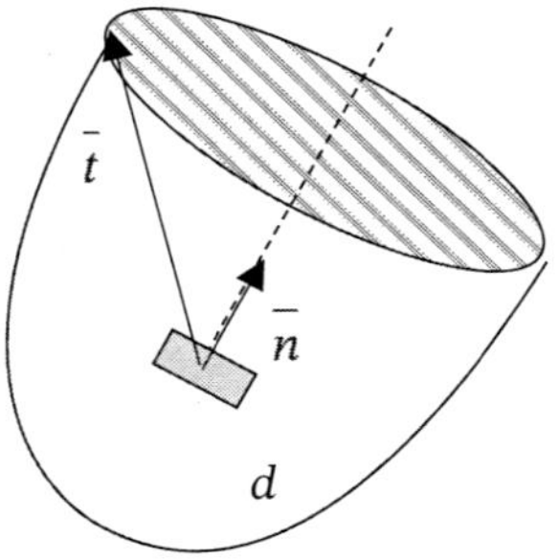

Debido a la isotropía del material dicha superficie es de revolución, e independiente del plano de referencia considerado y define la capacidad resistente del material frente a acciones combinadas. Puede ser por tanto determinada a partir de su curva generatriz, denominada curva intrínseca. Dado que la superficie intrínseca es única su intersección con el plano $\sigma - \tau$ deberá coincidir con la envolvente de todos los círculos de Mohr correspondientes a estados límite de tensión. La forma de esta envolvente se considera que es una característica mecánica del material que depende de las propiedades físicas del mismo, especialmente de su resistencia al desprendimiento y al deslizamiento.

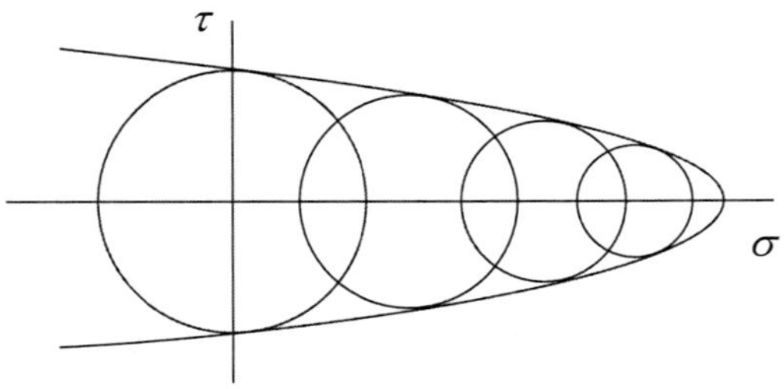

Finalmente es de observar que en consecuencia se admite que el fallo queda determinado sólo por las tensiones principales extremas pero no por la tensión principal intermedia.

Se han propuesto diversas aproximaciones para estimar la curva intrínseca a continuación se exponen dos de ellas.

Teoría de Coulomb-Mohr

En esta teoría se postula que el valor límite de las tensiones cortantes necesario para que se inicie el deslizamiento entre planos colindantes queda condicionado por el rozamiento interno entre ellos, siendo éste a su vez una función lineal de las tensiones normales. Así pues una tensión normal de tracción favorece el deslizamiento interno mientras que otra de compresión lo dificulta, resultando en un comportamiento asimétrico.

Esto equivale a aproximar la curva intrínseca en el plano $\sigma-\tau$ mediante dos rectas. Dichas rectas se pueden obtener trazando las tangentes a los círculos de Mohr correspondientes a los ensayos de tracción y compresión simples. Una construcción geométrica simple permite entonces establecer la expresión analítica correspondiente:

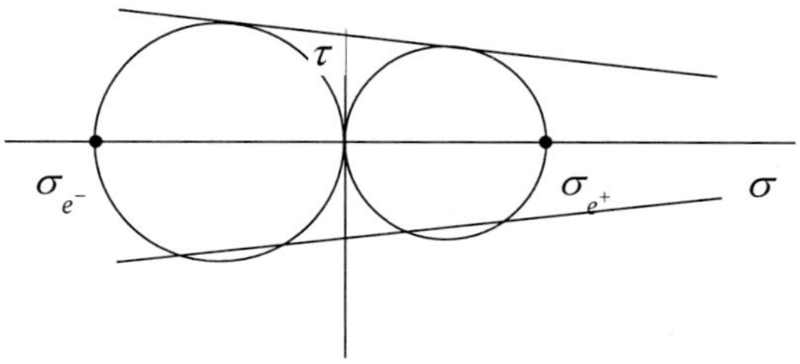

condición límite: $\sigma_I - \kappa\,\sigma_{III} = \sigma_{e^+}$

con $\kappa = \sigma_{e^+} / \sigma_{e^-}$

La superficie límite resultante en el espacio de las tensiones principales es una pirámide hexagonal, de la que se deriva una resistencia finita a la tracción hidrostática y una resistencia infinita a la compresión hidrostática.

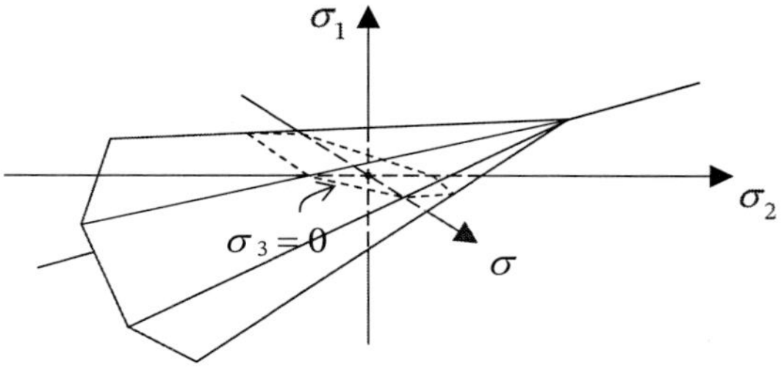

La representación gráfica para el estado de tensión plana es un hexágono irregular:

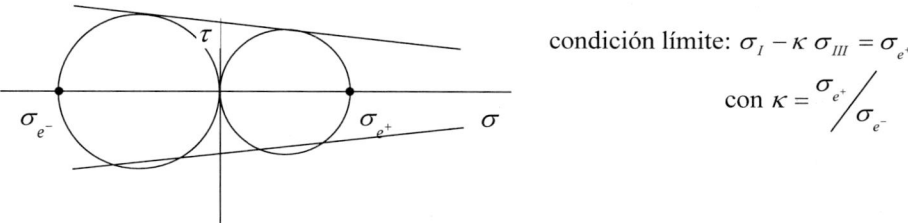

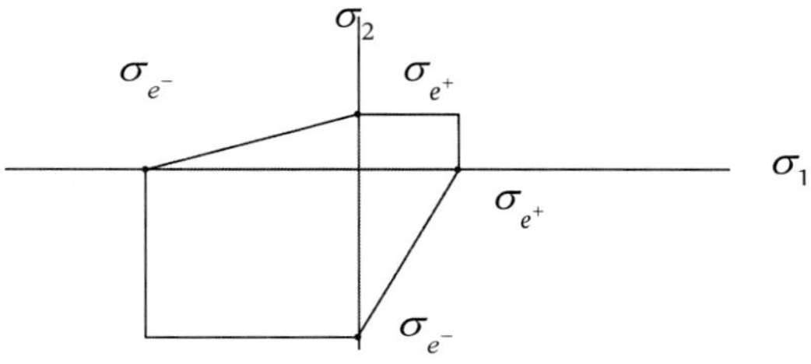

El valor de tensión cortante límite para el ensayo de cortadura resulta ser:

$$\tau = \frac{\sigma_{e^+}}{1+\kappa}$$

La teoría de Coulomb-Mohr puede considerarse como una generalización de la teoría de la tensión cortante máxima para el caso en que las resistencias a tracción y a compresión resultan distintas. Cuando se utiliza para materiales frágiles asimétricos da resultados excesivamente conservadores en los cuadrantes 2º y 4º. Por este motivo se ha propuesto una variante conocida como teoría de Mohr-Coulomb modificada, consistente en modificar gráficamente la forma de la curva límite en los dos cuadrantes mencionados.

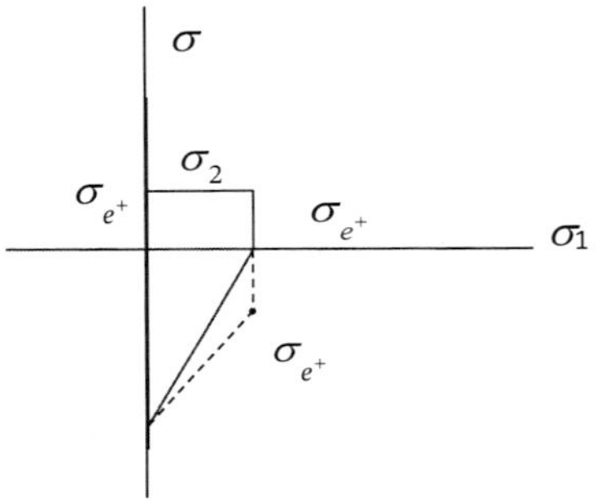

Este resultado puede generalizarse al problema tridimensional resultando una superficie compleja cuyo detalle no se describe aquí.

Teoría de la curva intrínseca parabólica

Otra alternativa al mismo problema consiste en utilizar una aproximación parabólica de la curva intrínseca del tipo:

$$\sigma = A\tau^2 + B$$

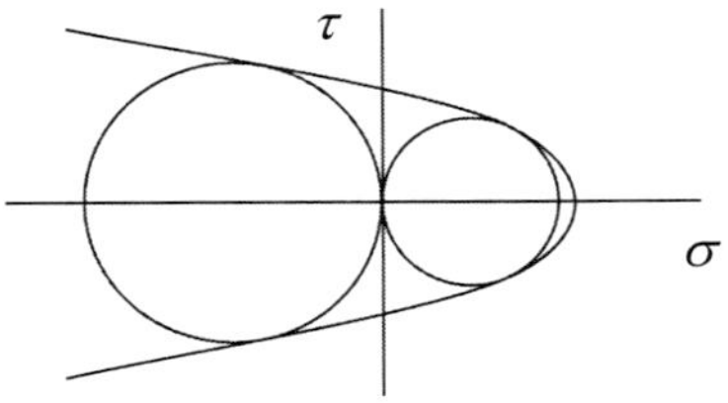

donde A y B son constantes que se calculan a partir de las condiciones de tangencia con los círculos de Mohr correspondientes a los ensayos de tracción y compresión simples. En función de las tensiones principales extremas σ_I y σ_{III} el criterio se expresa analíticamente como:

$$\left(\sigma_I - \sigma_{III}\right)^2 - \left(\sigma_{e^+} - \sigma_{e^-}\right)\left(\sigma_I + \sigma_{III}\right) = \sigma_{e^+} \cdot \sigma_{e^-}$$

Para el caso habitual de tensión plana la curva límite resultante tiene el siguiente aspecto:

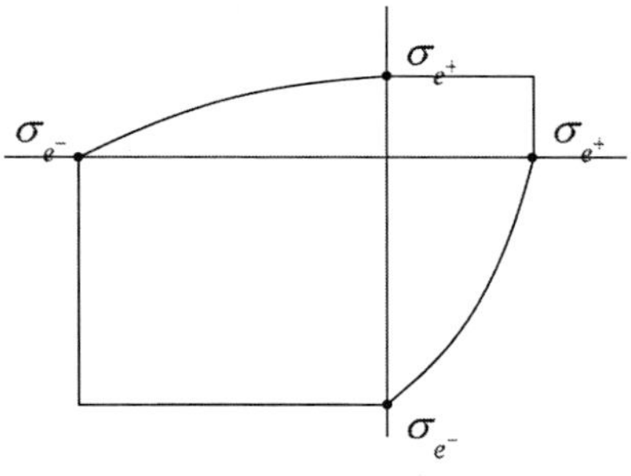

La tensión cortante límite, predicha para el caso de cizalladura pura es:

$$\tau = \frac{\sqrt{\sigma_{e^+} \cdot \sigma_{e^-}}}{2}$$

Cuando la resistencia a tracción y compresión resultan iguales, este criterio coincide con el de la tensión cortante máxima. Para materiales frágiles la aproximación en los cuadrantes 2º y 4º resulta notablemente mejorada.

Teorías derivadas del enfoque de von Mises para materiales asimétricos

Como ya se ha visto, el criterio de fallo de von Mises es muy adecuado para predecir el inicio de la fluencia plástica en materiales simétricos. Sin embargo hay numerosos materiales que, aunque cualitativamente presentan comportamientos semejantes a las predicciones del criterio de von Mises, son no obstante asimétricos. Para estos casos se han desarrollado versiones modificadas de dicho criterio que permiten incorporar comportamientos asimétricos a partir del ajuste de los coeficientes del modelo analítico a los resultados de los ensayos de tracción y compresión simples, o incluso también a los del ensayo de cizalladura.

Teoría de Balandín-Stassi

Esta teoría postula que el fallo se produce como consecuencia del efecto combinado de las tensiones normal y tangencial octaédricas siendo el efecto de la primera de tipo lineal. La expresión analítica correspondiente para la condición límite es:

$$3(1-\kappa)\sigma_0\cdot\sigma_{e^-}+\sigma_{VM}^2=\sigma_{e^+}\cdot\sigma_{e^-}$$
$$\sigma_0=(\sigma_1+\sigma_2+\sigma_3)/3$$
$$\sigma_{VM}=\frac{1}{\sqrt{2}}\sqrt{(\sigma_1-\sigma_2)^2+(\sigma_1-\sigma_3)^2+(\sigma_2-\sigma_3)^2}$$

La correlación entre las tensiones límite en los ensayos de tracción y compresión simples y la tensión límite en el ensayo de cizalladura resulta especialmente bien ajustada a los resultados experimentales:

$$\tau=\sqrt{\frac{\sigma_{e^+}\cdot\sigma_{e^-}}{3}}$$

Esta expresión se ha aplicado con éxito a materiales ligeramente asimétricos como ciertos polímeros.

Teoría de Yagn-Buginski

Esta teoría constituye una generalización de la anterior que permite incluir los resultados del ensayo de cizalladura. En este caso se supone que el efecto de la tensión normal octaédrica es de tipo cuadrático dando lugar a una expresión para la condición límite del tipo:

$$(\sigma_1-\sigma_3)^2+(\sigma_1-\sigma_2)^2+(\sigma_2-\sigma_3)^2+A(\sigma_1+\sigma_2+\sigma_3)^2+B(\sigma_1+\sigma_2+\sigma_3)=C$$

Se trata de una función polinómica de segundo grado simétrica respecto a las tres tensiones principales. Las constantes *A*, *B* y *C* del modelo se determinan de modo que la superficie resultante verifique los resultados de los ensayos de tracción, compresión y cizalladura simples. En función de los resultados de dichos ensayos $\tau_e,\sigma_{e^+},\sigma_{e^-}$ las constantes *A*, *B* y *C* toman los valores:

$$A=\frac{6\tau_e^2-2\,\sigma_{e^+}\sigma_{e^-}}{\sigma_{e^+}\sigma_{e^-}}\qquad B=\frac{6\tau_e^2\left(\sigma_{e^-}-\sigma_{e^+}\right)}{\sigma_{e^+}\sigma_{e^-}}\qquad C=6\tau_e^2$$

En el caso particular de que: $\tau=\sqrt{\frac{\sigma_{e^+}\sigma_{e^-}}{3}}$, esta teoría coincide con la anterior.

Conclusión

El gran número de teorías desarrolladas en orden a predecir el fallo mecánico, por fluencia o por rotura, de un componentes o estructura en servicio da cuenta de la complejidad del fenómeno. Ninguna de ellas es suficientemente general para ser utilizada en todos los casos, es más con toda probabilidad las superficies límite adecuadas para definir el inicio de la fluencia son distintas de las adecuadas para determinar la rotura final, y éstas a su vez pueden duplicarse dependiendo de si el fallo se produce por desprendimiento o por cizalladura. Queda bajo la responsabilidad del ingeniero decidir cual, o cuáles, de los enfoques propuestos debe aplicar a cada caso particular.

Este autor ha propuesto unificar una gran parte de los anteriores enfoques a partir de una única expresión universal para la condición límite dada por un polinomio de segundo grado simétrico respecto a las tensiones principales ordenadas:

$$C_1\left(\sigma_I + A\sigma_{II} + \sigma_{III}\right) + C_2\left(\sigma_I^2 + A\sigma_{II}^2 + \sigma_{III}^2\right) + C_3\left(A\sigma_{II}\left(\sigma_I + \sigma_{III}\right) + \sigma_I\sigma_{III}\right) = 1$$

Los coeficientes C_1, C_2 y C_3 deben determinarse a partir de los ensayos de tracción, compresión, y cizalladura simples. El coeficiente A determina la intervención o no de la tensión principal intermedia en el mecanismo de fallo.

$$C_1 = \frac{\sigma_{e^-} - \sigma_{e^+}}{\sigma_{e^+}\sigma_{e^-}} \qquad C_2 = \frac{1}{\sigma_{e^+}\sigma_{e^-}} \qquad C_3 = 2C_2 - 1/\tau_e^2$$

Cuando los coeficientes C_i se ajustan a partir de los límites de fluencia en cada ensayo se aconseja tomar $A = 1$ y la superficie resultante predice entonces el inicio de la fluencia plástica para una situación multiaxial cualquiera. Cuando los coeficientes C_i se ajustan a los valores de rotura en cada ensayo se aconseja tomar $A = 0$ y la superficie resultante predice entonces el inicio de la rotura para una situación multiaxial cualquiera. En este caso no obstante deben considerarse las diferencias existentes entre las tensiones reales de rotura y los valores de ingeniería generalmente reportados como resultados de los ensayos.

En cada caso en particular se recomienda determinar las dos superficies y explorar cual de las dos condiciones de fallo, fluencia o rotura, resulta más crítica para el estado de tensiones dado.

5.5. Comportamiento constitutivos materiales fluidos

En este apartado se introducen las ecuaciones constitutivas materiales más simples para un medio continuo fluido (gases y líquidos), y como en los análisis anteriores se supondrá un comportamiento isotrópico.

5.5.1. Fluidos ideales

Se define como fluido ideal, o no viscoso, aquel que por su naturaleza no puede transmitir ningún tipo de tensión cortante. Esta idealización es válida para muchos problemas prácticos.

Como quiera que en general un fluido no puede soportar tensiones normales de tracción (Sólo los líquidos en estado puro pueden hacerlo; los líquidos reales generan burbujas de vapor cuando la presión alcanza su presión de vapor produciéndose discontinuidades en el medio. Este fenómeno se denomina cavitación.) es costumbre expresar las tensiones normales de compresión como presiones, definidas positivas, y por tanto de signo contrario a las tensiones. En consecuencia el tensor tensión asociado debe ser necesariamente esférico al ser nula su parte desviadora. En forma matricial:

$$\left[\ \sigma\ \right]=\begin{bmatrix}-p & 0 & 0\\ 0 & -p & 0\\ 0 & 0 & -p\end{bmatrix} \text{ siendo } p=-\sigma_0$$

En general la presión p en este tipo de medios se relaciona con la densidad y con la temperatura a través de la ecuación de estado. Para un gas ideal ésta toma la forma:

$$\frac{p}{\rho}=RT$$

mientras que para un gas real o un líquido se establecen ecuaciones de estado del tipo más genérico:

$$f\left(p,\rho,T\right)=0$$

Un caso especial de este comportamiento corresponde al de un fluido incompresible, situación en la que la presión ya no se rige por la ecuación de estado sino que puede tomar un valor arbitrario siempre que sea compatible con las ecuaciones del movimiento y con las condiciones de contorno del problema.

5.5.2. Fluidos viscosos

El estado de tensión interna en cualquier fluido en reposo es puramente esférico, o hidrostático, y no existen por tanto tensiones cortantes en ninguna dirección. Sin embargo cuando un fluido real se pone en movimiento aparecen tensiones adicionales originadas por el deslizamiento mutuo entre las diversas capas de fluido, esta oposición al deslizamiento persiste mientras hay movimiento pero desaparece cuando éste cesa.

El efecto de dichas tensiones no siempre es despreciable. La viscosidad de un fluido es la característica física macroscópica que permite establecer la relación existente entre ellas y la causa que las origina, que es la velocidad de deformación.

Viscosidad

En efecto, considérese el caso simple de una tabla que flota sobre una corriente fluida cerca de una pared fija. Las partículas de fluido que están cerca de la pared fija se adhieren a ella y permanece en reposo mientras que las que están cerca de la tabla de mueven solidariamente con ella. La velocidad de las partículas intermedias evoluciona según cierto perfil de velocidades.

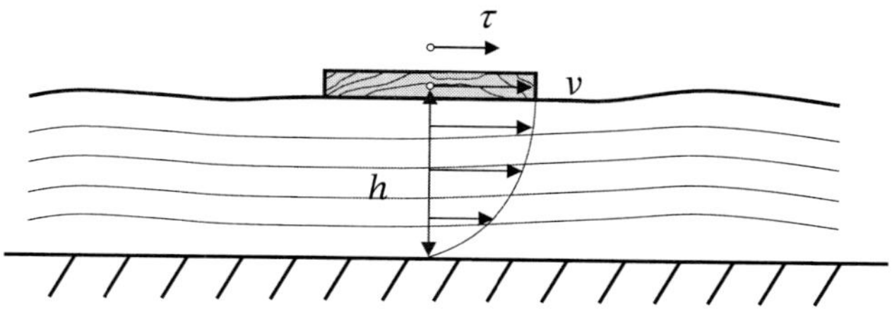

Para vencer el rozamiento entre las partículas fluidas que deslizan unas sobre otras, y poder mover la tabla es necesario realizar una fuerza que se transforma en tensiones cortantes entre las capas fluidas. La viscosidad es una medida de dicha resistencia. Newton estableció la hipótesis de que el incremento de velocidad entre dos capas fluidas es directamente proporcional a la tensión aplicada y a la distancia entre ellas, e inversamente proporcional a la viscosidad, siendo ésta una característica propia del material que mide la resistencia al deslizamiento en el seno del fluido.

$$\Delta v = \frac{\tau \times \Delta h}{\mu^*}$$

Mediante una construcción geométrica simple puede relacionarse esta expresión con la velocidad de deformación angular:

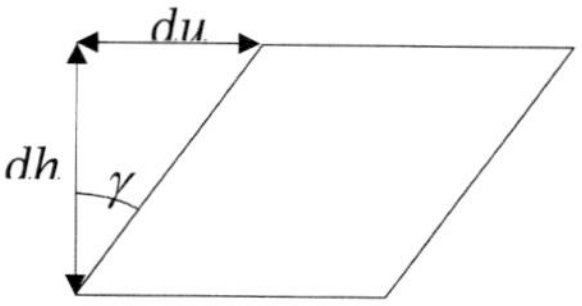

$$\frac{dv}{dh} = \frac{d}{dh}\frac{du}{dt} = \frac{d}{dt}\frac{du}{dh} = \frac{d}{dt}\gamma = \dot{\gamma} \quad \Rightarrow \quad \tau = \mu^* \dot{\gamma}$$

La viscosidad μ^* así definida recibe el nombre de viscosidad dinámica y tiene dimensiones $FL^{-2}t$. En muchos problemas de la dinámica de fluidos aparece el cociente:

$$\frac{\mu^*}{\rho}$$

que recibe el nombre de viscosidad cinemática y cuyas dimensiones son L^2t^{-1}. En contrapartida, μ^* recibe el nombre de viscosidad dinámica. Es muy importante no confundir estos dos conceptos.

Newton consideró la viscosidad como una constante característica del material, sin embargo la viscosidad puede cambiar con la velocidad de deformación y/o con el tiempo para una velocidad de deformación dada. A estos comportamientos se les denomina no-newtonianos. Las diversas tipologías posibles se representan en la figura siguiente.

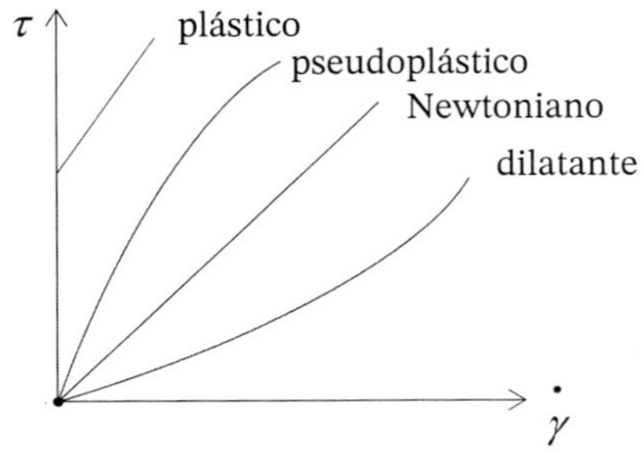

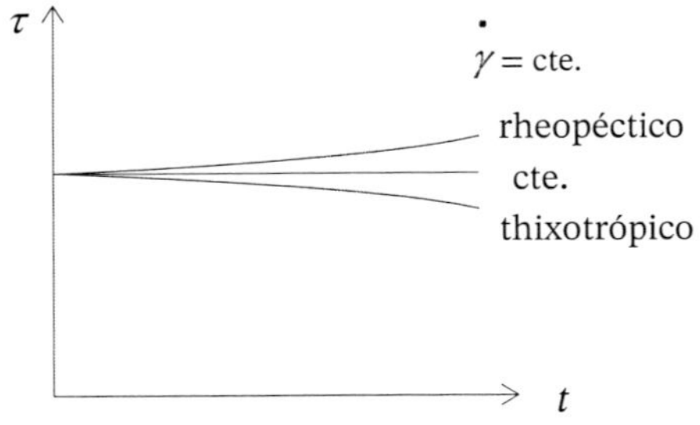

5.5.3. Fluidos newtonianos

La generalización de la expresión que Newton dio para el propio concepto de viscosidad conduce a la ecuación constitutiva material de un fluido viscoso newtoniano:

$$[\sigma]=[-p]+[\tau]$$

Donde el primer término del segundo miembro corresponde a la presión hidrostática que tendría el fluido si estuviera en reposo y el segundo término del mismo miembro corresponde a las tensiones viscosas originadas por el movimiento del fluido. La presión estática p, también conocida como presión termodinámica, es una variable controlada por la ecuación de estado que relaciona la relaciona con la densidad y la temperatura.

Las tensiones viscosas se consideran función del tensor velocidad de deformación. Si dicha función es lineal puede escribirse:

$$\{\overset{=}{\tau}\}=[V]\ \{\overset{=}{D}\}$$

El tensor $[V]$ es el denominado tensor de coeficientes viscosos del material, que en un fluido newtoniano pueden depender de la temperatura pero no de la tensión ni de la velocidad de deformación. Si además el fluido es isótropo, el tensor de tensiones viscosas puede expresarse, de forma análoga a las ecuaciones de Lamé vistas anteriormente para el tensor de tensiones elásticas, a partir de sólo dos constantes que caracterizan completamente el comportamiento viscoso del fluido:

$$[\sigma]=[-p]+3\lambda^*\ [D_0]+2\mu^*\ [D]$$

donde λ^* y μ^* son los coeficientes de viscosidad del fluido.

Se define la viscosidad volumétrica como la característica del fluido que relaciona la velocidad de deformación volumétrica con la parte esférica del tensor de tensiones viscosas. De forma análoga al coeficiente de compresibilidad de un sólido elástico se tiene:

$$\sigma_0 = -p + \left(3\lambda^* + 2\mu^*\right) D_0 = -p + K^* \dot{\theta}$$

siendo

$K^* = \lambda^* + \frac{2}{3}\mu^*$ la viscosidad volumétrica

$\dot{\theta} = 3D_0$ la velocidad de deformación volumétrica unitaria, definida ya en el capítulo 2.

Se define una clase especial de fluidos, denominados stokesianos, como aquellos que presentan una viscosidad volumétrica nula y por tanto:

$$K^* = 0 \quad \Rightarrow \quad \lambda^* = -\frac{2}{3}\mu^*$$

En este caso la presión p se define como el promedio de las tensiones normales.

La ecuación constitutiva de un fluido newtoniano puede escribirse también descomponiendo $[\sigma]$ y $[\tau]$ en parte esférica y desviadora, del siguiente modo:

$$[\sigma_0] + [s] = [-p] + 3K^*[D_0] + 2\mu^*[d]$$

de donde

$$\begin{cases} [\sigma_0] = [-p] + 3K^*[D_0] \\ \\ [s] = 2\mu^*[d] \end{cases}$$

Fluidos incompresibles

En un fluido incompresible: $[D_0] = 0$ y por tanto $[\sigma_0] = [-p]$ siendo en este caso la presión una variable determinada no por la ecuación de estado sino por las ecuaciones de movimiento y las condiciones de contorno, al igual que sucede en un fluido stokesiano.

El efecto de la variación de temperatura en un fluido incompresible se tiene en cuenta mediante la aproximación de Boussinesq consistente en suponer que la densidad del fluido es variable con la temperatura en función del coeficiente de dilatación térmica del material según la relación:

$$\rho = \rho_0 \left(1 - \alpha\,(T - T_0)\right)$$

siendo ρ_0 la densidad a T_0

5.5.4. Potencia de tensión

En un fluido newtoniano la potencia de tensión P_σ viene dada por:

$$P_\sigma = [\sigma]:[D] = [-p]:[D] + 3K^*[D_0]:[D] + 2\mu^*[d]:[D] = -p\varepsilon_v + K^*\varepsilon_v^2 + 2\mu^*[d]:[d]$$

Descomponiendo la potencia de tensión como suma de cambio de volumen y potencia de cambio de forma se tiene:

$$\begin{cases} P_{\sigma_v} = [\sigma_0]:[D_0] = [-p]:[D_0] + 3K^*[D_0]:[D_0] = -p\varepsilon_v + K^*\varepsilon_v^2 \\ P_{\sigma_d} = [s]:[d] = 2\mu^*[d]:[d] \end{cases}$$

En estas expresiones los términos relacionados con la viscosidad son disipativos y están asociados por tanto a la energía no recuperable.

6
Introducción a la elasticidad lineal

6.1. Introducción

La Mecánica del Medio Continuo tiene multitud de aplicaciones dentro del campo de la mecánica de los sólidos deformables. Entre todas ellas destaca la teoría de la elasticidad lineal que, aún siendo relativamente simple, permite abordar con suficiente aproximación una gran cantidad de problemas de interés práctico en ingeniería.

En el presente capítulo se realiza una introducción a la teoría de la elasticidad lineal aplicada a problemas estáticos e isotermos, es decir aquellos en los la aplicación de cargas es suficientemente lenta como para que resulten despreciables los efectos dinámicos, y en los que la variación de la temperatura no es significativa. Esta parte de la teoría de la elasticidad recibe el nombre de elastostática isoterma. Es el modelo más simple de los disponibles para el análisis de sólidos deformables. Se admite como hipótesis de partida, la linealidad y reversibilidad del comportamiento constitutivo material elástico presentado en el capítulo 4, así como el carácter infinitésimo de la transformación geométrica asociada. Esta última característica, junto a la condición de enlaces constantes, constituye lo que se conoce como linealidad geométrica.

Las hipótesis planteadas, elasticidad lineal y linealidad geométrica, permiten centrar el estudio en sólo dos configuraciones geométricas del medio, inicial y final, sin que sea necesario considerar el camino seguido durante la transformación, ya que el estado final resulta independiente del mismo.

El modelo así planteado restringe el campo de aplicación de la teoría al ámbito de las estructuras o componentes relativamente rígidos, construidos a partir de materiales elásticos lineales (piezas metálicas en general con tensiones por debajo del límite de proporcionalidad). Como se ha dicho anteriormente, a pesar de esta aparente limitación, un gran número de problemas prácticos de ingeniería pueden ser resueltos de forma eficaz con este modelo de comportamiento sólido.

6.2. El problema elástico

En el campo de la ingeniería mecánica y de estructuras es habitual tener la necesidad de comprobar que las tensiones de trabajo inducidas en las piezas no superen valores admisibles para el material, o que una rigidez insuficiente no impida un adecuado cumplimiento de su función. Para ello se parte de la geometría definida a través de los planos de diseño, del material especificado y de las condiciones de utilización de la pieza. Estas a su vez pueden ser expresadas en forma de condiciones de carga y condiciones de enlace con el exterior.

La situación práctica planteada se conoce en el ámbito de la teoría de la elasticidad como la resolución del problema elástico. Así pues el problema elástico (estático e isotermo) puede plantearse en los siguientes términos:

Dados los siguientes datos:

- La geometría del sólido (configuración inicial).
- Las características elásticas del material.
- El campo de fuerzas de volumen.
- Las condiciones de contorno del problema en forma de:
    - Fuerzas de superficie (Condiciones de contorno estáticas.)
    - Condiciones de enlace (Condiciones de contorno cinemáticas.)

Determinar:

- El campo vectorial de desplazamientos dados por: $\bar{u}$
- El campo tensorial de deformaciones dado por: $[\varepsilon]$
- El campo tensorial de tensiones dado por: $[\sigma]$

> ***NOTA:*** *En un problema dinámico deberían incluirse también como datos de partida las condiciones iniciales de velocidad y las características másicas, mientras que en un problema no isotermo deberían especificarse las variaciones de temperatura entre la configuración actual y la de referencia.*

Es de observar que el carácter estático del problema comporta que en él no intervenga ningún parámetro relacionado con la variable tiempo.

De hecho el problema práctico real no acabaría aquí puesto que a partir de estos valores el ingeniero debe aún decidir si el diseño es o no adecuado, por ejemplo utilizando las teorías de fallo presentadas en el capítulo 5. Este capítulo se limita el estudio al planteamiento y resolución del problema elástico desde el punto de vista fisico-matemático.

6.3. Formulación matemática del problema elástico

6.3.1. Introducción

Para resolver cualquier problema fisico-matemático es preciso disponer de tantas ecuaciones como incógnitas sea necesario determinar. En el caso del problema elástico las incógnitas son las funciones que determinan el campo vectorial de los desplazamientos (3 funciones escalares que definen el vector desplazamiento en cada punto), el campo tensorial de las deformaciones (6 funciones escalares que definen el tensor deformación en cada punto) y el campo tensorial de las tensiones (6 funciones escalares que definen el tensor tensión en cada punto), es decir un total de 15 funciones incógnitas. Las ecuaciones disponibles para formular el sistema se pueden agrupar en las siguientes tres familias:

- Para el tensor tensión:
    - Las condiciones de equilibrio en los puntos del contorno (3 ecuaciones)
    - Las ecuaciones de equilibrio en los puntos interiores (3 ecuaciones)
- Para el tensor deformación y el campo de desplazamientos:
    - Las relaciones cinemáticas (6 ecuaciones).
    - Las ecuaciones de compatibilidad (6 ecuaciones).
- Para el comportamiento constitutivo material:
    - La ley de Hooke (6 ecuaciones)
    - Las ecuaciones de Lamé (6 ecuaciones)

Para cada punto del sólido puede elegirse sólo una ecuación de cada familia ya que las primeras dependen de que el punto sea interior o exterior, y las restantes son interdependientes dentro de cada familia. No obstante siempre es posible disponer de un total de 15 ecuaciones independientes (3+6+6), por lo que el problema elástico puede ser planteado a través de un sistema de 15 ecuaciones diferenciales con 15 funciones incógnitas, siendo necesario observar lo siguiente:

- Pueden establecerse diversas estrategias de solución, adaptadas a las características de los diversos tipos de problema, según las ecuaciones elegidas. Dichas estrategias serán presentadas en detalle en los apartados siguientes.
- En principio las tensiones a las que hacen referencia las ecuaciones, son las tensiones reales o de Cauchy que están referidas a la configuración final de equilibrio (formulación euleriana), o deformada, mientras que las deformaciones lo están a la configuración inicial (formulación lagrangiana). No obstante al tratarse de transformaciones infinitésimas esta diferencia puede ser despreciada tal como se apuntó en el capítulo 2.

6.3.2. Tipologías del problema elástico en función de las condiciones de contorno

Las condiciones de contorno del problema elástico pueden ser de tipo cinemático (desplazamientos prescritos) o estático (fuerzas de superficie prescritas).

> ***NOTA:*** *Cuando sobre la superficie libre del medio no se impone ninguna fuerza ni desplazamiento, ello equivale a imponer una fuerza de superficie nula.*

Las condiciones de contorno cinemáticas y estáticas son mutuamente excluyentes. No se puede imponer en un mismo punto y dirección ambos tipos de restricción. Esto es debido a que si se fija el desplazamiento de un punto en una dirección dada, la fuerza que debe garantizar dicha condición de restricción (reacción) queda ya determinada por la propia resolución del problema elástico y no es independiente. Y viceversa, si se fija la fuerza, el desplazamiento queda también determinado y no puede ser especificado de forma independiente.

Esto da lugar a diversas combinaciones posibles:

Problema de Dirichlet

Sólo se fijan condiciones de desplazamiento prescrito en la superficie exterior del sólido.

$$\bar{u}(S) = \text{Dato}$$

La solución del problema elástico queda totalmente definida en términos de desplazamientos, deformaciones y tensiones.

Problema de Neuman

Sólo se fijan condiciones de fuerzas de superficie prescritas en el contorno exterior del sólido

$$\bar{f}(S) = \text{Dato}$$

La solución del problema elástico queda totalmente definida en términos de deformaciones y tensiones, pero el campo de desplazamientos queda indeterminado en un movimiento de sólido rígido.

Problemas mixtos

Se especifican condiciones de contorno cinemáticas sobre una parte de la superficie del medio y estáticas sobre el resto. La solución del problema elástico queda totalmente definida si se restringen los seis grados de libertad del movimiento de sólido rígido. En caso contrario el campo de desplazamientos queda indeterminado.

- Desplazamientos prescritos sobre S_1: $\bar{u}(S_1) = \text{Dato}$
- Fuerzas de superficie prescritas sobre S_2: $\bar{f}(S_2) = \text{Dato}$

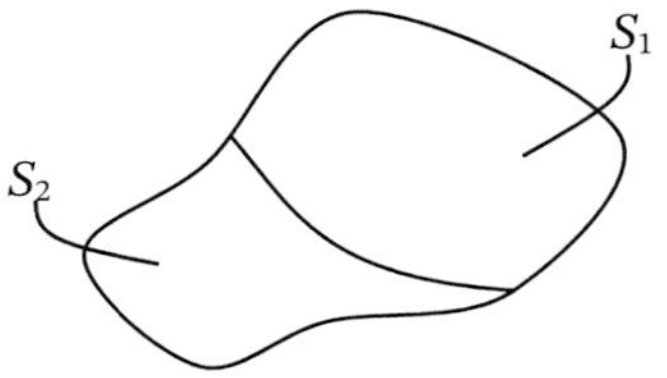

Problemas mixtos combinados

Se especifican condiciones de contorno cinemáticas y estáticas simultáneamente sobre las mismas zonas de la superficie del medio. No obstante debe verificarse que no se impongan los dos tipos de condición en el mismo punto y dirección puesto que son mutuamente excluyentes.

- Desplazamientos prescritos sobre S_1: $\bar{u}(S_1) = \text{Dato}$
- Fuerzas de superficie prescritas sobre S_2: $\bar{f}(S_2) = \text{Dato}$
- Condiciones mixtas sobre $\overline{S}_3$ y $\overline{S}_4$:

Componente normal del desplazamiento y tangencial de la fuerza prescritas sobre S_3:

$$\bar{u}_n(S_3) = \text{Dato}$$
$$\bar{f}_t(S_3) = \text{Dato}$$

Componente normal de la fuerza y tangencial del desplazamiento prescritas sobre S_4:

$$\bar{u}_t(S_4) = \text{Dato}$$
$$\bar{f}_n(S_4) = \text{Dato}$$

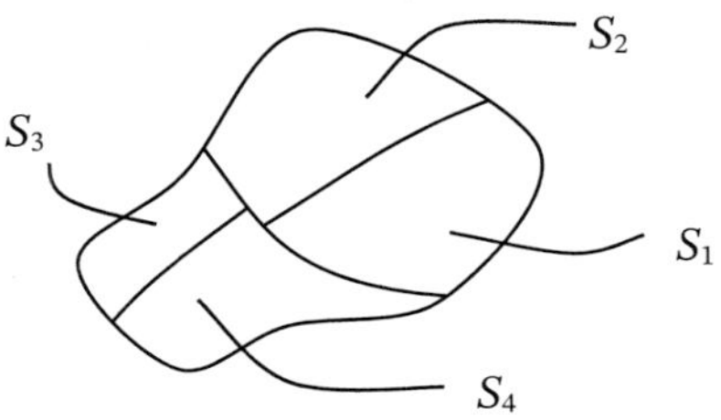

La mayor parte de los problemas reales de ingeniería son del tipo mixto, o mixto combinado, ya que casi todos los componentes a analizar están sujetos a otros componentes por zonas determinadas (condiciones de contorno en desplazamientos) y sometidos a cargas en otras (condiciones en fuerzas).

6.4. Unicidad de la solución del problema elástico

La solución del problema elástico existe y es única. Esta última afirmación constituye el teorema de la unicidad de Kirchoff cuya demostración se recoge seguidamente.

Supóngase que, dadas unas fuerzas de volumen y de superficie $\bar{b}$ y $\bar{f}$, existen dos soluciones distintas al problema elástico definidas por los tensores:

1ª Solución ⇨ $[\sigma], [\varepsilon]$

2ª Solución ⇨ $[\sigma'], [\varepsilon']$

Si dichos tensores son solución deberán satisfacer las condiciones de equilibrio en los puntos interiores y exteriores, por tanto:

$$\begin{cases} div[\sigma] + \bar{b} = 0 \\ [\sigma]\bar{n} = \bar{f} \end{cases} \qquad \begin{cases} div[\sigma'] + \bar{b} = 0 \\ [\sigma']\bar{n} = \bar{f} \end{cases}$$

Restando estas ecuaciones entre sí se obtienen las siguientes expresiones:

$$div[\sigma - \sigma'] + 0 = 0 \qquad [\sigma - \sigma']\bar{n} = 0$$

Que son a su vez las condiciones de equilibrio para el estado de tensiones $[\sigma - \sigma'] = [\sigma^*]$ correspondiente al problema elástico diferencia entre las dos soluciones, al que corresponden fuerzas de volumen y superficie nulas.

Al ser las fuerzas exteriores nulas se sigue que el trabajo realizado por dichas fuerzas es nulo, con lo que también lo debe ser la densidad de energía de deformación asociada:

$$E_\varepsilon^*(\sigma_{ij}^*) = 0$$

Y esto sólo es posible si todas las diferencias entre tensiones σ_{ij}^* son nulas, es decir los dos campos de tensiones son idénticos. Si esto es así, y en virtud de la ley de Hooke, también serán idénticos los campos de deformaciones, con lo que la solución del problema elástico debe ser única.

Es de observar que, dependiendo de las condiciones de contorno en desplazamientos, pueden existir problemas elásticos con idénticas soluciones en tensiones y deformaciones, que difieran sólo en la componente de movimiento de sólido rígido asociada al campo de desplazamientos.

6.5. Métodos de resolución del problema elástico

El problema elástico y su resolución tienen una gran trascendencia práctica para el mundo de la ingeniería ya que sin él no sería posible abordar de forma racional el proyecto de nuevos componentes y estructuras. Por este motivo históricamente la resolución del problema elástico se ha llevado a cabo de diversos modos, dependiendo de los conocimientos y tecnologías disponibles en cada momento. De hecho el inicio de la aplicación del problema elástico es muy anterior a la propia teoría de la mecánica del medio continuo y data de la época de Galileo. Estos primeros intentos de resolución fueron desembocando con el tiempo en una ciencia paralela de marcado carácter ingenieril denominada **Resistencia de Materiales**. La Resistencia de Materiales da muchos y muy interesantes resultados, pero queda limitada al análisis de sólidos con geometrías muy específicas, por lo que carece de la generalidad del enfoque a partir de las leyes básicas de la mecánica que aporta la mecánica del medio continuo.

La elasticidad lineal fue una de las primeras aplicaciones de la mecánica del medio continuo y aportó soluciones mucho más detalladas a partir de la resolución analítica de las ecuaciones resultantes. Ello permitió validar de un modo mucho más fundamental gran parte de los resultados de la Resistencia de Materiales. No obstante este enfoque presenta la dificultad inherente a la resolución analítica del sistema de ecuaciones diferenciales en derivadas parciales resultante. Dichas ecuaciones sólo han podido ser resueltas para geometrías relativamente simples, distantes de las geometrías complejas que presentan muchos componentes de ingeniería. Puede afirmarse que prácticamente toda las soluciones de interés que es posible encontrar por esta vía han sido ya exploradas.

Durante mucho tiempo se han salvado las limitaciones de ambos enfoques mediante las técnicas de la **mecánica experimental**, aplicando la teoría de modelos y la medida directa del estado de deformación y de los desplazamientos sobre prototipos físicos. No obstante el desarrollo de la informática técnica, en sus dos aspectos de hardware y software, ha supuesto un cambio radical en los últimos 50 años, reavivando el interés por el enfoque de la mecánica del medio continuo. Las ecuaciones resultantes pueden ahora ser resueltas de forma aproximada pero muy efectiva utilizando las técnicas del cálculo numérico, siendo ésta la base de una parte muy importante de lo que se conoce como **simulación numérica**.

La simulación numérica es el resultado de la sinergia entre los planteamientos fundamentales de la mecánica del medio continuo, el cálculo numérico, el software gráfico avanzado y un hardware cada vez más potente.

6.5.1. Métodos analíticos de resolución del problema elástico

Método directo o de los desplazamientos

En este método se toman los desplazamientos como incógnitas primarias, eliminándose las demás variables del problema elástico del siguiente modo:

- Aplicando las condiciones cinemáticas, se expresan las componentes de tensor deformación en función de las derivadas parciales de los desplazamientos:

$$[\varepsilon]=\left[\frac{1}{2}\left(\frac{\partial u_i}{\partial x_j}+\frac{\partial u_j}{\partial x_i}\right)\right]$$

- Se sustituye este resultado en las ecuaciones de Lamé y se obtienen las tensiones expresadas en función de las derivadas parciales de los desplazamientos:

$$[\sigma]=\lambda\,\varepsilon_v\,[I]+2\mu\,[\varepsilon]$$

- Las tensiones así expresadas se introducen en las ecuaciones diferenciales de equilibrio para los puntos interiores y de la superficie:

$$div[\sigma]+\bar{b}=0 \quad \text{y} \quad \bar{f}=[\sigma]\bar{n}$$

obteniéndose las siguientes ecuaciones de equilibrio en desplazamientos:

- Puntos interiores:

$$div\left(\lambda\,\varepsilon_v\,[I]+2\mu\,[\varepsilon]\right)+\bar{b}=0$$, o en forma más desarrollada,

$$\begin{cases}(\lambda+\mu)\dfrac{\partial \varepsilon_v}{\partial x_1}+\mu\,\Delta u_1+b_1=0\\(\lambda+\mu)\dfrac{\partial \varepsilon_v}{\partial x_2}+\mu\,\Delta u_2+b_2=0\\(\lambda+\mu)\dfrac{\partial \varepsilon_v}{\partial x_3}+\mu\,\Delta u_3+b_3=0\end{cases}$$

Estas ecuaciones de gobierno para los puntos interiores se conocen como **ecuaciones de Navier-Cauchy** y en forma compacta se escriben como:

$$(\lambda+\mu)\,\overline{\text{grad}}\left(div\,\bar{u}\right)+\mu\,\Delta\bar{u}+\bar{b}=0$$

- Puntos de la superficie del medio continuo:

$$\bar{f}=\left(\lambda\,\varepsilon_v\,[I]+2\mu\,[\varepsilon]\right)\bar{n} \quad \text{ó} \quad u(s)=\text{Dato}$$

Estas ecuaciones constituyen las condiciones de contorno del problema.

Las tres ecuaciones del problema elástico así planteado conducen directamente al campo de desplazamientos. Una vez determinado éste, se obtiene el campo tensorial de deformaciones por aplicación de las relaciones cinemáticas, y posteriormente el campo tensorial de tensiones a través de las ecuaciones de Lamé.

$$\bar{u} \rightarrow [\varepsilon] \rightarrow [\sigma]$$

Este método admite solución analítica en unos pocos casos de interés tecnológico. No obstante es de gran importancia puesto que su resolución aproximada resulta fácilmente abordable mediante métodos numéricos.

Método semi-inverso o de las tensiones

En este método se toman las tensiones como incógnitas primarias, eliminándose las demás variables del problema elástico del siguiente modo:

- Utilizando la ley de Hooke generalizada, se expresan las deformaciones en función de las tensiones.

$$\{\bar{\bar{\varepsilon}}\} = [C]\{\bar{\bar{\sigma}}\}$$

- El anterior resultado se introduce en las ecuaciones que describen las condiciones de compatibilidad del tensor deformación.
- Finalmente se introducen las relaciones que describen las condiciones de equilibrio en los puntos interiores obteniéndose las seis ecuaciones de gobierno conocidas como ecuaciones de Michell, dadas por:

$$\begin{cases} \Delta\sigma_{11} + \dfrac{1}{1+\upsilon}\dfrac{\partial^2 I_1}{\partial x_1^2} - \dfrac{\upsilon}{1+\upsilon}\Delta I_1 = -2\dfrac{\partial b_1}{\partial x_1} \\ \Delta\sigma_{22} + \dfrac{1}{1+\upsilon}\dfrac{\partial^2 I_1}{\partial x_2^2} - \dfrac{\upsilon}{1+\upsilon}\Delta I_1 = -2\dfrac{\partial b_2}{\partial x_2} \\ \Delta\sigma_{33} + \dfrac{1}{1+\upsilon}\dfrac{\partial^2 I_1}{\partial x_3^2} - \dfrac{\upsilon}{1+\upsilon}\Delta I_1 = -2\dfrac{\partial b_3}{\partial x_3} \end{cases}$$

Estas tres ecuaciones se resuelven independientemente y se obtienen: σ_{11}, σ_{22} y σ_{33}

$$\begin{cases} \Delta\sigma_{23} + \dfrac{1}{1+\upsilon}\dfrac{\partial^2 I_1}{\partial x_2\,\partial x_3} + \dfrac{\partial b_2}{\partial x_3} + \dfrac{\partial b_3}{\partial x_2} = 0 \\ \Delta\sigma_{13} + \dfrac{1}{1+\upsilon}\dfrac{\partial^2 I_1}{\partial x_1\,\partial x_3} + \dfrac{\partial b_1}{\partial x_3} + \dfrac{\partial b_3}{\partial x_1} = 0 \\ \Delta\sigma_{12} + \dfrac{1}{1+\upsilon}\dfrac{\partial^2 I_1}{\partial x_1\,\partial x_2} + \dfrac{\partial b_1}{\partial x_2} + \dfrac{\partial b_2}{\partial x_1} = 0 \end{cases}$$

Una vez determinado I1 en el apartado anterior, se resuelven estas ecuaciones y se obtienen: σ_{12}, σ_{13} y σ_{23}

Esta formulación es adecuada para sólidos elásticos cuya geometría sea un volumen simplemente conexo (un solo contorno) y cuando las condiciones de contorno son del tipo estático (problema de Neuman). Esto es, cuando sólo se especifican fuerzas de superficie en el contorno o cuando las restricciones cinemáticas son de tipo isostático, o dicho de otro modo, cuando las reacciones en los enlaces pueden calcularse a priori utilizando las ecuaciones de la estática, de modo que el problema pueda plantearse totalmente en fuerzas. En caso contrario la aplicación de este método se complica enormemente.

Las ecuaciones de Michell se resuelven de forma desacoplada como dos sistemas de tres ecuaciones con tres incógnitas. La resolución del primero permite hallar las tres tensiones normales $\sigma_{11}, \sigma_{22}, \sigma_{33}$, y una vez disponible este resultado, substituyendo en el segundo juego de ecuaciones, es posible determinar las tres tensiones cortantes $\sigma_{12}, \sigma_{13}, \sigma_{23}$. Con ello el campo tensorial de tensiones queda totalmente determinado.

A partir de las tensiones, y aplicando la ley de Hooke generalizada se determina el campo tensorial de deformaciones. A partir de éste, y mediante una doble integración, puede obtenerse el campo de desplazamientos relativos ($\bar{u}_{q_{rel}}$).

$$[\sigma] \to [\varepsilon] \quad \iint \to \bar{u}$$

La posibilidad de realizar dicha integración queda garantizada por el cumplimiento de las ecuaciones de compatibilidad, que son a la vez las condiciones de integrabilidad de las formas diferenciales resultantes, en un recinto simplemente conexo. En consecuencia el campo de desplazamientos completo debe obtenerse completando el campo de desplazamientos relativos con el movimiento de sólido rígido asociado a uno de sus puntos, a fin de obtener una solución totalmente determinada. (Ver apartado 0). Es de observar que las ecuaciones de Michell no dependen del módulo de Youngsino sólo del coeficiente de Poisson (υ), de lo que se desprende que, en un sólido simplemente conexo y a igualdad de las condiciones de contorno, la distribución de tensiones dependa sólo de υ. Este resultado, junto a la pequeña variabilidad propia del coeficiente de Poisson, facilita enormemente el análisis experimental de tensiones utilizando la teoría de modelos.

Además un resultado intermedio importante de este desarrollo conduce a la expresión:

$$div\,\bar{b} + \frac{1-\upsilon}{1+\upsilon}\Delta I_1 = 0$$

Que en el caso frecuente de fuerzas de volumen constantes, nulas o despreciables, conduce a su vez a otro importante resultado:

$$\Delta I_1 = \Delta\left(\sigma_{11} + \sigma_{22} + \sigma_{33}\right) = 0$$

independientemente de las constantes elásticas del material. Este resultado se aplica en el análisis experimental de tensiones mediante modelos físicos.

Las ecuaciones de Michell particularizadas a este último caso se conocen como ecuaciones de Beltrami.

Método inverso

El método inverso constituye una aproximación serendípida a la resolución del problema elástico y consiste en ensayar una solución en tensiones, postulada a priori.

Como quiera que la solución al problema elástico es única, si la solución postulada cumple las condiciones de equilibrio en los puntos interiores y exteriores, así como las condiciones de compatibilidad del tensor deformación, entonces debe ser necesariamente la solución buscada.

Este método es útil debido a que se conoce a priori la forma de la solución de diversos problemas elementales y a que, en el ámbito de las transformaciones infinitésimas, se verifica el denominado principio de superposición.

Según dicho principio, si un problema complejo puede descomponerse como suma de una serie de problemas simples, la solución al problema original puede obtenerse como suma de las soluciones a cada uno de dichos problemas simples. La forma de las soluciones elementales está definida excepto en una serie de coeficientes, que pueden ajustarse forzando el cumplimiento de las ecuaciones de contorno.

Otro factor que ayuda a la aplicación del método inverso es la robustez del problema elástico, que se expresa a través del denominado **principio de Saint Venant**. Según este principio, lejos de los puntos de aplicación de las acciones exteriores, la distribución de tensiones depende sólo de la fuerza resultante y momento resultante de dichas acciones y no del detalle de cómo están distribuidas sobre el sólido. En otras palabras, las condiciones de contorno pueden no cumplirse en detalle, o violarse localmente la hipótesis de elasticidad lineal, si el interés del análisis se encuentra en el estado de tensiones en puntos alejados de los puntos de aplicación de las acciones.

El problema elástico bidimensional

Existe una cantidad significativa de problemas que, admitiendo ciertas simplificaciones, pueden estudiarse en sólo dos dimensiones debido a que lo que sucede en la tercera dimensión queda totalmente determinado por lo que sucede en un el plano de estudio. Dichos problemas responden a las siguientes tipologías:

a) Sólidos prismáticos contenidos entre dos planos paralelos, denominados frontales, cargados de forma casi uniforme en todo su espesor por fuerzas de superficie y/o de volumen paralelas a dichos planos. En este caso el análisis puede realizarse sobre cualquier sección paralela a dichos planos puesto que todas son equivalentes. La solución queda totalmente definida en la dirección perpendicular al plano de estudio.

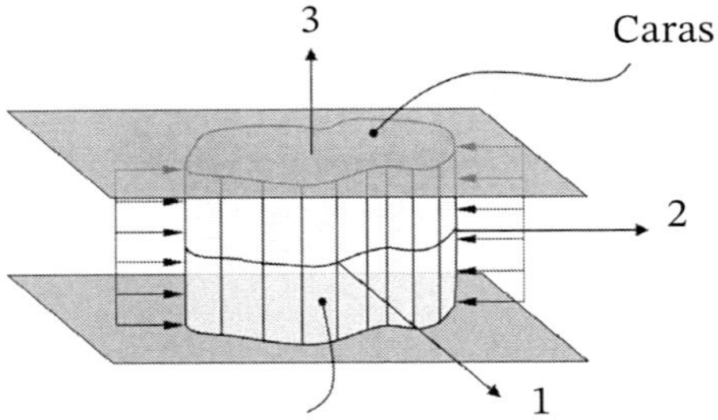

Dentro de esta categoría pueden distinguirse a su vez dos casos extremos.

a.1.) Deformación plana:

Corresponde a situaciones en las que la cara lateral es mucho mayor a las caras frontales, y el desplazamiento en la dirección perpendicular a éstas últimas permanece constante en todo el sólido.

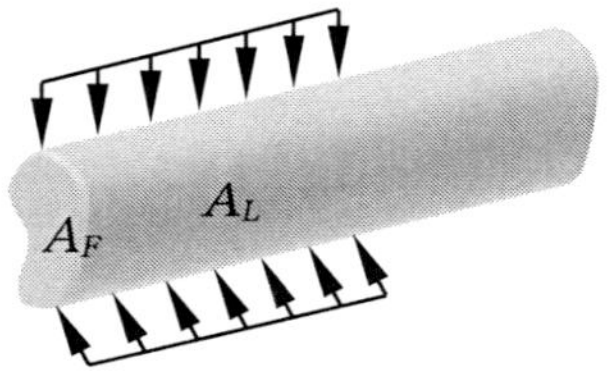

a.2.) Tensión plana:

Corresponde a situaciones en las que la cara lateral es mucho más pequeña que las caras frontales y éstas últimas están libres de fuerzas de superficie. Es por ejemplo el caso de una placa de pequeño espesor cargada en su plano.

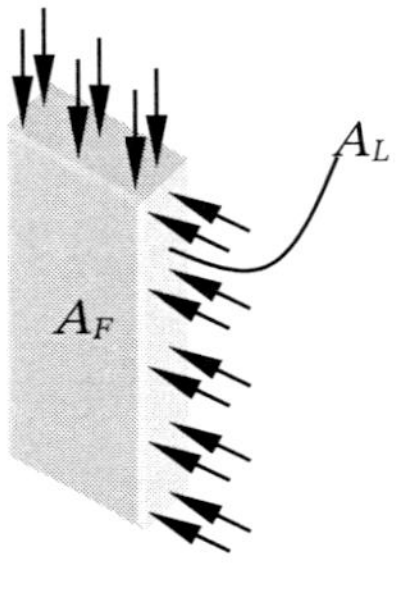

b) Sólidos con simetría de revolución (axisimétricos) cargados también con simetría de revolución. En este caso puede estudiarse cualquier sección diametral, puesto que todas son equivalentes. La solución queda totalmente determinada en la dirección circunferencial.

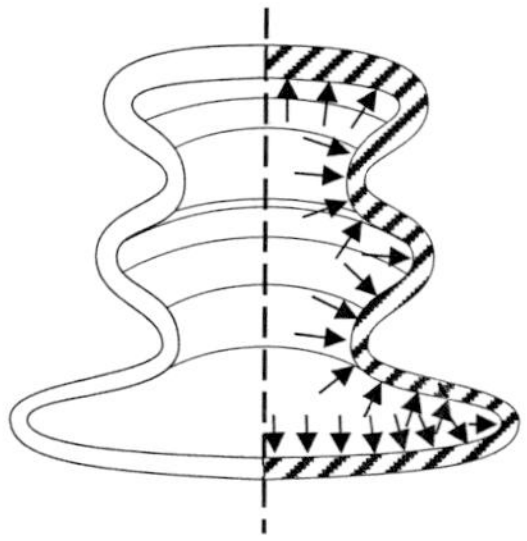

Deformación plana

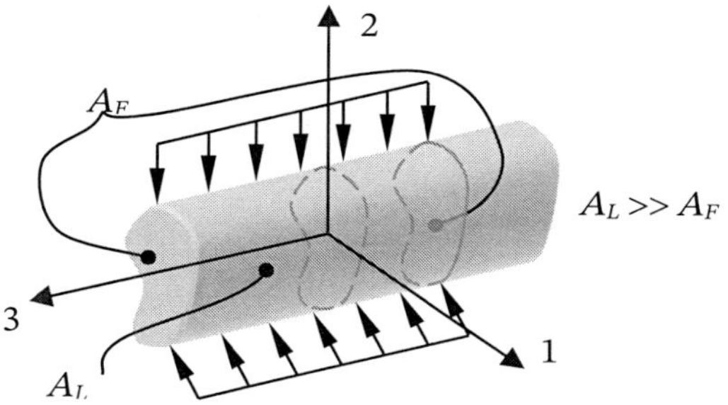

En el caso de deformación plana se admiten las siguientes hipótesis de partida:

- u_1 y u_2 son independientes de x_3
- u_3 es constante (igual a cero si se impide la traslación de sólido rígido).

En consecuencia debe verificarse que:

$$[\varepsilon]=\begin{bmatrix}\varepsilon_{11} & \varepsilon_{12} & 0\\ \varepsilon_{12} & \varepsilon_{22} & 0\\ 0 & 0 & 0\end{bmatrix} \qquad \begin{cases}\varepsilon_{11}=\dfrac{\partial u_1}{\partial x_1} & \varepsilon_{12}=\dfrac{1}{2}\left(\dfrac{\partial u_2}{\partial x_1}+\dfrac{\partial u_1}{\partial x_2}\right)\\[2ex] \varepsilon_{22}=\dfrac{\partial u_2}{\partial x_2} & \Omega_{12}=\dfrac{1}{2}\left(\dfrac{\partial u_2}{\partial x_1}-\dfrac{\partial u_1}{\partial x_2}\right)\\[2ex] \varepsilon_{33}=0 & \varepsilon_{13}=\varepsilon_{23}=\Omega_{13}=\Omega_{23}=0\end{cases}$$

$\overline{d}$ es paralelo al plano 1, 2 : $\overline{d}=\begin{bmatrix}\varepsilon_{11} & \varepsilon_{12} & 0\\ \varepsilon_{12} & \varepsilon_{22} & 0\\ 0 & 0 & 0\end{bmatrix}\begin{Bmatrix}n_1\\ n_2\\ n_3\end{Bmatrix}=\begin{Bmatrix}d_1\\ d_2\\ 0\end{Bmatrix}$

Ley de Hooke:
$$\varepsilon_{33}=\frac{1}{E}\left(\sigma_{33}-\upsilon\left(\sigma_{11}+\sigma_{22}\right)\right)=0 \quad\Rightarrow\quad \sigma_{33}=\upsilon\left(\sigma_{11}+\sigma_{22}\right)$$

$$\begin{cases}\varepsilon_{11}=\dfrac{1}{E}\left(\sigma_{11}-\upsilon\left(\sigma_{22}+\sigma_{33}\right)\right)=\dfrac{1+\upsilon}{E}\left(\left(1-\upsilon\right)\sigma_{11}-\upsilon\,\sigma_{22}\right)\\ \varepsilon_{22}=\dfrac{1+\upsilon}{E}\left(\left(1-\upsilon\right)\sigma_{22}-\upsilon\,\sigma_{11}\right)\\ \varepsilon_{12}=\dfrac{1+\upsilon}{E}\sigma_{12}\end{cases}$$

Ecuaciones de Lamé:

$$[\sigma]=\begin{bmatrix}\sigma_{11} & \sigma_{12} & 0\\ \sigma_{12} & \sigma_{22} & 0\\ 0 & 0 & \sigma_{33}\end{bmatrix} \qquad \varepsilon_v=\varepsilon_{11}+\varepsilon_{22}+0 \qquad \begin{cases}\sigma_{11}=\lambda\,\varepsilon_v+2\,\mu\varepsilon_{11}\\ \sigma_{22}=\lambda\,\varepsilon_v+2\,\mu\varepsilon_{22}\\ \sigma_{33}=\lambda\,\varepsilon_v \quad \Longleftarrow \text{ en general puede ser } \neq 0\\ \sigma_{12}=2\,\mu\varepsilon_{12}\end{cases}$$

Condiciones de equilibrio:
para los puntos interiores

$$\begin{cases}b_1+\dfrac{\partial\,\sigma_{11}}{\partial\,x_1}+\dfrac{\partial\,\sigma_{12}}{\partial\,x_2}=0\\ b_2+\dfrac{\partial\,\sigma_{12}}{\partial\,x_1}+\dfrac{\partial\,\sigma_{22}}{\partial\,x_2}=0\\ b_3=0\end{cases}$$

Esto supone que
- $\bar{b}$ es paralela al plano 1, 2
- $\bar{b}$ no depende de x_3 (es uniforme según x_3), ya que como u_1, u_2 no dependen de x_3 ⇨ [ε] no depende de x_3 ⇨ [σ] no depende de x_3 ⇨ $\bar{b}$ no depende de x_3

Condiciones de contorno:
$$\begin{cases}f_1=\sigma_{11}\,n_1+\sigma_{12}\,n_2\\ f_2=\sigma_{12}\,n_1+\sigma_{22}\,n_2\\ f_3=\sigma_{33}\,n_3\end{cases}$$

$f_3=\sigma_{33}\,n_3$
- En las caras laterales (A_L) (n=0)⇨ f_3 = 0 ⇨ $\bar{f}$ es paralela al plano 1, 2
- En las caras frontales (A_F) ($n_3=\pm1,\ \ n_1=0,\ \ n_2=0,$) ⇨ ⇨ $f_3=\pm\sigma_3$, $\bar{f}$ tiene la dirección 3
- Si no [σ] depende de x_3 entonces $\bar{f}$ no depende de x_3

Condiciones de compatibilidad:

5 identidades del tipo: $0 = 0$

1 sola ecuación no trivial: $$2\frac{\partial^2 \varepsilon_{12}}{\partial x_1\, \partial x_2} = \frac{\partial^2 \varepsilon_{11}}{\partial x_2^2} + \frac{\partial^2 \varepsilon_{22}}{\partial x_1^2}$$

(expresada en tensiones: $\Delta(\sigma_{11} + \sigma_{22}) = -\frac{1}{1-\upsilon}\, div\, \overline{b}$)

Limitaciones del modelo de deformación plana:

La condición de contorno en las caras frontales $f_3 = \pm\, \sigma_3$ se cumple sólo si dichas caras están perfectamente constreñidas entre planos infinitamente rígidos que mantienen fija su distancia relativa.

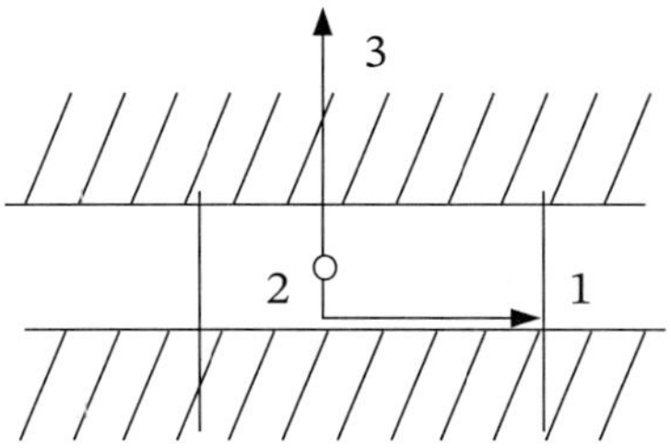

Si la condición de contorno frontal no corresponde a este caso, por ejemplo cuando las caras frontales están libres, es aún posible utilizar el modelo de deformación plana añadiendo un caso de carga auxiliar que superpuesto a éste reconstituya el problema original. En el ejemplo de caras frontales libres, el problema auxiliar consistiría en aplicar al sólido en sus caras frontales una distribución de fuerzas de superficie $f_3' = -f_3$ de modo que la superposición de los dos problemas diera lugar a la condición de contorno requerida.

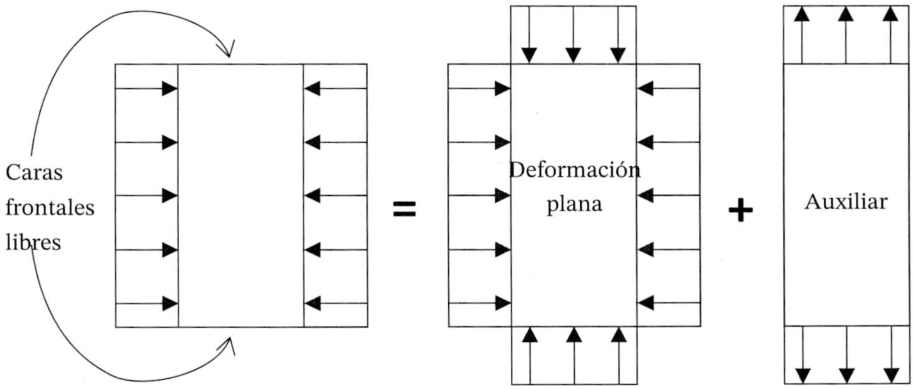

En general por este procedimiento es posible encontrar soluciones aproximadas del problema elástico, válidas para los puntos interiores en virtud del principio de Saint Venant cuando el problema auxiliar se elige con unas condiciones de contorno que son estáticamente equivalentes a las requeridas.

Por tanto, el modelo de deformación plana es útil para el análisis aproximado de sólidos de gran espesor y en zonas alejadas de las caras frontales, excepto cuando las condiciones de contorno se cumplan exactamente, en cuyo caso la solución es también exacta.

Tensión plana

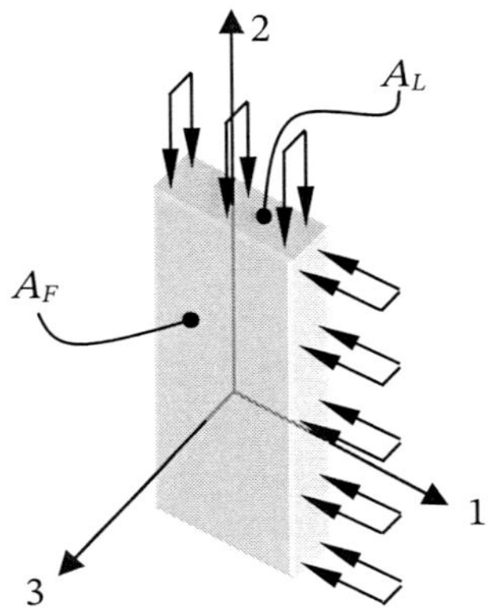

$A_L << A_F$

En el caso de tensión plana se admiten las siguientes hipótesis de partida:

$$\sigma_{11},\ \sigma_{22}\ \text{y}\ \sigma_{12}\ \text{no dependen de}\ x_3$$

$$\sigma_{33}=\sigma_{13}=\sigma_{23}\approx 0$$

En consecuencia debe verificarse que:

$$[\sigma]\ \text{tiene la forma:}\ \begin{bmatrix} \sigma_{11} & \sigma_{12} & 0 \\ \sigma_{12} & \sigma_{22} & 0 \\ 0 & 0 & 0 \end{bmatrix}$$

$\bar{t}$ es paralelo al plano 1, 2 :

$$\bar{t}=\begin{bmatrix} \sigma_{11} & \sigma_{12} & 0 \\ \sigma_{12} & \sigma_{22} & 0 \\ 0 & 0 & 0 \end{bmatrix}\begin{Bmatrix} n_1 \\ n_2 \\ n_3 \end{Bmatrix}=\begin{Bmatrix} t_1 \\ t_2 \\ 0 \end{Bmatrix}$$

Ley de Hooke:

$$[\varepsilon]=\begin{bmatrix}\varepsilon_{11} & \varepsilon_{12} & 0\\ \varepsilon_{12} & \varepsilon_{22} & 0\\ 0 & 0 & \varepsilon_{33}\end{bmatrix} \qquad \begin{cases}\left.\begin{aligned}\varepsilon_{11}&=\frac{1}{E}\left(\sigma_{11}-\upsilon\,\sigma_{22}\right)\\ \varepsilon_{22}&=\frac{1}{E}\left(\sigma_{22}-\upsilon\,\sigma_{11}\right)\\ \varepsilon_{33}&=-\frac{\upsilon}{E}\left(\sigma_{11}+\sigma_{22}\right)\end{aligned}\right\}\ \varepsilon_{33}=-\frac{\upsilon}{1-\upsilon}\left(\varepsilon_{11}+\varepsilon_{22}\right)\\ \varepsilon_{12}=\frac{1+\upsilon}{E}\sigma_{12}\end{cases}$$

$\Uparrow$ en general puede ser $\neq 0$

$$\varepsilon_v=\varepsilon_{11}+\varepsilon_{22}+\varepsilon_{33}=\frac{1-2\upsilon}{1-\upsilon}\left(\varepsilon_{11}+\varepsilon_{22}\right)=\frac{1-2\upsilon}{E}\left(\sigma_{11}+\sigma_{22}\right)$$

Ecuaciones de Lamé:

$$\begin{cases}\sigma_{11}=\lambda\,\varepsilon_v+2\,\mu\varepsilon_{11}\\ \sigma_{22}=\lambda\,\varepsilon_v+2\,\mu\varepsilon_{22}\\ \sigma_{12}=2\,\mu\varepsilon_{12}\end{cases}\Rightarrow\begin{cases}\sigma_{11}=\dfrac{E}{1-\upsilon^2}\left(\varepsilon_{11}+\upsilon\varepsilon_{22}\right)\\ \sigma_{22}=\dfrac{E}{1-\upsilon^2}\left(\varepsilon_{22}+\upsilon\varepsilon_{11}\right)\end{cases}$$

Condiciones de equilibrio:

$$\begin{cases}b_1+\dfrac{\partial\sigma_{11}}{\partial x_1}+\dfrac{\partial\sigma_{12}}{\partial x_2}=0\\ b_2+\dfrac{\partial\sigma_{12}}{\partial x_1}+\dfrac{\partial\sigma_{22}}{\partial x_2}=0\\ b_3=0\end{cases}$$

Esto supone que:

- $\bar{b}$ es paralela al plano 1, 2
- Si σ_{11} σ_{22} y σ_{12}, no dependen de x_3 se sigue que $\bar{b}$ no depende de x_3 (es uniforme según x_3)

Condiciones de contorno:

$$\begin{cases}f_1=\sigma_{11}\,n_1+\sigma_{12}\,n_2\\ f_2=\sigma_{12}\,n_1+\sigma_{22}\,n_2\\ f_3=0\end{cases}$$

- En las caras laterales $(A_L)\Rightarrow\bar{f}$ es paralela al plano 1,2
- En las caras frontales $(A_F)\Rightarrow(n_1=0,\ n_2=0\ \Rightarrow\ \bar{f}=\bar{0})$
- Si σ_{11} σ_{22} y σ_{12} no dependen de x_3 se sigue que $\bar{f}$ no depende de x_3

Condiciones de compatibilidad:

$$\text{Son de dos tipos} \begin{cases} (1)\quad 2\dfrac{\partial^2 \varepsilon_{12}}{\partial x_1\, \partial x_2} = \dfrac{\partial^2 \varepsilon_{11}}{\partial x_2^2} + \dfrac{\partial^2 \varepsilon_{22}}{\partial x_1^2} \\ \text{en tensiones: } \Delta\left(\sigma_{11}+\sigma_{22}\right) = -\left(1+\upsilon\right) div\, \bar{b} \\ (2)\quad \dfrac{\partial^2 \varepsilon_{33}}{\partial x_1^2} = \dfrac{\partial^2 \varepsilon_{33}}{\partial x_2^2} = \dfrac{\partial^2 \varepsilon_{33}}{\partial x_1\, \partial x_2} = 0 \end{cases}$$

La condición ① debe cumplirse estrictamente. El incumplimiento de las condiciones ② es admisible para espesores pequeños (solución aproximada).

Limitaciones del modelo de tensión plana:

En general las condiciones de compatibilidad ② sólo se cumplen en el caso particular de que la deformación ε_{33}, en la dirección perpendicular al plano, sea una función lineal en x_1 y x_2 es decir, del tipo $\varepsilon_{33} = Ax_1 + Bx_2 + C$. Como en tensión plana $\varepsilon_{33} = -\ \upsilon/\left(1-\upsilon\right)\ \left(\varepsilon_{11}+\varepsilon_{22}\right)$ esto no tiene porqué ser así.

Como consecuencia de ello se puede demostrar que σ_{11} σ_{22} y σ_{12} presentan una componente que varía cuadráticamente con x_3 según relaciones del tipo:

$$\begin{aligned} \sigma_{11} &= \sigma_{11_0}\left(x_1, x_2\right) + x_3^2\, \sigma_{11}^*\left(x_1, x_2\right) \\ \sigma_{22} &= \sigma_{22_0}\left(x_1, x_2\right) + x_3^2\, \sigma_{22}^*\left(x_1, x_2\right) \\ \sigma_{12} &= \sigma_{12_0}\left(x_1, x_2\right) + x_3^2\, \sigma_{12}^*\left(x_1, x_2\right) \end{aligned}$$

Con lo que la condición de que $\bar{f}$ sea constante en el espesor es, en principio, incompatible con el cumplimiento de las condiciones de contorno supuestas para la cara lateral. No obstante el problema puede resolverse aproximadamente si:

- El espesor es muy pequeño y el término en x resulta despreciable.
- Mediante la introducción de problemas auxiliares que restauren la compatibilidad.
- Tratando con los valores medios en el espesor de las funciones que definen el problema elástico. En este caso la solución es correcta "en promedio". A este enfoque se le denomina "tensión plana generalizada" y para poder aplicarlo el problema debe ser simétrico respecto al plano medio paralelo a las caras frontales.

Por otra parte la hipótesis de que las componentes de tensión σ_{33} σ_{13} y σ_{23} son nulas, queda justificada en un sólido de pequeño espesor con caras frontales libres y cargado simétricamente respecto a su plano medio a través del siguiente análisis:

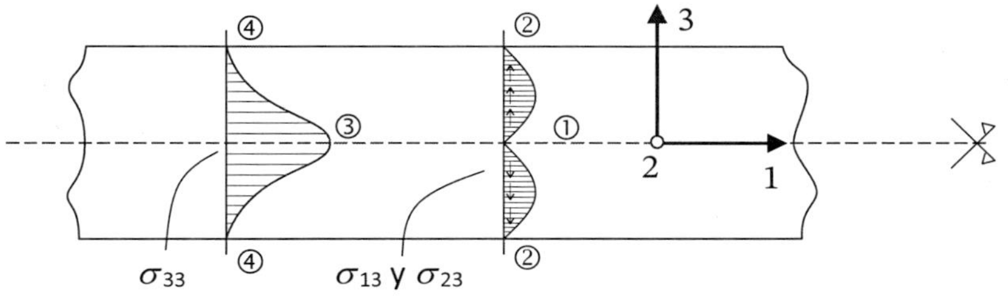

La condición de que las caras frontales estén libres implica que $\sigma_{13} = \sigma_{23} = \sigma_{33} = 0$ en el contorno (puntos ② y ④).

La condición de equilibrio en la dirección 3 establece que si

$$b_3 = 0 \Rightarrow \frac{\partial \sigma_{13}}{\partial x_1} + \frac{\partial \sigma_{23}}{\partial x_2} + \frac{\partial \sigma_{33}}{\partial x_3} = 0$$

En los puntos ④

$$\frac{\partial \sigma_{33}}{\partial x_3} = 0$$

ya que $\sigma_{13} = \sigma_{23} = 0$ por contorno, y por lo tanto

$$\frac{\partial \sigma_{13}}{\partial x_1} + \frac{\partial \sigma_{23}}{\partial x_2} = 0$$

y en los puntos ① y ③ por simetría

$\sigma_{13} = \sigma_{23} = 0$

σ_{33} presenta un extremo

En conclusión el modelo de tensión plana es aplicable a sólidos de pequeño espesor con sus caras frontales libres, cargados casi uniformemente en el espesor por fuerzas simétricas respecto a su plano medio.

6.5.2. Métodos numéricos de resolución del problema elástico

Tal como se ha comentado anteriormente, el problema elástico sólo admite solución analítica en contadas ocasiones. Por suerte para los ingenieros, los avances realizados en las técnicas de cálculo numérico así como en el software y hardware disponibles han hecho posible eliminar esta limitación.

Actualmente existen diversos métodos y aplicaciones que permiten la resolución rutinaria de los complejos problemas asociados no sólo a la teoría de la elasticidad, sino también a todos los aspectos de la mecánica del medio continuo. Dichos métodos constituyen lo que se conoce como simulación numérica, herramienta en base a la cual es posible valorar el comportamiento futuro de un producto antes de que exista. El desarrollo de modelos numéricos permite disponer de verdaderos prototipos virtuales sobre los que realizar todo tipo de pruebas, incluso aquellas que no sería posible realizar sobre prototipos físicos.

El más antiguo de los métodos numéricos para la resolución de problemas expresados en forma de ecuaciones diferenciales es el de las diferencias finitas. Las diferencias finitas han sido utilizadas especialmente para resolver problemas relacionados con la mecánica de fluidos y la transferencia de calor. Su principal desventaja es su difícil adaptación a problemas geométricamente complejos.

A mediados del siglo XX se empezó a desarrollar un método alternativo en el campo de la mecánica de sólidos. Dicho método se conoce hoy como método de los elementos finitos (MEF) y ha sido generalizado hasta convertirse en un método para la resolución de cualquier problema que pueda ser formulado en forma de un sistema de ecuaciones diferenciales, es decir, a cualquier problema de la mecánica del medio continuo. El MEF se adapta a la resolución de geometrías complejas y es hoy en día el método más extendido en las aplicaciones prácticas de ingeniería.

En los últimos años están surgiendo otros métodos alternativos, aún más potentes que el MEF pero cuya aplicación está aún limitada a problemas específicos (elementos de contorno).

El MEF (Método de los Elementos Finitos) será, por su importancia práctica y nivel de implantación industrial, el único presentado en este apartado. El principio del método consiste en la reducción del problema continuo, con infinitos grados de libertad, a un problema discreto en el que intervenga un número finito de variables asociadas a ciertos puntos característicos (nodos). Con ello se consigue transformar el sistema de ecuaciones original, en el que las incógnitas a determinar son funciones, en otro en el que las incógnitas a determinar son los valores numéricos de dichas funciones en los puntos de análisis. En general el problema se plantea en desplazamientos y las incógnitas a determinar son los desplazamientos de un número finito de partículas.

Para ello se descompone el sólido en pequeños subdominios o "elementos finitos". Se supone entonces que el comportamiento mecánico de cada "elemento" de la subdivisión queda determinado por un número finito de parámetros (o grados de libertad) asociados a los puntos, en que dicho elemento se une al resto de los elementos de su entorno (denominados nodos). En el caso del problema elástico dichos parámetros son los desplazamientos de los nodos. Para establecer el comportamiento en el interior de cada elemento se supone que dentro del mismo, todo queda perfectamente definido a partir de lo que sucede en los nodos y una adecuada función de interpolación.

Como puede apreciarse de lo dicho, aquí son esenciales los conceptos de "discretización", o acción de transformar la realidad de naturaleza continua en un modelo discreto aproximado, y de "interpolación", o acción de aproximar valores de una función a partir de su conocimiento en un número discreto de puntos. Por tanto, el MEF es un **método aproximado** desde múltiples perspectivas.

- Discretización.
- Interpolación.
- Valoración de ciertos parámetros por integración numérica.

Para manejar el método con éxito en las aplicaciones prácticas de ingeniería resulta pues necesario conocer la naturaleza, alcance y limitaciones de dicha aproximación. Este es el propósito del presente apartado.

> ***NOTA:*** *En el método de los elementos finitos se manejan gran cantidad de matrices y vectores de dimensiones diversas. Por este motivo, y con el fin de hacer más explícita la naturaleza de cada matriz y vector, se ha optado por una notación más detallada. Así pues los vectores se presentan siempre entre corchetes y se manejan vectores de vectores (vectores cuyas componentes son a su vez vectores) y matrices de matrices.*
>
> *Los tensores tensión y deformación se expresan también en forma de vectores de dimensión adecuada tal como se hizo al inicio del apartado 5.4. En la bibliografía sobre el MEF es costumbre utilizar la notación alternativa* $\gamma_{ij} = 2\varepsilon_{ij}$ *para los elementos de fuera de la diagonal del tensor deformación puesto que ello simplifica algunas expresiones notables.*

Interpolación

Como ya se ha dicho, uno de los conceptos básicos del MEF es el de interpolación. Es a través de la interpolación que se consigue reducir el problema continuo con infinitos grados de libertad, a otro discreto consistente en determinar los desplazamientos de los nodos.

El procedimiento de interpolación debe ser capaz de dar valores suficientemente aproximados de los desplazamientos en cualquier punto del elemento, en función de los desplazamientos de los nodos. Queda pues claro que dicho procedimiento no puede ser elegido de forma totalmente arbitraria, y que la exactitud de la solución final dependerá en gran manera del acierto a la hora de especificarlo.

Sin embargo, y como quiera que cualquier función puede ser representada en el entorno de un punto por un desarrollo polinómico (serie de Taylor), parece lógico y adecuado emplear para la interpolación funciones polinómicas del grado suficiente.

Tómese como ejemplo el elemento que representa una barra unidimensional, y supongamos conocidos los desplazamientos u_1 y u_2 de sus extremos en la dirección de la propia barra. Si admitimos que en cualquier punto interior el desplazamiento $u(x_1)$ se puede aproximar mediante una función lineal de x tendremos lo siguiente:

$$u(x_1) = a\,x_1 + b$$

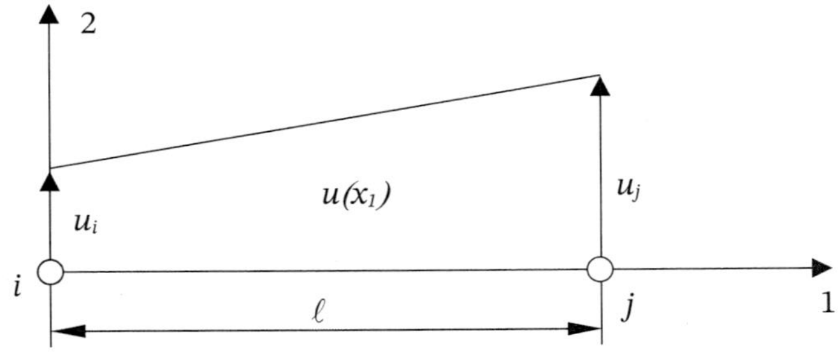

Los coeficientes a y b pueden determinarse a partir de los valores conocidos en los extremos u_i y u_j.

– Para $x_1 = 0$ $\quad u(0) = u_i$

– Para $x_1 = \ell$ $\quad u(1) = u_j$

Con ello se obtiene que $b = u_i$ y $a = (u_j - u_i)/\ell$ y finalmente resulta $u(x_1) = (u_j - u_i)$ $/\ell \times x_1 + u_i$.

Esta expresión puede reagruparse de una forma mucho más útil introduciendo el concepto de función de interpolación. Las funciones de interpolación son, salvo casos excepcionales, polinomios asociados a cada nodo, de manera que toman el valor 1 en dicho nodo y 0 en los demás. Por ejemplo en el caso del elemento barra, el desplazamiento $u(x_1)$ puede escribirse de la siguiente forma:

$$u(x_1) = \left(1 - x_1/\ell\right) u_i + x_1/\ell \;\; u_j = N_i(x_1)\; u_i + N_j(x_1)\; u_j$$
$$N_i(x_1) = \left(1 - x_1/\ell\right) \;\; \text{y} \;\; N_j(x_1) = x_1/\ell$$

observése que en el nodo 1 $\quad x_1 = 0 \Rightarrow \begin{cases} N_i(x_1) = 1 \\ N_j(x_1) = 0 \end{cases}$

mientras que en el nodo 2 $\quad x_1 = \ell \Rightarrow \begin{cases} N_i(x_1) = 0 \\ N_j(x_1) = 1 \end{cases}$

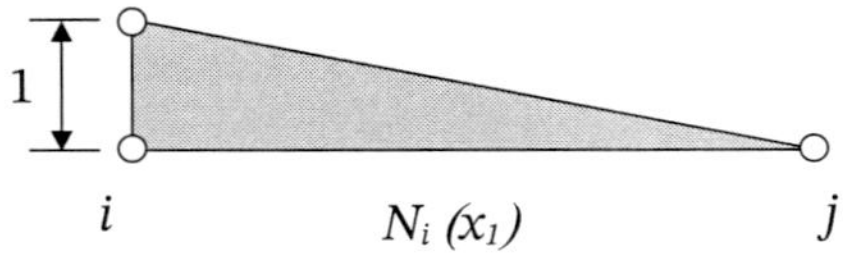

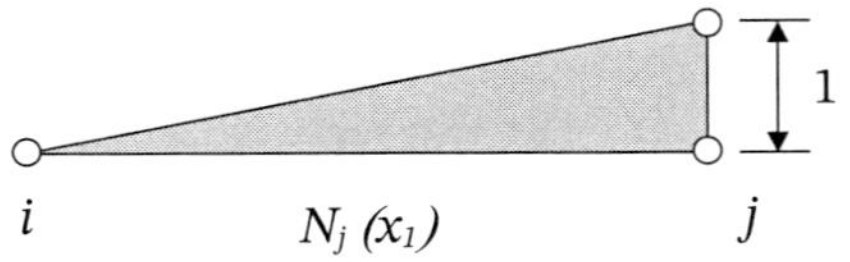

La expresión final puede expresarse de forma compacta del siguiente modo:

$$u\,(x_1)_{\ell=i,\,j} = \sum N_\ell(x_1) \times u_\ell$$

En este caso particular la interpolación da los valores exactos del desplazamiento en cada punto. Evidentemente esto no sería así, si por ejemplo la variación real fuera parabólica y se utilizaran funciones de interpolación lineales.

Esto tiene una importancia doble en la exactitud de los resultados. Por un lado, y tal como se verá después, si la variación supuesta dentro del elemento no es correcta, entonces no lo serán tampoco los desplazamientos calculados en los nodos. Por otro lado, al interpolar para determinar los valores en el interior del elemento a partir de los valores nodales, se volverá a incurrir en el error de interpolación.

Hay que hacer notar que si la solución exacta es polinómica de igual grado al de las funciones de interpolación utilizadas, entonces los resultados encontrados son también exactos.

Las funciones de interpolación son generalmente lineales, cuadráticas o cúbicas,

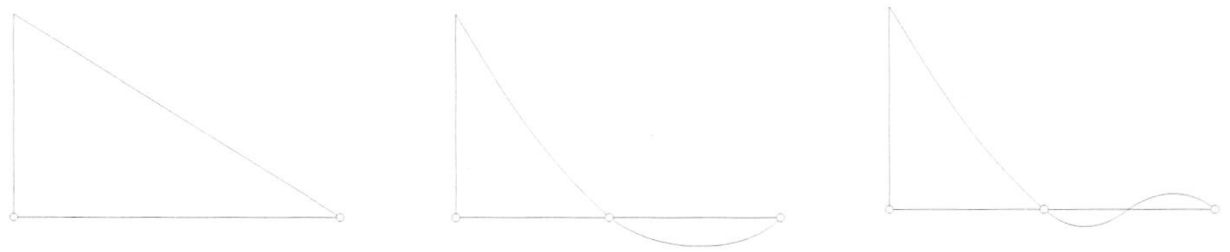

y suelen referirse a unas coordenadas intrínsecas al elemento (coordenadas naturales) a fin de estandarizar su formulación e independizarla de las dimensiones reales del elemento. Luego se aplican los correspondientes cambios de variable.

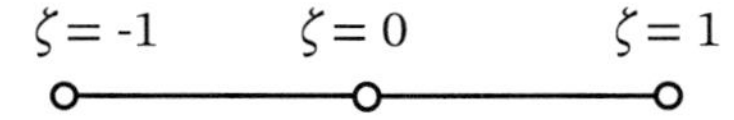

se cumple que $\sum N_\ell(\zeta) = 1$

Sobre este aspecto se volverá posteriormente.

Las funciones de interpolación no pueden ser escogidas arbitrariamente sino que deben cumplir ciertas condiciones a fin de garantizar la convergencia a la solución real. Dichas condiciones son:

- Toda función de interpolación debe impedir deformaciones dentro de un elemento cuando los desplazamientos nodales se deban a un desplazamiento del conjunto como sólido rígido.
- Toda función de interpolación debe cumplir que si los desplazamientos nodales son compatibles con un estado de deformación constante, entonces se obtenga

realmente dicho estado de deformación contante. Esta condición incluye a la anterior considerando una deformación constante nula.

- En los problemas de elasticidad, las funciones de interpolación deben elegirse de modo que exista continuidad interelemental en los desplazamientos.

A los elementos cuyas funciones de interpolación cumplen estas condiciones se les denominan "conformes". Sin embargo, la tercera condición puede, con ciertas restricciones que se apuntan seguidamente, ser violada dando origen a los denominados elementos "no conformes". Dichas condiciones son:

- Un estado de deformación constante debe asegurar automáticamente la continuidad de los desplazamientos.
- Debe satisfacerse el segundo criterio (compatibilidad con un estado de deformación constante).

Como ya se ha dicho, la interpolación polinómica introduce un error asociado al grado del polinomio (punto de truncamiento de la serie de Taylor correspondiente) y al tamaño del elemento. Dicho tamaño queda fijado en el proceso de discretización que se analiza seguidamente.

Discretización

Otro de los componentes fundamentales del Método de los Elementos Finitos es la discretización. La subdivisión del continuo en partes debe ser tal que, en el límite, cuando el tamaño de cada elemento tienda a cero, el comportamiento del sistema discreto se aproxime, o converja, al comportamiento real del sistema continuo. Adicionalmente debería exigirse que la solución aproximada fuera continua al pasar de un elemento, a otro a través de cualquiera de sus fronteras. Obsérvese que, en principio, el que las soluciones coincidan en los nodos no implica que coincidan en las fronteras interelementales.

No hay un método definido para acotar el grado de exactitud alcanzado por la utilización de una discretización dada ya que en general no se dispone de la solución exacta, en cuyo caso el cálculo aproximado no sería necesario. No obstante la solución exacta puede estimarse a partir de sucesivas aproximaciones.

En teoría, deberían utilizarse siempre al menos dos discretizaciones y algún método para la extrapolación de la solución exacta.

Por ejemplo, si en una barra de longitud ℓ_e

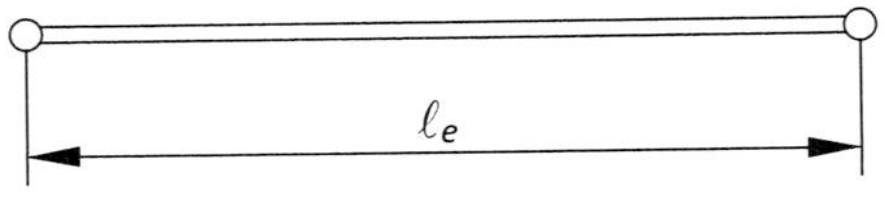

aproximamos el desplazamiento $u(x_1)$ por un polinomio de grado P entonces:

$$u_{exacta} = u_{aproximada} + \theta\left(\ell_e^{P+1}\right)$$

donde el error $\varepsilon_\ell = \theta\left(\ell_e^{P+1}\right)$ es del orden de ℓ_e^{P+1} como se desprende de la obtención del desarrollo en serie de Taylor, de $u(x_1)$ que se supone truncado en el grado P.

$$u\left(x_1\right) = u_i + \left(\frac{\partial u}{\partial x_1}\right)_i \left(x_1 - x_{1_i}\right) + \ldots\ldots$$

Para una longitud del elemento n veces menor se tendrá:

$$\varepsilon_{\ell/n} = \theta\left(\left(\frac{\ell_e}{n}\right)^{P+1}\right) = \frac{\theta\left(\ell_e^{P+1}\right)}{n^{P+1}} = \frac{\varepsilon_\ell}{n^{P+1}}$$

Entonces puede estimarse la solución exacta como: $u \approx \dfrac{n^{P+1}\, u_{\ell/n} - u_\ell}{n^{P+1} - 1}$

Para que este enfoque sea válido, el afinado de la malla debe cumplir las siguientes condiciones:

- La malla de discretización más basta debe estar incluida en la malla más afinada.
- Las funciones de interpolación utilizadas deben ser las mismas.

Planteamiento general del Método

En este apartado se aborda la aplicación del Método de los Elementos Finitos al problema elástico bidimensional.

A fin de simplificar al máximo la exposición, ésta se realizará a partir del elemento bidimensional más simple, el triángulo lineal.

No obstante, y a pesar de estas dos importantes restricciones, los resultados obtenidos son aplicables a problemas mucho más generales.

Estrategia de la formulación directa del Método

La estrategia seguida en la formulación directa del Método de los Elementos Finitos consiste en construir un sistema de ecuaciones algebraicas a partir del planteamiento del equilibrio, de cada uno de los nodos de la discretización. Las incógnitas del sistema resultante son de dos tipos: desplazamientos de los nodos libres y reacciones en los nodos restringidos.

Los nodos son entidades sin dimensión, asimilables a partículas. La condición de equilibrio de un nodo se limita pues a que la suma de las fuerzas actuantes sobre él sea nula. Las acciones sobre los nodos son de dos tipos. Por una parte está las fuerzas ejercidas sobre el nodo por los diversos elementos que confluyen y se interconectan en él; por otra puede existir una fuerza puntual externa, directamente aplicada sobre el nodo.

En consecuencia un paso previo al planteamiento del equilibrio nodal, consiste en determinar las fuerzas que los elementos ejercen sobre los nodos. Para ello se estudia el equilibrio del elemento, uno de cuyos componentes es precisamente la fuerza ejercida por el nodo sobre el elemento, igual y contraria a la ejercida por el elemento sobre el nodo. Sobre el elemento pueden actuar, además, otras fuerzas directamente aplicadas, en su superficie o en su volumen.

En los apartados siguientes se expone todo el proceso paso a paso, para el análisis de problemas de elasticidad plana.

Interpolación en el elemento triángulo lineal

El elemento triángulo lineal es una porción plana de material de forma triangular con un nodo en cada uno de sus vértices. Por tratarse de un elemento bidimensional cada nodo tiene dos posibilidades de movimiento (grados de libertad) correspondientes a los desplazamientos u_1 y u_2 en las direcciones 1 y 2 globales respectivamente. A los tres nodos del elemento triángulo les asignaremos una denominación local como nodos i, j y k respectivamente.

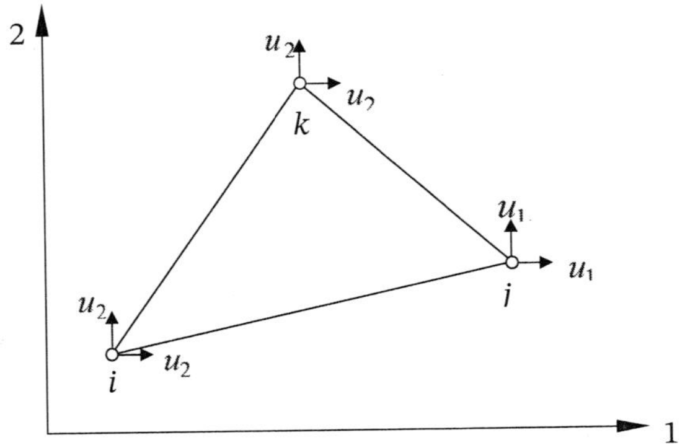

Para interpolar los desplazamientos en el interior del elemento a partir de los desplazamientos nodales, que se consideran conocidos, se supone que dentro del elemento es válida la siguiente aproximación:

$$\begin{Bmatrix} u_1 \\ u_2 \end{Bmatrix} = \begin{Bmatrix} a_1 + a_2 x_1 + a_3 x_2 \\ a_4 + a_5 x_1 + a_6 x_2 \end{Bmatrix}$$

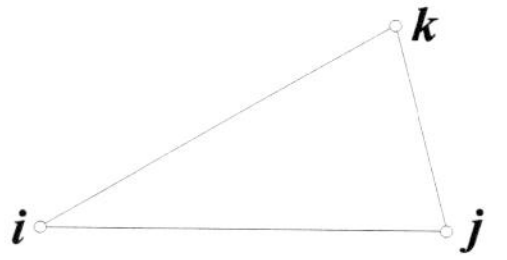

donde las a_i son coeficientes a determinar a partir de los desplazamientos nodales. La anterior ecuación puede expresarse también como:

$$\{u\} = \begin{Bmatrix} u_1 \\ u_2 \end{Bmatrix} = \begin{bmatrix} 1 & x_1 & x_2 & 0 & 0 & 0 \\ 0 & 0 & 0 & 1 & x_1 & x_2 \end{bmatrix} \begin{Bmatrix} a_1 \\ a_2 \\ a_3 \\ a_4 \\ a_5 \\ a_6 \end{Bmatrix} = [P]\{A\}$$

Supuesto conocidos los desplazamientos en los nodos *i*, *j* y *k* puede plantearse el sistema siguiente a fin de determinar los coeficientes a_i:

$$\{u_e\} = \begin{Bmatrix} u_{1_i} \\ u_{2_i} \\ u_{1_j} \\ u_{2_j} \\ u_{1k} \\ u_{2k} \end{Bmatrix} = \begin{bmatrix} 1 & x_{1_i} & x_{2_i} & 0 & 0 & 0 \\ 0 & 0 & 0 & 1 & x_{1_i} & x_{2_i} \\ 1 & x_{1_j} & x_{2_j} & 0 & 0 & 0 \\ 0 & 0 & 0 & 1 & x_{1_j} & x_{2_j} \\ 1 & x_{1k} & x_{2k} & 0 & 0 & 0 \\ 0 & 0 & 0 & 1 & x_{1k} & x_{2k} \end{bmatrix} \begin{Bmatrix} a_1 \\ a_2 \\ a_3 \\ a_4 \\ a_5 \\ a_6 \end{Bmatrix} = [C]\{A\}$$

de donde: $\{A\} = [C]^{-1}\{u_e\}$, y por tanto: $\{u\} = [P]\{A\} = [P][C]^{-1}\{u_e\}$

asimilando esta expresión a la del método de las funciones de interpolación es fácil ver que:

$$[P][C]^{-1}\{u_e\} = [N]\{u_e\}$$

luego: $[P][C]^{-1} = [N_i[I], N_j[I], N_k[I]]$

siendo:

$$N_i(x_1, x_2) = (a_i + b_i x_1 + c_i x_2)/2A$$

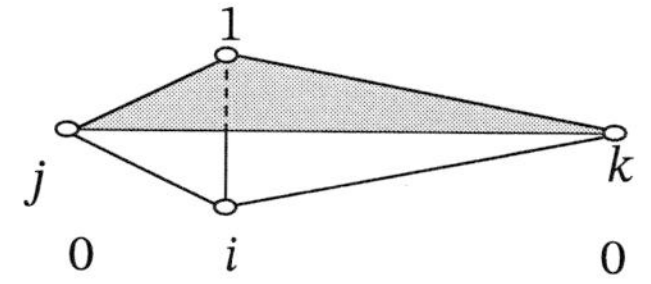

$$N_j(x_1, x_2) = (a_j + b_j x_1 + c_j x_2)/2A$$

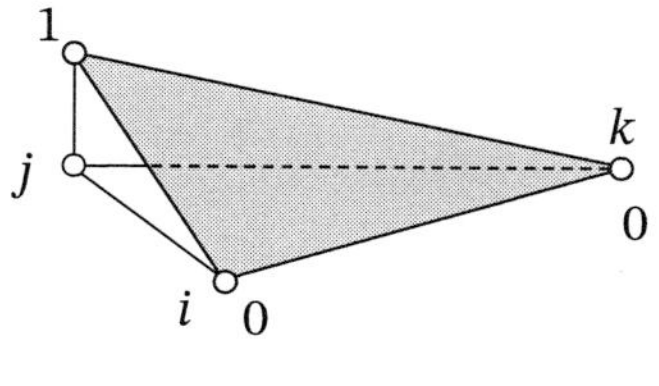

$$N_k(x_1, x_2) = (a_k + b_k x_1 + c_k x_2)/2A$$

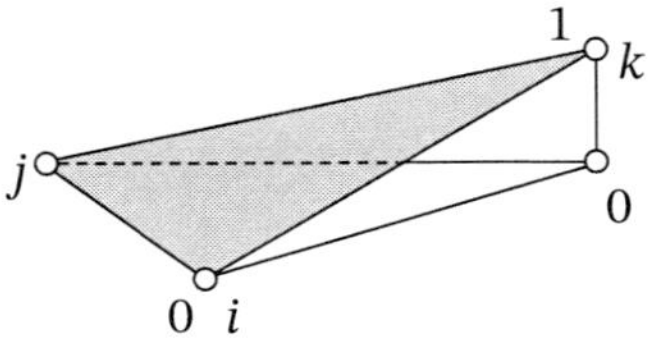

Con $2A = \begin{bmatrix} 1 & x_{1i} & x_{2i} \\ 1 & x_{1j} & x_{2j} \\ 1 & x_{1k} & x_{2k} \end{bmatrix} = 2 \times$ Área del triángulo y $\quad \begin{aligned} a_i &= x_{1j}x_{2k} - x_{1k}x_{2j} \\ b_i &= x_{1j} - x_{2k} \\ c_i &= x_{1k} - x_{2j} \end{aligned}$

***NOTA**: ídem permutando índices para j y k*

La anterior expresión desarrollada toma la forma siguiente:

$$\{u\} = [N]\,\{u_e\}$$

$$\begin{Bmatrix} u_1 \\ u_2 \end{Bmatrix} = \left[\underbrace{\begin{bmatrix} N_i^1 & 0 \\ 0 & N_i^2 \end{bmatrix}}_{[N_i]} \underbrace{\begin{bmatrix} N_j^1 & 0 \\ 0 & N_j^2 \end{bmatrix}}_{[N_j]} \underbrace{\begin{bmatrix} N_k^1 & 0 \\ 0 & N_k^2 \end{bmatrix}}_{[N_k]} \right] \begin{Bmatrix} \begin{Bmatrix} u_1 \\ u_2 \end{Bmatrix}_i \\ \begin{Bmatrix} u_1 \\ u_2 \end{Bmatrix}_j \\ \begin{Bmatrix} u_1 \\ u_2 \end{Bmatrix}_k \end{Bmatrix}$$

$$\underbrace{[N_i] \quad [N_j] \quad [N_k]}_{[N]}$$

La matriz de interpolación $[N]$ es una matriz fila formada por tantas submatrices como nodos tiene el elemento. Cada una de dichas submatrices tiene dimensión $m \times m$ siendo m el número de grados de libertad de cada nodo. En el caso analizado existen 3 nodos (i, j, k) con dos grados de libertad por nodo (u_1, u_2). Si todos los grados de libertad de un nodo se interpolan del mismo modo, como sucede en el elemento triángulo:

$$[N_i] = N_i\,(x_1, x_2) \begin{bmatrix} 1 & 0 \\ 0 & 1 \end{bmatrix}$$

$$[N_j] = N_j\,(x_1, x_2) \begin{bmatrix} 1 & 0 \\ 0 & 1 \end{bmatrix}$$

$$[N_k] = N_k\,(x_1, x_2) \begin{bmatrix} 1 & 0 \\ 0 & 1 \end{bmatrix}$$

Hay que observar que la función de interpolación asociada a un nodo vale 1 cuando se aplica a las coordenadas del nodo y vale 0 cuando se aplica a las coordenadas de otro nodo. Así pues estas expresiones son análogas a las encontradas para el elemento barra.

$$u_1(x_1,x_2)=N_i\,(x_1,x_2)\times u_{1_i}+N_j\,(x_1,x_2)\times u_{1_j}+N_k\,(x_1,x_2)\times u_{1_k}$$
$$u_2(x_1,x_2)=N_i\,(x_1,x_2)\times u_{2_i}+N_j\,(x_1,x_2)\times u_{2_j}+N_k\,(x_1,x_2)\times u_{2_k}$$

Sólo que en este caso la utilización de una expresión matricial facilita la manipulación compacta y sistemática de las expresiones.

Discretización de las ecuaciones de la elasticidad 2D

El problema elástico bidimensional queda resuelto cuando se conoce el campo de desplazamientos en el plano. A partir de él, y por derivación, se obtienen las componentes del tensor deformación en el plano. Las tensiones correspondientes se calculan a partir de éstas últimas mediante las relaciones entre tensiones y deformaciones. Finalmente pueden calcularse las tensiones y deformaciones en la dirección perpendicular al plano de análisis atendiendo al tipo de idealización realizada: tensión plana (σ= 0 en la dirección perpendicular al plano) o deformación plana (ε = 0 en la dirección perpendicular al plano).

Según la mecánica del medio continuo, el estado de deformación en el interior del elemento puede expresarse a partir de los desplazamientos, del siguiente modo:

$$\{\varepsilon\}=\begin{Bmatrix}\varepsilon_{11}\\ \varepsilon_{22}\\ \gamma_{12}\end{Bmatrix}=\begin{Bmatrix}\partial u_1/\partial x_1\\ \partial u_2/\partial x_2\\ \partial u_1/\partial x_2+\partial u_2/\partial x_1\end{Bmatrix}\quad\begin{bmatrix}\partial/\partial x_1 & 0\\ 0 & \partial/\partial x_2\\ \partial/\partial x_2 & \partial/\partial x_1\end{bmatrix}\begin{Bmatrix}u_1\\ u_2\end{Bmatrix}=[£]\{u\}$$

donde $[£]$ es un operador diferencial que actúa multiplicando formalmente al vector de desplazamientos.

La discretización se introduce del siguiente modo:

$$\{\varepsilon\}=\underbrace{[£]\{u\}}_{\text{continuo}}\approx\underbrace{[£][N]\{u_e\}}_{\text{discreto}}=[B]\{u_e\}$$

donde $[B]$ es una matriz de deformación, y resulta de aplicar el operador $[£]$ a la matriz de interpolación $[N]$. Esto es así ya que las funciones de interpolación dependen de las coordenadas espaciales, no como los desplazamientos nodales, que se suponen constantes.

$[B]$ es una matriz fila formada por n submatrices de 3×2 en el caso plano.

Por ejemplo, en caso de un elemento con tres nodos (i, j, k) se tiene:

$$[\pounds]\{u\} \approx [\pounds]\left[\,[N_i]\,[N_j]\,[N_k]\,\right]\begin{Bmatrix}\{u_e\}_i\\ \{u_e\}_j\\ \{u_e\}_k\end{Bmatrix} =$$

$$= \left[\,\underbrace{[\pounds][N_i]}_{[B_i]},\ \underbrace{[\pounds][N_j]}_{[B_j]},\ \underbrace{[\pounds][N_k]}_{[B_k]}\,\right]\begin{Bmatrix}\{u_e\}_i\\ \{u_e\}_j\\ \{u_e\}_k\end{Bmatrix}$$

donde $[B_i] = \begin{bmatrix}\partial/\partial x_1 & 0\\ 0 & \partial/\partial x_2\\ \partial/\partial x_2 & \partial/\partial x_1\end{bmatrix}\begin{bmatrix}N_i & 0\\ 0 & N_i\end{bmatrix} = \begin{bmatrix}\partial N_i/\partial x_1 & 0\\ 0 & \partial N_i/\partial x_2\\ \partial N_i/\partial x_2 & \partial N_i/\partial x_1\end{bmatrix}$ etc...

Por otra parte, en el caso elástico lineal, la relación existente entre tensiones y deformaciones puede expresarse como: $\{s\} = [D]\,\{e\}$

donde la matriz de elasticidad $[D]$ tiene distintas expresiones según el tipo de modelo supuesto: tensión o deformación plana.

En el caso de tensión plana: $[D] = \dfrac{E}{1-\upsilon^2}\begin{bmatrix}1 & \upsilon & 0\\ \upsilon & 1 & 0\\ 0 & 0 & (1-\upsilon)/2\end{bmatrix}$

En el caso de deformación plana: $[D] = \dfrac{E}{(1+\upsilon)(1-2\upsilon)}\begin{bmatrix}1-\upsilon & \upsilon & 0\\ \upsilon & 1-\upsilon & 0\\ 0 & 0 & (1-2\upsilon)/2\end{bmatrix}$

Entonces las tensiones dentro del elemento pueden expresarse en función de los desplazamientos nodales del siguiente modo:

$\{\sigma\} = [D]\,[B]\,\{u_e\} = [S]\,\{u_e\}$ siendo $[S]$ la matriz de tensiones del elemento.

De estas expresiones se deduce que conocidos los desplazamientos de los puntos nodales, la solución del problema elástico queda totalmente definida en el interior del elemento. En efecto, conocido $\{u_e\}$ se tiene:

$$\{u\} = [N]\,\{u_e\} \qquad \{\varepsilon\} = [B]\,\{u_e\} \qquad \{\sigma\} = [S]\,\{u_e\}$$

Hay que hacer notar que en el elemento triángulo lineal, la deformación (derivada primera de los desplazamientos) permanece constante en todo el elemento. Esto hace que la distribución de tensiones sea a su vez una distribución discontinua a saltos. El valor de tensión resultante del cálculo se supone asociado al centroide del triángulo por razones que se expondrán posteriormente.

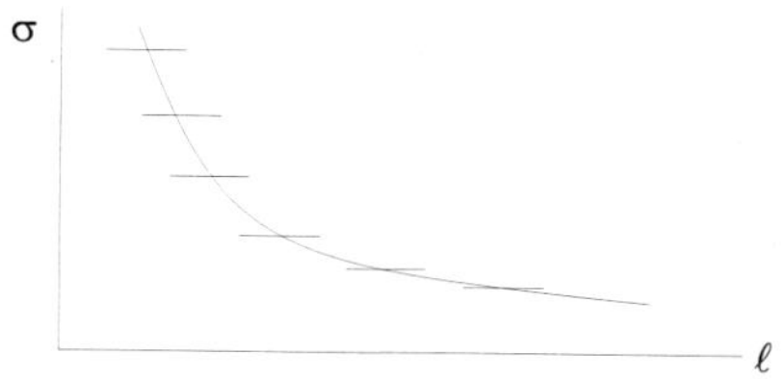

El hecho de que la distribución de tensiones no presente, en general, continuidad entre elementos, es consistente con la aproximación realizada en la definición de las funciones de interpolación de los desplazamientos, ya que no se les ha exigido continuidad en sus derivadas.

Equilibrio del elemento

Consideremos al elemento triángulo como un trozo de material en equilibrio al que aislamos momentáneamente de su entorno. Al hacerlo, y para no alterar dicho estado de equilibrio, deberemos sustituir todas las acciones ejercidas sobre él por fuerzas equivalentes. Así pues el elemento permanecerá en equilibrio bajo la acción de:

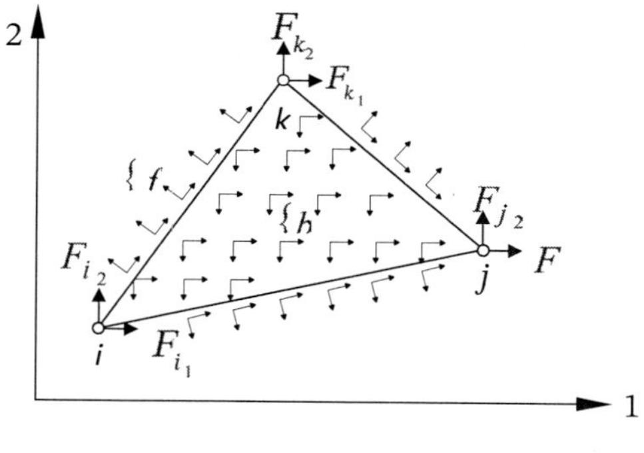

- Las fuerzas de volumen actuantes. Estas están distribuidas en toda su masa y se aplican sobre cada una de las partículas que podemos imaginar forman el material del elemento. La fuerza actuante sobre el diferencial de volumen del elemento es $\{b\}\times dV$.

- Las fuerzas de superficie actuantes. Estas podrán ser a su vez de dos tipos si el elemento está en la periferia del sólido: Fuerzas exteriores de superficie que actúan sobre la parte exterior del contorno, y fuerzas de superficie provenientes de la interacción con los elementos vecinos a través de la parte interior del contorno del elemento. La fuerza actuante sobre el diferencial de superficie del elemento es $\{f\}\times dA$.

- Las fuerzas puntuales que los nodos colocados en los vértices ejercen sobre él. Estas interacciones son puntuales porque se producen entre el nodo, que no tiene dimensiones, y la partícula situada en el vértice del elemento. Cada una de estas fuerzas tiene una componente según cada grado de libertad de movimiento del nodo sobre el que actúa.

El elemento debe estar en equilibrio bajo el efecto de todas estas acciones y en consecuencia el trabajo virtual realizado por dichas acciones debe ser igual a la variación virtual de la energía de deformación. En efecto:

$$\sum_i \{F_i\}\{u_i^*\} + \int_{A_e} \{f\}\{u^*\} dA + \int_{V_e} \{b\}\{u^*\} dV = \int_{V_e} [\sigma]:[\varepsilon^*] dV$$

Donde $\{u^*\}$ es el campo de desplazamientos virtual y ε_{ij}^* son las deformaciones virtuales asociadas a dicho campo.

> ***NOTA:** Con objeto de simplificar la explicación se ha prescindido de la posible existencia de tensiones y/o deformaciones iniciales, suponiéndose que el estado inicial se corresponde con el estado neutro del material, libre de tensión y deformación.*

Para facilitar la discretización de esta expresión se introduce el concepto de fuerza nodal equilibrante. La fuerza nodal equilibrante es un vector formado por tantos subvectores como nodos tiene el elemento. Cada uno de estos subvectores corresponde a la fuerza actuante en un nodo. De igual modo se introduce el vector de desplazamientos nodales del elemento. El vector de desplazamientos nodales es un vector formado por tantos subvectores como nodos tiene el elemento. Cada uno de estos subvectores corresponde a los desplazamientos posibles del nodo.

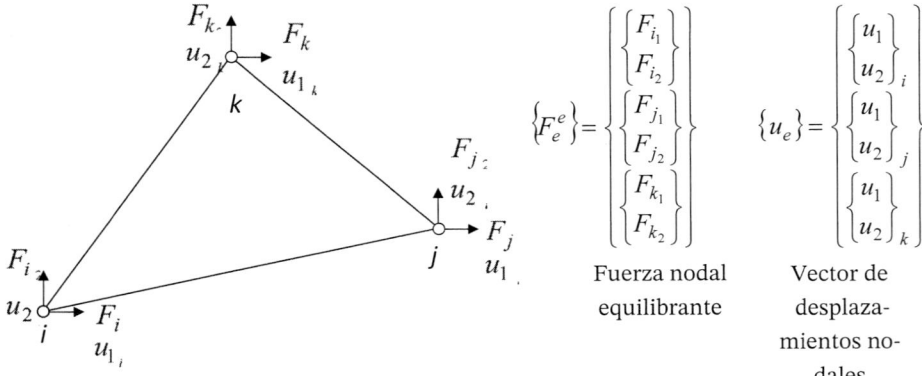

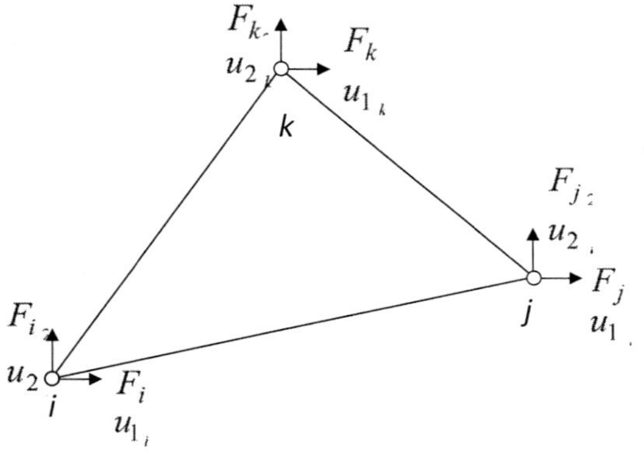

$$\{F_e^e\} = \left\{ \begin{array}{c} \left\{ \begin{array}{c} F_{i_1} \\ F_{i_2} \end{array} \right\} \\ \left\{ \begin{array}{c} F_{j_1} \\ F_{j_2} \end{array} \right\} \\ \left\{ \begin{array}{c} F_{k_1} \\ F_{k_2} \end{array} \right\} \end{array} \right\} \qquad \{u_e\} = \left\{ \begin{array}{c} \left\{ \begin{array}{c} u_1 \\ u_2 \end{array} \right\}_i \\ \left\{ \begin{array}{c} u_1 \\ u_2 \end{array} \right\}_j \\ \left\{ \begin{array}{c} u_1 \\ u_2 \end{array} \right\}_k \end{array} \right\}$$

Fuerza nodal equilibrante

Vector de desplazamientos nodales

Para que las expresiones sean coherentes, fuerzas y desplazamientos deben corresponderse de modo que la fuerza actuante sobre un grado de libertad tenga, la misma dirección que el desplazamiento asociado a ese grado de libertad. Esto se consigue expresando todos los vectores en un sistema de ejes común.

Vector de fuerzas y vector de desplazamientos

Con esta nueva notación el principio de los trabajos virtuales se expresa del siguiente modo:

$$\{u_e^*\}^T\{F_e^e\}+\int_{V_e}\{u^*\}^T\{b\}\,dV+\int_{A_e}\{u^*\}^T\{f\}\,dA=\int_{V_e}[\sigma]:[\varepsilon^*]\,dV$$

Introduciendo las funciones de interpolación sobre los desplazamientos virtuales se tiene:

$$\{u_e^*\}^T\{F_e^e\}+\int_{V_e}\left[[N]\{u_e^*\}\right]^T\{b\}\,dV+\int_{A_e}\left[[N]\{u_e^*\}\right]^T\{f\}\,dA=$$

$$=\int_{V_e}\left[[B]\{u_e^*\}\right]^T\{\sigma\}\,dV= \qquad \text{☞}$$

Si el sólido es elástico y lineal entonces: $\{\sigma\}=[D]\,[B]\,\{u_e\}$

con lo que: ☞ $=\{u_e^*\}^T\left(\int_{V_e}[B]^T[D][B]\,dV\right)\{u_e\}$

Eliminando $\{u_e^*\}^T$ se obtiene finalmente la ecuación de equilibrio del elemento:

$$\{F_e^e\}+\int_{V_e}[N]^T\{b\}\,dV+\int_{A_e}[N]^T\{f\}\,dA=\left(\int_{V_e}[B]^T[D][B]\,dV\right)\{u_e\}$$

Esta expresión puede reorganizarse del siguiente modo:

$$\{F_e^e\}=\left(\int_{V_e}[B]^T[D][B]\,dV\right)\{u_e\}-\int_{V_e}[N]^T\{b\}\,dV-\int_{A_e}[N]^T\{f\}\,dA$$

Si imaginamos que los nodos actúan como "apoyos" del elemento, las fuerzas nodales sobre el elemento pueden interpretarse entonces como las reacciones que se generan en dichos apoyos. Estas reacciones equilibran a cada una de las componentes del segundo miembro de la igualdad cuya interpretación física es la siguiente:

$$\left(\int_{V_e}[B]^T\,[D]\,[B]\;dV\right)\{u_e\}$$

Son las reacciones en los nodos a las fuerzas elásticas generadas por desplazamientos de los nodos no compatibles con un movimiento de sólido rígido. Este término recibe el nombre de fuerzas nodales elásticas.

En esta expresión aparece el término:

$$\int_{V_e}[B]^T\,[D]\,[B]\;dV=[K_e]$$

cuyo significado físico es el de ser la matriz de rigidez del elemento. Puede demostrarse que es una matriz simétrica y definida positiva. Sus dimensiones son $(n \times m)^2$ siendo n el número de nodos del elemento y m el número de grados de libertad por nodo.

$$-\int_{V_e} [N]^T \{ b \} \; dV = -\{ F_e^b \}$$

Son las reacciones en los nodos a las fuerzas de volumen distribuidas sobre el elemento cuando se fijan todos los desplazamientos nodales. Este término recibe el nombre de fuerzas nodales equivalentes a las fuerzas distribuidas de volumen.

$$-\int_{A_e} [N]^T \{ f \} \; dA = -\{ F_e^f \}$$

Son las reacciones en los nodos a las fuerzas de superficie distribuidas sobre el elemento cuando se fijan todos los desplazamientos nodales. Este término recibe el nombre de fuerzas nodales equivalentes a las fuerzas distribuidas de superficie. Como se verá posteriormente este término sólo es preciso calcularlo en caso de que el elemento pertenezca al contorno exterior del cuerpo y sobre él actúe una fuerza también exterior. Las fuerzas asociadas a las acciones internas entre elementos, aunque existen, no inciden en el resultado final por estar globalmente autoequilibradas.

Finalmente queda: $\{F_e^e\} = [K_e]\{u_e\} - \{F_e^b\} - \{F_e^f\}$

expresión que detallada por componentes en el caso del elemento triángulo lineal es:

$$\begin{Bmatrix} \{F_e^e\}_i \\ \{F_e^e\}_j \\ \{F_e^e\}_k \end{Bmatrix} = \begin{bmatrix} [K_{ii}] & [K_{ij}] & [K_{ik}] \\ [K_{ji}] & [K_{jj}] & [K_{jk}] \\ [K_{ki}] & [K_{kj}] & [K_{kk}] \end{bmatrix} \begin{Bmatrix} \{u_e\}_i \\ \{u_e\}_j \\ \{u_e\}_k \end{Bmatrix} - \begin{Bmatrix} \{F_e^b\}_i \\ \{F_e^b\}_j \\ \{F_e^b\}_k \end{Bmatrix} - \begin{Bmatrix} \{F_e^f\}_i \\ \{F_e^f\}_j \\ \{F_e^f\}_k \end{Bmatrix}$$

Seguidamente se expone el cálculo de la matriz de rigidez para dos casos simples, el elemento barra unidimensional, y el elemento triángulo de deformación constante bidimensional.

Elemento barra

El elemento barra en el plano y referido a sus ejes locales tiene un solo grado de libertad por nodo. Las funciones de interpolación son:

$$N_i(x_1) = 1 - x_1/\ell$$
$$N_j(x_1) = x_1/\ell$$

de aquí se tiene:

$$\{\varepsilon\} = \left\{\frac{du}{dx_1}\right\} = \left[\frac{d}{dx_1}\right]\{u\} = \underbrace{\left[\frac{d}{dx_1}\right]}_{[\pounds]} \underbrace{\left[\frac{1-x_1}{\ell}, \frac{x_1}{\ell}\right]}_{[N]} \underbrace{\begin{Bmatrix} u_1 \\ u_2 \end{Bmatrix}}_{\{u_e\}} = \underbrace{\frac{1}{\ell}[-1, 1]}_{[B]}\begin{Bmatrix} u_1 \\ u_2 \end{Bmatrix}$$

$$[K]_e = \int_{V_e} [B]^T [D] [B]\, dV = \int_e \frac{1}{\ell} \begin{bmatrix} -1 \\ 1 \end{bmatrix} \underset{\underset{[D]}{\uparrow}}{E} \frac{1}{\ell} [-1, 1]\, A\, dx$$

$$= \frac{E\,A}{\ell} \begin{bmatrix} 1 & -1 \\ -1 & 1 \end{bmatrix}$$

Elemento triángulo lineal

La matriz $[B]$ en este caso está formada por las tres submatrices:

$$[B_i] = [\pounds]\,[N_i] = \frac{1}{2A}\begin{bmatrix} b_i & 0 \\ 0 & c_i \\ c_i & b_i \end{bmatrix}$$

$$[B_j] = [\pounds]\,[N_j] = \frac{1}{2A}\begin{bmatrix} b_j & 0 \\ 0 & c_j \\ c_j & b_j \end{bmatrix}$$

$$[B_k] = [\pounds]\,[N_k] = \frac{1}{2A}\begin{bmatrix} b_k & 0 \\ 0 & c_k \\ c_k & b_k \end{bmatrix}$$

La matriz de rigidez elemental $[K_e]$ tendrá dimensión 6×6 y su expresión es fácilmente calculable a partir de la expresión general:

$$[K_e] = \int_{V_e} [B]^T [D] [B]\, dV$$

Obsérvese que $dV = t\, dx_1\, dx_2$, siendo t el espesor, y que todos los coeficientes que resultan del producto de matrices son constantes.

Por tanto:

$$[K_e] = \int_{A_e} \begin{bmatrix} [B_i]^T \\ [B_j]^T \\ [B_k]^T \end{bmatrix} [D] \begin{bmatrix} [B_i] \ , \ [B_j] \ , \ [B_k] \end{bmatrix} t \ dA =$$

$$= \int_{A_e} \begin{bmatrix} [B_i]^T [D] \ [B_i] & [B_i]^T [D] \ [B_j] & [B_i]^T [D] \ [B_k] \\ & [B_j]^T [D] \ [B_j] & [B_j]^T [D] \ [B_k] \\ (sim) & & [B_k]^T [D] \ [B_k] \end{bmatrix} t \ dA =$$

$$= \begin{bmatrix} [K_{ii}] & [K_{ij}] & [K_{ik}] \\ & [K_{jj}] & [K_{jk}] \\ (sim) & & [K_{kk}] \end{bmatrix}$$

con

$$[K_{ij}] = \int_{A_e} [B_i]^T [D] \ [B_j] \ t \ dA =$$

$$= \int_{A_e} \frac{1}{2A_e} \begin{bmatrix} b_i & 0 & c_i \\ 0 & c_i & b_i \end{bmatrix} \begin{bmatrix} d_{11} & d_{12} & 0 \\ d_{21} & d_{22} & 0 \\ 0 & 0 & d_{33} \end{bmatrix} \begin{bmatrix} b_i & 0 \\ 0 & c_j \\ c_j & b_j \end{bmatrix} t \ dA =$$

$$= \frac{t}{4A_e} \begin{bmatrix} b_i b_j d_{11} + c_i c_j d_{33} & b_i c_j d_{12} + b_j c_i d_{33} \\ c_i b_j d_{21} + b_i c_j d_{33} & b_i c_j d_{33} + c_i c_j d_{22} \end{bmatrix}$$

Las fuerzas nodales equivalentes a las distribuidas sobre el volumen, se calculan aplicando las expresiones siguientes:

$$\{F_e^b\} = \int_{V_e} [N]^T \{b\} \ dV = \int_{A_e} \begin{bmatrix} [N_i]^T \\ [N_j]^T \\ [N_k]^T \end{bmatrix} \begin{bmatrix} \begin{Bmatrix} b_{11} \\ b_{22} \end{Bmatrix} \end{bmatrix} t \ dA = \begin{Bmatrix} \{F_e^b\}_i \\ \{F_e^b\}_j \\ \{F_e^b\}_k \end{Bmatrix}$$

con $\quad \{F_e^b\}_i = \int_{A_e} [N_i]^T \begin{Bmatrix} b_1 \\ b_2 \end{Bmatrix} t \ dA = \dfrac{A_e \, t}{3} \begin{Bmatrix} b_1 \\ b_2 \end{Bmatrix}$

De igual modo se obtienen las fuerzas nodales equivalentes a las distribuidas sobre la superficie:

$$\left\{F_e^f\right\} = \int_{A_e} [N]^T \{f\}\, dA = \int_{\ell_e} \begin{bmatrix} [N_i]^T \\ [N_j]^T \\ [N_k]^T \end{bmatrix} \left[\begin{Bmatrix} f_1 \\ f_2 \end{Bmatrix} \right] t\, d\ell = \begin{Bmatrix} \left\{F_e^f\right\}_i \\ \left\{F_e^f\right\}_j \\ \left\{F_e^f\right\}_k \end{Bmatrix}$$

con, $\left\{F_e^f\right\}_i = \int_{\ell_e} [N_i]^T \begin{Bmatrix} f_1 \\ f_2 \end{Bmatrix} t\; d\ell$ etc.

NOTA: *La integral que define* $\left\{F_e^f\right\}$ *se evalúa sobre el contorno del triángulo, o sea sobre cada uno de sus tres lados (*ℓ_{ij}*,* ℓ_{ik} *y* ℓ_{jk}*)*

$$\left\{F_e^f\right\} = \frac{\ell_{ij} t}{2} \begin{Bmatrix} f_1 \\ f_2 \\ f_1 \\ f_2 \\ 0 \\ 0 \end{Bmatrix}_{\text{sobre } \ell_{ij}} + \frac{\ell_{ik} t}{2} \begin{Bmatrix} f_1 \\ f_2 \\ 0 \\ 0 \\ f_1 \\ f_2 \end{Bmatrix}_{\text{sobre } \ell_{ik}} + \frac{\ell_{jk} t}{2} \begin{Bmatrix} 0 \\ 0 \\ f_1 \\ f_2 \\ f_1 \\ f_2 \end{Bmatrix}_{\text{sobre } \ell_{jk}}$$

en consecuencia, las fuerzas de superficie, supuestas constantes sobre cada lado, se reparten equitativamente entre los nodos del mismo.

Planteamiento del equilibrio nodal

Durante el planteamiento del equilibrio de un elemento genérico aparece el concepto de fuerzas nodales equilibrantes. Estas fuerzas son ejercidas por los nodos sobre el elemento a fin de garantizar su equilibrio, y por el principio de acción y reacción son iguales en magnitud y de signo opuesto a las ejercidas por los elementos sobre los nodos.

Llegados a este punto es posible plantear el equilibrio de un nodo genérico. Dicho equilibrio toma en el caso de la elasticidad plana, la forma de un simple equilibrio de fuerzas. Consideremos un nodo genérico *i*. En dicho nodo confluyen *m* elementos, cada uno de los cuales ejerce una fuerza sobre el nodo. Además, puede haber una fuerza exterior P_i directamente aplicada sobre el nodo.

Fuerza ejercida sobre el nodo *i* por el *m*-ésimo elemento concurrente en él: $-\left\{F_e^e\right\}_i^m$

La fuerza puntual exterior directamente aplicada sobre el nodo *i* es: $\{P_i\}$

Por tanto la ecuación de equilibrio del nodo i queda como: $\{P_i\} - \sum_m \{F_e^e\}_i^m = 0$ donde la suma se extiende a todos los elemento concurrentes en el nodo i.

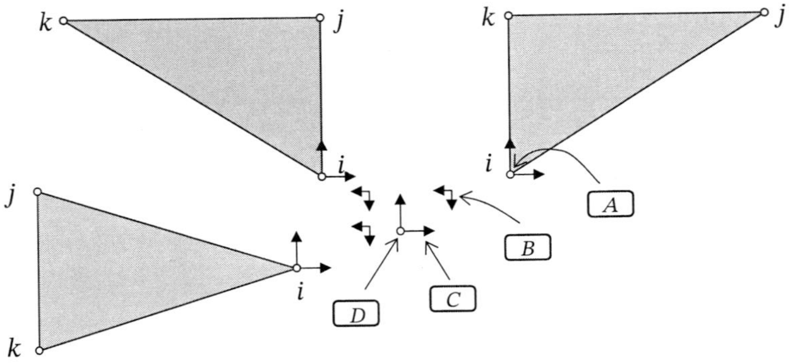

Donde:

- [A] : es la fuerza del nodo sobre el elemento.
- [B] : es la fuerza del elemento sobre el nodo.
- [C] : es la fuerza exterior sobre el nodo.
- [D] : es el nodo i aislado.

La ecuación desarrollada para el elemento triángulo lineal es:

$$\{P_i\} + \sum_m \{F_e^b\}_i^m + \sum_m \{F_e^f\}_i^m = \sum_m \left([K_{ii}]^m \{u_e\}_i^m + [K_{ij}] \{u_e\}_j^m + [K_{ik}] \{u_e\}_k^m \right)$$

Esta ecuación vectorial es equivalente a dos ecuaciones escalares (suma de fuerzas según la dirección 1 igual a cero y suma de fuerzas según la dirección 2 igual 0) correspondientes a los dos grados de libertad del nodo.

Al plantear el equilibrio nodal se observa que las fuerzas nodales correspondientes a acciones internas entre elementos colindantes se cancelan por formar parejas del tipo acción-reacción que se aplican a dos elementos confluentes sobre un mismo nodo. Por este motivo el análisis de las fuerzas de superficie se puede reducir, ya desde un principio, sólo a las aplicadas exteriormente.

Si suponemos que los nodos implicados en esta ecuación son libres en su movimiento, todos los datos de fuerzas que aparecen en la ecuación serán conocidos mientras que todos los desplazamientos de los nodos implicados serán incógnitas. Si alguno de los nodos tiene restricciones en el movimiento según algún grado de libertad, la fuerza exterior aplicada en ese nodo y en la dirección del grado de libertad impedido tendrá carácter de reacción de enlace, mientras que la componente de desplazamiento correspondiente será entonces conocida.

En la ecuación resultante cabe destacar algunas peculiaridades importantes:

- Cuando sobre un nodo y según uno de sus grados de libertad, actúa más de un elemento, las rigideces correspondientes se suman, de forma semejante a como se suman las rigideces de muelles actuando en paralelo.
- Todas las fuerzas exteriores actuantes sobre el nodo, procedentes de los elementos o directamente aplicadas, se suman formando un único vector de fuerzas que iguala a la resultante de las fuerzas elásticas sobre el nodo.
- El número de nodos que intervienen en la ecuación es, en principio, muy limitado puesto que ésta solo implica a los elementos adyacentes al nodo.

Se pueden escribir k ecuaciones vectoriales de este tipo, donde k es el número total de nodos. Evidentemente se obtienen tantas ecuaciones como incógnitas puesto que a cada grado de libertad se le asocia una sola incógnita, ya sea el desplazamiento si es libre, ya sea la reacción de enlace si éste está impedido. El sistema de ecuaciones resultante, formado por $k \times m$ ecuaciones escalares donde m es el número de grados de libertad por nodo, expresa el equilibrio global de todo el sólido.

Como consecuencia de la naturaleza de las ecuaciones, la matriz del sistema así como el vector de cargas nodales, pueden obtenerse de forma sistemática a partir de las matrices de rigidez de los elementos, de las fuerzas nodales elementales y de las fuerzas nodales directamente aplicadas, por un simple proceso de suma denominado "ensamblaje". Al mismo tiempo esta matriz es dispersa, conteniendo muchos ceros dado el carácter local del equilibrio nodal. Estas dos características, unidas a que la matriz del sistema puede demostrarse que es simétrica, facilita enormemente la resolución computerizada del mismo mediante métodos numéricos.

Resolución del sistema resultante

El sistema resultante presenta el mismo carácter dual que se expuso para el caso de un sistema de barras. Aquí también aparecen dos familias de incógnitas: Los desplazamientos según los grados de libertad libres, en los que las fuerzas actuantes son conocidas; y las reacciones incógnitas en los grados de libertad restringidos. Esta situación puede generalizarse del siguiente modo:

Supongamos que se reorganizan las ecuaciones del sistema de modo que sea posible escribirlo en la forma:

equilibrio nodal con

$\{u_s\}$ = Desplazamientos prescritos. $\{u_k\}$ = Desplazamientos libres.

$\{P_s\}$ = Reacciones incógnitas. $\{P_k\}$ = Fuerzas aplicadas.

$$\begin{Bmatrix} P_k \\ P_s \end{Bmatrix} = \begin{bmatrix} K_{kk} & K_{ks} \\ K_{sk} & K_{ss} \end{bmatrix} \begin{Bmatrix} u_k \\ u_s \end{Bmatrix}$$

Entonces es posible desacoplar la determinación de las dos familias de incógnitas (desplazamientos libres y reacciones). A esta operación se la denomina "reducción del sistema"

En efecto, en una primera etapa se resuelve el sistema reducido que determina el valor de los desplazamientos nodales incógnitos:

Cálculo de los desplazamientos incógnitas:
$$\{P_k\} = [K_{kk}]\{u_k\} + [K_{ks}]\{u_s\}$$
$$\{u_k\} = [K_{kk}]^{-1}[\ \{P_k\} - [K_{ks}]\{u_s\}\ ]$$

Una vez determinados éstos puede procederse al cálculo de las reacciones incógnitas:

Cálculo de las reacciones incógnitas: $\{P_s\} = [K_{sk}]\{u_k\} + [K_{ss}]\{u_s\}$

La resolución completa del problema elástico comporta el cálculo final de las tensiones y deformaciones en cada elemento que puede realizarse del siguiente modo:

$$\{\sigma\} = [S]\{u_e\} \qquad \{\varepsilon\} = [B]\{u_e\}$$

Aunque en muchas ocasiones se utilizan técnicas más sofisticadas en orden a obtener mejores aproximaciones.

Esquema operativo para la aplicación del MEF

El proceso general para la resolución del problema elástico mediante el MEF presenta, conceptualmente, el esquema siguiente:

Cada elemento queda caracterizado por su matriz de rigidez elemental $[K]$, compuesta por $n \times n$ submatrices de dimensión $m \times m$ siendo n el número de nodos del elemento y m el número de grados de libertad de cada nodo (en el ejemplo n =3 m= 2). Las cargas sobre los elementos son reducidas a cargas nodales equivalentes. Los vectores de fuerzas nodales están formados por n subvectores de dimensión m, tienen por tanto tantas componentes como grados de libertad tiene el elemento.

El planteamiento del equilibrio de todos y cada uno de los nodos de la estructura en unos ejes globales conduce a la construcción por ensamblaje de la matriz global de la estructura $[K]$, de dimensión $(m \times k)^2$, siendo k el número de nodos de la estructura en su conjunto. Al mismo tiempo se ensambla el vector de fuerzas nodales, de dimensión $k \times m$.

Una vez determinado los desplazamientos nodales incógnitas, se procede al cálculo de las reacciones incógnitas dejando así el problema totalmente resuelto.

En forma reducida los pasos a seguir son los siguientes:

1. Definición del problema:
   - Geometría.
   - Materiales.
   - Condiciones de carga.
   - Condiciones de enlace.
2. División en elementos y elección de las funciones de interpolación.
3. Cálculo de las propiedades elementales ($[K_e]$ $\{u_e\}$, etc...).
4. Ensamblado del conjunto.
5. Resolución del sistema.
6. Post análisis (Cálculo de reacciones, tensiones, deformaciones, etc...).

En la práctica muchos de estos pasos son realizados por el programa sin una excesiva intervención del usuario. Sin embargo no por eso se considera falto de interés su conocimiento para un uso óptimo de esta tecnología.

Problemas

Problema 1

Las ecuaciones siguientes describen el movimiento de extrusión de un medio continuo por el interior de una tobera de sección circular de radios R y r de entrada y salida, respectivamente, tal como se ilustra en la figura.

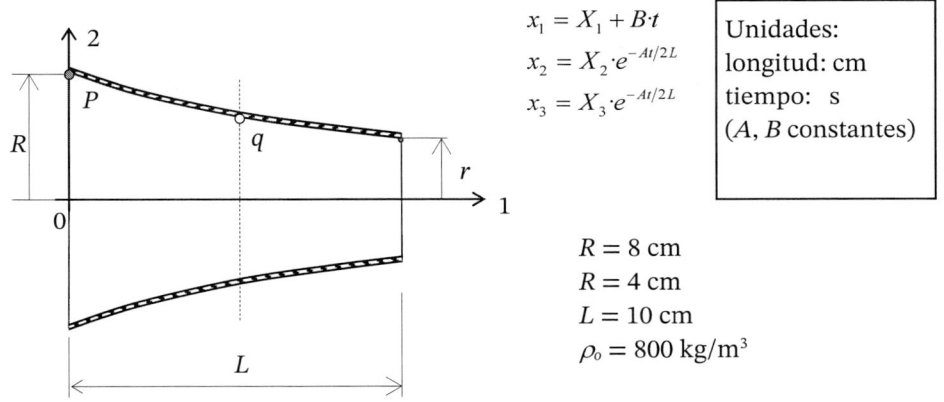

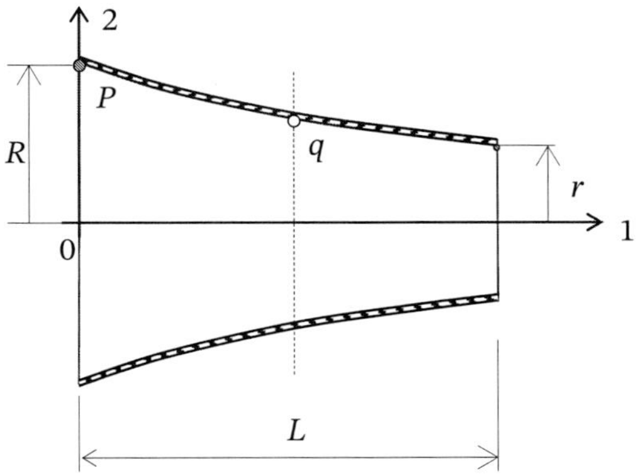

$$x_1 = X_1 + B{\cdot}t$$
$$x_2 = X_2{\cdot}e^{-At/2L}$$
$$x_3 = X_3{\cdot}e^{-At/2L}$$

Unidades:
longitud: cm
tiempo: s
(A, B constantes)

$R = 8$ cm
$R = 4$ cm
$L = 10$ cm
$\rho_o = 800$ kg/m^3

La transformación *no* puede considerarse infinitesimal.

El medio continuo fluye ocupando todo el espacio interior de la tobera, sin crear huecos.

La densidad del material en la entrada de la tobera es siempre ρ_o

Se pide:

1. ¿Para qué valores de A, B, $\vec{X}$ y t la transformación es físicamente posible? Determinar la descripción euleriana del movimiento $\vec{X} = \vec{X}(\vec{x}, t)$ y el campo de velocidades en ambas descripciones. Razonar si se trata de un régimen estacionario o transitorio.
2. Hallar los valores de A y B correspondientes a una velocidad de extrusión (velocidad horizontal de avance del material) de 1 cm/s y un radio final de la tobera de r.

3. ¿Cuánto tiempo tarda la *partícula P* en deslizar por la pared de la tobera desde su posición inicial, en la entrada, hasta la salida? ¿Cuánto vale su densidad en la salida? ¿Y su deformación volumétrica unitaria $\varepsilon_v = (dV - dV_0)/dV_0$?

4. Calcular el vector velocidad de las partículas que pasan por el *punto q* de la sección central.

5. Determinar el tensor velocidad de deformación. ¿Cuánto vale la máxima velocidad de deformación?

Problema 2

El medio continuo esférico de radio unitario representado en la figura, experimenta una transformación geométrica *lineal*. La partícula O (0,0,0), centro de la esfera, no se desplaza. Las partículas de intersección de su superficie exterior con los ejes de referencia (A, B y C) pasan a ocupar las posiciones $\vec{x}_a$, $\vec{x}_b$ y $\vec{x}_c$.

$$\vec{X}_A = \begin{Bmatrix} 1 \\ 0 \\ 0 \end{Bmatrix} \qquad \vec{X}_B = \begin{Bmatrix} 0 \\ 1 \\ 0 \end{Bmatrix} \qquad \vec{X}_C = \begin{Bmatrix} 0 \\ 0 \\ 1 \end{Bmatrix}$$

$$\vec{x}_a = \begin{Bmatrix} 1{,}001 \\ 0{,}002 \\ 0{,}001 \end{Bmatrix} \qquad \vec{x}_b = \begin{Bmatrix} 0{,}002 \\ 0{,}998 \\ 0 \end{Bmatrix} \qquad \vec{x}_c = \begin{Bmatrix} -0{,}001 \\ 0 \\ 1{,}003 \end{Bmatrix}$$

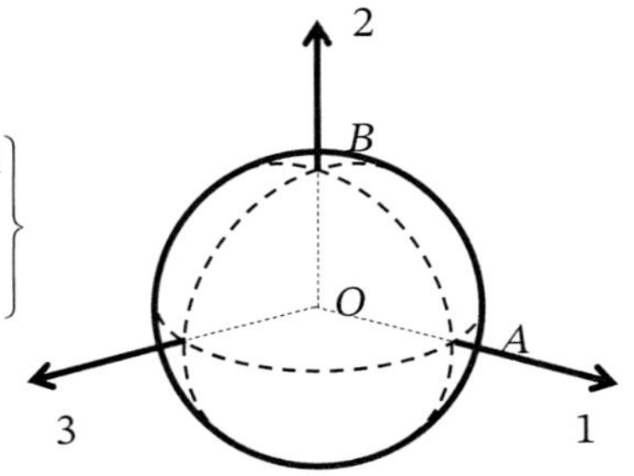

Se pide:

1. Determinar la expresión lagrangiana del campo de desplazamientos $\vec{u} = \vec{u}(\vec{X})$ sabiendo que son funciones lineales y que el punto O no se desplaza.

2. Determinar la matriz gradiente de desplazamientos y evaluar la posibilidad física de la transformación. Calcular el volumen final de la esfera y la deformación volumétrica unitaria.

Admitiendo la hipótesis de pequeñez de los desplazamientos:

3. Calcular ahora la deformación volumétrica unitaria y el volumen final de la esfera.

4. Determinar el giro de sólido rígido que experimenta la esfera (en radianes) y la dirección del eje de giro. Dibujar el vector rotación sobre la esfera antes de deformar.

5. Calcular las longitudes finales de los diámetros de la esfera definidos por los ejes de referencia y los ángulos finales que forman entre ellos.
6. Identificar los diámetros de la esfera que, una vez deformada ésta, alcanzan la máxima longitud y la mínima y dibujarlos sobre la esfera antes de la transformación. Calcular dichas longitudes finales. ¿Qué ángulos forman entre ellos después de la transformación? ¿Cuál es su movimiento?

Problema 3

En el análisis del movimiento de un medio continuo elástico, lineal e isótropo, se utiliza una cuadrícula de referencia, fija en el espacio, para medir los desplazamientos (*no* infinitesimales) de sus partículas. Todos los puntos del medio se mueven paralelamente al plano de la cuadrícula.

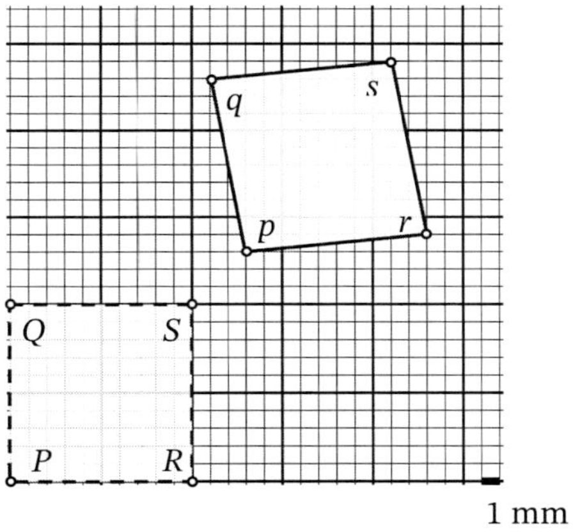

Suponiendo que el campo de desplazamientos es *lineal* respecto a X_1 y X_2, se pide:

1. La expresión lagrangiana del campo de desplazamientos.
2. La transformación ¿es invertible? ¿es físicamente posible?
3. Razonar les diferencias entre las dos condiciones anteriores.
4. La deformación volumétrica unitaria en función de $\vec{X}$ y la superficie final del cuadro p-q-r-s.
5. Determinar geométricamente las longitudes finales exactas de las rectas p-q y p-r.
6. Determinar geométricamente el valor exacto del ángulo final q-p-r.

Suponiendo ahora que se trata de una transformación infinitesimal, determinar nuevamente las magnitudes siguientes mediante el tensor de deformaciones y *razonar las causas del error que se comete.*

7. La deformación volumétrica unitaria y la superficie final del cuadro p-q-r-s.
8. Las longitudes finales de las rectas p-q y p-r.
9. El ángulo final q-p-r.
10. Razonar y dibujar en qué orientación se encuentra el cuadro inscrito en P-Q-R-S que no presentaría distorsión angular.

Problema 4

La placa cuadrada de 1 mm de espesor y 1 m de lado representada en la figura presenta el siguiente campo lagrangiano de desplazamientos ($\vec{u}$, $\vec{X}$ en mm, t en s):

$$\begin{cases} u_1 = X_1 X_2 t \\ u_2 = X_2 X_1 t \\ u_3 = 0 \end{cases}$$

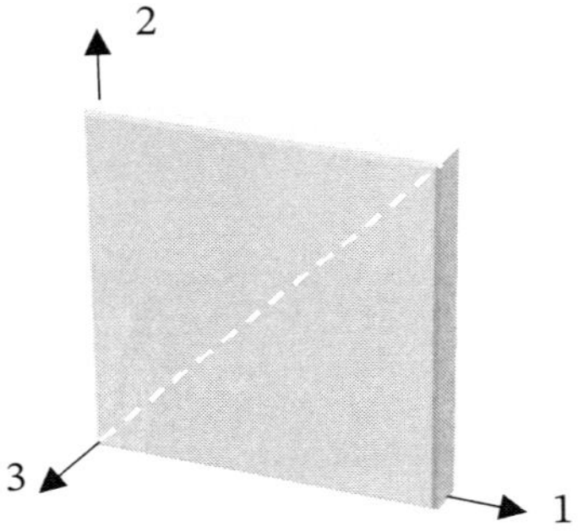

Material:

Densidad inicial ρ_o	=	3 000	kg/m^3
Módulo elástico E	=	70 000	N/mm^2
Coef. de Poisson ν	=	0,3	
Límite elástico σ_e	=	300	N/mm^2

Se pide:

1. Evaluar la posibilidad física de la transformación.
2. Calcular la evolución de la densidad ρ en función del tiempo y de las coordenadas materiales $\vec{X}$. ¿Cuánto vale la densidad de la partícula central de la placa para t=10^{-6} s?
3. Determinar el campo lagrangiano de velocidades y calcular las velocidades de las esquinas de la placa. Dibujar dichos vectores sobre la placa deformada para t=10^{6}s.

Para $t = 10^{-6}$ s y bajo la hipótesis de pequeños desplazamientos:

4. Calcular la longitud final de la diagonal indicada en la figura en línea discontinua.
5. ¿Cuál es el coeficiente de seguridad a límite elástico de la placa en este instante, si se supone un comportamiento frágil?

Problema 5

El siguiente campo *euleriano* de desplazamientos describe el movimiento (no infinitesimal) de un medio continuo elástico.

$$u_1 = x_1\left(1 - e^{-t}\right)$$
$$u_2 = x_2\left(1 - e^{t}\right) \qquad x_i \text{ en mm, } t \text{ en segundos}$$
$$u_3 = 0$$

Se pide:

1. Deducir las descripciones lagrangiana $\vec{x} = \vec{x}\left(\vec{X}, t\right)$ y euleriana $\vec{X} = \vec{X}\left(\vec{x}, t\right)$ del movimiento.
2. Razonar la posibilidad física de la transformación.
3. Determinar el tensor velocidad de deformación $[D]$ y explicar el significado físico de sus términos.
4. Calcular el tensor de deformaciones finitas de Cauchy-Green $[C]$ y determinar la máxima distorsión angular y las direcciones que la experimentan.

Para $t = 0{,}1$ s:

5. Representar gráficamente y razonar la transformación del cubo ilustrado (1×1×1 mm), determinando las longitudes finales de los lados, ángulos finales y volumen final.

$E = 1.000\ \text{N/mm}^2 \quad \nu = 0{,}3$

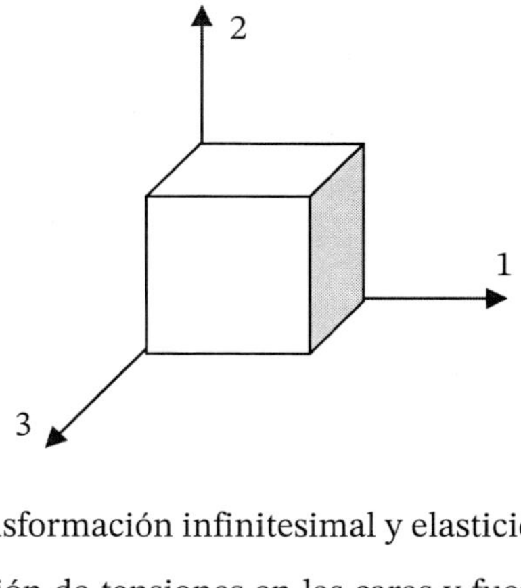

Para $t = 0{,}1$ s y bajo la hipótesis de transformación infinitesimal y elasticidad lineal:

6. Determinar y dibujar la distribución de tensiones en las caras y fuerzas de volumen.
7. Determinar la tensión tangencial máxima y dibujarla sobre el cubo.

Problema 6

El campo de desplazamientos infinitesimales para la flexión de una viga es:

$$u_1 = -\frac{1}{10^4} X_1 X_2$$

$$u_2 = \frac{1}{2{\cdot}10^4} X_1^2 + \frac{\upsilon}{2{\cdot}10^4}(X_2^2 - X_3^2)$$

$$u_3 = \frac{\upsilon}{10^4} \cdot X_2 X_3$$

Material $E = 2{\cdot}10^4$ Mpa $\quad \upsilon = 0.2$

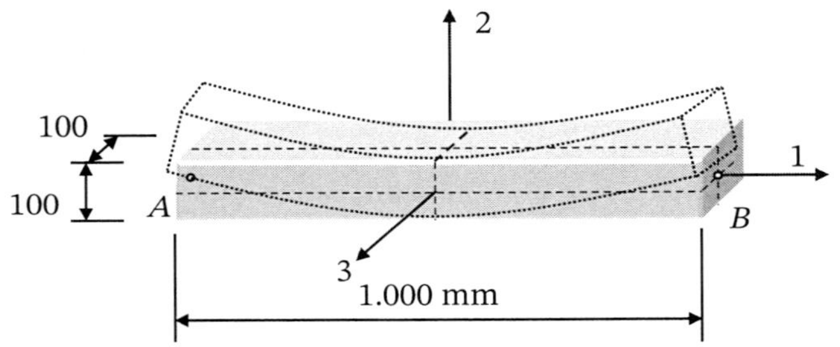

El eje de la viga (directriz) está inicialmente sobre el eje 1. El origen de coordenadas está situado en el centro de la viga.

Se pide:

1. Tensor deformación [ε]
2. La deformación transversal máxima $g_{\mathbf{máx}}$.
3. Señalar los puntos de la viga donde se produce $g_{\mathbf{máx}}$.
4. El tensor tensión [σ]
5. Las tensiones normales máximas (tracción) y mínimas (compresión) de toda la viga.
6. Señalar los puntos de la viga donde se producen.
7. El vector rotación {ω}
8. Señalar los puntos de la viga cuyas componentes de rotación son máximas.
9. El giro de las secciones extremas de la viga en su punto central (puntos A y B sobre el eje directriz)
10. Si $\sigma_e = 260$ MPa, hallar el coeficiente de seguridad, según el criterio de Von Mises.

Problema 7

La pieza prismática de la figura experimenta una transformación geométrica representada mediante las ecuaciones lagrangianas $\vec{x} = \vec{x}(\vec{X}, t)$ siguientes:

$$x_1 = X_1 + \mathrm{a}X_1 + 400 \cdot 10^{-6} X_3$$

$$x_2 = (1 - 900 \cdot 10^{-6}) X_2$$

$$x_3 = X_3(1 + \mathrm{c}) + \mathrm{b}X_2 - \mathrm{d} \cdot 200 \cdot 10^{-6} X_1$$

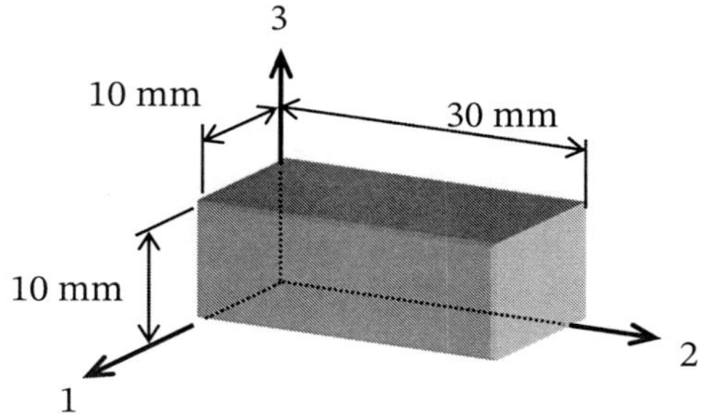

Sabiendo que:

- la transformación no cambia el volumen del prisma;
- se tiene, en todo el prisma, un estado plano de deformación (plano 1-2);
- el material es frágil, de resistencia $\sigma_r = 200$ N/mm²;
- las propiedades elásticas son $E = 200.000$ N/mm², $\nu = 0{,}12$;
- se puede admitir la hipótesis de transformación infinitesimal;

se pide determinar:

1. Las constantes a, b, c y d.
2. El estado final del prisma: longitudes de los lados, volumen y rotación de sólido rígido $\overline{\omega}$, ilustrando gráficamente el estado de deformación (no es necesario ilustrar los movimientos de sólido rígido).
3. La tensión tangencial máxima y dibujar el plano sobre el que actúa y el vector tensión.
4. El coeficiente de seguridad γ_s. Representar la superficie de rotura y el punto de funcionamiento en el plano de tensiones principales (plano de Westergaard). Comparar este resultado con el que se obtendría si el material fuese dúctil.

Problema 8

Una roseta de galgas es un dispositivo constituido por tres galgas extensométricas superpuestas cuyas lecturas proporcionan las tres deformaciones longitudinales unitarias correspondientes a dos direcciones perpendiculares y su bisectriz. Se han pegado rosetas en determinados puntos de la superficie libre del diente de una pala excavadora para evaluar las causas de su rotura.

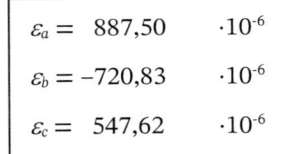

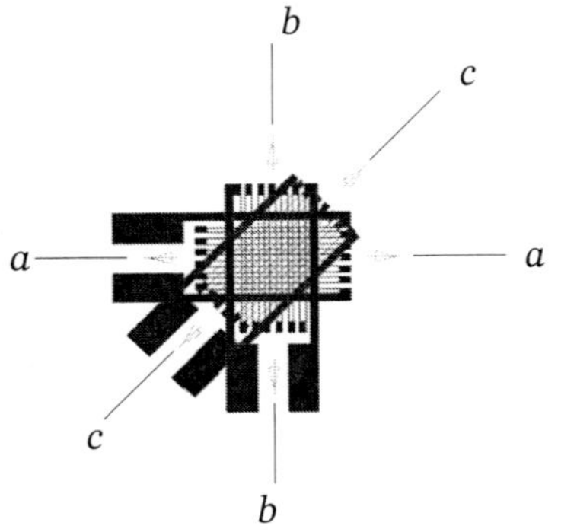

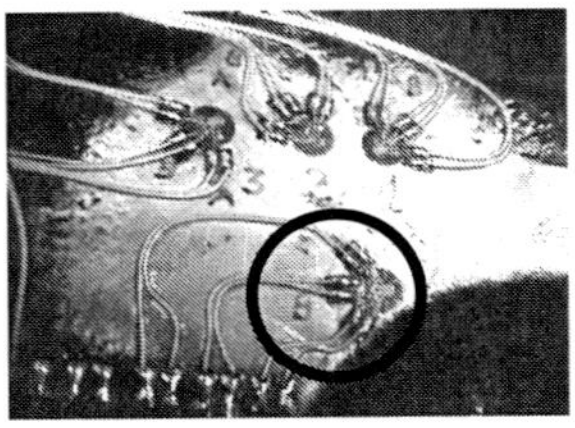

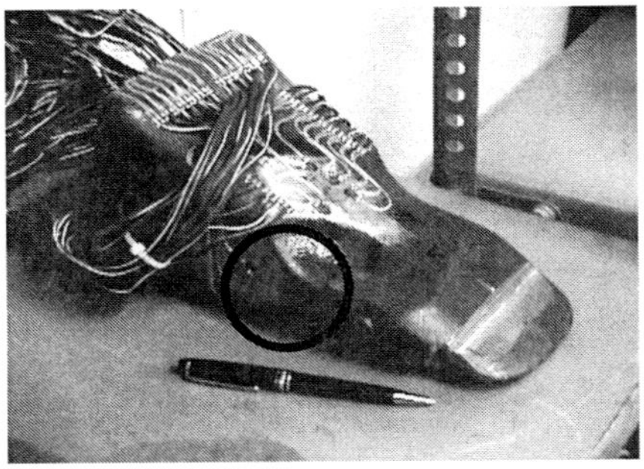

$\varepsilon_a =$	887,50	$\cdot 10^{-6}$
$\varepsilon_b =$	−720,83	$\cdot 10^{-6}$
$\varepsilon_c =$	547,62	$\cdot 10^{-6}$

$E = 210.000 \ \text{N/mm}^2$

$\nu = 0,3$

Si las lecturas de una de las rosetas y las propiedades del material son las indicadas, se pide, para este punto:

1. Las deformaciones transversales g de las direcciones a y b.
2. Las componentes intrínsecas, normal σ y tangencial τ, de los vectores tensión que actúan sobre los planos de normal a y b.
3. Las componentes intrínsecas del vector tensión cuya componente tangencial es máxima $\tau_{\text{máx}}$. Representar gráficamente dicho vector tensión y el plano sobre el que actúa, situándolo respecto a las direcciones a, b y c de referencia.
4. Sabiendo que se trata de un material dúctil, determinar la tensión normal de límite elástico σ_e mínima necesaria para que el coeficiente de seguridad a límite elástico sea 1,5. Representar este apartado gráficamente en el plano de tensiones principales.

Problema 9

Sobre la *superficie exterior libre de carga* de una lona de material textil recubierta con teflón, destinada a la construcción de una cubierta, se imprime una imagen compuesta por pequeños píxeles circulares de 10 mm de diámetro, en diferentes tonalidades de gris, dispuestas como se indica en la figura (las líneas discontinuas corresponden a la posición sin deformar). Se quiere aprovechar este hecho para determinar el estado tensional y deformacional del material, cuando está en funcionamiento, en determinados puntos de la cubierta que puedan ser conflictivos debido a la presencia de líneas de sutura, uniones, refuerzos, etc.

Así, en situación de máxima carga, se miden las distancias entre los centros de las circunferencias (ahora elipses), en una zona suficientemente reducida para poder considerar que *el estado de deformación es constante* y la superficie, plana. El resultado es el indicado en la tabla adjunta.

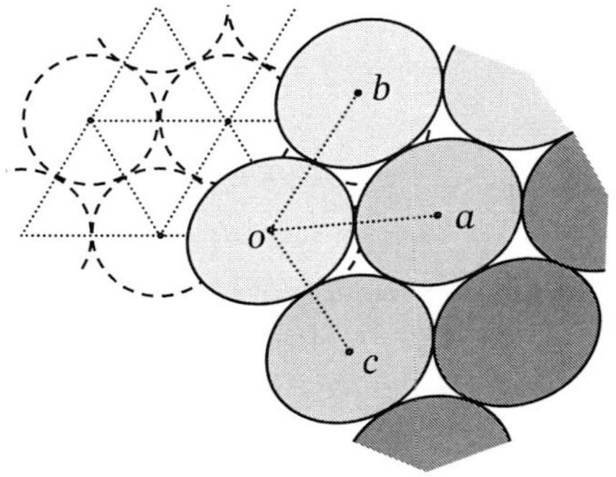

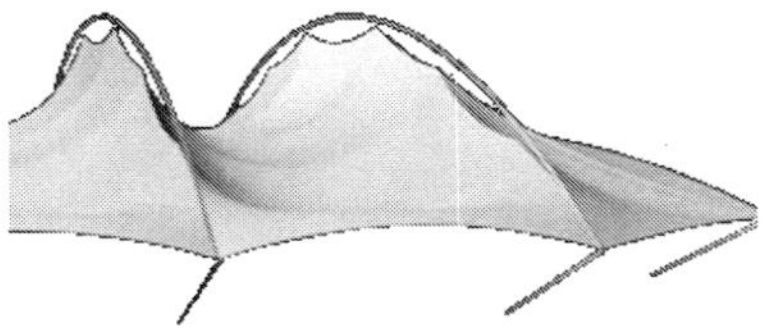

$l_{oa} = 10{,}25$ mm

$l_{ob} = 10{,}25$ mm

$l_{oc} = 10{,}1$ mm

Material:

$E = 10\ \text{N/mm}^2$

$\nu = 0{,}3$

Suponiendo que el material es homogéneo, isótropo, en el campo elástico-lineal, y suponiendo que la *transformación es infinitesimal*, se pide:

1. Las partículas experimentan un movimiento absoluto del que no se dan datos; *razonar* por qué no es necesario conocer este movimiento para estudiar el estado de deformación de una partícula.
2. Tomando oa ≡ eje 1, y la perpendicular al dibujo ≡ eje 3, determinar el tensor deformación y describir el significado físico de sus componentes.
3. Calcular el porcentaje de cambio de espesor de la lona en esta zona.
4. Deducir la orientación de los ejes de las elipses respecto a la dirección $\overline{oa}$. Dibujarlos.
5. Representar los círculos de Mohr de tensiones e identificar los vectores tensión que actúan a través de los planos de normales oa, ob y oc.

6. Deducir qué planos experimentan las máximas tensiones tangenciales en el plano del dibujo (1-2). Calcular y dibujar estas tensiones tangenciales, y la distorsión angular que experimentan los planos donde actúan.
7. Asumiendo que el fallo se producirá por desgarro, debido a la *fragilización* del tejido bajo los efectos de los rayos ultravioletas, *razonar* cuáles son las tensiones que provocarán este desgarro, calcularlas y dibujarlas. Dibujar también el desgarro en su correcta orientación.
8. Determinar la resistencia mínima que debería tener el material para soportar este estado de tensión con un coeficiente de seguridad de valor 1,5.

Problema 10

Un depósito esférico de pared delgada se construye con cierta resina reforzada con fibra de vidrio corta, orientada en direcciones aleatorias, de manera que el material puede considerarse homogéneo e isótropo. Se analiza el comportamiento del material, en el punto crítico de la superficie externa del depósito (libre de carga), adhiriendo una roseta de galgas extensométricas –dispositivo que mide las deformaciones longitudinales unitarias en dos direcciones perpendiculares y su bisectriz (v. figura).

El depósito se somete a carga (presión interna) y se miden las tres lecturas de la roseta de galgas, resultando tres lecturas idénticas de valor 3.000 $\mu\varepsilon$. Se pide:

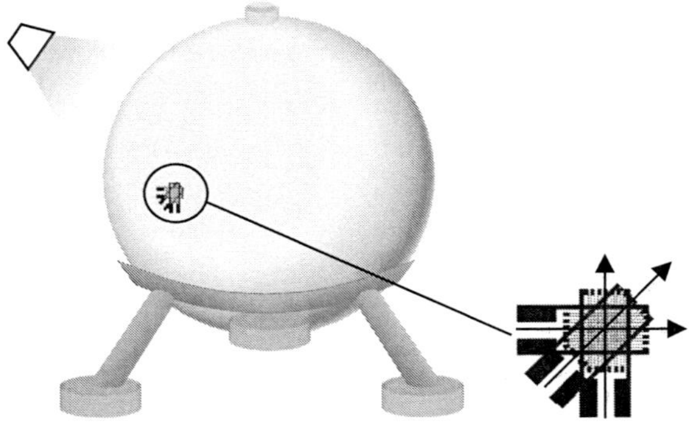

Propiedades elásticas:

$E = 20.000$ MPa

$\nu = 0,4$

Espesor de pared:

10 mm

1. Dibujar los círculos de Mohr de tensiones y de deformaciones.
2. ¿Qué es el elipsoide de Lamé, o de tensiones? Describirlo y dibujarlo en este caso.
3. Suponiendo que el estado de tensión es, aproximadamente, el mismo en todo el espesor de la pared del depósito, calcular la variación de espesor en este punto.

4. Determinar el valor máximo de tensión normal σ_I. Razonar e identificar los planos donde actúa.

5. Determinar el valor máximo de tensión tangencial $\tau_{máx}$. Razonar e identificar los planos donde actúa.

6. Explicar las causas y los mecanismos de fallo para los criterios de Rankine (σ_I), Tresca ($\tau_{máx}$) y von Mises.

7. Razonar qué criterio es el adecuado si, en condiciones normales, el fallo se produce por deslizamiento entre la fibra y la resina. Determinar el límite elástico necesario si el coeficiente de seguridad es $\gamma_S = 2$.

8. Después de 52 horas en las mismas condiciones de carga, en una cámara de envejecimiento acelerado (fadeómetro) por la acción de rayos UV y humedad elevada, la matriz de resina se *fragiliza* y fisura. Se pide:

   a. Razonar qué criterio de fallo es el adecuado y determinar el límite elástico del material envejecido.

   b. Ilustrar la modificación de la curva de fallo en el plano de tensiones principales (Westergaard) indicando el punto de funcionamiento.

   c. Razonar e ilustrar gráficamente en qué direcciones se producirán las fisuras.

Problema 11

Un elemento resistente, elaborado con una resina dúctil, se tiene que someter a un esfuerzo de torsión que provoca un estado tensional de cizalladura pura con valores extremos de $\tau = 100$ N/mm^2 en los puntos de la superficie externa libre de carga y superpuesto a un estado uniaxial de tracción de valor $\sigma = 200$ N/mm^2.

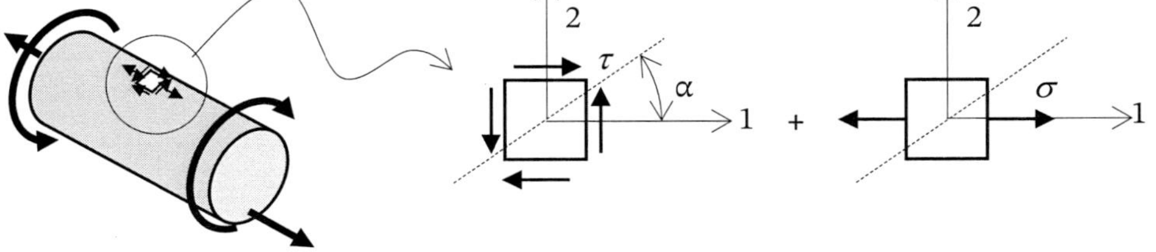

Pese a tener un comportamiento inicialmente dúctil, la resina puede fragilizarse con el tiempo por efecto de los rayos UV y, para evitar el clivaje que se produciría, se quiere reforzar la superficie con una finísima capa de fibras de un material frágil, que no altera las propiedades elásticas del conjunto.

Suponiendo que el estado de tensiones es el indicado, se pide:

1. ¿En qué dirección óptima α se tienen que orientar las fibras respecto a los ejes 1-2 per evitar el clivaje superficial de la resina? Razonar y deducir gráficamente la respuesta a través de los círculos de Mohr y dibujar los planos de clivaje o fisuras sobre el material.
2. Determinar las propiedades resistentes mínimas necesarias de los materiales y de la interfase fibra-resina si se quiere tener un coeficiente global de seguridad de 1,5:
   - tensión de límite elástico de la resina (dúctil)
   - tensión de rotura de las fibras
   - resistencias mínimas al deslizamiento y a la separación entre fibra y resina

Si, una vez fabricada la pieza con las fibras orientadas según la α calculada, se somete exclusivamente al estado de cizalladura pura (sin el estado de tracción uniaxial):

3. ¿Cuáles de las anteriores propiedades mínimas necesarias de los materiales y de la interfase fibra-resina tendrían que mejorar para mantener un coeficiente de seguridad de 1,5?

Problema 12

Se tiene una columna de material elástico lineal, totalmente sumergida en un fluido ideal en reposo y apoyada verticalmente sobre la superficie inferior sin rozamiento. La superficie superior de la columna se halla a 1 m de profundidad, soportando una carga vertical adicional de 200 kN, que se supone uniformemente distribuida sobre dicha superficie.

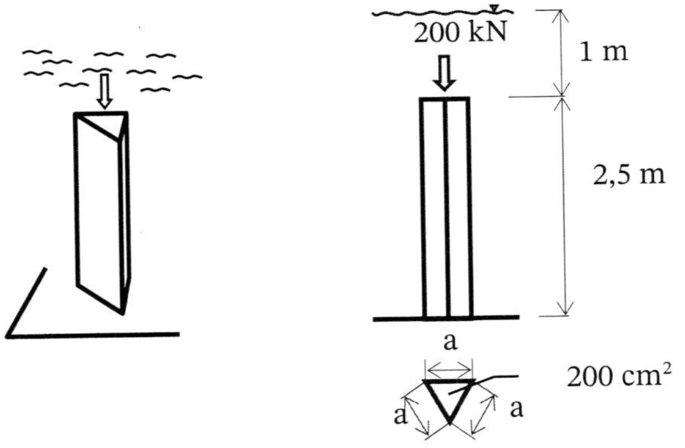

Se pide:

1. Determinar razonadamente las solicitaciones a que está sometida la columna.
2. Determinar y razonar las expresiones de los tensores tensión y deformación para un punto cualquiera de la columna.

3. Calcular las variaciones geométricas que se producen en una sección transversal cualquiera de la columna (ángulos y longitudes de los lados) y determinarlas numéricamente para las secciones extremas de la columna (superior e inferior)
4. Calcular la altura final de la columna una vez deformada.
5. Si la columna es de hormigón (frágil), ¿cuánto vale el coeficiente de seguridad?

Datos:

Densidad del fluido: $\rho_f = 2.000\ kg/m^3$; $g \approx 10\ m/s^2$

Propiedades del material elástico de la columna:

$\rho_c = 2.500\ kg/m^3$; $E_c = 20.000\ N/mm^2$; $\nu_c = 0,2$; $\sigma_{\text{rotura a compresión}} = -25\ N/mm^2$

Problema 13

La figura adjunta muestra la sección transversal de una tubería circular refrigerada de gran longitud, cuya deformación axial (perpendicular a la figura) se halla impedida.

Sometida a carga mecánica estática, se produce una rotura *frágil* al propagarse una fisura iniciada en el punto A.

Material:

Módulo elástico	$E = 200.000\ N/mm^2$
Coef. de Poisson	$\nu = 0,3$
Tensión límite	$\sigma_e = 800\ N/mm^2$
	$\alpha = 60^o$

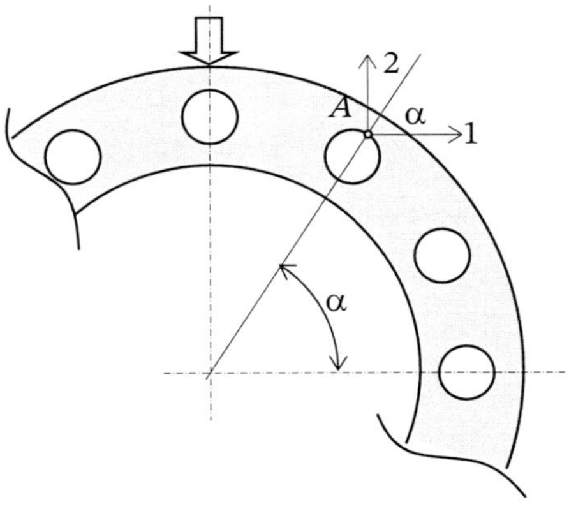

Se pide, para el punto A y justo en el instante previo a la rotura:

1. Determinar las tensiones principales σ_{1*} σ_{2*} y σ_{3*}, identificar sobre el dibujo sus direcciones principales asociadas. Identificar las direcciones *I*, *II* y *III*.
2. Determinar las deformaciones principales ε_{1*} ε_{2*} y ε_{3*} y calcular el tensor deformación según los ejes 1-2-3.
3. Determinar la variación del ángulo α en el punto A.

4. Determinar gráficamente (círculos de Mohr) los vectores tensión $\vec{t}_1$, $\vec{t}_2$ y $\vec{t}_3$, y dibujarlos sobre el punto A.
5. ¿Qué sucedería si se fabricase la tubería con un material de idéntica σ_e pero muy dúctil?

Problema 14

Una chapa de acero de 1 mm de espesor y forma hexagonal experimenta un estado tensional plano y constante en todos sus puntos, provocado por ciertas fuerzas de superficie aplicadas a cada uno de sus lados. Sabiendo que:

- sobre un lado, la componente normal de la fuerza de superficie es nula y la tangencial 100 N/mm^2;
- sobre otro de ellos, actúa la componente tangencial máxima;

se pide:

1. Representar los tres círculos de Mohr de tensión, graficando sobre ellos los vectores tensión que actúan en las seis caras del hexágono.
2. Calcular las tensiones y direcciones principales, y dibujarlas sobre la pieza identificando los planos sobre los que actúan.
3. Determinar la expresión del tensor tensión en la base formada por la dirección horizontal, la dirección vertical y la normal a ambas.
4. Calcular y representar gráficamente las fuerzas de superficie normales y tangenciales sobre todas y cada una de las caras del hexágono.

Material:

Módulo elástico $E = 200.000$ N/mm^2

Coef. de Poisson $\nu = 0,3$

Límite elástico $\sigma_e = 800$ N/mm^2

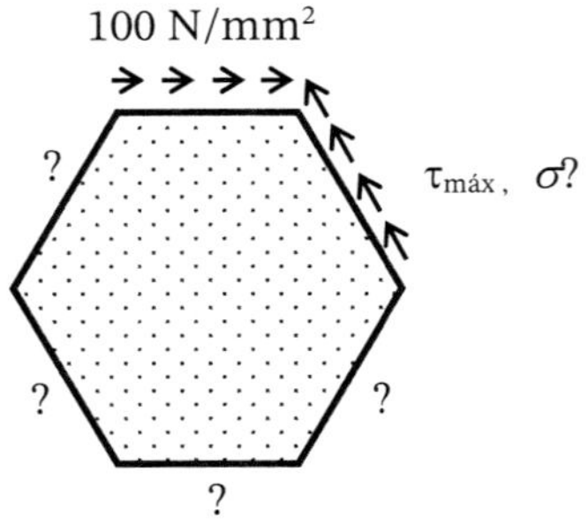

Problema 15

El estudio tensional (elástico y lineal) de una llave fija, mediante el método de los elementos finitos, da el mapa de tensiones principales máximas (σ_I) de la figura. El valor más intenso se produce en el punto A indicado.

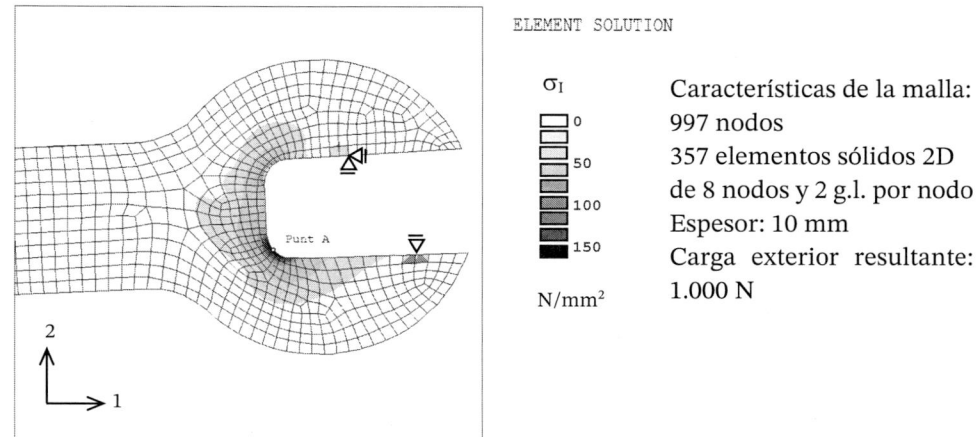

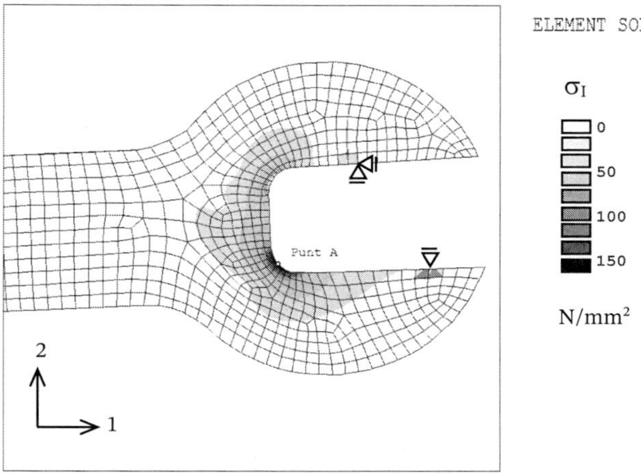

Características de la malla:
997 nodos
357 elementos sólidos 2D de 8 nodos y 2 g.l. por nodo
Espesor: 10 mm
Carga exterior resultante: 1.000 N

No hay acciones externas perpendiculares al plano de la pieza.

Del mismo modelo de elementos finitos, se obtiene que la tensión tangencial σ_{12} es de -225 N/mm^2 para el mismo punto A. Se pide, para el punto A:

1. *Razonar* y representar gráficamente sobre la pieza en qué planos, dirección y sentido actúa la tensión ilustrada de 450 N/mm^2.
2. Expresar el tensor tensión en las direcciones principales. Describir las particularidades de las direcciones y tensiones principales.
3. Determinar gráficamente (Mohr) el ángulo que forma la dirección normal a la superficie en A con los ejes 1-2
4. Deducir la expresión del tensor tensión en la base 1-2-3. Dibujar todas las componentes e interpretar el significado físico.
5. Si el material falla de manera dúctil, *razonar* en qué plano se iniciará la plastificación.
6. Si el material fallara de manera frágil, *razonar* en qué plano se iniciaría la ruptura.
7. Determinar la tensión equivalente según los criterios de fallo de Rankine, Tresca y von Mises, y *razonar* el motivo de las discrepancias y/o coincidencias entre ellos.
8. Determinar la tensión de límite elástico mínima necesaria para obtener un coeficiente de seguridad $\geq$ 1,2 con cada uno de los criterios de fallo, comparar los resultados en el plano de tensiones principales (Westergaard).
9. Si la tensión de límite elástico del material finalmente escogido es de 900 N/mm^2, determinar qué carga exterior resultante máxima podemos aplicar sin disminuir la seguridad.
10. Según las características de la malla y enlaces indicados, *razonar* cuál sería la dimensión de la matriz de rigidez reducida.

Problema 16

Se analiza el estado tensional plano de un elemento elástico de 10 mm de espesor, mediante un modelo de elementos finitos bidimensional. La carga exterior es una fuerza aplicada en el extremo derecho de la pieza, contenida en el plano del modelo. No hay cargas exteriores perpendiculares al plano.

La figura muestra el mapa de tensiones tangenciales σ_{12} en el tramo central del brazo de la pieza.

Sabiendo que, en el punto central A:

- $\sigma_{12} = -1{,}6\ \mathrm{N/mm^2}$;
- la tensión normal σ_{11} es nula;
- la tensión principal mínima σ_{III} es igual a σ_{12};

Material:

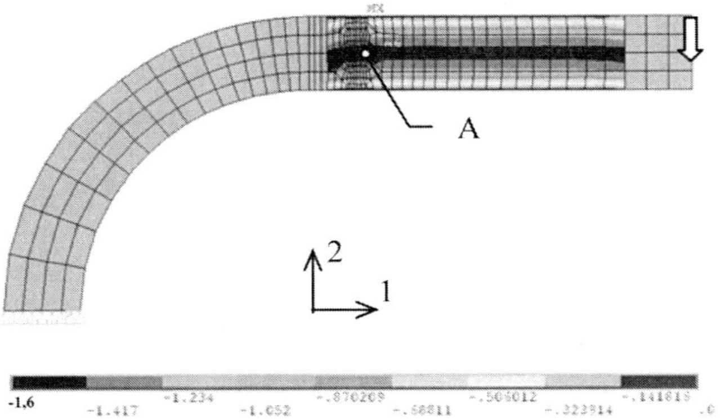

$E = 1.000\ \mathrm{N/mm^2}$

$\nu = 0{,}4$

se pide, para este punto A:

1. Determinar y dibujar los vectores tensión que actúan sobre los planos de referencia.
2. El tensor tensión ¿es simétrico siempre? Razonar por qué.
3. Determinar y dibujar las tensiones y direcciones principales.
4. ¿Qué particularidades tienen las tensiones y direcciones principales? Expresarlas matemáticamente.
5. Calcular la variación de espesor de la pieza en este punto.
6. Calcular les tensiones equivalentes de Rankine, Tresca y von Mises, y exponer el significado físico de los tres criterios de fallo.

7. Determinar, para cada uno de estos tres criterios, cuál sería el límite elástico del material si se produjera el fallo elástico en este punto, y representar el resultado en el plano de tensiones principales (Haigh-Westergaard).

8. Razonar cuánto valen las tensiones σ_{12} a lo largo del contorno del tramo horizontal de la pieza

Problema 17

Se pretende diseñar una junta de estanqueidad utilizando conjuntamente dos materiales, A y B.

Se prevé realizar un experimento consistente en ubicar el conjunto formado por dos prismas de igual geometría ($a \times b \times c$), fabricados con cada material, en el interior de una cavidad con las mismas dimensiones de largo y ancho $a \times b$, mecanizada sobre un material mucho más rígido, de forma que la única cara libre es la superior. Se aplica una presión uniforme sobre esta cara libre, de valor f (N/mm^2).

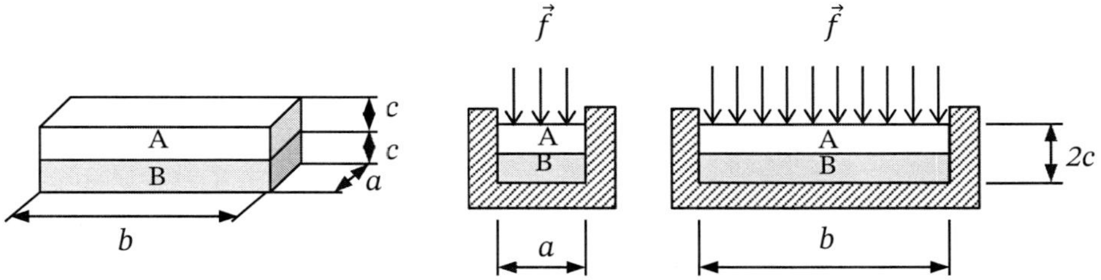

$E_A =$	1000	N/mm^2	$f =$	100	N/mm^2
$\nu_A =$	0,40		$a =$	20	mm
$E_B =$	2000	N/mm^2	$b =$	100	mm
$\nu_B =$	0,30		$c =$	10	mm

Suponiendo que no hay fricción en ninguna superficie, para ambos materiales:

1. Determinar la distribución de presiones en las paredes. Dibujarlas.
2. Dibujar los círculos de Mohr de tensiones y deformaciones.
3. Determinar el descenso de la superficie superior.
4. Identificar las máximas tensiones tangenciales y dibujarlas.
5. Determinar la tensión equivalente de von Mises.

6. ¿Qué tensión de límite elástico sería necesaria para garantizar el funcionamiento con un coeficiente de seguridad de 1,5?.
7. Ilustrar la superficie de fallo y el estado de tensiones en el espacio de tensiones principales o de Haigh-Westergaard.

Problema 18

Para resolver el problema elástico en el punto A, situado sobre una superficie exterior libre de carga de un sólido elástico y lineal, se aplica el método de los elementos finitos, y se obtiene el siguiente mapa de tensiones normales σ_{11} :

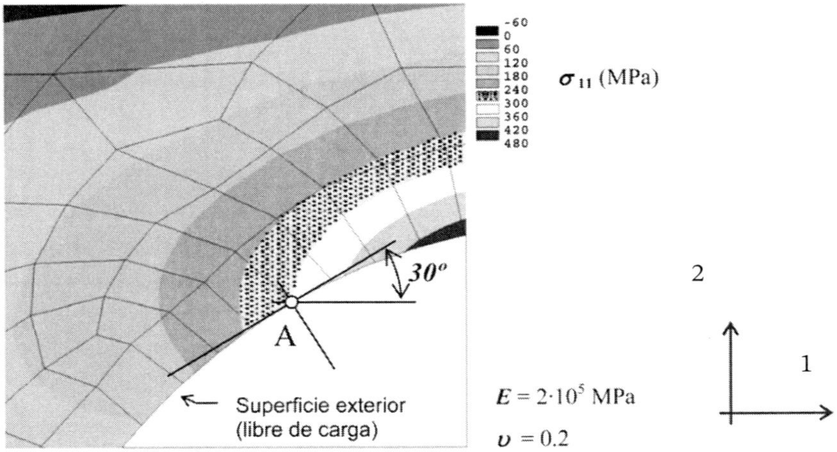

Sabiendo que, en el plano 1-2, se tiene *deforación plana*, se pide:

1. Calcular todas las componentes de los tensores tensión [σ] y deformación [ε], expresados en los ejes 1,2,3
2. Dibujar los tres círculos de Mohr de tensiones, y representar sobre ellos los vectores tensión $\vec{t}_1$, $\vec{t}_2$ y $\vec{t}_3$ asociados a las direcciones 1, 2 y 3, respectivamente.
3.
   a) Calcular la tensión tangencial máxima y su deformación angular asociada.

   b) Dibujar la tensión tangencial máxima y los planos sobre los que actúa.

   c) Utilizando el criterio de Tresca ($\tau_{máx}$), calcular el límite elástico σ_e que debe tener el material como mínimo, para garantizar un coeficiente de seguridad $\geq 1{,}5$.

Problema 19

Se analiza el muro de contención esquematizado con el método de los elementos finitos, admitiendo comportamiento elástico, lineal e isótropo del material, y suponiendo nula la dilatación longitudinal del muro (*deformación plana*). Sobre la línea de contacto del muro con el terreno, se aplica una fuerza de superficie $\vec{f}$, siempre normal a la superficie exterior y proporcional a la profundidad, de valor 0,05 y 0,1 N/mm² en los puntos *b* y *c*, respectivamente. Se adjunta el mapa de tensiones σ_{33} perpendiculares al plano 1-2 con los valores numéricos correspondientes a los puntos *a*, *b*, *c* y *d*.

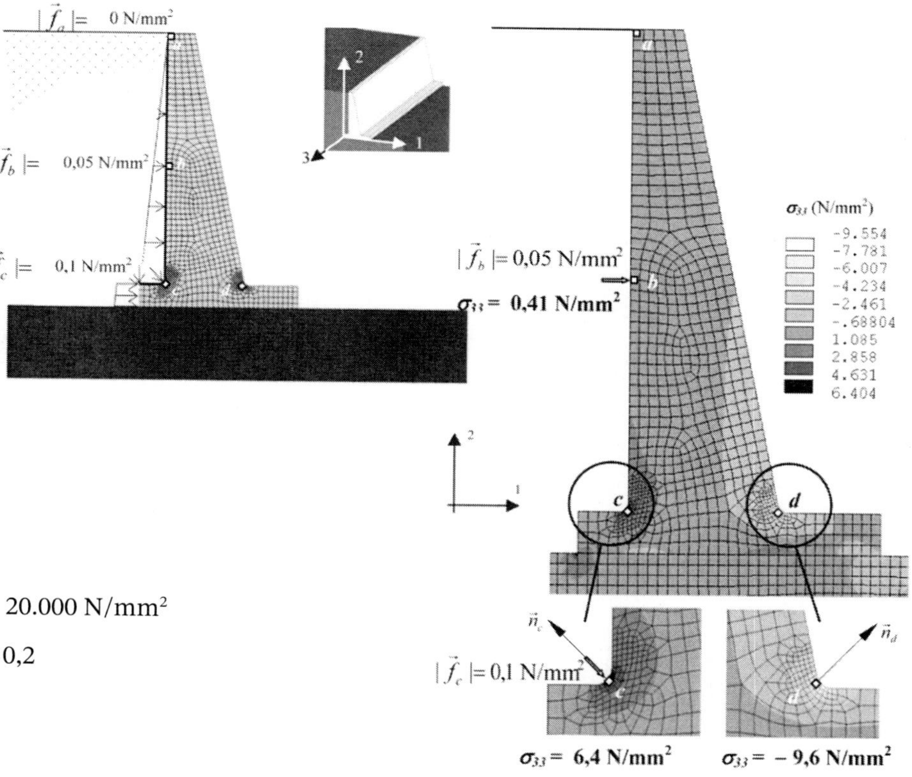

$E = 20.000$ N/mm²

$\nu = 0{,}2$

La superficie exterior en los puntos C y D forma 45º con los ejes 1 y 2.

Se pide, para los puntos *a*, *b*, *c* y *d*:

1. Razonar cuáles son las direcciones y tensiones principales.
2. Expresar los tensores tensión en las respectivas direcciones principales.
3. Explicar el significado físico de sus componentes y dibujarlas sobre los cuatro puntos.

4. Expresar los tensores tensión en las direcciones 1-2-3.
5. Explicar el significado físico de sus componentes y dibujarlas sobre los cuatro puntos.
6. Determinar las tensiones tangenciales máximas y dibujarlas (en dirección y sentido) sobre los planos donde actúan (en cada uno de los cuatro puntos).
7. Para el punto *c*, dibujar los círculos de Mohr e identificar los vectores tensión de los ejes 1-2-3.
8. Si el material falla a *tracción* de manera *frágil*, razonar en qué punto se producirá la ruptura.
9. Razonar y representar gráficamente en qué plano se producirá la fisura.
10. Determinar la tensión de límite elástico necesaria para obtener un coeficiente de seguridad ≥ 1,5.

Problema 20

Se quiere analizar el comportamiento del dispositivo ilustrado en la figura, constituido por un prisma rectangular de 20×20×50 mm, de plástico elastómero con peso propio negligible, ajustado en una cavidad de paredes rígidas con fricción nula. Todas las caras del bloque están en contacto con la cavidad rígida, excepto la cara superior y un lateral, donde se dispone de un espacio libre de 1 mm.

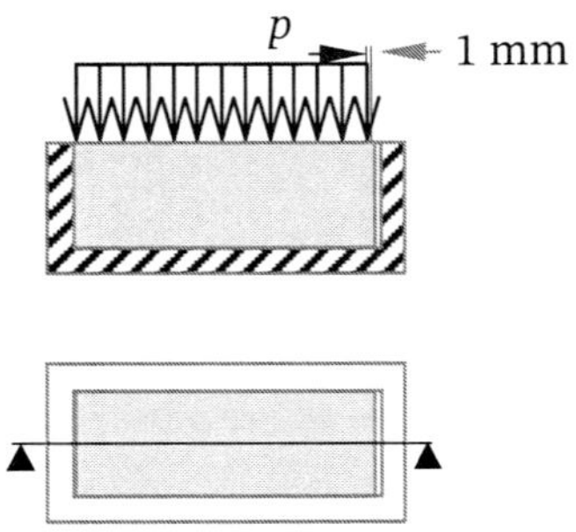

Sobre la cara superior, se ejerce una presión vertical *p* que provoca la deformación del material. En función de la intensidad de *p* se puede llegar a dos situaciones:

a) El bloque se deforma sin que se produzca contacto con la pared lateral (< 1 mm).

b) El bloque se deforma hasta tocar la pared lateral, y la cara superior queda como única superficie libre.

Las constantes elásticas del material son:

$E = 500\ \mathrm{N/mm^2}$
$\nu = 0{,}4$

Se pide, para el caso *a*):

1. Describir razonadamente las condiciones de contorno, y reflejarlas en los tensores tensión y deformación.

2. Expresar los tensores tensión y deformación en función de la presión p, exclusivamente.

3. Calcular la presión p_c de inicio de contacto con el lateral. Calcular el descenso de la cara superior.

Para el caso *b*):

4. Describir razonadamente las condiciones de contorno y reflejarlas en los tensores tensión y deformación.

5. Determinar el descenso de la cara superior para $p = 2 \cdot p_c$

Se quiere modelizar el caso *a* mediante el método de los elementos finitos. Se pide razonar e ilustrar gráficamente cómo es el modelo *más sencillo posible* que reproduce los resultados con total exactitud. En particular:

6. Definir el grado mínimo necesario de las funciones de interpolación, número de grados de libertad por nodo y tipo de problema elástico (tensión plana, deformación plana, 3D...).

7. Dibujar la malla y las condiciones de contorno.

8. Escribir, sin calcular valores numéricos, el sistema general de ecuaciones de equilibrio y el sistema reducido, numerando los grados de libertad e indicando la dimensión de vectores y matrices.

9. Identificar los términos nulos de los vectores de cargas y desplazamientos.

10. ¿Por qué es necesario plantear un sistema reducido para resolver el sistema general?

Problema 21

Bajo la acción de un sistema de fuerzas exteriores, el cubo de medio continuo elástico definido por $0 \le X_1; X_2; X_3 \le 10$ mm experimenta la siguiente evolución del campo de desplazamientos, considerados infinitesimales, en función del parámetro a:

$$u_1 = 2a \cdot 10^{-6} X_1 - a \cdot 10^{-6} X_2$$
$$u_2 = 3a \cdot 10^{-6} X_1 - 2a \cdot 10^{-6} X_2$$
$$u_3 = 0$$

Propiedades elásticas del medio: $E = 200000$ N/mm² $\quad \nu = 0{,}25$

Sabiendo que el material falla cuando la tensión tangencial máxima supera el valor límite de 53,7 N/mm², se pide:

1. Comprobar si se cumplen las condiciones de compatibilidad de deformaciones.
2. Determinar para qué valor del parámetro a y en qué partículas del cubo se tiene un coeficiente de seguridad de $\gamma_S = 1{,}5$.

Para el valor de a correspondiente al fallo elástico ($\gamma_S = 1$):

3. Determinar y dibujar las acciones exteriores que actúan sobre este cubo.
4. Determinar y dibujar la tensión tangencial máxima y el plano donde actúa.
5. Determinar y dibujar las direcciones y tensiones principales.
6. Esquematizar el modelo de elementos finitos más sencillo posible para analizar este problema elástico con total exactitud, indicando
   a) el tipo de elemento finito y función de interpolación
   b) la malla
   c) los enlaces
   d) las fuerzas exteriores
   e) la dimensión de las matrices de rigidez general y reducida

Problema 22

Un elemento elástico de gran longitud y 100 mm² de sección transversal se somete a un esfuerzo uniaxial de valor $F = 6.000$ N. Se construye uniendo múltiples piezas de 1 m de longitud, cortadas al sesgo, encolándolas en sus extremos con una finísima capa adhesiva. Conocidas las características resistentes de la superficie adhesiva, se quiere estudiar la influencia del ángulo de sesgo θ en la seguridad de la unión.

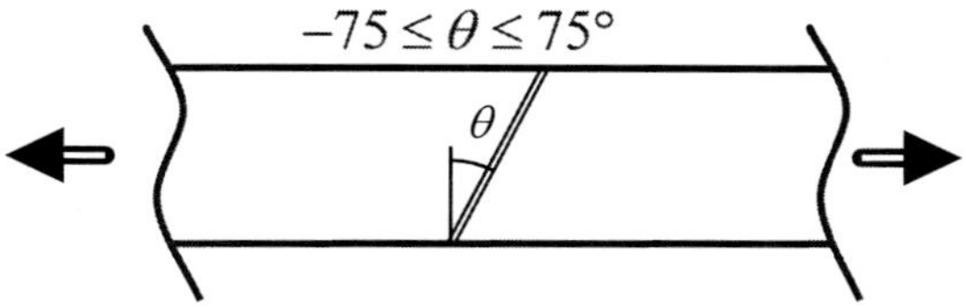

Características resistentes de la superficie adhesiva:

$\sigma_{adm} = 52\ \text{MPa}$ $\tau_{adm} = 28\ \text{MPa}$

Se pide:

1. Deducir las expresiones de las componentes intrínsecas de tensión que actúan sobre el plano encolado en función de θ y representarlo gráficamente, dando valores numéricos a intervalos de 15º.
2. Utilizar los círculos de Mohr para deducir el rango de valores de θ permitidos si se debe cumplir
    1. únicamente $\sigma \leq \sigma_{adm}$
       únicamente $\tau \leq \tau_{adm}$
       simultáneamente $\sigma \leq \sigma_{adm}$ y $\tau \leq \tau_{adm}$
3. Utilizar los círculos de Mohr para determinar la carga F máxima admisible y el valor óptimo de θ para los casos *a*, *b* y *c* definidos más arriba.

Problema 23

Se analiza el comportamiento elástico lineal de una pieza plana de pequeño grosor, cargada en su propio plano, mediante el método de los elementos finitos.

El punto A está ubicado en la zona superior derecha del agujero inferior. Esta zona está sometida a una fuerza de superficie $\vec{f}$ uniforme y perpendicular al contorno, que equivale a la resultante debida al contacto con un eje pasante.

La intensidad de $\vec{f}$, que depende de la extensión de la superficie de contacto definida por el analista, vale 25 N/mm².

En este punto A, la normal al contorno forma 45º con los ejes de referencia y se obtiene, del modelo de elementos finitos, un valor de $\sigma_{11} = 50\ \text{N/mm}^2$.

La pieza está fabricada con una aleación de aluminio de características:

$E = 70\,000$ MPa $\nu = 0{,}36$ $\sigma_e = 240$ MPa

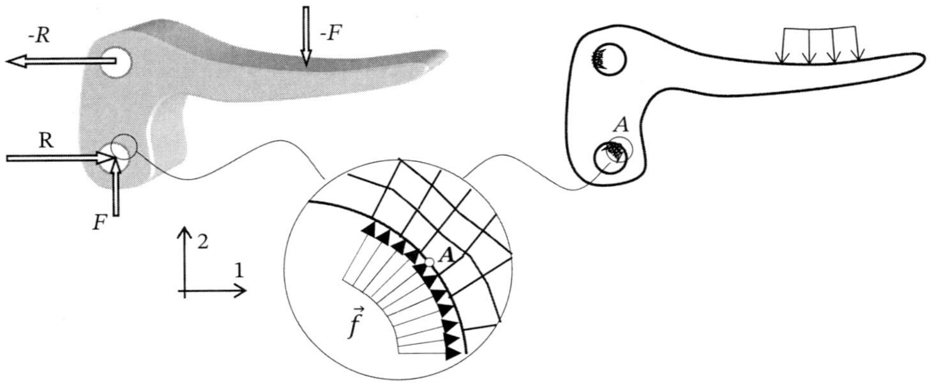

Se pide, para el punto A:

1. Determinar y dibujar los vectores tensión principal máxima y mínima.
2. Determinar y dibujar los vectores tensión asociados a los ejes de referencia, sobre la pieza y en los círculos de Mohr.
3. Determinar y dibujar sobre la pieza los vectores tensión que contienen la tensión tangencial máxima.
4. Determinar el coeficiente de seguridad respecto al fallo elástico e ilustrarlo en el espacio de tensiones principales o de Haigh-Westergaard.
5. Repetir la pregunta anterior suponiendo que el material fuera frágil.

Si las condiciones de contorno del modelo de elementos finitos se impusieran únicamente en términos de fuerzas de superficie, tal como se indica en el dibujo:

6. ¿Se precisan condiciones de contorno adicionales? ¿Por qué? En caso afirmativo, proponer ejemplos.
7. Razonar cómo cambiaría el estado tensional del punto A si el módulo de elasticidad E se duplicara. ¿Y si se duplicara el límite elástico?

Problema 24

Para diseñar un producto compuesto por dos materiales diferentes A y B, se realiza el estudio elástico que se ilustra a continuación.

Inicialmente, ambos materiales tienen forma cúbica de lado $a = 10$ mm y se ubican paralelamente separados por una lámina móvil de efecto despreciable dentro de un canal de dimensiones transversales $2a \times a$, construido con otro material mucho más rígido, tal como se indica en la figura.

Las caras frontal y posterior de los cubos son libres. No hay fricción entre superficies de contacto. Ambos materiales pueden deformarse independientemente, pero en la dirección 1 la dimensión total $2a$ es inalterable.

El conjunto se somete a una presión externa uniformemente distribuida sobre la cara superior, de valor $f = 112{,}5\ \text{N/mm}^2$.

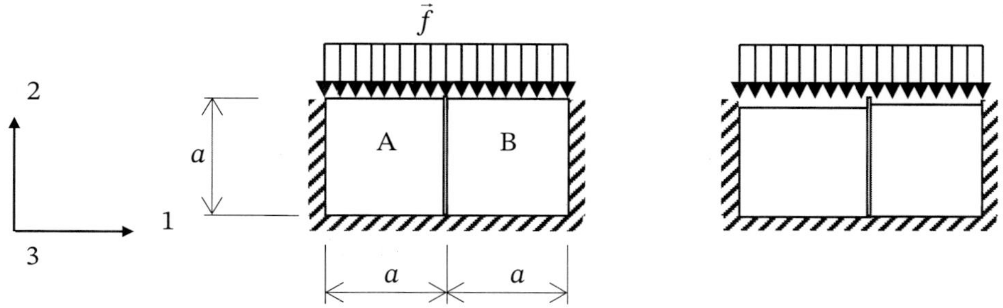

Las características de los materiales son:

$E_A = 30\,000$ MPa $\quad \nu_A = 0{,}3 \quad \sigma_{eA} = 300$ MPa

$E_B = 60\,000$ MPa $\quad \nu_B = 0{,}2 \quad \sigma_{eB} = 150$ MPa

Suponiendo que los cambios geométricos son suficientemente pequeños para ser considerados infinitesimales, se pide:

1. Determinar y dibujar las reacciones en todas las paredes de la cavidad.
2. Determinar y dibujar la configuración geométrica final de ambos materiales y la posición final de la lámina móvil.
3. Determinar el coeficiente de seguridad del conjunto sabiendo que A es frágil y B es dúctil (ambos tienen límites elásticos simétricos de tracción-compresión). Representarlo en el espacio de tensiones principales o de Haigh-Westergaard.
4. Posicionando el origen de coordenadas donde se considere oportuno, determinar una posible expresión del campo de desplazamientos $\vec{u}$.

Problema 25

Un cubo de lado d mm, fabricado con un material dúctil y sometido a una carga exterior, presenta el siguiente tensor tensión:

$$\sigma_{11} = x_1$$
$$\sigma_{22} = 3x_1 - 2x_2 \qquad 0 \le x_1 \le a$$
$$\sigma_{33} = -x_3 \qquad 0 \le x_2 \le a$$
$$\sigma_{12} = 2x_1 - x_2 \qquad 0 \le x_3 \le a$$
$$\sigma_{13} = \sigma_{23} = 0$$

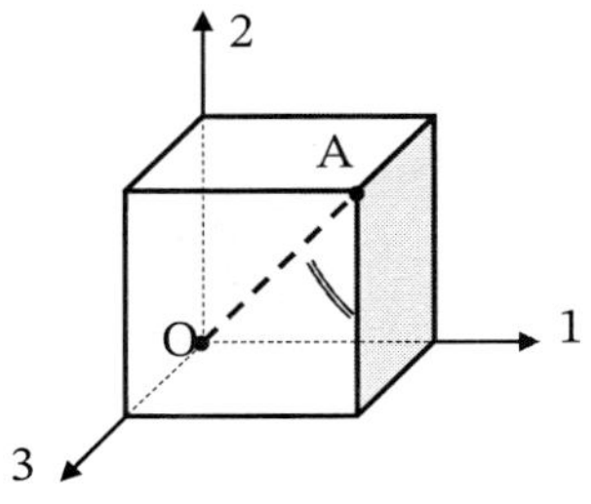

Las características de los materiales son:

$E = 10\,000$ MPa $\qquad \nu = 0{,}3$

1. Demostrar sucintamente que la matriz del tensor tensión es siempre simétrica.
2. Calcular la longitud final de la línea OA.
3. Calcular el ángulo final que forman la línea OA y la dirección del eje 2, en el punto A.

Problema 26

Un cubo de lado a mm, fabricado con un material dúctil y sometido a una carga exterior, presenta el siguiente tensor tensión en situación de equilibrio estático:

$0 \le x_1 \le a$

$0 \le x_2 \le a$

$0 \le x_3 \le a$

$$[\sigma] = \begin{bmatrix} x_1 & 2x_1 - x_2 & 0 \\ 2x_1 - x_2 & 3x_1 - 2x_2 & 0 \\ 0 & 0 & -x_3 \end{bmatrix} \text{ N/mm}^2$$

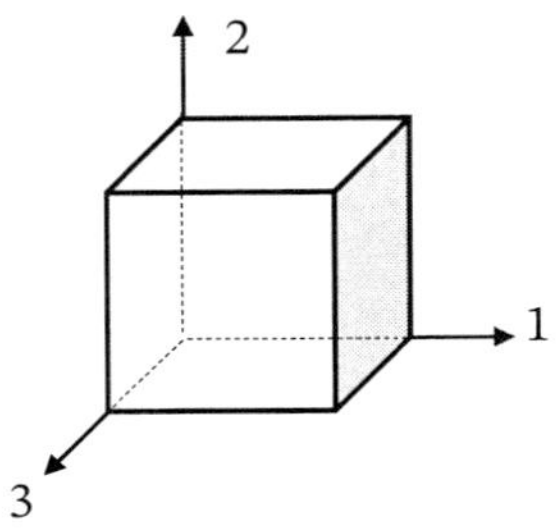

Las características de los materiales son: $E = 10\,000$ MPa $\qquad \nu = 0{,}3$

1. Razonar si debe haber fuerzas exteriores de volumen. ¿Qué sucedería si las fuerzas exteriores de volumen fueran nulas?
2. Determinar y dibujar de forma clara y esquemática las fuerzas exteriores a que está sometido el cubo.
3. Dibujar los círculos de Mohr para cada uno de los 8 vértices del cubo.
4. Indicar cuál es el punto crítico de la pieza y calcular el límite elástico mínimo necesario del material para tener un coeficiente de seguridad $\gamma_{seg} \ge 1{,}5$ según el criterio de Tresca-Guest.
5. Responder de nuevo a la pregunta 4 considerando que el material falla frágilmente a tracción. Dibujar sobre el cubo la fisura que se produciría en caso de fallo frágil.

Problema 27

Después de un importante movimiento sísmico, se realiza una revisión dimensional de las marcas de una pista de baloncesto para decidir si hay que repintarlas. A tal efecto, el personal técnico del pabellón deportivo inicia la comprobación de las distancias entre el punto O (proyección vertical del centro de la canasta) y una serie de puntos marcados cada 45º sobre la semicircunferencia inicial de $R_0 = 6{,}25$ m (puntos *a*, *b*, *c*, *d* y *e*) y también la posición de los tiros libres *f*.

Después de obtener una variación nula de la longitud de las dos primeras medidas (*a* y *b*), decide finalizar la comprobación y no repintar la pista.

Usted, que en breve tendrá que disputar un partido allí mismo, decide aprovechar las muchas horas que ha dedicado al estudio de la mecánica del medio continuo para tomar rápidamente una nueva medida, que astutamente corresponde al punto *g* (equidistante entre *a* y *b*) con el valor que se indica en la tabla.

Con estos datos, y en los 90 minutos que faltan para que empiece el partido, tiene que realizar los razonamientos y cálculos oportunos para informar a su entrenador de que es probable que haya posiciones más favorables que otras para el lanzamiento de triples, puesto que la semicircunferencia que acota los $R_0 = 6{,}25$ m desde el centro de la canasta está deformada.

Propiedades de la capa exterior del pavimento (dúctil):
$E = 10.000\ \text{N/mm}^2$
$\nu = 0{,}4$
$\sigma_e = 110\ \text{N/mm}^2$
Punto *f*, de tiros libres, inicialmente a 4,225 m del centro de la canasta (a 5,8 m del fondo)

Punto	Distancia final (m)
a	6,25
b	6,25
c	-
d	-
e	-
f	-

g	6,24

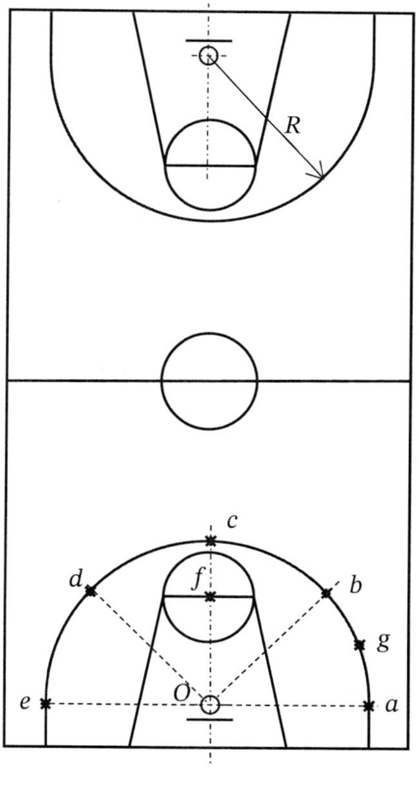

Asumiendo que la pista está deformada homogéneamente, se pide:

1. Completar la tabla prevista por los técnicos del pabellón.
2. Determinar las posiciones más próximas y las posiciones más alejadas de la canasta.
3. Dibujar cualitativamente la deformada de la semicircunferencia sobre las dos mitades de la pista e identificar las posiciones extremas.
4. Evaluar, mediante los círculos de Mohr, la pérdida de perpendicularidad entre la vertical de los tiros libres (O - *f*) y la línea de fondo. Ilustrarlo gráficamente sobre la pista.
5. Determinar el estado tensional que está experimentando el pavimento y representar los círculos de Mohr. ¿Cuánto vale el coeficiente de seguridad?
6. Estudiar cómo influye en el coeficiente de seguridad la superposición de la presión de la maquinaria de mantenimiento, evaluada como un estado uniaxial de 10 kN repartidos sobre una huella de 100×100 mm^2.
7. ¿Qué indicio le ha llevado a medir el punto medio entre *a* y *b*? ¿Se podría haber informado al entrenador sin necesidad de realizar ningún cálculo?

Problema 28

Se analiza el estado de tensiones de una pinza de grosor pequeño y uniforme, cargada en su propio plano (sin cargas perpendiculares al plano), de brazos y cargas simétricas, mediante un software elemental de simulación que implementa el elemento finito sólido triangular de tres nodos y funciones de interpolación polinómicas de primer grado. Se obtienen los valores de tensión normal correspondientes a las direcciones 1 y 2 de referencia en cualquier punto de la pieza; los valores de estas tensiones al punto *a* son de 30 y 10 N/mm^2, respectivamente.

El punto *a* está ubicado en el <u>contorno exterior</u> de la pieza y sin carga externa directamente aplicada.

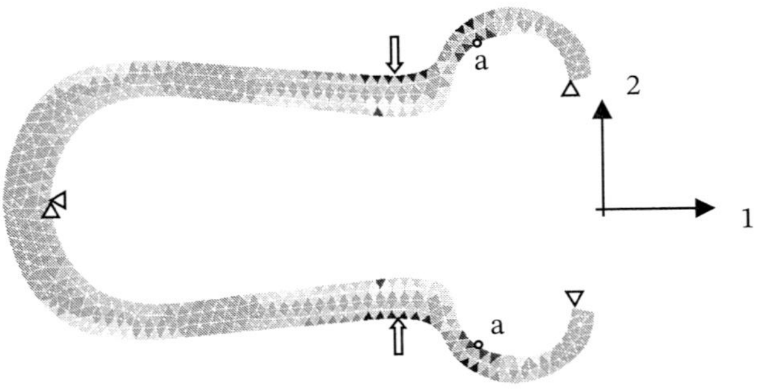

Se pide para este punto *a*:

1. Dibujar sobre la pieza sus direcciones principales.
2. Determinar la orientación de las direcciones principales respecto a los ejes de referencia.
3. Dibujar los círculos de Mohr de tensiones.
4. Determinar la tensión tangencial máxima y dibujarla sobre la pieza.
5. Realizar una crítica del modelo de elementos finitos ilustrando, en particular:
    1. ¿Por qué la solución tensional dentro de cada elemento finito es uniforme?
    2. ¿Es adecuado el tipo de elemento finito utilizado? Haga una propuesta razonada de dos alternativas.
    3. ¿Es adecuado el tamaño de los elementos? ¿Por qué?
    4. Si se trata de una pinza de metacrilato para manipular pequeñas balas de algodón sanitario, ¿son adecuados los límites del modelo y las condiciones del contorno? ¿Por qué? En cualquier caso, proponga razonadamente una alternativa.
    5. La malla tiene 762 elementos y 500 nodos. ¿Qué dimensión tiene la matriz de rigidez reducida?
    6. Explique (cualitativamente, sin valores) el aspecto del vector total de las cargas exteriores.

Problema 29

En un punto crítico del contorno exterior libre de carga de una pieza plana de pequeño grosor y cargada en su propio plano, se toman medidas de deformación mediante una roseta convencional de tres galgas extensométricas (dos dispuestas a 90° y la tercera según la bisectriz *c*) tal como se indica en la ilustración. Las galgas extensométricas miden las deformaciones longitudinales unitarias de la dirección en que se disponen. La orientación de la roseta es arbitraria, θ.

Una de las galgas (*c*) da lecturas erróneas por un defecto en la fijación.

La pieza está fabricada con acero de características:

$E = 210\,000$ MPa $\quad \nu = 0{,}3 \quad \sigma_e = 500$ MPa

Lecturas: $\quad \varepsilon_a = 690\ \mu\varepsilon \quad \varepsilon_b = -2.357\ \mu\varepsilon \quad \varepsilon_c = \textit{failed}$

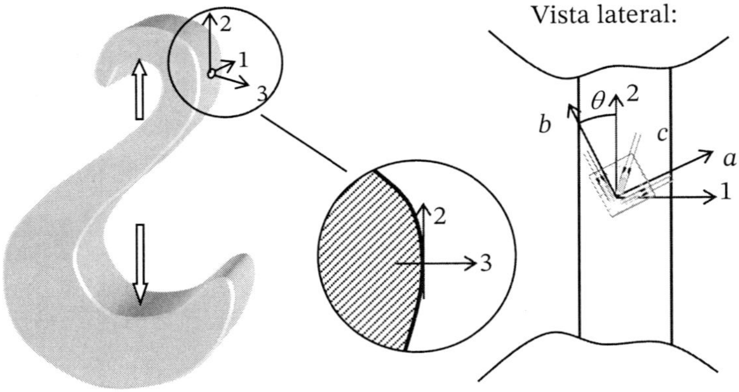

Lecturas: $\varepsilon_a = 690$ με $\varepsilon_b = -2.357$ με $\varepsilon_c =$ *failed*

Se pide:

1. Describir cualitativa y razonadamente el estado de tensión y deformación de este punto.
2. Calcular las deformaciones máxima y mínima e identificar sobre la pieza las direcciones que la presentan.
3. Calcular qué debería medir la galga defectuosa *c* y representarlo en los círculos de Mohr.
4. Calcular la distorsión angular máxima e identificar sobre la pieza las direcciones que la presentan.
5. Calcular el estado tensional de este punto y determinar su coeficiente de seguridad.

Sí se añadiera una presión la externa en la dirección 1, perpendicular al plano de la pieza, manteniendo las tensiones contenidas en este plano:

6. ¿Se podría aumentar el coeficiente de seguridad de la pieza en este punto? ¿Con qué criterio de fallo? Ilustrarlo gráficamente en el espacio de tensiones principales (Haigh-Westergaard).
7. Calcular el máximo coeficiente de seguridad que se podría obtener con esta estrategia.
8. ¿Y si se añadiera presión externa también perpendicularmente a la roseta de galgas? Razonar cuánto valdría el máximo coeficiente de seguridad posible.

Problema 30

Tras una dura jornada de estudio, decide recuperar fuerzas ingiriendo unos pequeños *matons,* queso fresco muy típico del país, en este caso envasado en forma cúbica de lado a.

Después de desmoldar el primer *mató*, y mientras disfruta de su textura suave y gelatinosa, no puede evitar pensar que también es una textura bastante homogénea, e incluso isótropa, y llega a la conclusión de que podría tratarse matemáticamente como los medios continuos que ha estado estudiando.

Antes de ingerir el segundo *mató*, le asaltan una serie de preguntas, por ejemplo: ¿Cómo cambia la forma del *mató* al ser desmoldado? ¿Cuál es su módulo de elasticidad? ¿Y el coeficiente de Poisson?

Geometría y posición inicial:

45×45×45 mm

$a = 45$ mm

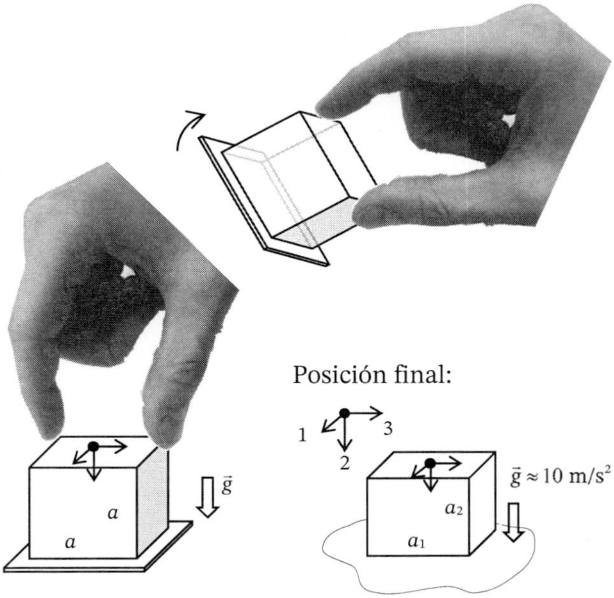

Para responder estas preguntas, usted decide aplicar lo que ha aprendido en tantas horas de estudio, siguiendo el procedimiento siguiente:

Hipótesis de partida:

- *a)* El queso toma consistencia en la geometría y posición inicial, dentro del molde cúbico de lado a, y se acepta que conserva el estado tensional hidrostático propio de un fluido sometido exclusivamente a la acción gravitatoria.
- *b)* Se asume que la transformación geométrica es muy pequeña.
- *c)* En ambas situaciones, el suero lácteo acumulado en la base ejerce una presión normal uniforme.

Mediciones:

1. Pesa el *mató* con una báscula de cocina y obtiene un valor de 98,9 g.

Con un pie de rey, mide la dimensión final del lado de la base y el lado vertical (a_1 y a_2) y obtiene unos valores de 45,13 mm y 44,91 mm, respectivamente.

Se pide:

1. Determinar todas las acciones externas, de superficie y de volumen, de la posición inicial.
2. Determinar todas las acciones externas, de superficie y de volumen, del estado final.
3. Establecer la relación entre los parámetros elásticos (E, ν) y las variaciones longitudinales de los lados que se producen de un estado a otro al desmoldar (aprovechando el principio de superposición, planteando unas acciones externas que representen la diferencia entre ambos estados) y calcular los valores del módulo de elasticidad y del coeficiente de Poisson.
4. Esquematizar y describir el modelo de elementos finitos más sencillo posible para simular con la máxima exactitud esta transformación, concretando todas las solicitaciones y enlaces. Indicar las dimensiones de las matrices de rigidez global y reducida.

Problema 31

El siguiente campo *euleriano* de desplazamientos describe el movimiento (no infinitesimal) de un medio continuo elástico.

$$u_1 = x_1\left(1 - e^{-t}\right)$$

$$u_2 = x_2\left(1 - e^{t}\right) \quad x_i\text{, en mm; } t\text{, en segundos}$$

$$u_3 = 0$$

1. Deducir las descripciones lagrangiana $\vec{x} = \vec{x}\left(\vec{X}, t\right)$ y euleriana $\vec{X} = \vec{X}\left(\vec{x}, t\right)$ del movimiento.
2. Razonar la posibilidad física de la transformación.
3. Determinar el tensor velocidad de deformación $[D]$ y explicar el significado físico de sus términos.
4. Calcular el tensor de deformaciones finitas de Cauchy-Green [C] y determinar la máxima distorsión angular y las direcciones que la experimentan.

Para $t = 0{,}1$ s:

5. Representar gráficamente y razonar la transformación del cubo ilustrado (1×1×1 mm), y determinar las longitudes finales de los lados, los ángulos finales y el volumen final.

   $E = 1.000\ \text{N/mm}^2$ $\nu = 0{,}1$

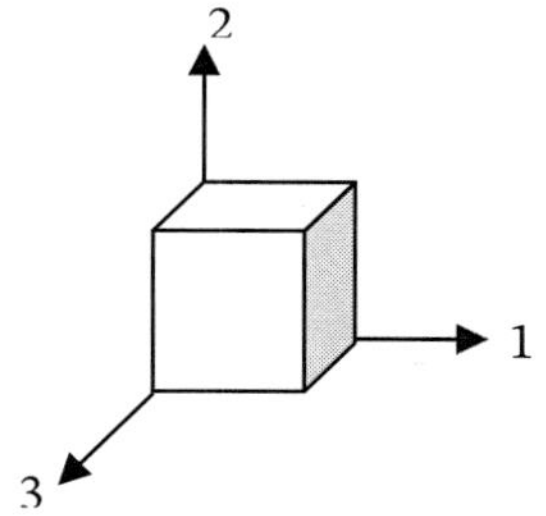

Para $t = 0{,}1$ s, y bajo la hipótesis de transformación infinitesimal y elasticidad lineal:

6. Determinar y dibujar la distribución de tensiones en las caras y fuerzas de volumen.
7. Determinar la tensión tangencial máxima y dibujarla sobre el cubo.

Problema 32

Se desea escoger el material más adecuado para fabricar una junta elástica de sección transversal rectangular $a \times b$ y de longitud muy grande (∞).

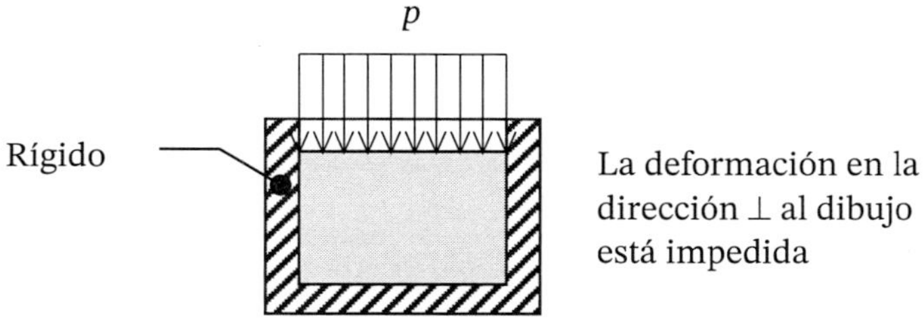

Deben cumplirse tres especificaciones:

- la presión lateral debe ser, como mínimo, el 90% de la presión vertical de cierre p.
- el descenso de la cara superior cuando se aplica p_{nom} no puede superar el 5% de la dimensión original (la transformación puede considerarse infinitesimal).
- debe poder suportar una presión nominal $p_{\text{nom}} = 10\ \text{N/mm}^2$, con un coeficiente de seguridad $\gamma_s = 2$ (admitiendo como válido el criterio de Tresca).

Suponiendo que no hay fricción en ninguna superficie, se pide:

1. Definir el modelo de elementos finitos más sencillo posible para analizar con la máxima exactitud este caso, explicitando:

a) el tipo de elemento finito: 3D / 2D (tens. plana/def. plana) y el tipo de función de interpolación
b) el número de nodos y elementos
c) el número de grados de libertad del sistema general
d) las condiciones de contorno (enlaces y vector de cargas nodales equivalentes)
e) el número de grados de libertad del sistema reducido

2. Determinar el valor de las constantes elásticas (E, ν) y resistentes (σ_e) del material para garantizar las tres condiciones especificadas.

Problema 33

Se conoce la expresión analítica lagrangiana de un movimiento infinitesimal de torsión alterna de una barra cilíndrica maciza de radio R.

$$u_1 = -2AX_2X_3 \cdot \text{sen}\,t$$
$$u_2 = 2AX_1X_3 \cdot \text{sen}\,t$$
$$u_3 = 0$$

Con $t \geq 0$

$$-R < X_1, X_2 < R$$
$$0 < X_3 < L$$

Material:

E = 10.000 N/mm²

ν = 0,3

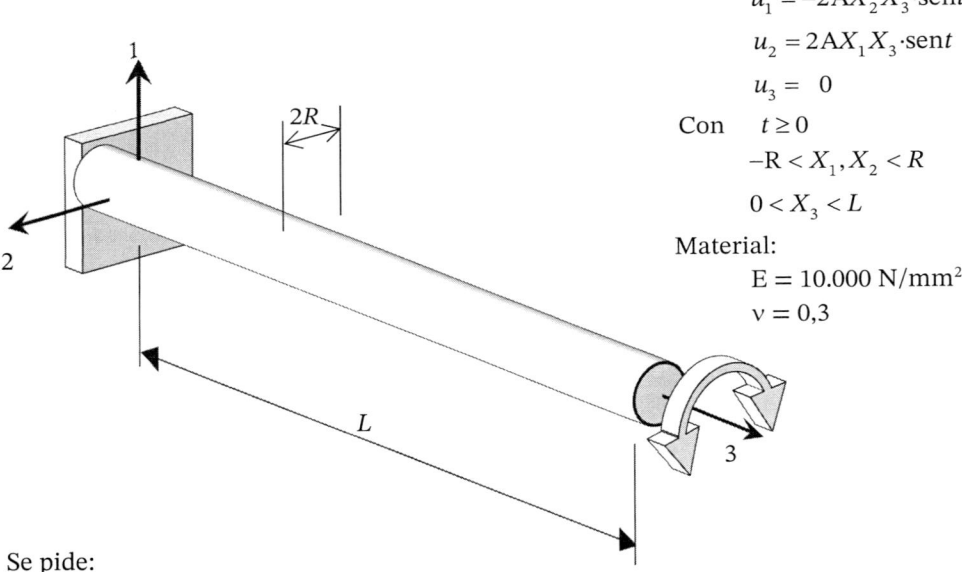

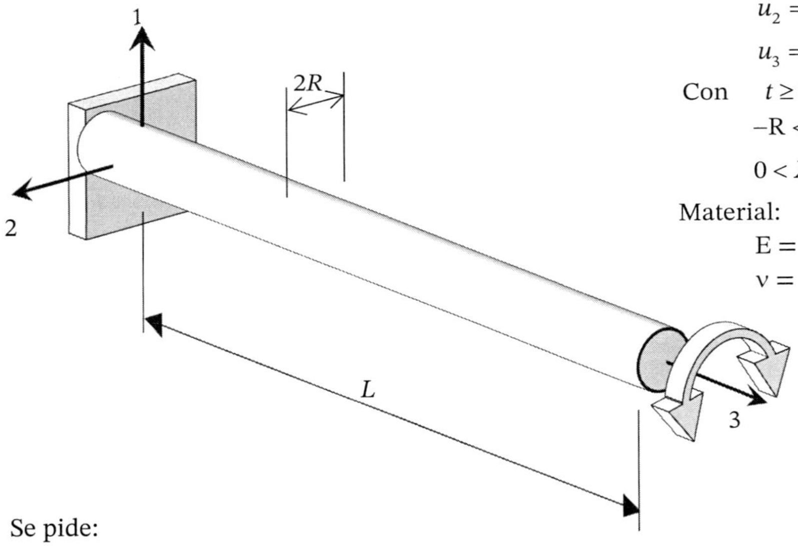

Se pide:

1. Determinar si esta transformación es físicamente posible.
2. Determinar el módulo de la máxima aceleración y en qué partículas, instante y dirección se producen. Dibujar el vector aceleración sobre los puntos correspondientes de la pieza.
3. Determinar el tensor deformación. Deducir para qué valores de t se presentarán las máximas deformaciones.

Para los instantes t de máximas deformaciones y para $X_2 = 0$:

4. Determinar las tensiones principales y dibujarlas sobre la pieza en los puntos donde son máximas.
5. Determinar la máxima tensión tangencial y dibujarla sobre la pieza.
6. Dependiendo de si el material se comporta de manera dúctil o frágil, determinar, en cada caso, el límite elástico mínimo necesario si se quiere un coeficiente de seguridad de 1,5. Ilustrarlo en el espacio de tensiones principales o de Haigh-Westergaard.

Problema 34

La figura siguiente muestra (de forma exagerada) los desplazamientos que se producen en diversos puntos de un sólido elástico cuadrado, de 2 mm de lado, sometido a cierta transformación infinitesimal de “flexión pura”. No hay fuerzas exteriores de superficie ni de volumen aplicadas en la dirección 3.

$E = 400\ \text{N/mm}^2$

$\nu = 0{,}1$

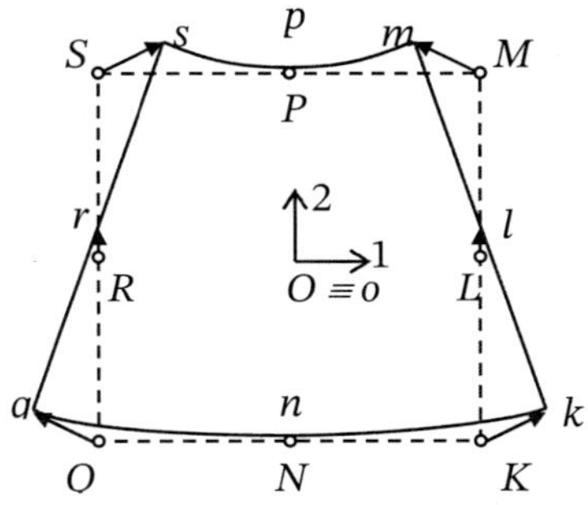

Dado el carácter curvilíneo de la transformación, la expresión lagrangiana del campo de desplazamientos infinitesimales debe tomar la forma cuadrática general:

$$u_1 = AX_1 + BX_2 + CX_1X_2 + DX_1^2 + EX_2^2$$
$$u_2 = FX_1 + GX_2 + HX_1X_2 + IX_1^2 + JX_2^2$$

Los vectores de desplazamiento de los puntos indicados son (en mm):

Punto	X_1	X_2	u_1	u_2		Punto	X_1	X_2	u_1	u_2
K	1	-1	0,1	0,07		P	0	1	0	0,02
L	1	0	0	0,05		Q	-1	-1	-0,1	0,07
M	1	1	-0,1	0,07		R	-1	0	0	0,05
N	0	-1	0	0,02		S	-1	1	0,1	0,07
O	0	0	0	0						

1. Calcular el estado de deformación de un punto genérico (X_1,X_2) y las longitudes finales de los lados.
2. Determinar y dibujar sobre la pieza la distribución de las fuerzas exteriores aplicadas $\vec{f}$ y $\vec{b}$.
3. Si el material es frágil, con unas tensiones de ruptura de 40 N/mm^2 y -60 N/mm^2, determinar el coeficiente de seguridad del conjunto de la pieza e ilustrar cuál sería el plano de fallo.
4. Ilustrar el criterio de fallo en el plano de Haigh-Westergaard y en el plano de Mohr, mostrando la situación de todos los puntos K, L, M... S.
5. Definir el modelo de elementos finitos más sencillo posible para reproducir con exactitud esta transformación, indicando:
   - el tipo de elemento finito
   - la malla
   - las condiciones de contorno (enlace y cargas)
   - las dimensiones del sistema de ecuaciones elásticas general y reducido.

Problema 35

Se diseña una pieza para ser ubicada en un satélite artificial. Se fabrica de manera que tiene una forma paralelepipédica de dimensiones $a \times b \times c$ cuando se halla apoyada sobre un plano horizontal bajo la acción gravitatoria. El plano horizontal le transmite una presión uniformemente distribuida.

$\rho = 400$ kg/m^3 $\quad a = 10$ mm
$E = 100$ N/mm^2 $\quad b = 20$ mm
$\nu = 0{,}4$ $\quad c = 30$ mm

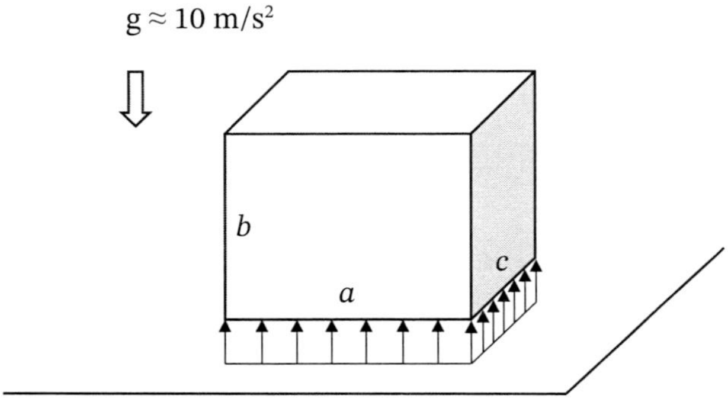

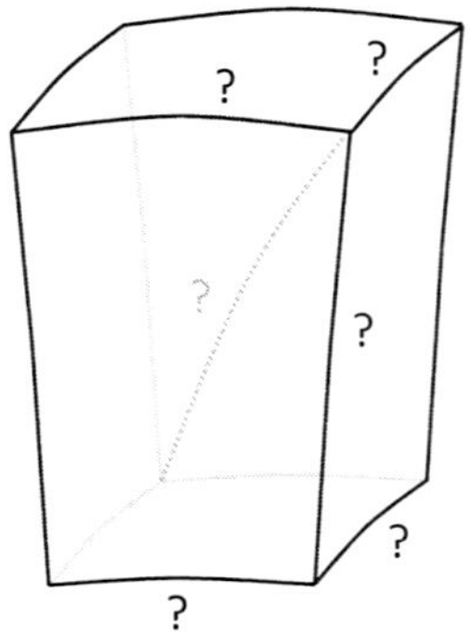

(Dibujado de forma arbitraria)

Suponiendo que la transformación es infinitesimal ($x_i \approx X_i$), se pide:

1. Enunciar el principio de superposición.
2. Determinar cuáles serán su forma y sus dimensiones en situación de ingravidez.
3. Razonar si los lados se mantendrán rectos y dibujar la pieza deformada de forma cualitativa.
4. Calcular la longitud de la diagonal indicada en la figura.
5. Especificar razonadamente cómo sería el modelo de elementos finitos más sencillo posible, adecuado para resolver este caso.
   - Tipo de elemento finito, grado de la función de interpolación.
   - Geometría, malla y límites del modelo.
   - Condiciones de enlace y solicitaciones.

Problema 36

Del análisis lineal elástico bidimensional de un abridor de tapones-corona, mediante el método de los elementos finitos, se obtiene la solución del problema elástico en términos de desplazamientos nodales.

El ancho de la pieza, perpendicular al plano 1-2, es uniforme y de 10 mm. No hay cargas perpendiculares al plano 1-2.

Se quiere analizar el comportamiento de un elemento próximo al contacto con el tapón, donde se inicia la fluencia del material.

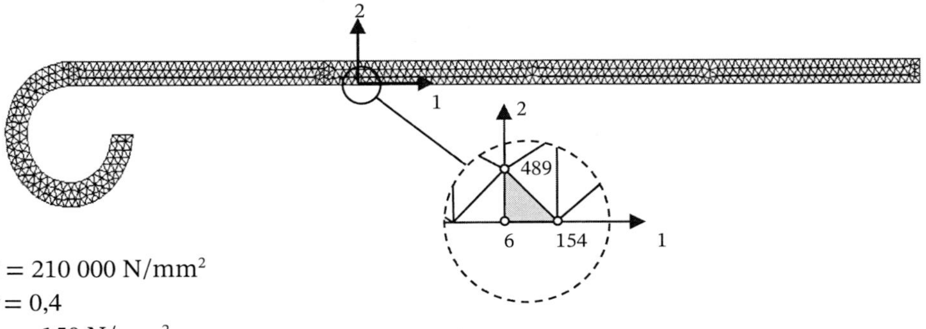

$E = 210\,000$ N/mm^2
$\nu = 0{,}4$
$\sigma_e = 150$ N/mm^2

Por limitaciones en el software, se ha utilizado una malla uniforme con el tipo de elemento triangular de primer orden, *constant strain element*, de funciones de interpolación lineales, y se han obtenido los desplazamientos nodales siguientes:

$$\begin{cases} u_1 = A + BX_1 + CX_2 \\ u_2 = D + EX_1 + FX_2 \end{cases}$$

Nodo	X_1	X_2	u_1	u_2
6	0,1	0,0	0,000000	0,000000
154	1,0	0,0	-0,000150	-0,003000
489	0,0	1,0	0,002000	-0,000100

Se pide:

1. La matriz de rigidez general de una malla de elementos finitos es singular. Exponer las consecuencias matemáticas y el significado físico que esto tiene en la resolución del problema elástico.
2. Determinar la expresión del campo de desplazamientos para cualquier punto del elemento y calcular el valor de desplazamiento y el giro rígido en el baricentro (o centro geométrico) del elemento.
3. Determinar el estado de deformación para un punto cualquiera de este elemento finito.
4. Rebatir razonadamente la frase: “En general, en las zonas donde los desplazamientos son máximos, se producen las máximas tensiones.”
5. Determinar el estado de tensión en los ejes 1-2-3; calcular las tensiones y direcciones principales, y dibujarlas en el baricentro del elemento. Razonar sobre la coherencia del resultado.
6. Suponiendo que el elemento estudiado está en la zona crítica de inicio de fluencia, calcular el coeficiente de seguridad y representarlo en el plano de tensiones principales (Haigh-Westergaard).

Problema 37

Se tiene una lámina cuadrada de acero de 100×100×5 mm recubierta con una fina capa de barniz perfectamente adherida a su superficie; por tanto, ambos materiales se deforman conjuntamente. Todas las cargas exteriores están contenidas en el propio plano de la lámina (no hay cargas externas perpendiculares a la lámina).

Se ha determinado el estado de deformación del conjunto –uniforme en todos los puntos de la lámina– mediante una roseta de galgas extensométricas que miden las deformaciones longitudinales unitarias de dos direcciones perpendiculares y su bisectriz.

La información se da en forma gráfica a través de los círculos de Mohr de tensión *en el acero*.

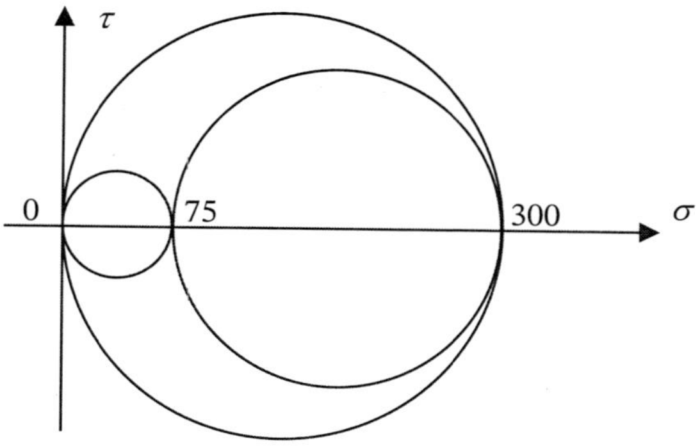

En ese mismo momento, se observa el inicio de un fenómeno de fisuración superficial generalizada en la fina y frágil capa de barniz.

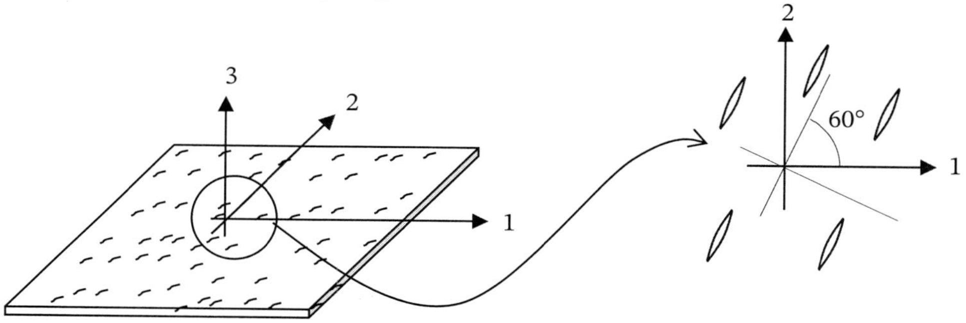

$E_{\text{acero}} = 210\,000$ N/mm^2
$\nu_{\text{acero}} = 0{,}28$
$\sigma_e = 200$ N/mm^2

$E_{\text{barniz}} = 10\,000$ N/mm^2
$\nu_{\text{barniz}} = 0{,}4$

Se pide:

1. Calcular el coeficiente de seguridad del acero de la lámina.
2. Determinar y dibujar la distribución de fuerzas de superficie a que está sometida la lámina de acero. Ilustrarlo sobre los círculos de Mohr.
3. Calcular las tres lecturas de la roseta de galgas, si está orientada en las direcciones de los ejes 1-2.
4. ¿Cuáles son la forma y las dimensiones de la lámina deformada?
5. ¿Cuál es la tensión de ruptura del barniz?

Problema 38

En la torsión uniforme e infinitesimal de un cilindro circular macizo de radio R, se puede suponer que las secciones transversales del cilindro experimentan un giro rígido respecto a la directriz del cilindro (ω_3), linealmente variable, y se mantienen planas y paralelas. El campo de desplazamientos resultante sería el siguiente:

$$\begin{cases} u_1 = -Ax_2x_3 \\ u_2 = Ax_1x_3 \\ u_3 = 0 \end{cases}$$

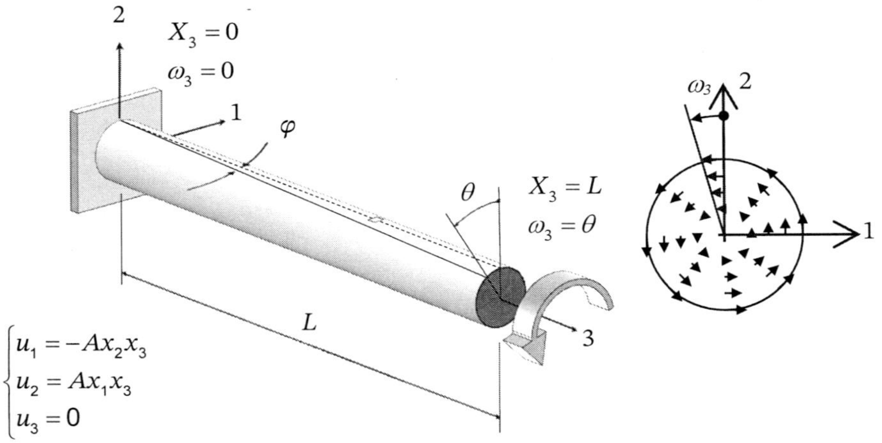

Se pide, en función de los parámetros elásticos del material (G) y de θ, L, R:

1. Determinar la expresión general del vector rotación de cualquier punto.

2. Determinar el valor de A. ¿En qué unidades se mide? Describir su significado físico.

3. Determinar el ángulo φ.

Para los puntos del plano diametral 2-3 ($X_1 = 0$):

4. Describir el estado tensional de que se trata y dibujar los círculos de Mohr.

5. Razonar y deducir en qué punto del plano 2-3 se producirán las máximas tensiones tangenciales y normales y dibujarlas sobre el punto de la pieza.

Un cilindro circular de $L = 100$ mm y radio $R = 4$ mm, fabricado con un material frágil, se somete a este tipo de solicitación. Cuando el giro de la sección extrema vale $\theta = 5,73°$, la pieza se rompe por fisuración. Si la resistencia es $\sigma_e = \sigma_r = 10$ N/mm²:

6. Determinar el módulo de elasticidad transversal.

7. Describir y dibujar cómo tendría que iniciarse la fisura.

Problema 39

Una de las manifestaciones cutáneas más frecuentes durante el embarazo, especialmente en casos de aumento de peso descontrolado, es la aparición de las denominadas *estrías distendidas* o *gravídicas*, principalmente en el abdomen. Son debidas a rupturas del tejido subcutáneo por una deformación longitudinal excesiva. Con el fin de mejorar su previsión, un equipo especialista en biomecánica quiere estudiar la evolución temporal de la extensión de la epidermis en un grupo de pacientes voluntarias, y determinar en qué nivel medio de extensión empiezan a producirse las estrías y en qué direcciones preferentes.

Se ha diseñado un procedimiento que consiste en dibujar, con un tinte de suficiente permanencia y sobre una extensión suficientemente grande de la piel abdominal, una parrilla regular ortogonal de puntos, separados inicialmente unos 5 mm, distancia suficientemente pequeña para considerar que cualquier punto p y sus entornos inmediatos son coplanarios.

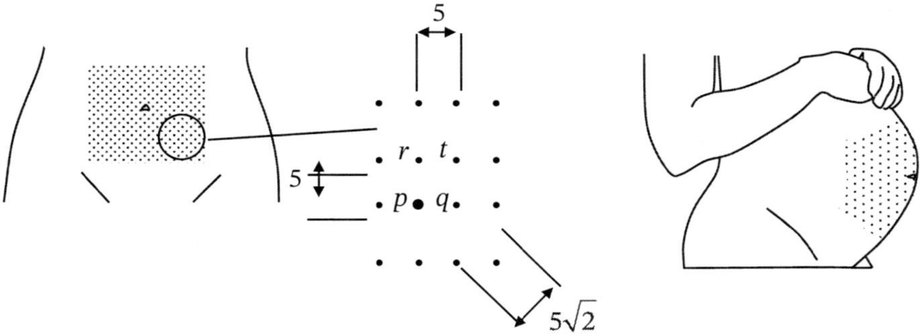

Se quiere diseñar también un algoritmo que, para un punto cualquiera p de la parrilla, determine la deformación longitudinal máxima y la dirección en que se produce, en función de las distancias actuales con respecto a tres puntos vecinos q, r y t: l_{pq}, l_{pt}, l_{pr} (trabajando en 2D).

En una de las pacientes del grupo, a las 35 semanas de gestación, las longitudes l_{pq}, l_{pt}, l_{pr} en el punto más desfavorable son:

$l_{pq} = 8{,}68$ mm, $\quad l_{pr} = 7{,}05$ mm, $\quad l_{pt} = 13{,}98$ mm

Se pide:

1. Razonar sobre la idoneidad de las teorías de transformaciones finitas o infinitesimales y *proceder en consecuencia*.
2. Determinar las deformaciones principales máximas y mínimas, expresadas en %.
3. Determinar la dirección en que se produce el alargamiento máximo y dibujarla, así como su posible estría, sobre la cuadrícula original (sin deformar).

4. Determinar el ángulo final que definen los puntos *pqr*.

5.6.7. Resolver los apartados 2, 3 y 4 nuevamente, pero cambiando la decisión tomada en el apartado 1.

Razonar sobre las causas de las diferencias o coincidencias observadas entre ambas hipótesis.

Problema 40

Del análisis bidimensional, elástico y lineal, de un objeto determinado mediante el método de los elementos finitos, se dispone de la información siguiente:

a) Mapa de tensiones equivalentes de Von Mises (N/mm^2) y valores extremos:

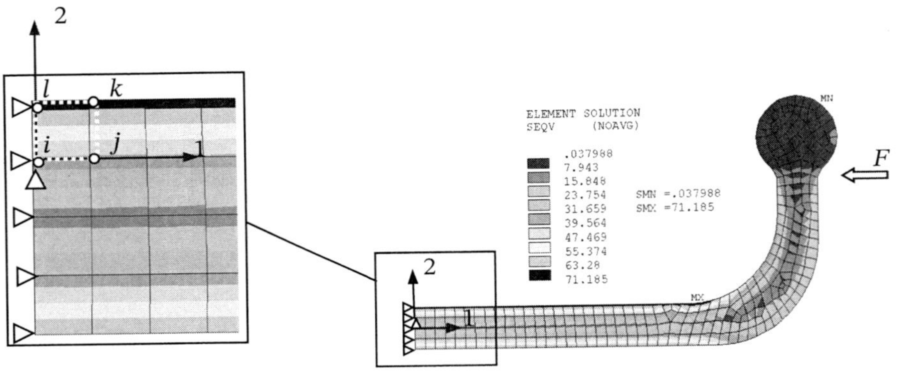

b) Coordenadas nodales y vectores de desplazamiento de los nodos *i-j-k-l* (todo en mm):

Nodo	X_1	X_2	Vector u	u_1	u_2
i	0,0000	0,0000		0,000000	0,000000
j	5,0000	0,0000		-0,000800	0,000400
k	5,0000	5,0000		-0,001500	0,000750
l	0,0000	5,0000		0,000000	0,000350

c) Resultados elementales de la deformación (elemento *i-j-k-l*), en el nodo *j*:

Nodo	ε_{11}	ε_{22}	ε_{33}	ε_{12}	ε_{23}	ε_{13}
j	-160E-6	70E-6	60E-6	-30E-6	0,0	0,0

d) Las funciones de interpolación simplificadas para el elemento sólido en 2D de 4 nodos son del tipo:

$$\begin{cases} u_1 = A + BX_1 + CX_2 + DX_1X_2 \\ u_2 = E + FX_1 + GX_2 + HX_1X_2 \end{cases}$$

e) El módulo elástico introducido para caracterizar el material es $E = 200.000$ MPa.

A partir de estos datos, se pide:

1. Determinar la expresión del campo de desplazamientos para el elemento *i-j-k-l*.
2. Determinar el vector rotación de un punto genérico p (X_1,X_2) del interior del elemento *i-j-k-l*. ¿Cuánto vale en *i* ?
3. Enunciar el principio de superposición. Deducir la ley de Hooke en tensión plana a partir del caso uniaxial.
4. Sabiendo que la formulación del elemento finito corresponde al caso de tensión plana, calcular el valor del coeficiente de Poisson introducido para caracterizar el material.
5. Determinar el tensor deformación para un punto genérico p (X_1,X_2) del interior del elemento *i-j-k-l*. ¿Cuánto vale en el centro del elemento? Calcular y dibujar sus deformaciones y direcciones principales.
6. Calcular la tensión equivalente de Von Mises en el centro del elemento *i-j-k-l*.
7. Razonar y determinar la tensión de límite elástico mínima necesaria para obtener, para el conjunto de la pieza, un coeficiente de seguridad $\gamma_s = 1{,}5$ según el criterio de Von Mises. Representarlo gráficamente en el plano de tensiones principales (Haigh-Westergaard).
8. Describir esquemáticamente la operativa que utiliza el método de los elementos finitos para resolver el problema elástico.

Problema 41

Para la construcción de una pasarela acuática, se pretende utilizar un bloque flotador prismático de dimensiones 2×1×1 m, hecho de una espuma de celda cerrada con densidad $\rho = 15$ kg/m^3, $E = 400$ N/mm^2, $\nu = 0{,}1$.

Por cuestiones de montaje, el flotador se construye encajando dos piezas cortadas en forma de cuña.

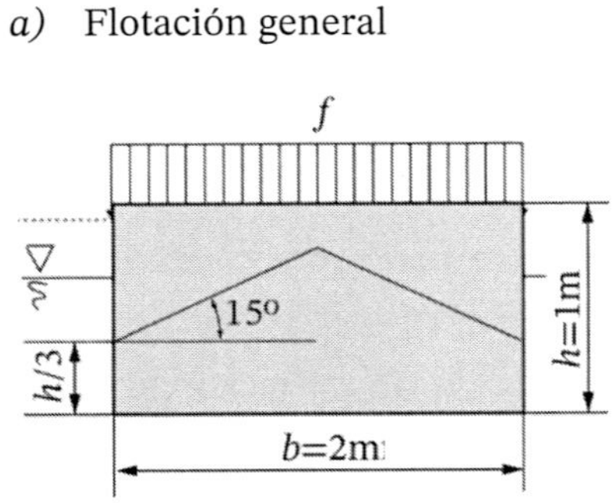

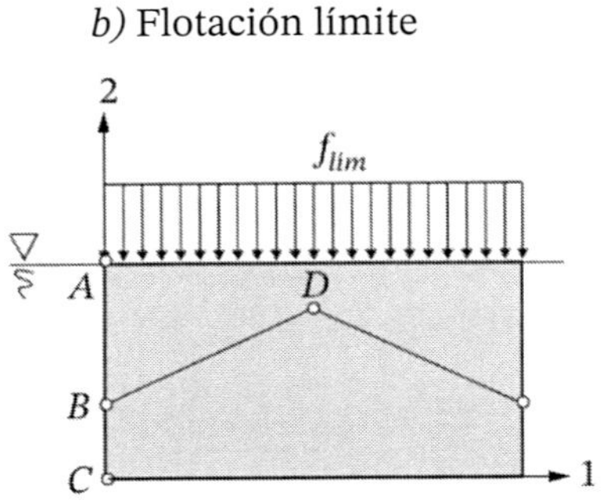

Para establecer el número de flotadores necesarios, evaluar la máxima carga admisible y determinar el margen de seguridad de la pasarela y del propio bloque, se pide, para la situación límite *b*, y suponiendo que no se producen deslizamientos en los planos de unión:

1. Calcular la fuerza superficial límite $f_{\text{lím}}$ necesaria para sumergir el bloque y las demás solicitaciones exteriores a que está sometido.
2. Calcular la expresión general del tensor tensión para un punto cualquiera. Razonar si es factible menospreciar el peso propio del flotador y proceder en consecuencia.
3. Dibujar los círculos de Mohr de tensión para los puntos A, B, C y D (dibujarlos solapados sobre unos mismos ejes σ-τ).
4. El bloque se ha constituido encajando dos piezas cortadas en forma de cuña a 30º. Calcular la expresión de la tensión tangencial que actúa sobre el plano de unión. ¿En qué punto es más elevada?
5. Calcular el coeficiente de fricción mínimo μ para que no se precise aplicar adhesivos (sabiendo que la tensión tangencial límite que puede proporcionar la fricción es $\tau = \mu \cdot \sigma$).
6. Para el estudio, se utiliza un modelo de elementos finitos. Se pide razonar e ilustrar gráficamente cómo sería el modelo más sencillo posible que reprodujera los resultados con la máxima exactitud. Determinar la dimensión de la matriz de rigidez y la dimensión de la matriz de rigidez reducida para el caso anterior.
7. Si el material fuese dúctil, determinar la tensión máxima que debería poder suportar para garantizar un coeficiente de seguridad de 1,5. ¿Cuál sería el punto crítico? ¿Y si fuera frágil? Razonar la diferencia gráficamente en el plano de Mohr (σ-τ).

Problema 42

Para determinar las constantes elásticas de una determinada aleación de acero, se ha elaborado una probeta a partir de un fleje de dimensiones 20×0,5×200 mm.

Sobre una de las caras de dicho fleje, se ha adherido una roseta de galgas extensométricas (dispositivo que mide las deformaciones longitudinales unitarias en tres direcciones coplanarias: dos direcciones perpendiculares *a* - *b* y su bisectriz *c*).

Se conocen las lecturas de deformación cuando la probeta se halla sometida a una carga de 1.260 N en un ensayo de tracción uniaxial.

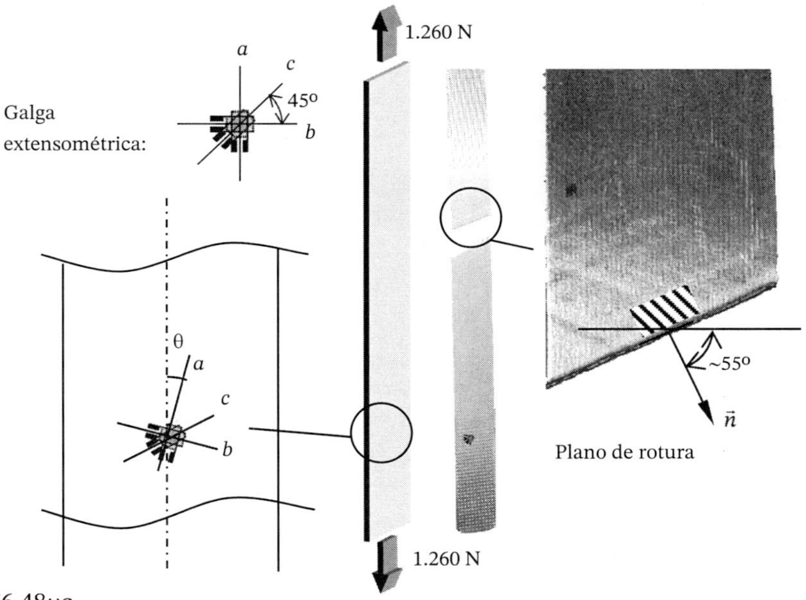

$\varepsilon_a = 576{,}48\mu\varepsilon$
$\varepsilon_b = -156{,}48\mu\varepsilon$
$\varepsilon_c = 76{,}61\mu\varepsilon$

Se pide:

1. ¿En qué dirección θ, respecto al eje de tracción, se ha orientado la roseta de galgas?
2. Las deformaciones y direcciones principales.
3. Las constantes elásticas del material E y ν.
4. Las componentes intrínsecas de tensión en el plano de rotura.
5. Razonar por qué se produce el fallo en el plano indicado.

Problema 43

Del análisis tensional plano de un rompenueces mediante el método de los elementos finitos, se obtiene el mapa de tensiones equivalentes de Von Mises (en N/mm^2). El punto crítico (A) corresponde a la superficie exterior en contacto con la nuez, donde se aplica una presión externa de valor p.

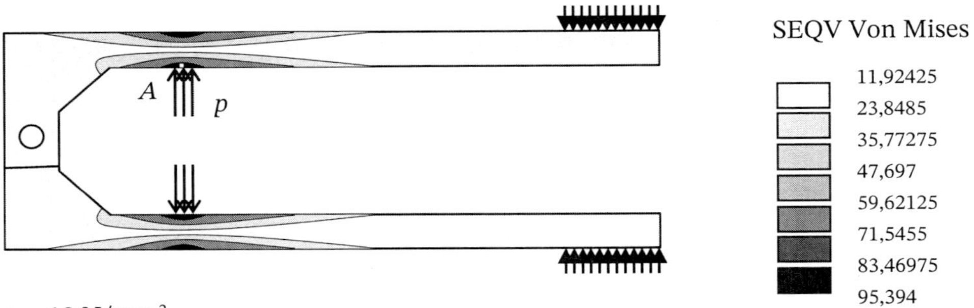

$p = 10$ N/mm^2

Material:

$E = 98\,020$ N/mm^2

$\nu = 0{,}198$

$\sigma_e = 100$ N/mm^2

Sabiendo que el grosor del rompenueces aumenta en este punto A por efecto de las deformaciones, se pide:

1. Calcular razonadamente el valor de las principales tensiones y deformaciones.
2. Dibujar los círculos de Mohr de tensiones y deformaciones.
3. Representar sobre los círculos de Mohr los vectores tensión que contengan la componente tangencial máxima. Representarlos también sobre el rompenueces.
4. Determinar la variación de grosor en este punto, expresada en %.
5. ¿Cuál sería el coeficiente de seguridad según el criterio de Tresca? Representar ambos criterios en el plano de tensiones principal y comentar el resultado.

Soluciones

Problema 1

1) Es físicamente posible si $|J| > 0$:

$$\det\left[\frac{\partial x_i}{\partial X_j}\right] = \begin{vmatrix} 1 & 0 & 0 \\ 0 & e^{-At/2L} & 0 \\ 0 & 0 & e^{-At/2L} \end{vmatrix} = e^{-At/L} > 0 \quad \forall \vec{X}, A, B \text{ y } t$$

La descripción euleriana se halla invirtiendo el sistema:

$$\begin{aligned} X_1 &= x_1 - B\cdot t \\ X_2 &= x_2\cdot e^{At/2L} \\ X_3 &= x_3\cdot e^{At/2L} \end{aligned}$$

El campo de velocidades, en descripción lagrangiana, se obtiene derivando las posiciones instantáneas respecto al tiempo:

$$\vec{v} = \frac{D\vec{x}}{Dt} = \begin{Bmatrix} B \\ -X_2 A\cdot e^{-At/2L} / 2L \\ -X_3 A\cdot e^{-At/2L} / 2L \end{Bmatrix}$$

Podemos obtener la expresión euleriana substituyendo las $\vec{X}$ de la expresión lagrangiana por su expresión euleriana $\vec{X} = \vec{X}(\vec{x},t)$; así, tenemos

$$\vec{v}(\vec{x},t) = \begin{Bmatrix} B \\ -x_2 A / 2L \\ -x_3 A / 2L \end{Bmatrix} \quad \left(\text{o bien } \vec{v}(\vec{x},t) = \frac{D\vec{u}(\vec{x},t)}{Dt}\right)$$

Observando la expresión euleriana de la velocidad, vemos que la velocidad de las partículas que pasan por un punto fijo cualquiera del espacio, es constante en el tiempo. Se trata de un movimiento estacionario.

2) Si la velocidad de extrusión (v_1) es 1 cm/s $\Rightarrow B = 1$. La constante A es la que relaciona $\vec{X}$ (posición inicial) con $\vec{x}$ (posición actual) a través de la función exponencial.

Una partícula inicialmente a la entrada en posición $X_2 = R$ (punto P) se desliza por la superficie de la tobera hasta la posición final $x_2 = r$. Si la velocidad de extrusión es constante de 1 cm/s (v_1), tardará 10 segundos en recorrer 10 cm (pasar de R a r).

$$R = r \cdot e^{At/2L} = r \cdot e^{A \cdot 10/2 \cdot 10} \quad \Rightarrow \quad \ln(R/r) = A/2 \quad \Rightarrow \quad A = 2\ln(R/r) = 2 \cdot \ln 2 = 1{,}386$$

3) 10 segundos (la velocidad es constante de 1 cm/s y ha de recorrer 10 cm)

$$J = e^{-At/L} = e^{-0{,}1386 \cdot t} = \frac{dV}{dV_0} = \frac{\rho_0}{\rho} \Rightarrow \rho = \frac{\rho_0}{J} = \rho_0 \cdot e^{0{,}1386 \cdot t} = 800 \cdot e^{0{,}1386 \cdot 10} =$$

$$\varepsilon_V = \frac{dV - dV}{dV_0} = J - 1 = e^{-0{,}1386 \cdot 10} - 1 = -0{,}75(-75\%)$$

4) Tenemos la expresión euleriana de la velocidad $\vec{v}(\vec{x},t) = \begin{Bmatrix} B \\ -x_2 A/2L \\ -x_3 A/2L \end{Bmatrix}$, donde debe introducirse la coordenada x_2 del punto q. El punto q es la posición que ocupará la partícula P, inicialmente en $X = (0,R,0)$, cuando $x_1 = 5$ cm ($L/2$) y, por tanto, para $t = 5$ s.

Así, de la expresión lagrangiana del enunciado, tenemos:

$$x_2 = X_2 \cdot e^{-At/2L} = R \cdot e^{-1{,}386 \cdot 5/2 \cdot 10} = 8 \cdot 0{,}707 = 5{,}656 \text{ cm}$$

$$\vec{v}(\vec{x},t) = \begin{Bmatrix} B \\ -x_2 A/2L \\ -x_3 A/2L \end{Bmatrix} = \begin{Bmatrix} 1 \\ -5{,}656 \cdot 1{,}386/2 \cdot 10 \\ 0 \end{Bmatrix} = \begin{Bmatrix} 1 \\ -0{,}392 \\ 0 \end{Bmatrix} \text{ cm/s}$$

5) $$[D] = \frac{1}{2}\left[\frac{\partial v_i}{\partial x_j} + \frac{\partial v_j}{\partial x_i}\right] = \begin{bmatrix} 0 & 0 & 0 \\ 0 & -A/2L & 0 \\ 0 & 0 & -A/2L \end{bmatrix} = \begin{bmatrix} 0 & 0 & 0 \\ 0 & -0{,}0693 & 0 \\ 0 & 0 & -0{,}0693 \end{bmatrix} \text{ s}^{-1}$$

$$D_{\text{máx}} = -0{,}0693 \text{ s}^{-1}$$

Problema 2

1)

$\vec{u} = \vec{u}(\vec{X})$?	Punto A	Punto B	Punto C
$u_1 = x_1 - X_1 = c_1 X_1 + c_2 X_2 + c_3 X_3$	$1{,}001 - 1 = 0{,}001 = c_1$	$0{,}002 = c_2$	$-0{,}001 = c_3$
$u_2 = x_2 - X_2 = c_4 X_1 + c_5 X_2 + c_6 X_3$	$0{,}002 = c_4$	$-0{,}002 = c_5$	$0 = c_6$
$u_3 = x_3 - X_3 = c_7 X_1 + c_8 X_2 + c_9 X_3$	$0{,}001 = c_7$	$0 = c_8$	$0{,}003 = c_9$

$$u_1 = 0{,}001X_1 + 0{,}002X_2 - 0{,}001X_3$$
$$u_2 = 0{,}002X_1 - 0{,}002X_2$$
$$u_3 = 0{,}001X_1 + 0{,}003X_3$$

2)

$$\left[M\right] = \left[\frac{\partial u_i}{\partial X_j}\right] = \begin{bmatrix} c_1 & c_2 & c_3 \\ c_4 & c_5 & c_6 \\ c_7 & c_8 & c_9 \end{bmatrix} = \begin{bmatrix} 0{,}001 & 0{,}002 & -0{,}001 \\ 0{,}002 & -0{,}002 & 0 \\ 0{,}001 & 0 & 0{,}003 \end{bmatrix}$$

Es físicamente posible si det[J] > 0

$$\det\left[J\right] = \det\left[F\right] = \det\left[[M]+[I]\right] = \det\begin{bmatrix} 1{,}001 & 0{,}002 & -0{,}001 \\ 0{,}002 & 0{,}998 & 0 \\ 0{,}001 & 0 & 1{,}003 \end{bmatrix} = 1{,}001992 > 0 \quad \text{OK}$$

det [J] = dV/dV_0 $\Rightarrow$

$$V_f = V_0 \times 1{,}00199198 = \frac{4}{3}\pi 1^3 \times 1{,}00199198 = 4{,}197134$$

$$\varepsilon_V = \frac{\Delta V}{V_0} = 0{,}001992$$

3)

$$\left[M\right] = \left[\Omega\right] + \left[\varepsilon\right] = \left[\frac{1}{2}\left(\frac{\partial u_i}{\partial X_j} - \frac{\partial u_j}{\partial X_i}\right)\right] + \left[\frac{1}{2}\left(\frac{\partial u_i}{\partial X_j} + \frac{\partial u_j}{\partial X_i}\right)\right] =$$

$$= \begin{bmatrix} 0 & 0 & -0{,}001 \\ 0 & 0 & 0 \\ 0{,}001 & 0 & 0 \end{bmatrix} + \begin{bmatrix} 0{,}001 & 0{,}002 & 0 \\ 0{,}002 & -0{,}002 & 0 \\ 0 & 0 & 0{,}003 \end{bmatrix}$$

$$\varepsilon_V = \text{tr}\,[\varepsilon] = 0{,}002$$

$$V_f = V_0\,(1 + \varepsilon_V) = 4{,}197168$$

4)

$$\vec{\omega} = \begin{Bmatrix} 0 \\ -0{,}001 \\ 0 \end{Bmatrix} \text{ rad.}$$

La dirección de rotación es el eje 2. (–0,057º)

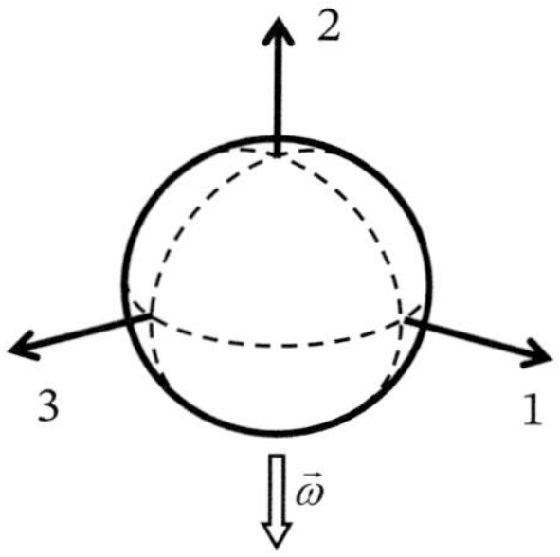

5)

$$[\varepsilon]=\begin{bmatrix} 0{,}001 & 0{,}002 & 0 \\ 0{,}002 & -0{,}002 & 0 \\ 0 & 0 & 0{,}003 \end{bmatrix}$$

$$L_{1f}=2R\cdot(1+\varepsilon_{11})=2\cdot(1+0{,}001)=2{,}002 \quad \theta_{12f}=\theta_{12i}-2\varepsilon_{12}=\pi/2-2\cdot 0{,}002=1{,}56679=89{,}77^{\circ}$$
$$L_{2f}=2R\cdot(1+\varepsilon_{22})=2\cdot(1-0{,}002)=1{,}996 \quad \theta_{13f}=\theta_{13i}-2\varepsilon_{13}=\pi/2=90^{\circ}$$
$$L_{3f}=2R\cdot(1+\varepsilon_{33})=2\cdot(1+0{,}003)=2{,}006 \quad \theta_{23f}=\theta_{23i}-2\varepsilon_{23}=\pi/2=90^{\circ}$$

6) La dirección 3 es principal. Diagonalizando $[\varepsilon]=\begin{bmatrix} 0{,}001 & 0{,}002 \\ 0{,}002 & -0{,}002 \end{bmatrix}$ (o con las fórmulas simplificadas)

$$\varepsilon_{1^*,2^*}=\frac{0{,}001-0{,}002}{2}\pm\sqrt{\left(\frac{0{,}001+0{,}002}{2}\right)^2+0{,}002^2}=-0{,}0005\pm 0{,}0025=\begin{cases}\varepsilon_{1^*}=0{,}002=\varepsilon_{\text{II}}\\ \varepsilon_{2^*}=-0{,}003=\varepsilon_{\text{III}}\end{cases}$$

$$\varepsilon_{3^*}=0{,}003=\varepsilon_I \qquad \tan\theta_{1\text{-}1^*}=\frac{\varepsilon_{12}}{\varepsilon_{11}-\varepsilon_{2^*}}=\frac{0{,}002}{0{,}001+0{,}003}=0{,}5 \qquad \theta_{1\text{-}1^*}=26{,}57^{\circ}$$

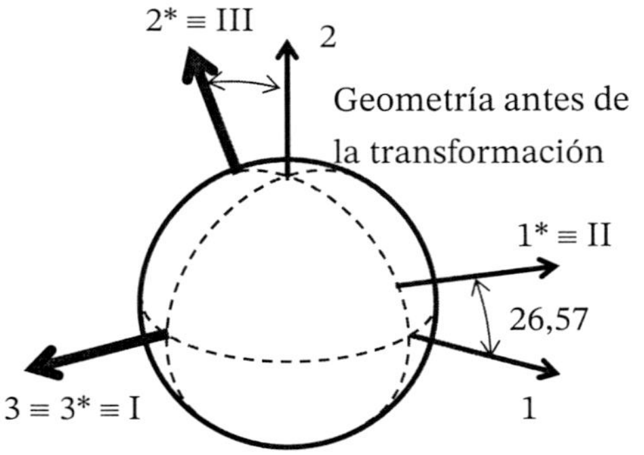

Longitudes finales:

$$L_{1^*f}=2R\cdot(1+\varepsilon_{1^*})=2\cdot(1+0{,}002)=2{,}004$$
$$L_{2^*f}=2R\cdot(1+\varepsilon_{2^*})=2\cdot(1-0{,}003)=1{,}994=\text{longitud mínima}$$
$$L_{3^*f}=2R\cdot(1+\varepsilon_{3^*})=2\cdot(1+0{,}003)=2{,}006=\text{longitud máxima}$$

Por ser direcciones principales, estas direcciones no experimentan deformación transversal; los ángulos finales que forman entre ellas se mantienen en 90º.

El único movimiento que experimentan es la rotación de –0,001 rad alrededor del eje 2

Problema 3

1) Si se suponen unas funciones lineales de desplazamiento (deformación plana) $\vec{u}(\vec{X}) = \begin{Bmatrix} A + BX_1 + CX_2 \\ D + EX_1 + FX_2 \end{Bmatrix}$ se determinan las 6 constantes a partir de los desplazamientos de 3 puntos:

- punto P (0,0) $\quad \vec{u}(0,0) = \begin{Bmatrix} A \\ D \end{Bmatrix} = \begin{Bmatrix} 13 \\ 13 \end{Bmatrix} \text{mm}$
- punto R (10,0) $\quad \vec{u}(10,0) = \begin{Bmatrix} A + 10B \\ D + 10E \end{Bmatrix} = \begin{Bmatrix} 13 \\ 14 \end{Bmatrix} \text{ mm} \Rightarrow \begin{matrix} B = 0 \\ E = 1/10 \end{matrix}$
- punto Q (0,10) $\quad \vec{u}(0,10) = \begin{Bmatrix} A + 10C \\ D + 10F \end{Bmatrix} = \begin{Bmatrix} 11 \\ 13 \end{Bmatrix} \text{ mm} \Rightarrow \begin{matrix} C = -2/10 \\ F = 0 \end{matrix}$

Por tanto, el campo de desplazamientos es: $\vec{u}(\vec{X}) = \begin{Bmatrix} 13 - 0{,}2X_2 \\ 13 + 0{,}1X_1 \end{Bmatrix}$

2) La transformación es invertible si:

$$J = \det\left[F\right] = \det\left[\left[M\right] + \left[I\right]\right] = \begin{vmatrix} 0+1 & -0{,}2 & 0 \\ 0{,}1 & 0+1 & 0 \\ 0 & 0 & 0+1 \end{vmatrix} = 1{,}02 \neq 0 \text{ OK}$$

La transformación es físicamente posible si: $J = \det\left[F\right] = \det\left[\left[M\right] + \left[I\right]\right] = 1{,}02 > 0$ OK

3) La condición matemática de invertibilidad de un sistema es que el jacobiano no se anule. Por otro lado, se demuestra que el jacobiano de la transformación es igual a la relación de volúmenes final e inicial de cada dV, o, por el principio de conservación de la masa, igual a la relación inversa de densidades: $J = \dfrac{dV}{dV_0} = \dfrac{\rho_0}{\rho}$. Esta magnitud no puede ser nunca negativa, porque no pueden existir densidades, masas o volúmenes negativos, por tanto, tiene que ser siempre positiva.

4) La deformación volumétrica unitaria es:

$$\varepsilon_V = \frac{dV - dV_0}{dV_0} = \frac{dV}{dV_0} - 1 = |J| - 1 = |F| - 1 = \left|\left[M\right] + \left[I\right]\right| - 1 = \begin{vmatrix} 1 & -0{,}2 & 0 \\ 0{,}1 & 1 & 0 \\ 0 & 0 & 1 \end{vmatrix} - 1 =$$
$$= (1 + 0{,}02) - 1 = 0{,}02$$

El volumen aumenta un 2%, independientemente de la partícula considerada.

No existe movimiento en dirección 3, por tanto, las variaciones de superficie son proporcionales a las variaciones de volumen.

Así, la superficie final del cuadrado p-q-r-s es un 2% superior a la superficie inicial:

$$S_{final} = S_{inicial}(1+0{,}02) = 102\ \text{mm}^2$$

5) Las longitudes finales de los lados son:

$$\overline{pq} = \sqrt{10^2+2^2} = 10{,}198\ \text{mm}$$

$$\overline{pr} = \sqrt{10^2+1^2} = 10{,}050\ \text{mm}$$

6) El ángulo final

$$\hat{pqr} = 90^{\circ} + \arctan(\frac{2}{10}) - \arctan(\frac{1}{10}) = 90 + 11{,}3 - 5{,}71 = 95{,}59^{\circ} = 1{,}668\ \text{rad}$$

Suponiendo transformación infinitesimal:

7) $\varepsilon_V = \text{tr}\left[\varepsilon\right] = \frac{\partial u_1}{\partial X_1} + \frac{\partial u_2}{\partial X_2} + \frac{\partial u_3}{\partial X_3} = 0+0+0=0$. No hay cambio de volumen

8) $\overline{pr} = \overline{PR}\cdot(1+\varepsilon_{11}) = 10\cdot(1+0) = 10$

$\overline{pq} = \overline{PQ}\cdot(1+\varepsilon_{22}) = 10\cdot(1+0) = 10$. No hay variación de longitudes.

9) $\hat{pqr} = \hat{PQR} - 2\cdot\varepsilon_{12} = \frac{\pi}{2} - 2\frac{1}{2}\left(\frac{\partial u_1}{\partial X_2} + \frac{\partial u_2}{\partial X_1}\right) = \frac{\pi}{2} - \left(-0{,}2+0{,}1\right) = 1{,}67$ rad = 95,73º

10) Las direcciones principales son las que no experimentan distorsión angular.

Las deformaciones longitudinales de los ejes 1 y 2 son iguales; por tanto, las direcciones principales están a 45º de 1 y 2. El cuadrado inscrito en PQRT debe estar a 45º.

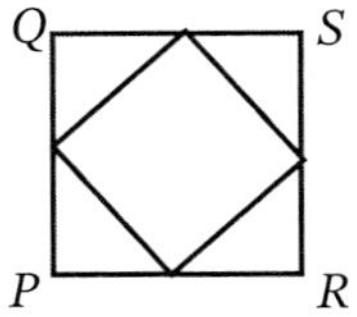

El error que se comete es debido a que el tensor deformación, definido bajo la hipótesis de transformación infinitesimal, supone que las rotaciones son infinitamente pequeñas y, por tanto, aproxima las variaciones de longitud a las variaciones proyectadas sobre la dirección considerada $\frac{\partial u_i}{\partial X_i}$ y aproxima a sus tangentes $\frac{\partial u_i}{\partial X_j}$ las variaciones de orientación relativa.

Problema 4

$$\begin{cases} u_1 = X_1 X_2 t \\ u_2 = X_2 X_1 t \\ u_k = 0 \end{cases}$$

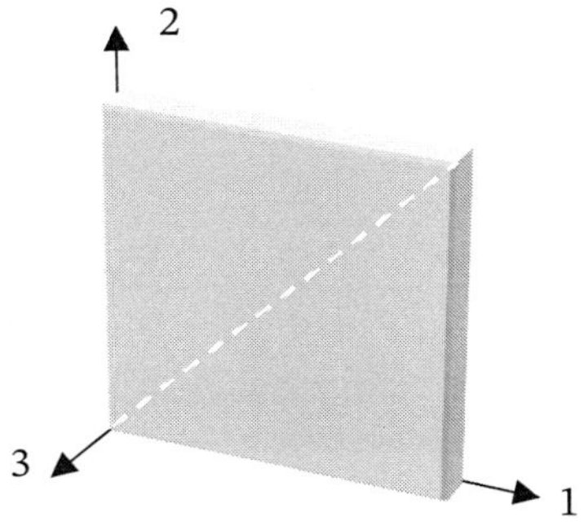

1) La transformación es físicamente posible si $J > 0$:

$$J = \det[J] = \det[F] = \begin{vmatrix} 1+X_2 t & X_1 t & 0 \\ X_2 t & 1+X_1 t & 0 \\ 0 & 0 & 1 \end{vmatrix} = 1 + (X_1 + X_2)t > 0$$

para cualquier partícula

(X_1 y $X_2 > 0$) y para cualquier instante de tiempo ($t > 0$).

2) El jacobiano de la transformación es $J = \dfrac{dV}{dV_0} = \dfrac{\rho_0}{\rho}$; así, $\rho = \dfrac{\rho_0}{J} = \dfrac{\rho_0}{1+(X_1+X_2)t}$

para el punto central ($X_1 = X_2 = 500$ mm) y, para $t = 10^{-6}$ s, tenemos $J = 1{,}001$

$$\rho = \frac{\rho_0}{J} = \frac{3.000 \text{ kg/m}^3}{1{,}001} = 2.997 \text{ kg/m}^3$$

3) $\vec{v}(\vec{X},t) = \dfrac{\partial \vec{u}(\vec{X},t)}{\partial t} = \begin{Bmatrix} X_1 X_2 \\ X_2 X_1 \\ 0 \end{Bmatrix}$ no depende del tiempo ni de X_3. Las partículas se mueven a velocidad constante y paralelamente al plano 1-2.

Para $t = 10^{-6}$ s, tenemos $\vec{u}_C = \begin{Bmatrix} X_1 X_2 \\ X_2 X_1 \\ 0 \end{Bmatrix} \cdot 10^{-6} = \begin{Bmatrix} 1 \\ 1 \\ 0 \end{Bmatrix} \text{mm}$, y

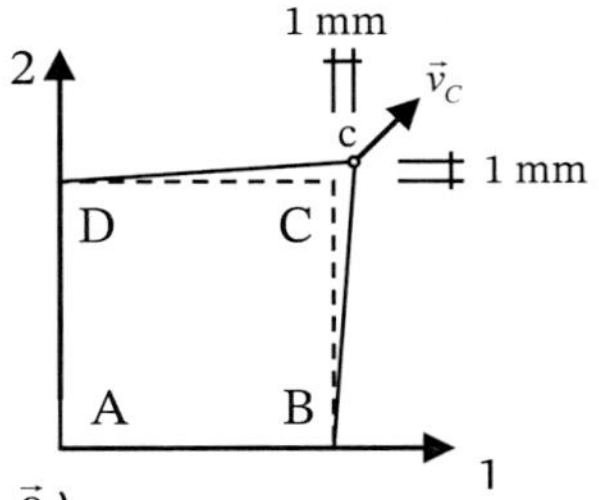

$$\vec{v}_C = \begin{Bmatrix} X_1 X_2 \\ X_2 X_1 \\ 0 \end{Bmatrix} = \begin{Bmatrix} 10^6 \\ 10^6 \\ 0 \end{Bmatrix} \text{mm/s}, \; (\vec{u}_A = \vec{u}_B = \vec{u}_D = \vec{v}_A = \vec{v}_B = \vec{v}_D = \vec{0})$$

4) Como las funciones de desplazamiento son lineales, la diagonal continuará siendo una recta. Por tanto, podemos deducir geométricamente su longitud final a partir de las posiciones finales de sus extremos (el punto A no se desplaza, el punto C se desplaza 1 mm en las direcciones 1 y 2; por tanto, la longitud final es $1.001\sqrt{2}$ mm)

Alternativamente, integrando la deformación longitudinal unitaria:

$$l_f = l_0 + \Delta l = 1.000\sqrt{2} + \int_A^C \varepsilon_{AC} dl_{AC}$$

$$\varepsilon_{11} = X_2 t, \qquad \varepsilon_{22} = X_1 t, \qquad \varepsilon_{33} = 0, \qquad \varepsilon_{12} = \frac{1}{2}(X_1 + X_2)t, \qquad \varepsilon_{13} = \varepsilon_{23} = 0$$

$$\varepsilon_{AC} = \{n_{AC}\}^T [\varepsilon]\{n_{AC}\} = \{1/\sqrt{2} \quad 1/\sqrt{2} \quad 0\} \begin{bmatrix} X_2 t & (X_1 + X_2)t/2 & 0 \\ (X_1 + X_2)t/2 & X_1 t & 0 \\ 0 & 0 & 0 \end{bmatrix} \begin{Bmatrix} 1/\sqrt{2} \\ 1/\sqrt{2} \\ 0 \end{Bmatrix} =$$

$$= (X_1 + X_2)t$$

como la diagonal AC es la recta $X_1 = X_2$, y para $t = 10^{-6}$ s, tenemos $\varepsilon_{AC} = 2X_i \cdot 10^{-6}$.

Finalmente, con $dl_{AC} = \sqrt{2} dX_1$:

$$l_f = l_0 + \Delta l = 1.000\sqrt{2} + \int_{X_1=0}^{X_1=1000} \left(2X_1 10^{-6}\right) \cdot \sqrt{2} dX_1 = 1.000\sqrt{2} + 2\sqrt{2} \cdot 10^{-6} \frac{1.000^2}{2} =$$

$$= 1.001\sqrt{2} = 1.415,6 \text{ mm}$$

5) Calculamos el tensor tensión a partir del tensor deformación y las ecuaciones de Lamé:

$$\lambda = \frac{E\nu}{(1+\nu)(1-2\nu)} = 40.385 \text{N/mm}^2 \qquad G = \frac{E}{2(1+\nu)} = 26.923 \text{N/mm}^2$$

$$\sigma_{11} = \lambda \varepsilon_V + 2G\varepsilon_{11} = \left(\lambda(X_2 + X_1) + 2GX_2\right)t \qquad \sigma_{12} = 2G\varepsilon_{12} = G(X_1 + X_2)t$$

$$\sigma_{22} = \lambda \varepsilon_V + 2G\varepsilon_{22} = \left(\lambda(X_2 + X_1) + 2GX_1\right)t \qquad \sigma_{13} = \sigma_{23} = 0$$

$$\sigma_{33} = \lambda \varepsilon_V = \lambda(X_2 + X_1)t$$

Puesto que todas las funciones de tensión son linealmente crecientes con las X (siempre positivas), la tensión normal máxima σ_I (material frágil) aumenta con las X.

Así, el punto de la placa donde las tensiones son más elevadas es C ($X_1 = X_2 = 1.000$ mm).

Para $t = 10^{-6}$ s:

$$[\sigma]=\begin{bmatrix}134{,}6 & 53{,}8 & 0\\ 53{,}8 & 134{,}6 & 0\\ 0 & 0 & 80{,}8\end{bmatrix}\text{N/mm}^2$$

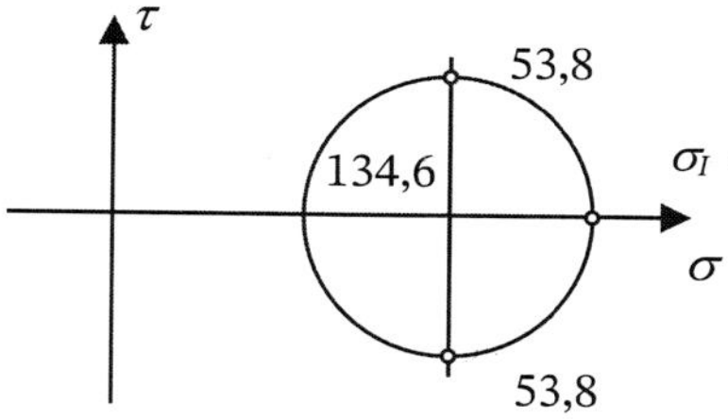

σ_I = 134,6+53,8 = 188,5 N/mm²

la tensión principal máxima es $\sigma_I = 188{,}5\ \text{N/mm}^2$. El coeficiente de seguridad es

$$\gamma=\frac{\sigma_e}{\sigma_{eq}}=\frac{\sigma_e}{\sigma_I}=\frac{300}{188{,}5}=1{,}6$$

Problema 5

1)

	$\vec{x}=\vec{x}(\vec{X},t)$		$\vec{X}=\vec{X}(\vec{x},t)$
$u_1=x_1\left(1-e^{-t}\right)=x_1-X_1$	$X_1=x_1e^{-t}$	$\rightarrow$	$x_1=X_1e^{t}$
$u_2=x_2\left(1-e^{t}\right)=x_2-X_2$	$X_2=x_2e^{t}$	$\rightarrow$	$x_2=X_2e^{-t}$
$u_3=0\qquad\qquad=x_3-X_3$	$X_3=x_3$	$\rightarrow$	$x_3=X_3$

2) $det[F]=\begin{vmatrix}e^t & 0 & 0\\ 0 & e^{-t} & 0\\ 0 & 0 & 1\end{vmatrix}=1>0$, siempre es físicamente posible

3) $\vec{v}(\vec{X},t)=\begin{Bmatrix}X_1e^t\\ -X_2e^{-t}\\ 0\end{Bmatrix}\rightarrow\ \vec{v}(\vec{x},t)=\begin{Bmatrix}x_1\\ -x_2\\ 0\end{Bmatrix}\rightarrow\ [D]=\frac{1}{2}\left[\frac{\partial v_i}{\partial x_j}+\frac{\partial v_j}{\partial x_i}\right]=\begin{bmatrix}1 & 0 & 0\\ 0 & -1 & 0\\ 0 & 0 & 0\end{bmatrix}\ \text{s}^{-1}$

La velocidad de deformación longitudinal de las direcciones de referencia en cualquier punto del espacio es de ±100% por segundo (dir1: alargamiento, dir2: acortamiento) y la velocidad de deformación transversal es nula.

4) $$[C]=[F]^T[F]=\begin{bmatrix} e^{2t} & 0 & 0 \\ 0 & e^{-2t} & 0 \\ 0 & 0 & 1 \end{bmatrix}$$

Las direcciones de referencia no se distorsionan, son principales; por tanto, la máxima distorsión la experimentarán sus bisectrices ($1'$ y $2'$). El valor del ángulo final

$$\phi : \cos(\phi)=\frac{\vec{N}_{1'}[C]\vec{N}_{2'}}{\lambda_{1'}\lambda_{2'}}, \text{ donde } \vec{N}_{1'}=\begin{Bmatrix} 1 \\ 1 \\ 0 \end{Bmatrix}\frac{1}{\sqrt{2}} \quad \text{y} \quad \vec{N}_{2'}=\begin{Bmatrix} 1 \\ -1 \\ 0 \end{Bmatrix}\frac{1}{\sqrt{2}}$$

$$\cos(\phi)=\frac{\dfrac{-e^{2t}+e^{-2t}}{2}}{\dfrac{e^{2t}+e^{-2t}}{2}}=\frac{e^{-2t}-e^{2t}}{e^{-2t}+e^{2t}}$$

la distorsión angular será, en radianes: $\phi-\dfrac{\pi}{2}$

5) Para t = 0,1 s las ratios de extensión de los ejes son $\lambda_1=e^{0,1}=1{,}1$ y $\lambda_2=e^{-0,1}=0{,}9$ Por tanto, las longitudes finales de los lados son 1,1 mm y 0,9 mm. Los ángulos se mantienen rectos y el volumen se conserva porque el determinante del jacobiano es siempre 1. La deformación

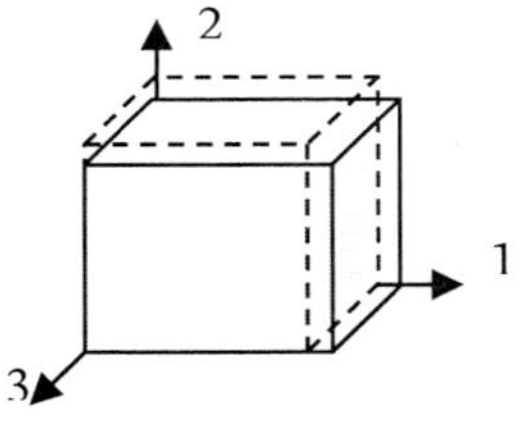

6) $$\vec{u}(\vec{X},t)=\begin{Bmatrix} X_1(e^t-1) \\ X_2(e^{-t}-1) \\ 0 \end{Bmatrix} \qquad [\varepsilon]=\frac{1}{2}\left[\frac{\partial u_i}{\partial X_j}+\frac{\partial u_j}{\partial X_i}\right]=\begin{bmatrix} e^t-1 & 0 & 0 \\ 0 & e^{-t}-1 & 0 \\ 0 & 0 & 0 \end{bmatrix}$$

y, con las ecuaciones de Lamé, $\lambda=\dfrac{\text{E}\nu}{(1+\nu)(1-2\nu)}$ $\qquad$ $\text{G}=\dfrac{\text{E}}{2(1+\nu)}$

$$[\sigma]=\begin{bmatrix} 96{,}7 & 0 & 0 \\ 0 & -85{,}4 & 0 \\ 0 & 0 & 1{,}14 \end{bmatrix}$$

Las fuerzas de volumen son nulas $\nabla[\sigma]+\vec{b}=0$

7) $\tau_{\text{máx}} = 91 \text{ N/mm}^2$

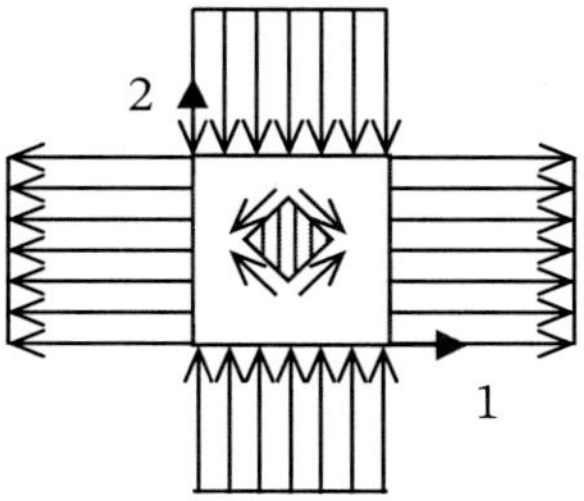

Problema 6

$$u_1 = -\frac{1}{R}X_1X_2$$

$$u_2 = \frac{1}{2R}X_1^2 + \frac{\upsilon}{2R}(X_2^2 - X_3^2)$$

$$u_3 = \frac{\upsilon}{R}X_2X_3$$

$E = 2{\cdot}10^4$ MPa

$\upsilon = 0.2$

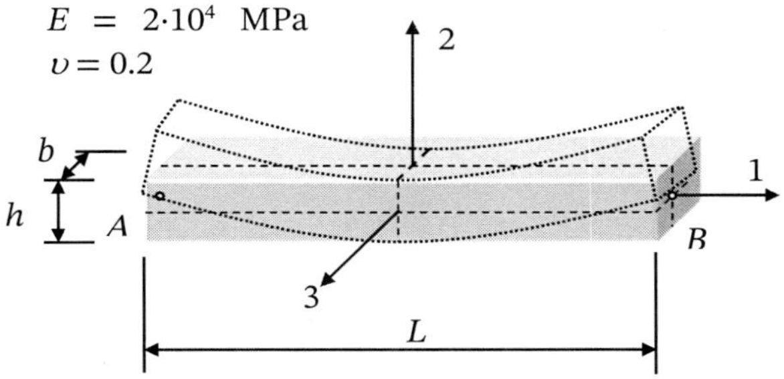

Datos:

R	h	b	L
10^4	100	100	1.000

1) Tensor deformación

$$\varepsilon_{11} = \frac{\partial u_1}{\partial X_1} = -\frac{1}{R}X_2 \qquad \varepsilon_{12} = \frac{1}{2}\left(\frac{\partial u_1}{\partial X_2} + \frac{\partial u_2}{\partial X_1}\right) = \frac{1}{2}\left(-\frac{1}{R}X_1 + \frac{1}{R}X_1\right) = 0$$

$$\varepsilon_{22} = \frac{\partial u_2}{\partial X_2} = \frac{\upsilon}{R}X_2 \qquad \varepsilon_{13} = \frac{1}{2}\left(\frac{\partial u_1}{\partial X_3} + \frac{\partial u_3}{\partial X_1}\right) = 0$$

$$\varepsilon_{33} = \frac{\partial u_3}{\partial X_3} = \frac{\upsilon}{R}X_2 \qquad \varepsilon_{23} = \frac{1}{2}\left(\frac{\partial u_2}{\partial X_3} + \frac{\partial u_3}{\partial X_2}\right) = \frac{1}{2}\left(-\frac{\upsilon}{R}X_3 + \frac{\upsilon}{R}X_3\right) = 0$$

$$[\varepsilon]=\begin{bmatrix} -\dfrac{X_2}{R} & 0 & 0 \\ 0 & \dfrac{\upsilon X_2}{R} & 0 \\ 0 & 0 & \dfrac{\upsilon X_2}{R} \end{bmatrix}$$

2) Deformación transversal máxima

$$g_{máx}=\frac{\varepsilon_I-\varepsilon_{III}}{2}=\frac{X_2}{2R}(1+\upsilon)=\frac{h}{4R}(1+\upsilon)=0.003$$

3) Lugar geométrico donde se produce $g_{máx}$

Caras superior e inferior,

donde X_2 es máxima y mínima:

$X_2 = h/2$ y $X_2 = -h/2$

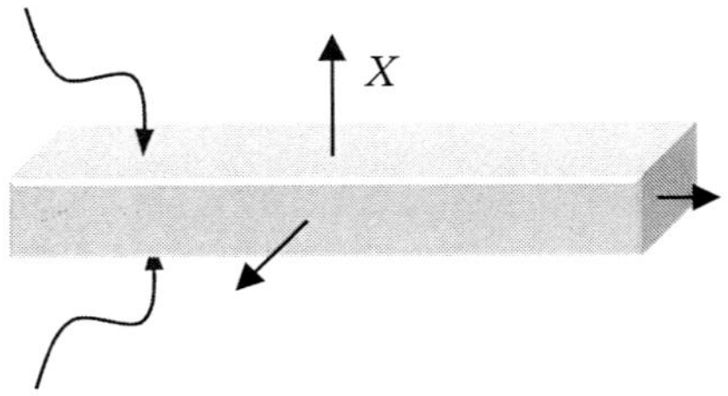

4) Tensor tensión

$$\begin{aligned}\sigma_{11}&=\lambda(\varepsilon_{11}+\varepsilon_{22}+\varepsilon_{33})+2G\varepsilon_{11}=\lambda\varepsilon_{11}(1-2\upsilon)+2G\varepsilon_{11}=\varepsilon_{11}E\\ \sigma_{22}&=\lambda(\varepsilon_{11}+\varepsilon_{22}+\varepsilon_{33})+2G\varepsilon_{22}=\lambda\varepsilon_{11}(1-2\upsilon)-2G\upsilon\varepsilon_{11}=0\\ \sigma_{33}&=\lambda(\varepsilon_{11}+\varepsilon_{22}+\varepsilon_{33})+2G\varepsilon_{33}=\lambda\varepsilon_{11}(1-2\upsilon)-2G\upsilon\varepsilon_{11}=0\end{aligned}$$

$$[\sigma]=\begin{bmatrix} -E\dfrac{X_2}{R} & 0 & 0 \\ 0 & 0 & 0 \\ 0 & 0 & 0 \end{bmatrix}$$

5) Tensiones máximas de tracción y de compresión

Tracción (>0) máxima cuando X_2 es máxima y negativa:

$X_2 = -h/2$ $\sigma_I = Eh/2R = 100$ MPa

Compresión (<0) máxima cuando X_2 es máxima y positiva:

$X_2 = h/2$ $\sigma_{III} = -Eh/2R = -100$ MPa

6) Lugar geométrico donde se producen

Caras superior (compresión)

e inferior (tracción)

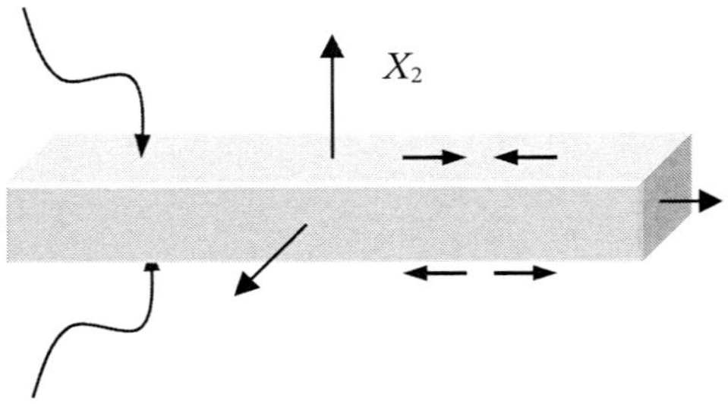

7) El vector rotación

$$\omega_1 = \frac{1}{2}\left(\frac{\partial u_3}{\partial X_2} - \frac{\partial u_2}{\partial X_3}\right) = \frac{1}{2}\left(\frac{\upsilon}{R}X_3 + \frac{\upsilon}{R}X_3\right) = \frac{\upsilon X_3}{R}$$

$$\omega_2 = \frac{1}{2}\left(\frac{\partial u_1}{\partial X_3} - \frac{\partial u_3}{\partial X_1}\right) = 0 \qquad \vec{\omega} = \begin{Bmatrix} \upsilon X_3 / R \\ 0 \\ X_1 / R \end{Bmatrix}$$

$$\omega_3 = \frac{1}{2}\left(\frac{\partial u_2}{\partial X_1} - \frac{\partial u_1}{\partial X_2}\right) = \frac{1}{2}\left(\frac{1}{R}X_1 + \frac{1}{R}X_1\right) = \frac{X_1}{R}$$

8)Lugar geométrico donde se dan las máximas componentes de rotación

$$\omega_{1màx} = \frac{\upsilon X_{3màx}}{R} = \frac{\pm\upsilon b}{2R} = \pm 0{,}001 \quad \text{rad}\left(\text{para } X_3 = \pm b\right)$$

$$\omega_{3màx} = \frac{X_{1màx}}{R} = \frac{\pm L}{2R} = \pm 0{,}05 \quad \text{rad}\left(\text{para } X_L = \pm L\right)$$

9) Giro de los puntos A(L,0,0) y B(L,0,0)

$$\vec{\omega}_A = \begin{Bmatrix} 0 \\ 0 \\ -0{,}05 \end{Bmatrix} \text{rad} \qquad \vec{\omega}_A = \begin{Bmatrix} 0 \\ 0 \\ 0{,}05 \end{Bmatrix} \text{rad}$$

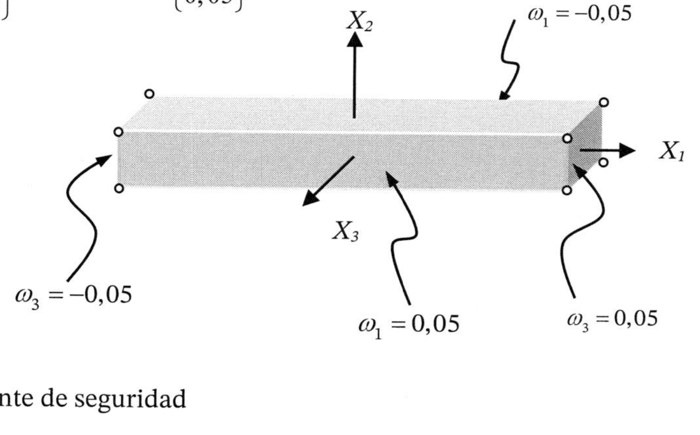

10) Coeficiente de seguridad

$$\gamma_S = \frac{\sigma_e}{\sigma_{eq}} = \frac{260}{EX_{2máx} / R} = \frac{260}{Eh / 2R} = \frac{260}{100} = 2{,}6$$

(para los valores extremos de $X_2 = \pm$ h/2)

Problema 7

1)
$$\begin{cases} u_1 = aX_1 + 400 \cdot 10^{-6} X_3 \\ u_2 = -900 \cdot 10^{-6} X_2 \\ u_3 = X_3 c + bX_2 - d \cdot 200 \cdot 10^{-6} X_1 \end{cases}$$

Deformación plana (plano 1-2):

$$\varepsilon_{33} = \frac{\partial u_3}{\partial X_3} = c = 0 \qquad \varepsilon_{13} = \left(\frac{\partial u_1}{\partial X_3} + \frac{\partial u_3}{\partial X_1}\right) = \left(400 \cdot 10^{-6} - d \cdot 200 \cdot 10^{-6}\right) = 0 \qquad d = 2$$

$$\varepsilon_{23} = \left(\frac{\partial u_2}{\partial X_3} + \frac{\partial u_3}{\partial X_2}\right) = b = 0$$

No hay deformación volumétrica:

$$\varepsilon_v = \frac{\partial u_1}{\partial X_1} + \frac{\partial u_2}{\partial X_2} + \frac{\partial u_3}{\partial X_3} = a - 900 \cdot 10^{-6} + c = 0 \qquad a = 900 \cdot 10^{-6}$$

2)

$$[\Omega] = \begin{bmatrix} 0 & \frac{1}{2}\left(\frac{\partial u_1}{\partial X_2} - \frac{\partial u_2}{\partial X_1}\right) & \frac{1}{2}\left(\frac{\partial u_1}{\partial X_3} - \frac{\partial u_3}{\partial X_1}\right) \\ \frac{1}{2}\left(\frac{\partial u_2}{\partial X_1} - \frac{\partial u_1}{\partial X_2}\right) & 0 & \frac{1}{2}\left(\frac{\partial u_2}{\partial X_3} - \frac{\partial u_3}{\partial X_2}\right) \\ \frac{1}{2}\left(\frac{\partial u_3}{\partial X_1} - \frac{\partial u_1}{\partial X_3}\right) & \frac{1}{2}\left(\frac{\partial u_3}{\partial X_2} - \frac{\partial u_2}{\partial X_3}\right) & 0 \end{bmatrix} = \begin{bmatrix} 0 & 0 & 400 \\ 0 & 0 & 0 \\ -400 & 0 & 0 \end{bmatrix} \cdot 10^{-6}$$

$$\vec{\omega} = \begin{Bmatrix} 0 \\ 400 \\ 0 \end{Bmatrix} \cdot 10^{-6}$$

$$[\varepsilon] = \begin{bmatrix} \frac{\partial u_1}{\partial X_1} & \frac{1}{2}\left(\frac{\partial u_1}{\partial X_2} + \frac{\partial u_2}{\partial X_1}\right) & \frac{1}{2}\left(\frac{\partial u_1}{\partial X_3} + \frac{\partial u_3}{\partial X_1}\right) \\ id & \frac{\partial u_2}{\partial X_2} & \frac{1}{2}\left(\frac{\partial u_2}{\partial X_3} - \frac{\partial u_3}{\partial X_2}\right) \\ id & id & \frac{\partial u_3}{\partial X_3} \end{bmatrix} = \begin{bmatrix} 900 & 0 & 0 \\ 0 & -900 & 0 \\ 0 & 0 & 0 \end{bmatrix} \mu\varepsilon$$

por tanto:

$l_{1final} = l_{1o}\cdot(1+\varepsilon_{11}) = 1{,}0009\cdot l_{1o}$ $\quad l_{2final} = l_{2o}\cdot(1+\varepsilon_{22}) = 0{,}9991\cdot l_{2o}$ $\quad l_{3final} = l_{3o}$

Como condición impuesta en el enunciado, el volumen final debe ser igual al inicial.

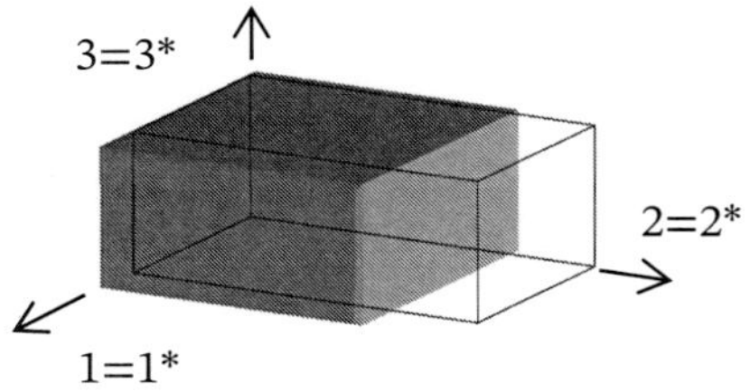

3) $\left[\sigma\right] = \lambda\varepsilon_V\left[I\right] + \dfrac{E}{1+\nu}\left[\varepsilon\right]$ $\qquad \tau_{màx} = \dfrac{\sigma_I - \sigma_{III}}{2} = \dfrac{160{,}7+160{,}7}{2} = 160{,}7 \text{ N/mm}^2$

$$\left.\begin{aligned}\sigma_{1*} &= \frac{E}{1+\nu}\varepsilon_{1*} = 160{,}7 \text{ N/mm}^2\\ \sigma_{2*} &= \frac{E}{1+\nu}\varepsilon_{2*} = -160{,}7 \text{ N/mm}^2\\ \sigma_{3*} &= \frac{E}{1+\nu}\varepsilon_{3*} = 0\end{aligned}\right\} \vec{t} = \left[\sigma\right]\vec{n} = \begin{bmatrix}160{,}7 & 0 & 0\\ 0 & -160{,}7 & 0\\ 0 & 0 & 0\end{bmatrix}\begin{Bmatrix}1/\sqrt{2}\\ 1/\sqrt{2}\\ 0\end{Bmatrix} = \begin{Bmatrix}160{,}7/\sqrt{2}\\ -160{,}7/\sqrt{2}\\ 0\end{Bmatrix}$$

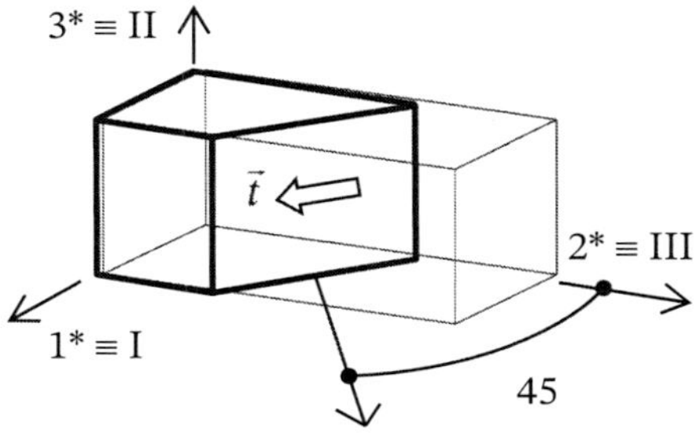

4) $\sigma_{eq} = máx\left(\left|\sigma_{i*}\right|\right) = 160{,}7 \text{ N/mm}^2$ $\qquad \sigma_{eq} = 2\tau_{máx} = \sigma_I - \sigma_{III} = 321{,}4 \text{ N/mm}^2$

$\gamma_S = \dfrac{200}{160{,}7} = 1{,}24$ $\qquad \gamma_S = \dfrac{200}{321{,}4} = 0{,}62$! Fallo elástico!

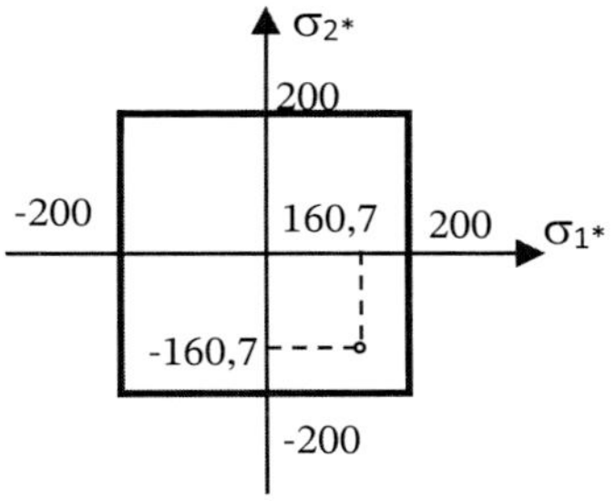

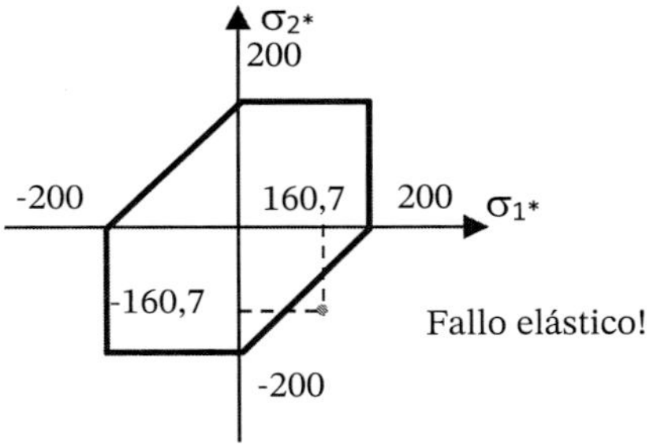

Problema 8

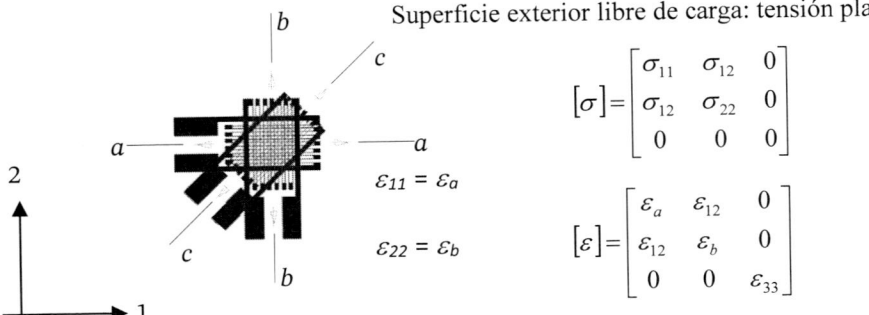

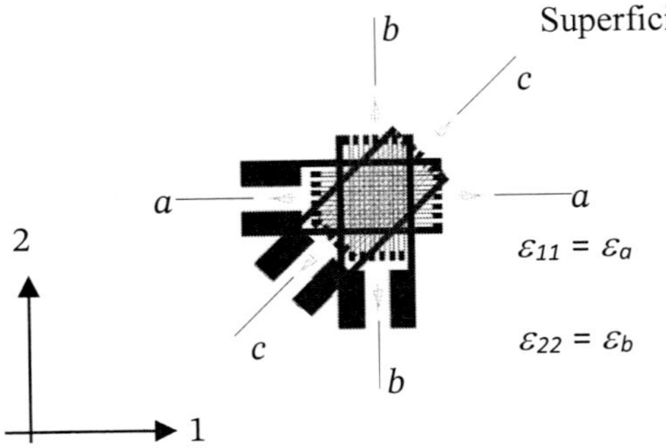

Superficie exterior libre de carga: tensión plana

$$[\sigma] = \begin{bmatrix} \sigma_{11} & \sigma_{12} & 0 \\ \sigma_{12} & \sigma_{22} & 0 \\ 0 & 0 & 0 \end{bmatrix}$$

$$[\varepsilon] = \begin{bmatrix} \varepsilon_a & \varepsilon_{12} & 0 \\ \varepsilon_{12} & \varepsilon_b & 0 \\ 0 & 0 & \varepsilon_{33} \end{bmatrix}$$

1) Deformaciones transversales g de las direcciones a y b:

De ε_c obtenemos ε_{12} ($g_a = g_b = \varepsilon_{12}$):

$$\varepsilon_c = \vec{n}_c \cdot \vec{d}_c = \vec{n}_c^T [\varepsilon] \cdot \vec{n}_c = \begin{pmatrix} 1/\sqrt{2} & 1/\sqrt{2} & 0 \end{pmatrix} \begin{bmatrix} \varepsilon_a & \varepsilon_{12} & 0 \\ \varepsilon_{12} & \varepsilon_b & 0 \\ 0 & 0 & \varepsilon_{33} \end{bmatrix} \begin{Bmatrix} 1/\sqrt{2} \\ 1/\sqrt{2} \\ 0 \end{Bmatrix} =$$

$$= \begin{pmatrix} 1/\sqrt{2} & 1/\sqrt{2} & 0 \end{pmatrix} \cdot \begin{Bmatrix} \varepsilon_a/\sqrt{2} + \varepsilon_{12}/\sqrt{2} \\ \varepsilon_{12}/\sqrt{2} + \varepsilon_b/\sqrt{2} \\ 0 \end{Bmatrix} = \frac{\varepsilon_a + \varepsilon_b}{2} + \varepsilon_{12} \Rightarrow \varepsilon_{12} = \varepsilon_c - \frac{\varepsilon_a + \varepsilon_b}{2} = 464{,}29 \cdot 10^{-6}$$

2) Componentes intrínsecas normal σ y tangencial τ, de los vectores tensión $\vec{t}_a, \vec{t}_b$ (N/mm^2)

Según la ley de Hooke:

$$\varepsilon_{11} = \frac{1}{E}(\sigma_{11} - \nu\sigma_{22})$$
$$\varepsilon_{22} = \frac{1}{E}(\sigma_{22} - \nu\sigma_{11})$$

de donde:

$$\sigma_{11} = \sigma_a = \frac{E}{(1-\nu^2)}(\varepsilon_{11} + \nu\varepsilon_{22}) = 154{,}90 \text{ N/mm}^2$$
$$\sigma_{22} = \sigma_b = \frac{E}{(1-\nu^2)}(\varepsilon_{22} + \nu\varepsilon_{11}) = \text{-}104{,}90 \text{ N/mm}^2$$

y $\sigma_{12} = \tau_a = \tau_b = 2G \cdot \varepsilon_{12} = 75 \text{N/mm}^2$

3) Componentes intrínsecas del vector tensión con

$\tau_{\text{máx}}$. $\left(= \dfrac{\sigma_I - \sigma_{III}}{2}\right)$ (N/mm²)

$$\sigma_{1^*,2^*} = \frac{\sigma_{11} + \sigma_{22}}{2} \pm \sqrt{\left(\frac{\sigma_{11} - \sigma_{22}}{2}\right)^2 + \sigma_{12}^2} = \begin{cases} \sigma_I \\ \sigma_{III} \end{cases} \Rightarrow \tau_{\text{máx}} = 150{,}00$$

$$\sigma = \frac{\sigma_I + \sigma_{III}}{2} = 25\,\text{N/mm}^2 \text{ (centro del círculo de Mohr)}$$

$$\tan\theta_{1-1^*} = \frac{\sigma_{12}}{\sigma_{11} - \sigma_{2^*}} \Rightarrow \theta_{1-1^*} = 15^{\text{o}}$$

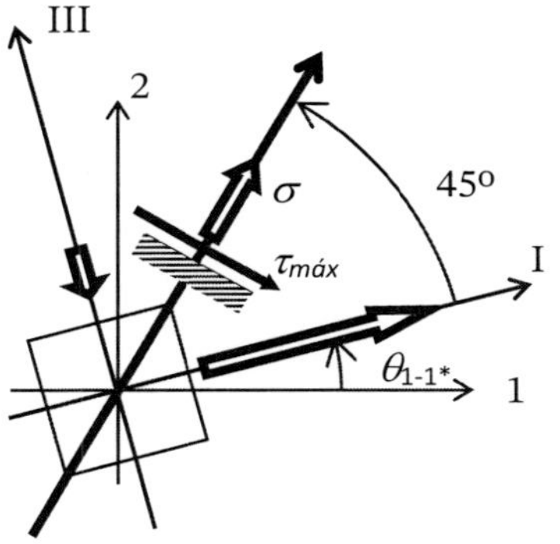

4) Tensión normal de límite elástico σ_e (N/mm²) necesaria para $\gamma_S = 1{,}5$

Criterio de Tresca ($\tau_{máx}$) $\sigma_e = \gamma_S \cdot \sigma_{eq} = \gamma_S \cdot 2\tau_{máx} = 1{,}5 \cdot 2 \cdot 150 = 450{,}00$

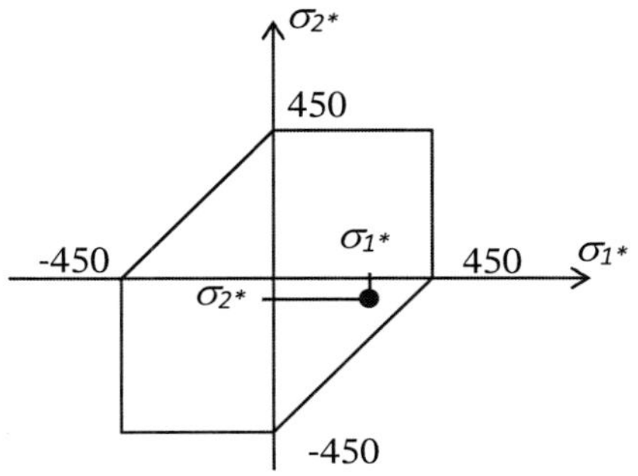

Problema 9

1) El estado de deformación de una partícula sólo depende de los *movimientos relativos* entre la partícula y las de su entorno. No depende de los movimientos absolutos de traslación y rotación.

2) "Superficie exterior libre de carga" $\Rightarrow$ la dirección normal al plano de la lona es principal 3* con $\sigma_{3^*} = 0$ (tensión plana).

$\varepsilon_{oa} = \varepsilon_{ob} = \dfrac{l_{ob} - 10}{10}$; $\varepsilon_{oc} = \dfrac{l_{oc} - 10}{10}$ podemos resolverlo analíticamente o gráficamente.

Analíticamente:

$$[\varepsilon] = \begin{bmatrix} \varepsilon_{11} & \varepsilon_{12} & 0 \\ \varepsilon_{12} & \varepsilon_{22} & 0 \\ 0 & 0 & \varepsilon_{3^*} \end{bmatrix} = \begin{bmatrix} \varepsilon_{oa} & \varepsilon_{12} & 0 \\ \varepsilon_{12} & \varepsilon_{22} & 0 \\ 0 & 0 & \varepsilon_{3^*} \end{bmatrix}$$

ε_{ii} es la deformación longitudinal unitaria de la dirección *i*, variación de longitud en tanto por uno.

$\varepsilon_{ij} \equiv \varepsilon_{ji}$ son las deformaciones transversales unitarias de los ejes *i* y *j* en el plano *i-j*.

$$\varepsilon_{ob} = \vec{N}_{ob}^T [\varepsilon] \vec{N}_{ob} = \begin{pmatrix} \cos 60 & \sin 60 & 0 \end{pmatrix} \begin{bmatrix} \varepsilon_{oa} & \varepsilon_{12} & 0 \\ \varepsilon_{12} & \varepsilon_{22} & 0 \\ 0 & 0 & \varepsilon_{3^*} \end{bmatrix} \begin{Bmatrix} \cos 60 \\ \sin 60 \\ 0 \end{Bmatrix} = \frac{\varepsilon_{oa}}{4} + \varepsilon_{12} \frac{\sqrt{3}}{2} + \frac{3\varepsilon_{22}}{4} = \varepsilon_{ob}$$

$$\varepsilon_{oc} = \vec{N}_{oc}^T [\varepsilon] \vec{N}_{oc} = \begin{pmatrix} \cos 60 & -\sin 60 & 0 \end{pmatrix} \begin{bmatrix} \varepsilon_{oa} & \varepsilon_{12} & 0 \\ \varepsilon_{12} & \varepsilon_{22} & 0 \\ 0 & 0 & \varepsilon_{3^*} \end{bmatrix} \begin{Bmatrix} \cos 60 \\ -\sin 60 \\ 0 \end{Bmatrix} = \frac{\varepsilon_{oa}}{4} - \varepsilon_{12} \frac{\sqrt{3}}{2} + \frac{3\varepsilon_{22}}{4} = \varepsilon_{oc}$$

De aquí: $\varepsilon_{12} = \dfrac{\varepsilon_{ob} - \varepsilon_{oc}}{\sqrt{3}}$ $\quad \varepsilon_{22} = \dfrac{2(\varepsilon_{ob} + \varepsilon_{oc}) - \varepsilon_{oa}}{3} = \dfrac{\varepsilon_{oa} + 2\varepsilon_{oc}}{3}$

3) $\varepsilon_{33} = -\dfrac{\upsilon}{E}(\sigma_{11} + \sigma_{22})$ ----------> $\varepsilon_{33} = \dfrac{-\upsilon}{1-\upsilon}(\varepsilon_{11} + \varepsilon_{22})$, lo expresamos en tanto por ciento multiplicando por 100.

$$\varepsilon_{11} = \frac{1}{E}(\sigma_{11} - \upsilon\sigma_{22}) \qquad \varepsilon_{22} = \frac{1}{E}(\sigma_{22} - \upsilon\sigma_{11})$$

4) Los ejes de las elipses corresponden a los diámetros extremos, o sea, deformaciones extremas (deformaciones principales). Las direcciones de los ejes de las elipses corresponden a las direcciones principales (VEP del tensor deformación).

Del círculo de Mohr se ve claramente que la dirección oc es principal y, por tanto, su perpendicular. Respecte oa forman 30º y 60º.

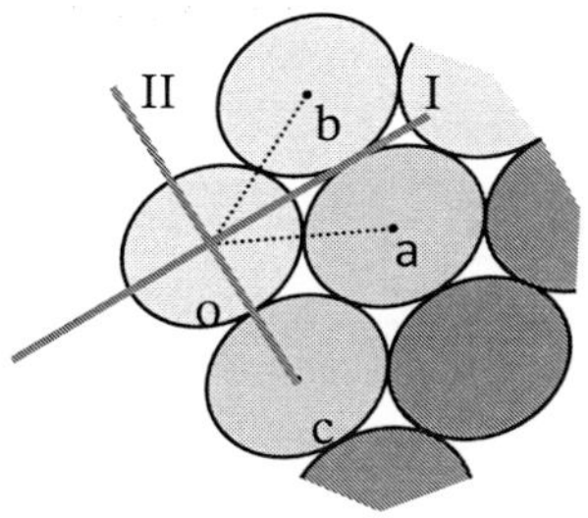

5) De las ecuaciones de Lamé (o Hooke) cuantificamos el estado de tensión.

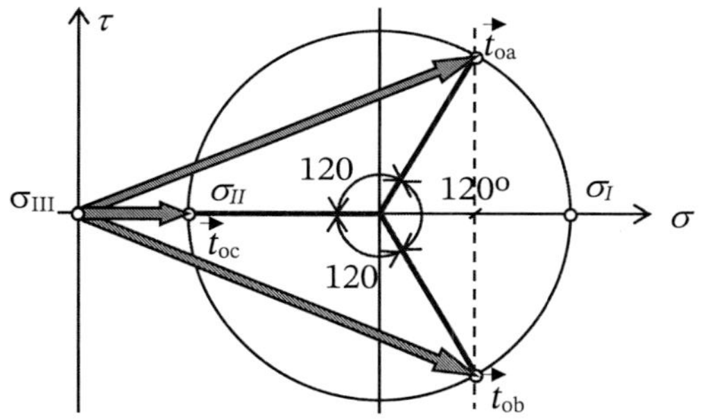

$$\sigma_I = \lambda\varepsilon_V + 2G\varepsilon_I$$

$$\sigma_{II} = \lambda\varepsilon_V + 2G\varepsilon_{II} = \sigma_{oc}$$

$$\sigma_{III} = 0$$

6) En el plano del dibujo (plano *I-II*) la $\tau_{\text{máx}} = (\sigma_I - \sigma_{II})/2$. Actúan sobre los planos con normales a 45º de *I* y *II*. La distorsión angular asociada es, según la ley de Hooke, $g_{\text{máx}} = \tau_{\text{máx}}(1+\nu)/E$ (o bien $g_{\text{máx}}=(\varepsilon_I-\varepsilon_{II})/2$). La distorsión angular es del doble de este valor: $\Delta\theta = (\varepsilon_I - \varepsilon_{II})$.

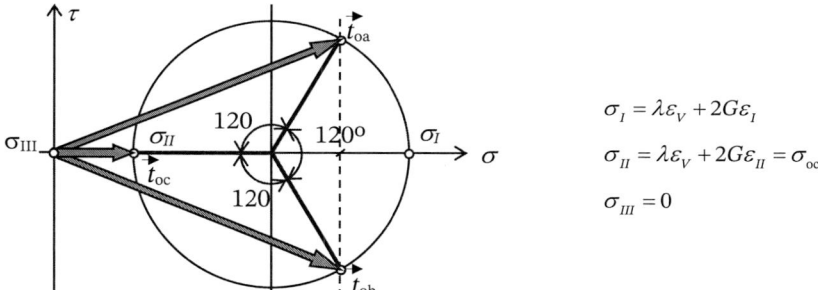

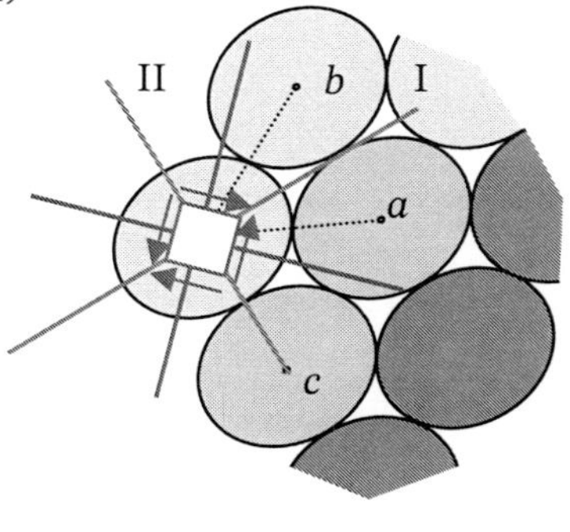

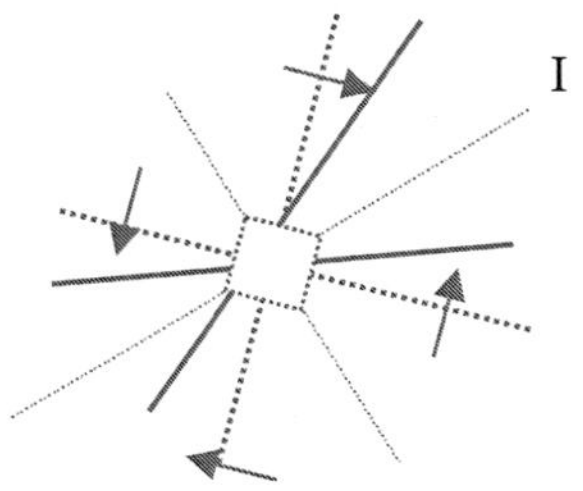

7) La ruptura por fragilización se produce en el plano donde actúa la *tensión principal máxima*:

(ya calculada en el apartado 5).

8) $\sigma_e = 1{,}5\ \sigma_{eq} = 1{,}5\ \sigma_I$

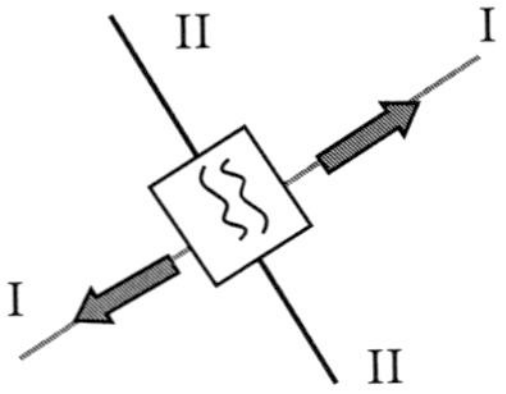

Nota: El apartado 2 se puede también resolver gráficamente:

Las direcciones oa, ob y oc forman inicialmente 60º, por tanto las componentes intrínsecas de deformación formarán 120º dentro del círculo de Mohr: dos de las deformaciones longitudinales son iguales ($\varepsilon_{oa}=\varepsilon_{ob}$); por tanto, del dibujo se deduce que la tercera es principal. El radio del círculo es:

$$\varepsilon_{oc} + R + R\cos 60 = \varepsilon_{oa} = \varepsilon_{11} \text{ ; por tanto,} \qquad R = 2\frac{\varepsilon_{oa} - \varepsilon_{oc}}{3}$$

$$\varepsilon_{12} = R\sin 60 = \frac{\varepsilon_{oa} - \varepsilon_{oc}}{\sqrt{3}}$$

$$\varepsilon_{22} = \varepsilon_{oa} - 2R\cos 60 = \frac{\varepsilon_{oa} + 2\varepsilon_{oc}}{3} \qquad [\varepsilon] = \begin{bmatrix} \varepsilon_{11} & \varepsilon_{12} & 0 \\ \varepsilon_{12} & \varepsilon_{22} & 0 \\ 0 & 0 & \varepsilon_{3*} \end{bmatrix}$$

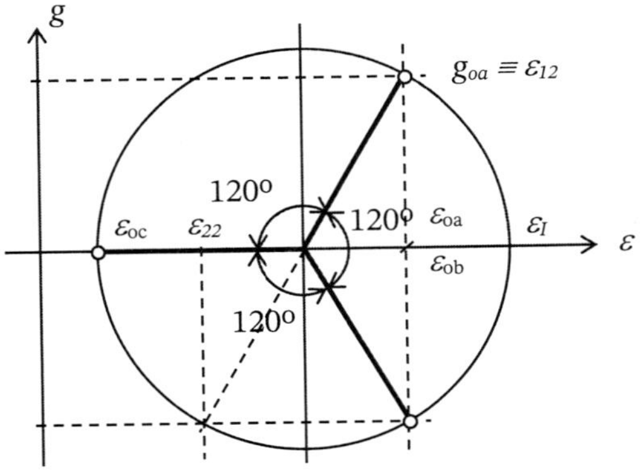

Problema 10

1) Gráficamente:

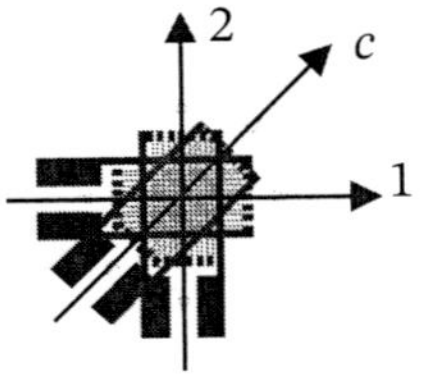

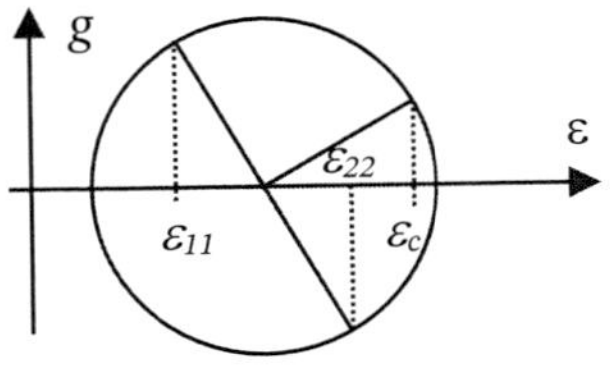

Si las deformaciones longitudinales de tres direcciones contenidas en un plano son iguales, también son iguales *todas* las del mismo plano. El círculo de Mohr es un punto (tensor circular).

Analíticamente:

$$[\varepsilon]=\begin{bmatrix} 3.000 & \varepsilon_{12} & 0 \\ \varepsilon_{12} & 3.000 & 0 \\ 0 & 0 & \varepsilon_{3*} \end{bmatrix}\mu\varepsilon \quad \varepsilon_c = 3.000 = \left(1/\sqrt{2} \;\; 1/\sqrt{2} \;\; 0\right)\begin{bmatrix} 3.000 & \varepsilon_{12} & 0 \\ \varepsilon_{12} & 3.000 & 0 \\ 0 & 0 & \varepsilon_{3*} \end{bmatrix}\begin{Bmatrix} 1/\sqrt{2} \\ 1/\sqrt{2} \\ 0 \end{Bmatrix}$$

$$\downarrow$$

$$\varepsilon_{12} = 0$$

Para hallar ε_{33} y el tensor tensión, se aplica la ley de Hooke (superficie libre de carga→tensión plana):

$$\left.\begin{aligned} 3.000{\cdot}10^{-6} &= \frac{1}{E}\left(\sigma_{11} - \nu\sigma_{22}\right) \\ 3.000{\cdot}10^{-6} &= \frac{1}{E}\left(\sigma_{22} - \nu\sigma_{11}\right) \end{aligned}\right\} \Longrightarrow$$

$$\Longrightarrow \quad \sigma_{11} = \sigma_{22} = \sigma_I = \sigma_{II} = \frac{E{\cdot}3.000{\cdot}10^{-6}}{(1-\nu)} = E{\cdot}5.000{\cdot}10^{-6} = 100\,\text{N/mm}^2$$

$$\varepsilon_{33} = \frac{-\nu}{E}\left(\sigma_{11} + \sigma_{22}\right) = \frac{-2\nu}{1-\nu}3.000{\cdot}10^{-6} = -4.000\,\mu\varepsilon$$

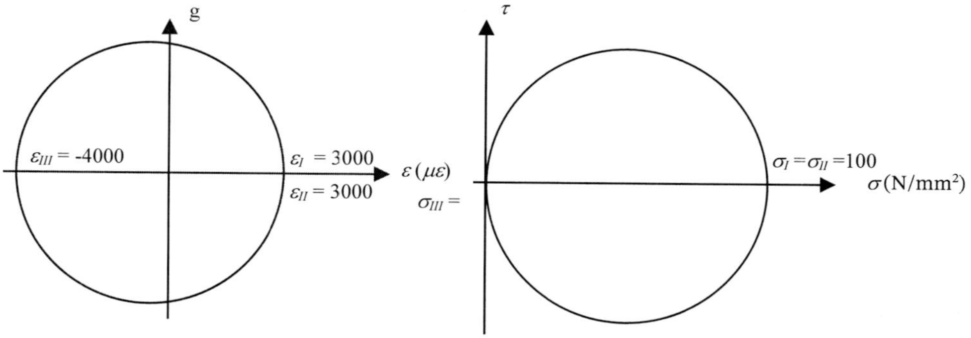

2) Es el elipsoide definido por los extremos de todos los vectores tensión posibles, que actúan a través de todos los diferenciales de superficie posibles, alrededor de un punto determinado.

En este caso, el elipsoide está degenerado a una circunferencia en el plano 1-2.

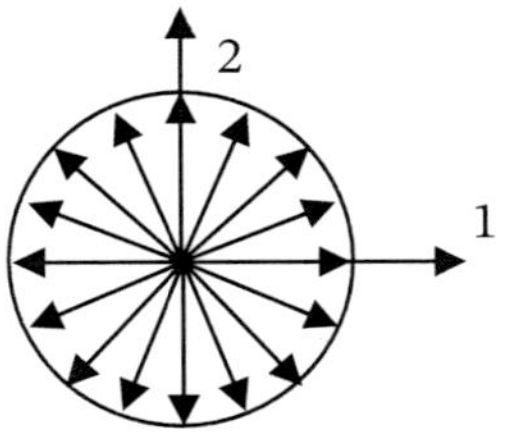

3) $\Delta grosor = grosor_0 \cdot \varepsilon_{33} = 10 \cdot (-4.000 \cdot 10^{-6}) = -0{,}04$ mm

4) $\sigma_I = \sigma_{II}$ actúa sobre cualquier plano de normal $\vec{n}$ contenida en el plano 1-2.

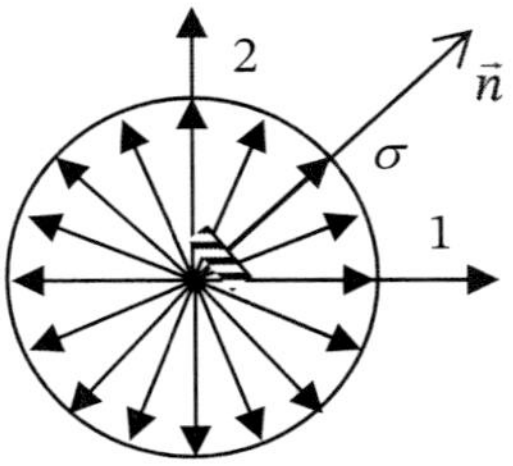

5) $\tau_{máx} = \dfrac{\sigma_I - \sigma_{III}}{2}$, actuando en los planos que forman 45º con *I* y *III*; por tanto, en cualquier plano a 45º con el plano 1-2.

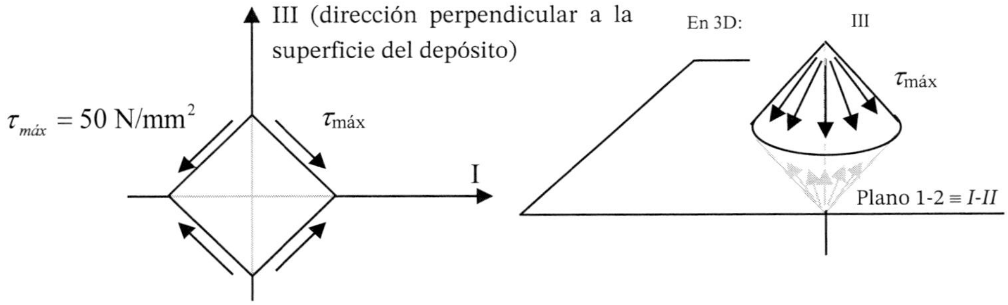

6) Rankine: descohesión del material, separación entre las partículas por tensión normal excesiva.

Tresca: deslizamiento de partículas causado por tensiones tangenciales excesivas.

Von Mises: deslizamiento de partículas por los planos octaédricos debido a una energía de distorsión excesiva.

7) Si el fallo se produce por deslizamiento entre la fibra y la resina, como las fibras están orientadas en todas direcciones, este deslizamiento se producirá en las que estén sometidas a la tensión tangencial máxima, es decir, a 45º de III.

$$\gamma_S = 2 = \frac{\sigma_e}{\sigma_{eq}} = \frac{\sigma_e}{\sigma_I - \sigma_{III}} = \frac{\sigma_e}{\sigma_I} \qquad \rightarrow \qquad \sigma_e = 2 \cdot \sigma_I = 200 \quad \text{N/mm}^2$$

8) Fragilización del material → *ruptura* por causa de σ_I →

$\sigma_{eq} = \sigma_e' = \sigma_I = 100 \quad \text{N/mm}^2$

El límite elástico del material envejecido σ'_e se ha reducido a la mitad.

9)

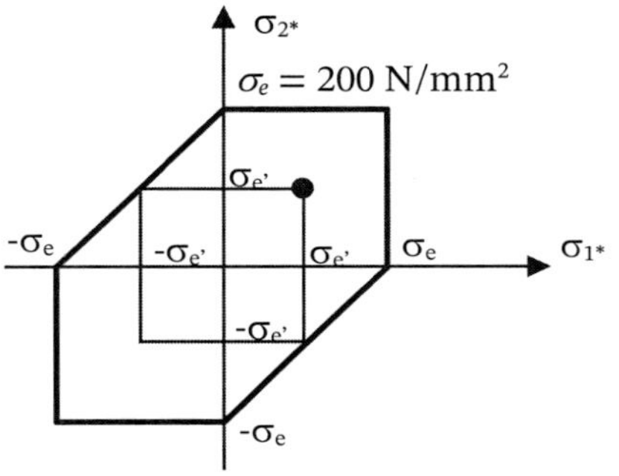

10) En cualquier dirección del plano 1-2, actúa la tensión normal máxima σ_I ; por tanto, las fisuras se producirán en direcciones arbitrarias dentro de este plano.

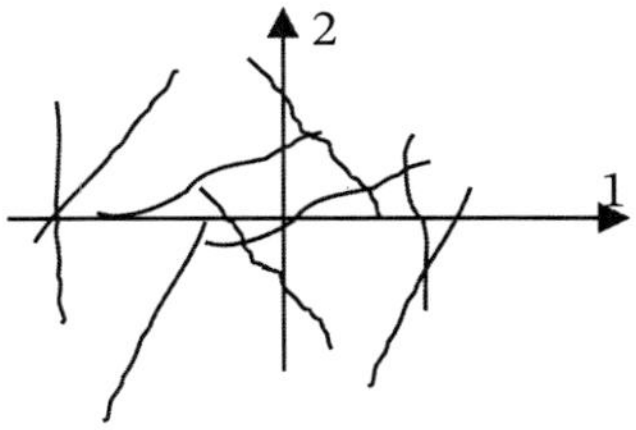

Problema 11

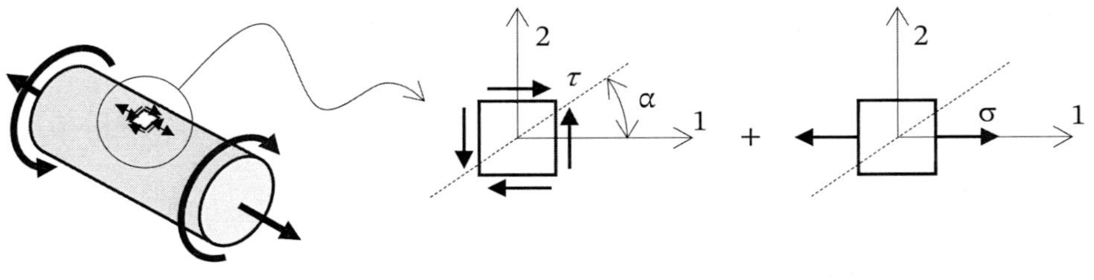

1) Se deben orientar en la dirección I principal de máxima tracción.

$\sigma = 2\tau$; por tanto:

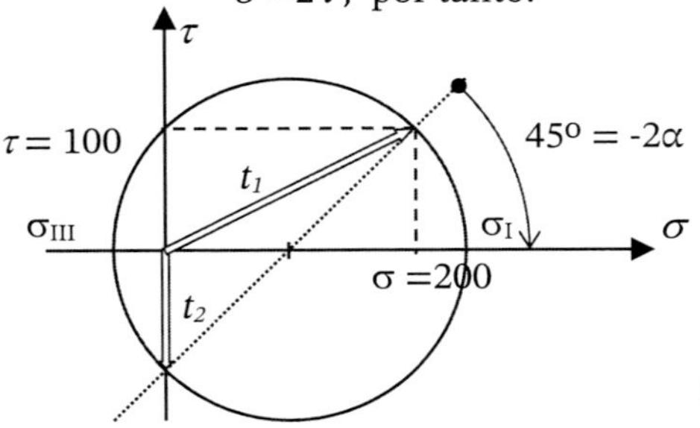

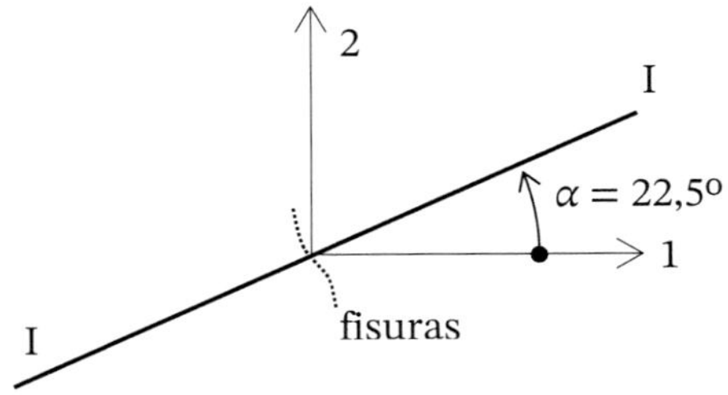

dirección de las fi-

2) Tensión de límite elástico de la resina (dúctil)

Criterio de Tresca:

$$\gamma_s = \frac{\sigma_e}{\sigma_{eq}} = \frac{\sigma_e}{\sigma_I - \sigma_{III}} = \frac{\sigma_e}{2 \cdot \tau\sqrt{2}} = 1{,}5$$

por tanto: $\sigma_e = 3\tau\sqrt{2} = 424 \text{ N/mm}^2$

3) Tensión de ruptura de las fibras

Criterio de Rankine:

$$\gamma_s = \frac{\sigma_e}{\sigma_{eq}} = \frac{\sigma_e}{\sigma_I} = \frac{\sigma_e}{\tau + \tau\sqrt{2}} = 1{,}5$$

por tanto $\sigma_e = 1{,}5\tau\left(1 + \sqrt{2}\right) = 362 \text{ N/mm}^2$

4) Resistencias mínimas al deslizamiento y a la separación entre la fibra y la resina.

Al estar las fibras orientadas en una dirección principal, *no soportan esfuerzo de deslizamiento.*

Al ser las tensiones normales perpendiculares a las fibras $\sigma_{II} = 0$ y $\sigma_{III} < 0$ (compresión), las fibras *no soportan esfuerzo de separación.*

5)

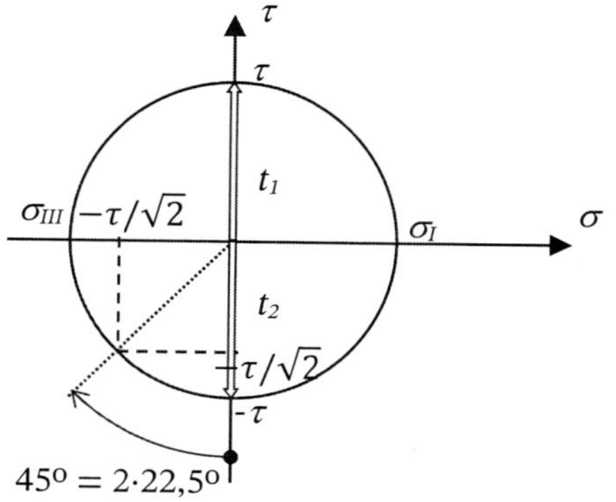

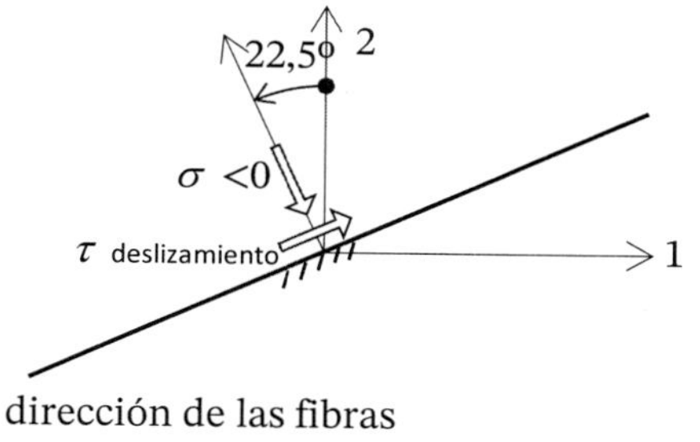

Fibras: la tensión normal que experimentan es ahora $-\tau/\sqrt{2}=70{,}7$ N/mm², menor que la requerida anteriormente.

Resina: las tensiones normal y tangencial máximas valen 100 N/mm², menores que las anteriores.

Deslizamiento/separación fibra-resina: la tensión normal perpendicular a las fibras continúa siendo de compresión; por tanto, no se separan.

La tensión asociada al deslizamiento es $\tau/\sqrt{2}=70{,}7$ N/mm². Para mantener el coeficiente de seguridad en 1,5 es necesaria una resistencia al deslizamiento de $1{,}5{\cdot}\tau/\sqrt{2}=106$ N/mm².

Problema 12

1) En todas las superficies en contacto con el fluido, actúa una presión en dirección normal a la superficie y de valor proporcional a la profundidad:

En la cara superior, actúa la presión del fluido más la presión debida a la fuerza F uniformemente distribuida $\rho_f{\cdot}g{\cdot}h_f + F/A$

Debido a la acción gravitatoria, todos los puntos de la columna están sometidos a una fuerza de volumen en dirección vertical 3, de valor:

$$\vec{b}=\begin{Bmatrix} 0 \\ 0 \\ \rho_c g \end{Bmatrix} \text{N/m}^3$$

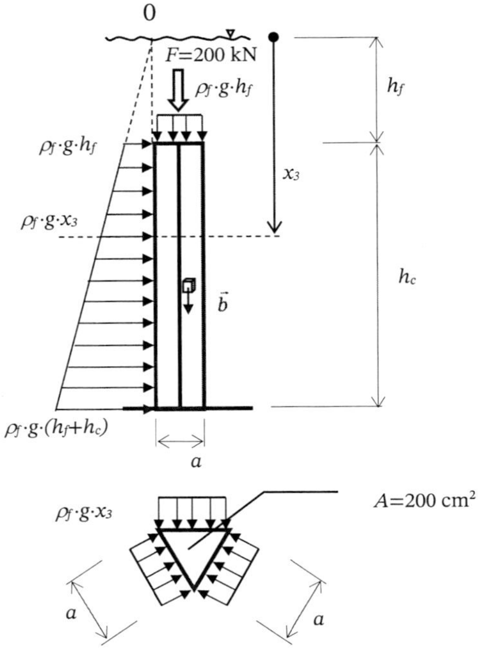

Imponiendo el equilibrio de fuerzas verticales, en la cara inferior tiene que actuar una presión vertical hacia arriba de valor igual y en sentido contrario a la que actúa en la cara superior más la presión uniforme debida al peso propi de la columna:

$\rho_f \cdot g \cdot h_f + F / A + \rho_c \cdot g \cdot h_c$.

2) No se tienen fuerzas de volumen en las direcciones 1 y 2. Las componentes tangenciales de las fuerzas de superficie son nulas en todas las superficies exteriores y en el interior.

Existe fuerza constante de volumen en dirección 3 y las fuerzas de superficie dependen linealmente de x_3; por tanto, las funciones de tensión podrán depender linealmente de x_3.

Así, de las condiciones de contorno, las tensiones tangenciales tienen que ser nulas en cualquier punto.

$\sigma_{ij} = 0 \ \ \forall \ i \neq j$

En el plano 1-2, tenemos una compresión de valor constante, con independencia de la orientación de las caras (hidrostática). Así, de las condiciones de contorno:

$\sigma_{11} = \sigma_{22} = -\rho_f \cdot g \cdot x_3$

En dirección 3, tenemos una compresión creciente debido a la fuerza de volumen (peso propio de la columna).

Así, de las condiciones de contorno:

$\sigma_{33} = -\rho_f \cdot g \cdot h_f - F / A - \rho_c \cdot g \cdot (x_3 - h_f)$

En resumen, el tensor tensión es:

$$\sigma = \begin{bmatrix} -\rho_f g x_3 & 0 & 0 \\ 0 & -\rho_f g x_3 & 0 \\ 0 & 0 & -\rho_f g h_f - F / A - \rho_c g (x_3 - h_f) \end{bmatrix}$$

De la ley de Hooke, el tensor deformación:

$$[\varepsilon] = \begin{bmatrix} \frac{1}{E_c}\left[\sigma_{11} - \nu_c\left(\sigma_{22} - \sigma_{33}\right)\right] & 0 & 0 \\ 0 & \frac{1}{E_c}\left[\sigma_{22} - \nu_c\left(\sigma_{11} - \sigma_{33}\right)\right] & 0 \\ 0 & 0 & \frac{1}{E_c}\left[\sigma_{33} - \nu_c\left(\sigma_{11} - \sigma_{22}\right)\right] \end{bmatrix}$$

3) Todas las direcciones del plano 1-2 son principales; por tanto, no se producen variaciones angulares. Cualquier longitud contenida en el plano 1-2 (lados del triángulo que define la sección transversal) se modifica en la magnitud ($\varepsilon_{11} = \varepsilon_{22}$).

$$\Delta l = l_0 \cdot \varepsilon_{11} = a \cdot \varepsilon_{11}, \quad \text{donde } a = \sqrt{\frac{2A}{\cos 30}}$$

4) La variación de altura es:

$$\Delta l = \int_{h_f}^{h_f + h_c} \varepsilon_{33} dx_3$$

5) Coeficiente de seguridad. Criterio de Rankine (frágil)

$\sigma_{eq} = máx(|\sigma_I|, |\sigma_{III}|) = |\sigma_{33}|$, per a $x_3 = h_f + h_c$

$\sigma_{eq} = |-\rho_f \cdot g \cdot h_f - F/A - \rho_c \cdot g \cdot h_c|$

$$\gamma_{seg} = \frac{\sigma_{rot}}{\sigma_{eq}}$$

Problema 13

α = 60º

1)

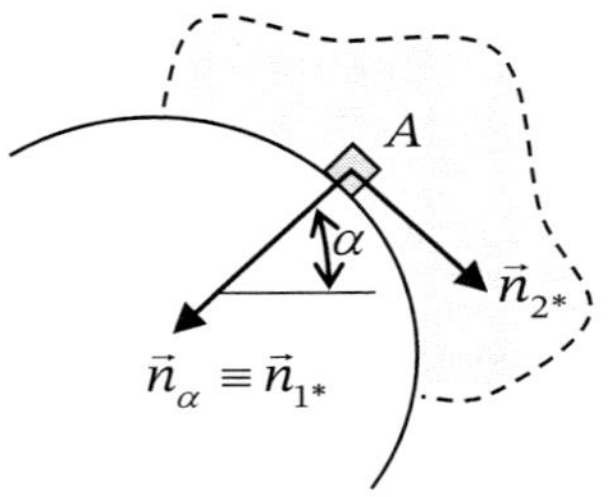

- Las fuerzas de superficie sobre el plano de normal $\vec{n}_{\alpha}$ son $\vec{f}_{\alpha} = \vec{0}$, por tratarse de una superficie exterior libre de carga. La dirección α, por tanto, es principal
- La dirección 3 es también principal (deformación plana en el plano 1-2).
- La otra dirección principal es, pues, la perpendicular a $\vec{n}_{\alpha}$ y a 3.

La expresión del tensor tensión en la base de direcciones principales 1*, 2* y 3* es:

$$\left[\sigma\right]_{1^*,2^*,3^*} = \begin{bmatrix} 0 & 0 & 0 \\ 0 & \sigma_{2^*} & 0 \\ 0 & 0 & \sigma_{3^*} \end{bmatrix}$$; por tratarse de un caso de deformación plana en 1-2, tenemos:

$$\varepsilon_{3^*} = 0 = \frac{1}{E}\left(\sigma_{3^*} - \nu\sigma_{2^*}\right); \quad \text{por tanto,} \quad \sigma_{3^*} = 0{,}3\sigma_{2^*} \quad \Rightarrow \quad \left[\sigma\right]_{1^*,2^*,3^*} = \begin{bmatrix} 0 & 0 & 0 \\ 0 & \sigma_{2^*} & 0 \\ 0 & 0 & \nu\sigma_{2^*} \end{bmatrix}$$

Así, las direcciones principales ordenadas son $\mathrm{I} \equiv 2^*$, $\mathrm{II} \equiv 3^*$, $\mathrm{III} \equiv 1^*$.

Como es un material frágil, justo en el instante previo al fallo, la tensión normal máxima es $\sigma_I = \sigma_{2^*} = 800\ \mathrm{N/mm^2}$. Así:

$$\left[\sigma\right]_{1^*,2^*,3^*} = \begin{bmatrix} 0 & 0 & 0 \\ 0 & 800 & 0 \\ 0 & 0 & 240 \end{bmatrix} \mathrm{N/mm^2}$$

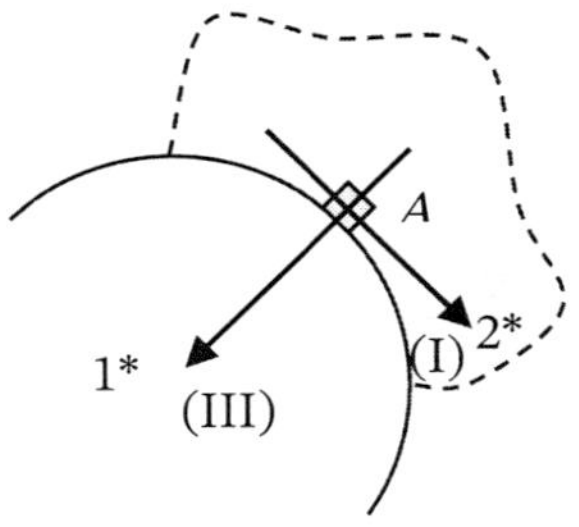

2)

$$\varepsilon_{1*} = \frac{-\nu}{E}(\sigma_{2*} + \sigma_{3*}) = -0{,}00156 \qquad \varepsilon_{2*} = \frac{1}{E}(\sigma_{2*} - \nu\sigma_{3*}) = 0{,}00364 \qquad \varepsilon_{3*} = 0$$

$$[\varepsilon]_{1*,2*,3*} = \begin{bmatrix} -1.560 & 0 & 0 \\ 0 & 3.640 & 0 \\ 0 & 0 & 0 \end{bmatrix} \mu\varepsilon$$

$$[\varepsilon]_{1,2,3} = [R]^T [\varepsilon]_{1*,2*,3*} [R] = \begin{bmatrix} -\cos\alpha & \sin\alpha & 0 \\ -\sin\alpha & -\cos\alpha & 0 \\ 0 & 0 & 1 \end{bmatrix} \cdot \begin{bmatrix} -1.560 & 0 & 0 \\ 0 & 3.640 & 0 \\ 0 & 0 & 0 \end{bmatrix} \cdot \begin{bmatrix} -\cos\alpha & -\sin\alpha & 0 \\ \sin\alpha & -\cos\alpha & 0 \\ 0 & 0 & 1 \end{bmatrix}$$

$$= \begin{bmatrix} 2.340 & -2.252 & 0 \\ -2.252 & -260 & 0 \\ 0 & 0 & 0 \end{bmatrix} \mu\varepsilon$$

3) El ángulo α' = 30º lo forman las direcciones –1* i 2.

$$\Delta\alpha'_A \cdot \sin\alpha' = (\varepsilon_{1*} + \varepsilon_{22})\cos\alpha' - 2\{-n_{1*}\}^T [\varepsilon]\{n_2\}$$

$$\Delta\alpha'_A \cdot \sin 30 = (-1.560 - 260) \cdot 10^{-6} \cos 30 - 2\{-1 \;\; 0 \;\; 0\} \begin{bmatrix} -1.560 & 0 & 0 \\ 0 & 3.640 & 0 \\ 0 & 0 & 0 \end{bmatrix} \cdot 10^{-6} \begin{Bmatrix} -\cos 30 \\ -\sin 30 \\ 0 \end{Bmatrix} = 1{,}125 \cdot 10^{6}$$

$$\Delta\alpha'_A = 2.250 \cdot 10^{-6}\,\text{rad} = 0{,}129\,^{\circ}$$

4) Las direcciones $1* \rightarrow 1$ forman un ángulo α (sentido horario); por tanto, en el círculo de Mohr, los extremos de los vectores tensión forman un ángulo 2α (sentido antihorario) desde el centro del círculo:

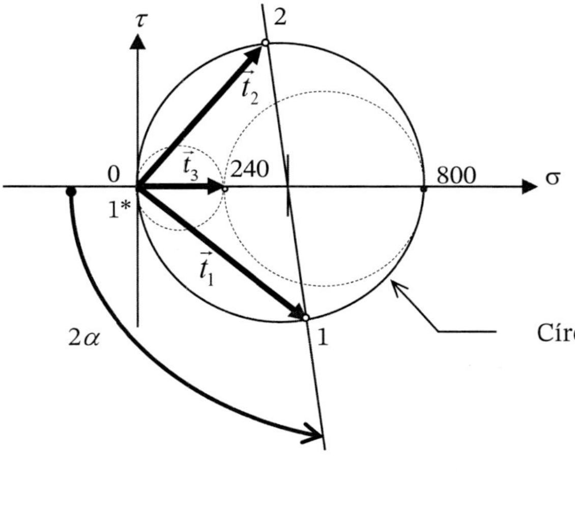

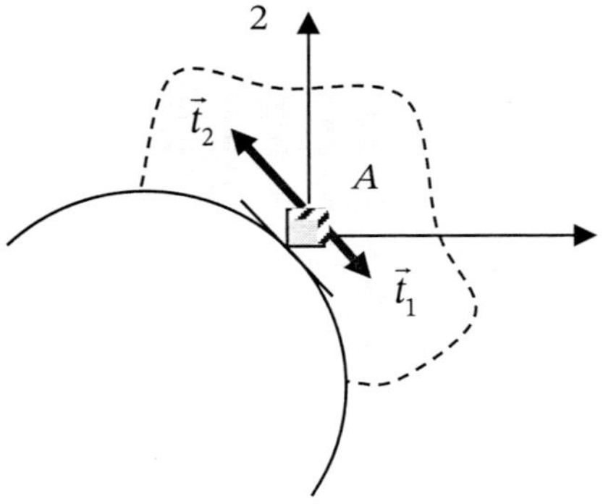

$\vec{t}_1$ és perpendicular a la figura

5) El criterio de fallo elástico podría ser el de Tresca ($\tau_{\text{máx}}$).

$$\sigma_{eq} = |\sigma_I - \sigma_{III}| = |800 - 0| = 800 \text{ N / mm}^2$$

(En un estado de tensión uniaxial, todas las tensiones equivalentes coinciden.)

Por tanto, en el *punto A*, la ruptura se produciría en el mismo instante.

(Para el análisis global del tubo, se tendría que comprobar si el punto crítico continúa siendo efectivamente A cuando se cambia de criterio de fallo.)

Problema 14

Resolución analítica

1, 2 y 3)

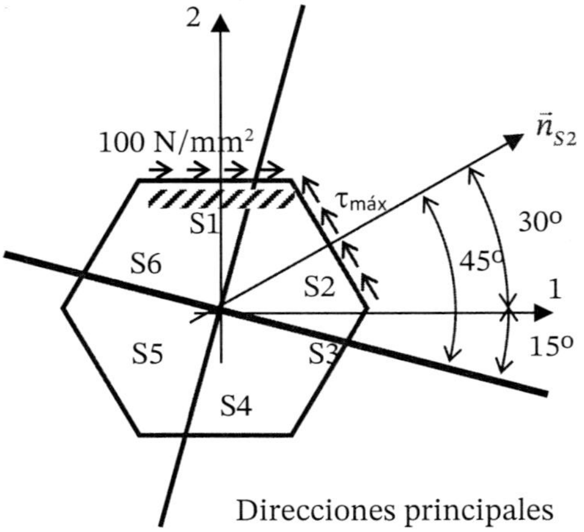

Tensor tensión en la base 1,2,3:

$$[\sigma]=\begin{bmatrix}\sigma_{11} & 100 & 0\\ 100 & 0 & 0\\ 0 & 0 & 0\end{bmatrix}\mathrm{N/mm^2}$$

Las direcciones principales siempre forman 45º respecto a la normal en el plano donde actúa $\tau_{máx}$.

En esta base, el tensor es diagonal. La matriz cambio de ejes respecto a 1,2,3 es:

$$[R]=\begin{bmatrix}\cos 15^{\circ} & \sin 15^{\circ}\\ -\sin 15^{\circ} & \cos 15^{\circ}\end{bmatrix}\Rightarrow\begin{bmatrix}\sigma_{1*} & 0\\ 0 & \sigma_{2*}\end{bmatrix}=[R]^T\begin{bmatrix}\sigma_{11} & 100\\ 100 & 0\end{bmatrix}[R]$$

De los términos de fuera de la diagonal, obtenemos σ_{11}:

$$0=\sigma_{11}\sin 15\cos 15-100\sin^2 15+100\cos^2 15\Rightarrow$$

$$\sigma_{11}=\frac{100(\sin^2 15-\cos^2 15)}{\sin 15\cos 15}=-346{,}41\ \mathrm{N/mm^2}$$

Los términos de la diagonal (de la misma expresión, o bien, con las fórmulas simplificadas de tensión plana) son:

$\sigma_I=26{,}8\ \mathrm{N/mm^2}$

$\sigma_{III}=-373{,}2\ \mathrm{N/mm^2}$

$(\sigma_{II}=0)$

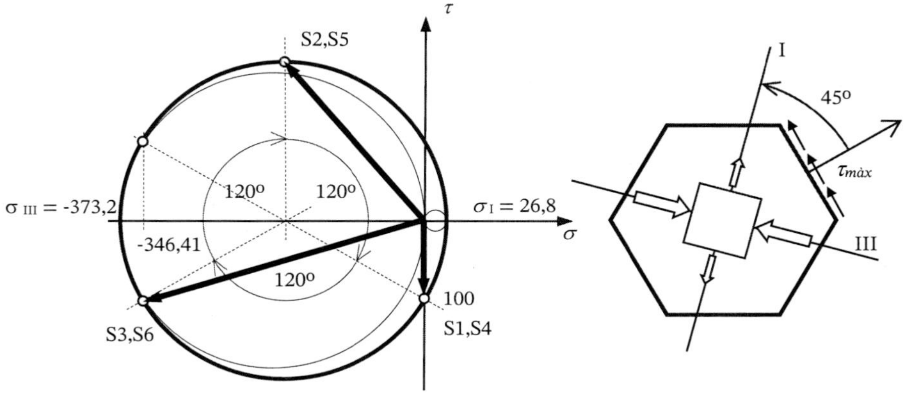

$$[\sigma]=\begin{bmatrix}-346{,}4 & 100 & 0\\ 100 & 0 & 0\\ 0 & 0 & 0\end{bmatrix}\mathrm{N/mm^2}$$

4) Los vectores dibujados en los círculos de Mohr:

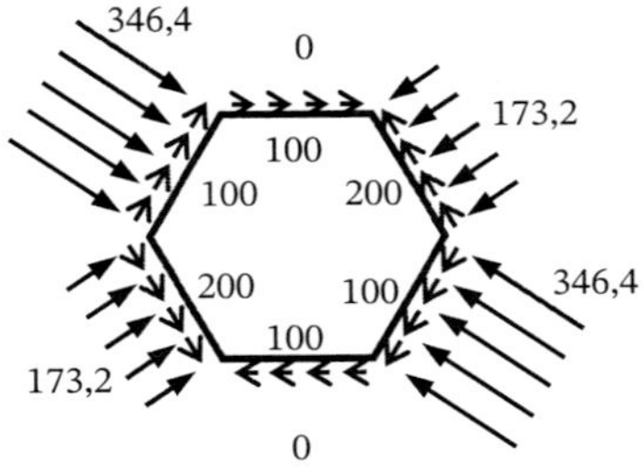

Resolución gráfica

1 y 2)

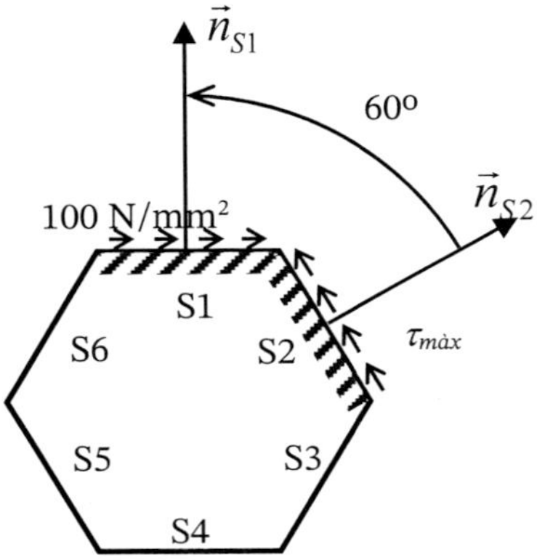

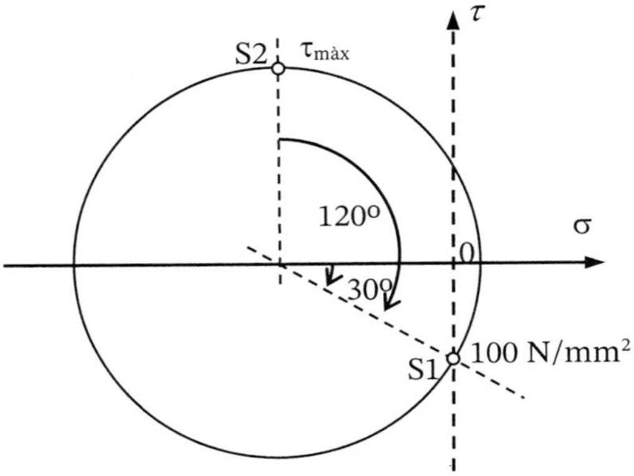

$$|\tau_{máx}| = \text{radio del círculo} = \frac{100}{\sin 30º}\ 200\text{N/mm}^2$$

$$\text{centro del círculo: } |\sigma| = \frac{100}{\tan 30º} = 173{,}2\ \text{N/mm}^2 \quad (\text{tensión normal asociada a } \tau_{máx})$$

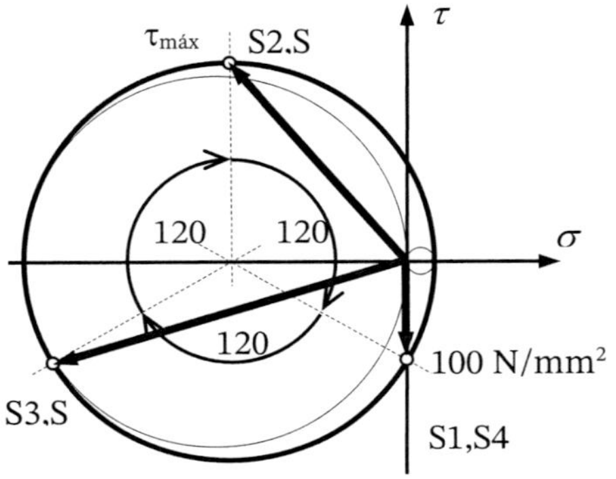

Tensiones principales:

$\sigma_{1*} = -173{,}2 + 200 = 26{,}8\ \text{N/mm}^2$

$\sigma_{2*} = -173 - 200 = -373{,}2\ \text{N/mm}^2$

$\sigma_{3*} = 0$

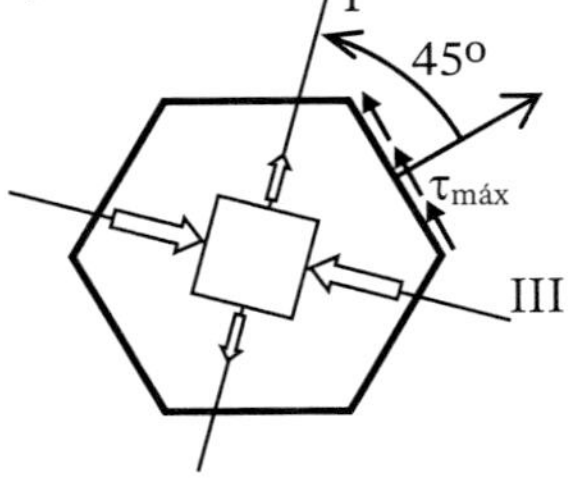

3) El vector tensión asociado a la dirección vertical (2) es el que corresponde a la superficie S1:

$|\tau| = |\sigma_{12}| = 100\ \text{N/mm}^2 \quad \sigma_{22} = 0$ (del enunciado)

El vector tensión asociado a la dirección horizontal (1) es el diametralmente opuesto a (2) al círculo de Mohr, o sea:

$|\tau| = |\sigma_{12}| = 100\ \text{N/mm}^2 \quad |\sigma_{11}| = |2\cdot\sigma_{central}| = 346{,}4\ \text{N/mm}^2$

$$\left[\sigma\right]=\begin{bmatrix} -346{,}4 & 100 & 0 \\ 100 & 0 & 0 \\ 0 & 0 & 0 \end{bmatrix}\text{N/mm}^2$$

4) De los vectores dibujados en los círculos de Mohr del apartado 1:

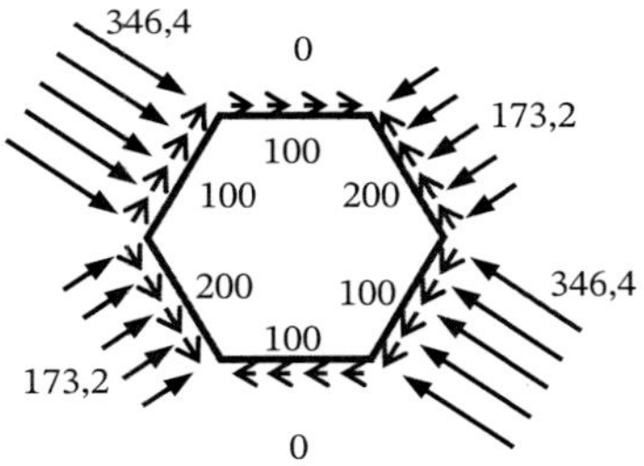

Problema 15

1)

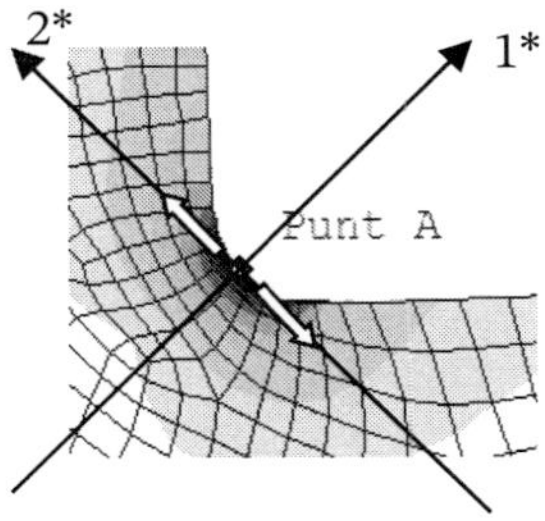

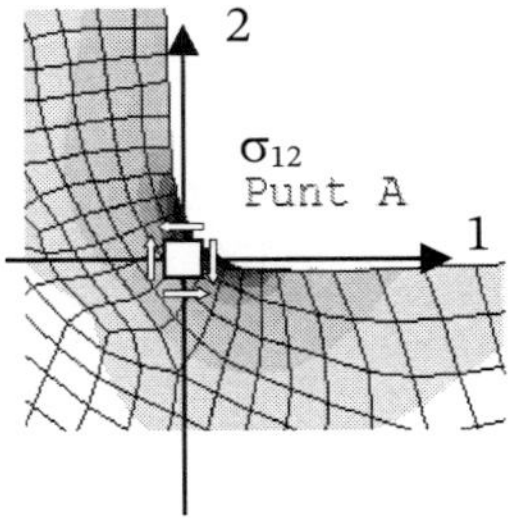

La pieza es plana y no hay acciones externas perpendiculares al plano de la pieza ($\sigma_{33} = 0$) $\Rightarrow$ La dirección 3, normal al plano, es principal. 3≡3* con $\sigma_{3^*}=0$
La dirección 1* indicada es la normal a una superficie exterior *libre de carga*.
$\Rightarrow$ 1* es principal con tensión $\sigma_{1^*}=0$
Si 1* es principal y 3* también $\Rightarrow$ 2* es principal con $\sigma_{1^*}=\sigma_{I}$ dada en el enunciado.

Las tensiones tangenciales σ_{12} actúan tangencialmente a los planos definidos por los ejes 1-2. Por condición de equilibrio de momentos, deben actuar de manera recíproca en planos perpendiculares.

2) $$\left[\sigma\right]_{1^*2^*3^*} = \begin{bmatrix} 0 & 0 & 0 \\ 0 & 450 & 0 \\ 0 & 0 & 0 \end{bmatrix} \text{N/mm}^2$$

Las direcciones principales (de tensión) son las normales a los planos donde la tensión tangencial es nula $\tau = 0$. Por tanto, las tensiones principales sólo tienen componente normal; los vectores tensión son perpendiculares a los planos donde actúan. Siempre hay tres y son perpendiculares entre sí. Dos de las tensiones principales corresponden a las tensiones normales extremas (máxima y mínima).

Corresponden a los vectores y valores propios de la matriz del tensor tensión.

3)

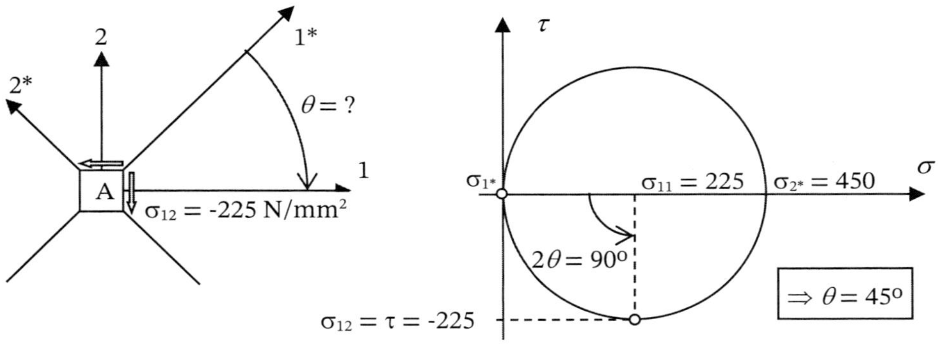

4) Del círculo de Mohr se deduce que las tensiones normales asociadas a los ejes 1 y 2 son $\sigma_{11} = \sigma_{22} = 225$ N/mm²; por tanto:

$$\left[\sigma\right]_{123} = \begin{bmatrix} 225 & -225 & 0 \\ -225 & 225 & 0 \\ 0 & 0 & 0 \end{bmatrix} \text{N/mm}^2$$

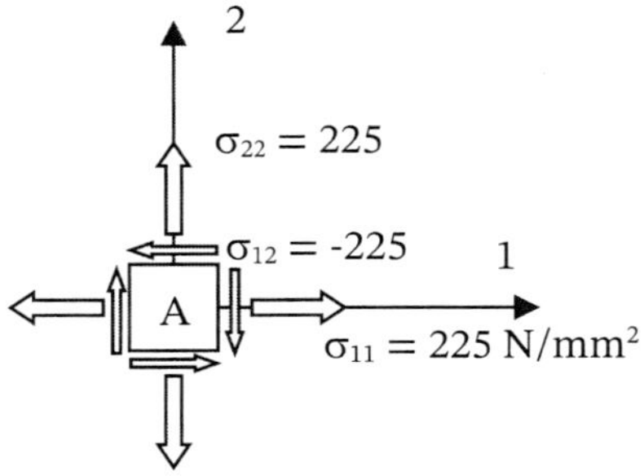

Las tensiones normales σ_{11} , σ_{22} traccionan al material en las direcciones 1 y 2, respectivamente, y tienden a provocar que las partículas se separen en estas direcciones.

Las tensiones σ_{12} actúan tangencialmente a los planos de referencia y tienden a provocar deslizamientos, a distorsionarlos angularmente; en este caso, tienden a aumentar el ángulo 1-2.

5) Si el material es dúctil, el fallo elástico es debido al deslizamiento entre partículas, causado bien por la tensión tangencial máxima (criterio de Tresca) o bien por la tangencial octaédrica (criterio de von Mises). El fallo se iniciará en los planos donde actúen estas tensiones; en nuestro caso, las tensiones tangenciales máximas actúan sobre los planos de referencia definidos por los ejes 1-2.

6) En materiales frágiles, el fallo elástico se debe a la separación entre partículas causada por la tensión normal máxima (criterio de Rankine); por tanto, el fallo se iniciaría allí donde actúe esta tensión; en nuestro caso, el plano perpendicular a 2*.

7) $\sigma_{eq} = 450\ \text{N/mm}^2$ para todos los criterios, porque se trata de un estado de tensión uniaxial y, por tanto, la comparación con el ensayo uniaxial es siempre directa, sea cual sea el criterio.

8) $\sigma_e = \sigma_{eq} \cdot \gamma_S = 450 \cdot 1{,}2 = 540\ \text{N/mm}^2$

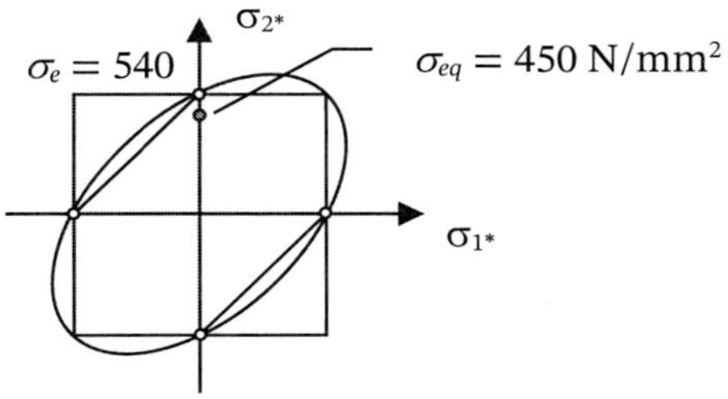

9) $\sigma_{eq} = \sigma_e / \gamma_S = 900 / 1{,}2 = 750\ \text{N/mm}^2$

1,67 veces mayor; por tanto, $F = 1{,}67 \cdot 1.000\ \text{N} = 1.667\ \text{N}$

10) 997 nodos x 2 g.l. /nodo = 1994 g.l. de la matriz de rigidez general. La reducida se obtiene eliminando los g.l. restringidos (3); por tanto, 1.994 – 3 = 1.991 g.l.

Problema 16

$\sigma_{12} = -1{,}6\ \text{N/mm}^2$

Tensión plana ($\sigma_{33} = 0$) $\sigma_{11} = 0$ $\sigma_{III} = -1{,}6\ \text{N/mm}^2$

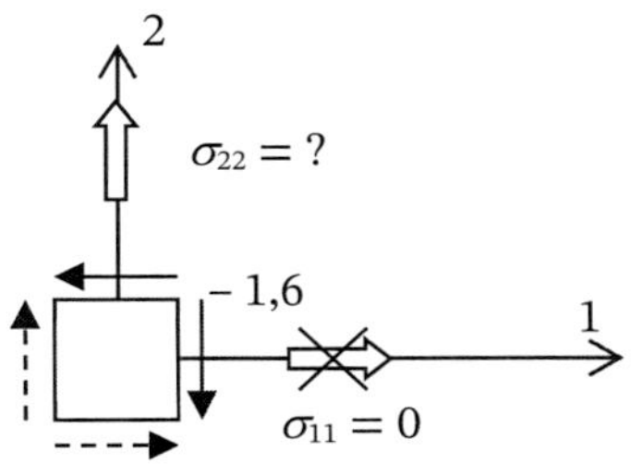

1) $\left[\sigma\right]=\begin{bmatrix} 0 & -1{,}6 \\ -1{,}6 & \sigma_{22} \end{bmatrix}$ N/mm² en direcciones principales: $\left[\sigma\right]=\begin{bmatrix} \sigma_I & 0 \\ 0 & -1{,}6 \end{bmatrix}$ N/mm²

teniendo en cuenta que $det\left[\sigma\right]=-1{,}6^2$ es un invariante, se ve que $\sigma_I=1{,}6$ N/mm², con lo que la traza, también invariante, es nula y; por tanto, $\sigma_{22}=0$.

También se pueden deducir estos valores de manera inmediata a partir del círculo de Mohr o desarrollando la diagonalización del tensor.

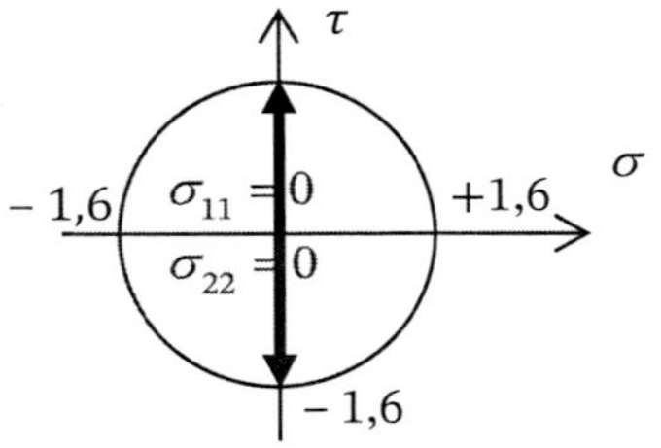

Por tanto:

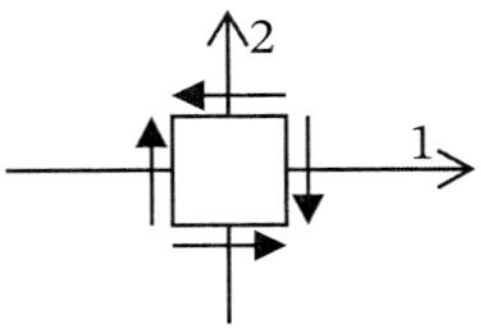

2) El tensor tensión es simétrico siempre, porque las componentes de ambos lados de la diagonal corresponden a tensiones tangenciales de planos perpendiculares que deben estar en equilibrio de momentos.

3) De los círculos de Mohr se ve que las direcciones principales están a 45º de los planos de referencia; por tanto:

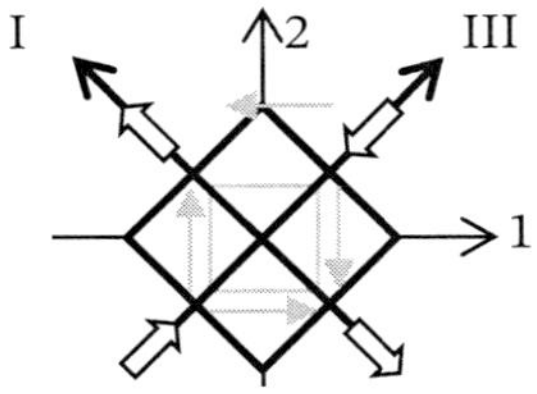

4) Las tensiones principales son aquellas tensiones que no tienen componente tangencial, es decir, el vector tensión es normal al plano donde actúa. Por tanto, matemáticamente, $\vec{t}$ tiene la dirección de $\vec{n}$: $\vec{t}=\left[\sigma\right]\vec{n}=\lambda\vec{n}$, que es el problema de valores y vectores propios de la matriz $\left[\sigma\right]$. Son perpendiculares entre sí. Corresponden a los ejes del elipsoide de tensiones y a los valores extremos de tensión.

5) $\varepsilon_{33}=\dfrac{-\nu}{E}\left(\sigma_{11}+\sigma_{22}\right)=0$; por tanto, el grosor no varía.

Criterio de Rankine:

$\sigma_{eq} = 1{,}6\ \text{N/mm}^2$. Falla por separación de los planos donde actúa el máximo esfuerzo normal.

Criterio de Tresca:

$\sigma_{eq} = 3{,}2\ \text{N/mm}^2$. Falla por deslizamiento de los planos donde actúa la máxima tensión tangencial.

Criterio de Von Mises:

$\sigma_{eq} = \sqrt{3}\cdot 1{,}6 = 2{,}77\ \text{N/mm}^2$. Falla cuando se alcanza la máxima energía de distorsión.

6)

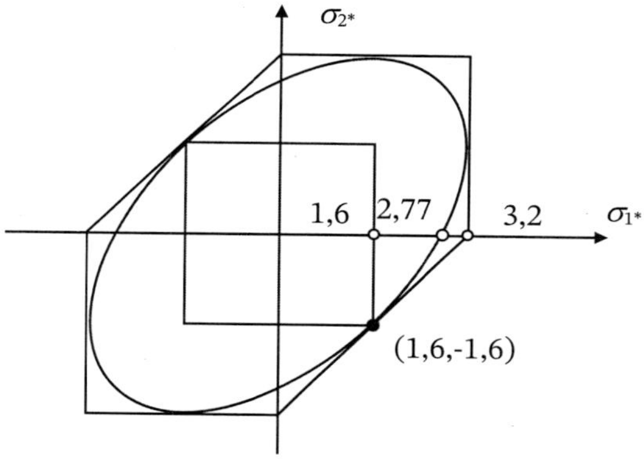

7) Las tensiones σ_{12} son nulas en los puntos del contorno, porque no hay fuerzas de superficie que las equilibren.

Problema 17

1) No hay fricción en las caras ni fuerzas de volumen; por tanto, por equilibrio de fuerzas verticales, la tensión vertical es uniforme en todo el conjunto y de valor $\sigma_{33} = \sigma_3^* = -100\ \text{N/mm}^2$.

El tensor tensión para cada material será:

$$[\sigma_A] = \begin{bmatrix} \sigma_{1A}^* & 0 & 0 \\ 0 & \sigma_{2A}^* & 0 \\ 0 & 0 & -100 \end{bmatrix} \text{N/mm}^2 \qquad [\sigma_B] = \begin{bmatrix} \sigma_{1B}^* & 0 & 0 \\ 0 & \sigma_{2B}^* & 0 \\ 0 & 0 & -100 \end{bmatrix}$$

$$\left[\varepsilon_A\right]=\begin{bmatrix}0 & 0 & 0\\ 0 & 0 & 0\\ 0 & 0 & \varepsilon^*_{3A}\end{bmatrix} \qquad \left[\varepsilon_B\right]=\begin{bmatrix}0 & 0 & 0\\ 0 & 0 & 0\\ 0 & 0 & \varepsilon^*_{3B}\end{bmatrix}$$

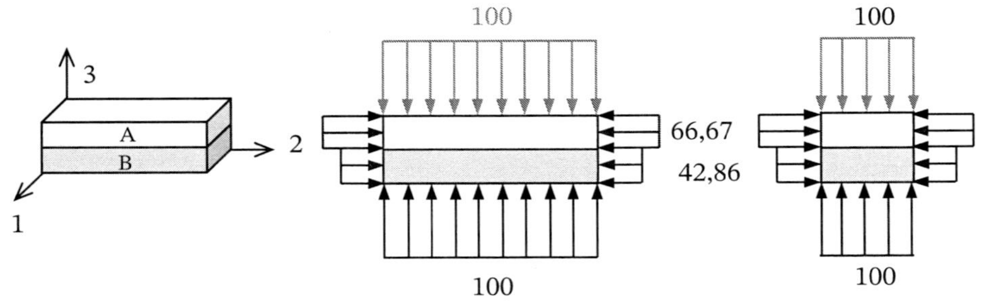

Aplicando la ley de Hooke a cada material:

$$\sigma^*_{1A}=\sigma^*_{2A}=100\frac{\nu_A}{\nu_A-1}=-66{,}67\ \text{N/mm}^2$$

$$\sigma^*_{1B}=\sigma^*_{2B}=100\frac{\nu_B}{\nu_B-1}=-42{,}86\ \text{N/mm}^2$$

2) $$\varepsilon^*_{3A}=\frac{\sigma^*_{3A}}{E_A}-\frac{\nu_A}{E_A}2\sigma^*_{1A}=\frac{-100}{E_A}+\frac{0{,}4}{E_A}2\cdot 66{,}67=-0{,}047$$

$$\varepsilon^*_{3B}=\frac{\sigma^*_{3B}}{E_B}-\frac{\nu_B}{E_B}2\sigma^*_{1B}=\frac{-100}{E_B}+\frac{0{,}4}{E_B}2\cdot 42{,}86=-0{,}037$$

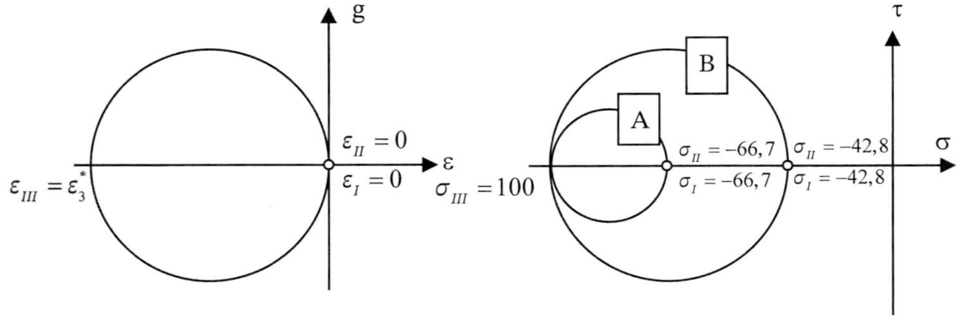

3) $\Delta h=c\cdot\varepsilon_{33\,A}+c\cdot\varepsilon_{33\,B}=-0{,}84\ \text{mm}$

4) $\tau_{máx\,A} = \dfrac{\sigma_I - \sigma_{III}}{2} = \dfrac{-66,67+100}{2} = 16,67 \text{ N/mm}^2$

$\tau_{máx\,B} = \dfrac{\sigma_I - \sigma_{III}}{2} = \dfrac{-42,86+100}{2} = 28,57 \text{ N/mm}^2$

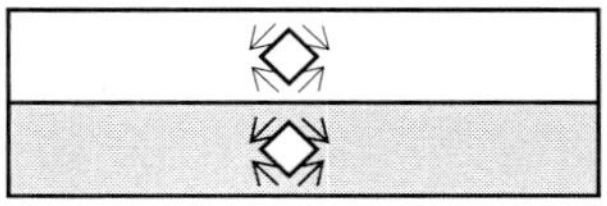

5) $\sigma_{eq\,A} = 33,33 \text{ N/mm}^2$

$\sigma_{eq\,B} = 57,14 \text{ N/mm}^2$

6) $\sigma_{e\,A} = 1,5 \cdot 33,33 = 50 \quad \text{N/mm}^2$

$\sigma_{e\,B} = 1,5 \cdot 57,14 = 85,71 \text{ N/mm}^2$

7)

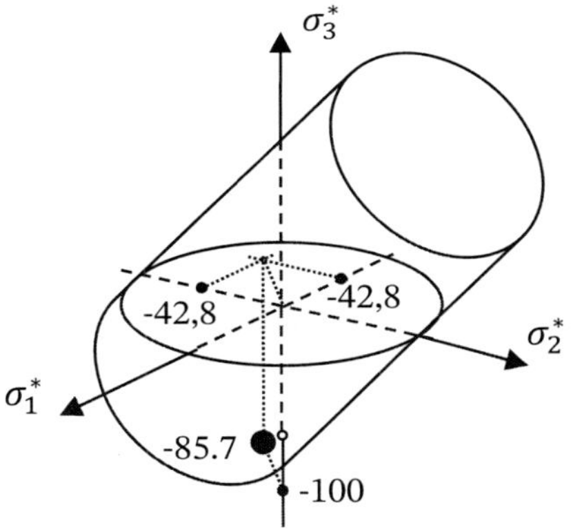

Problema 18

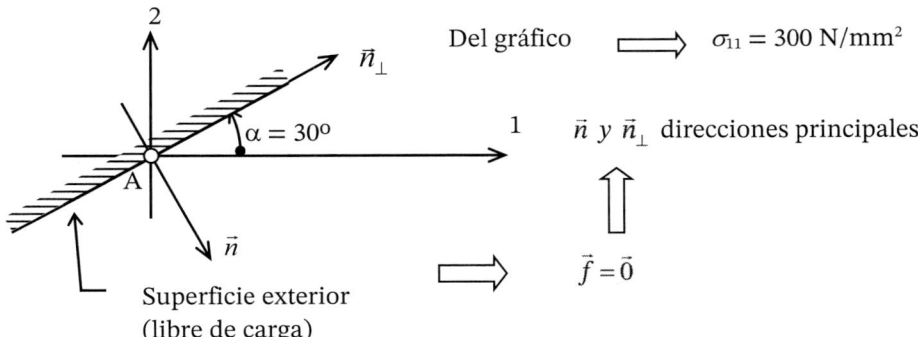

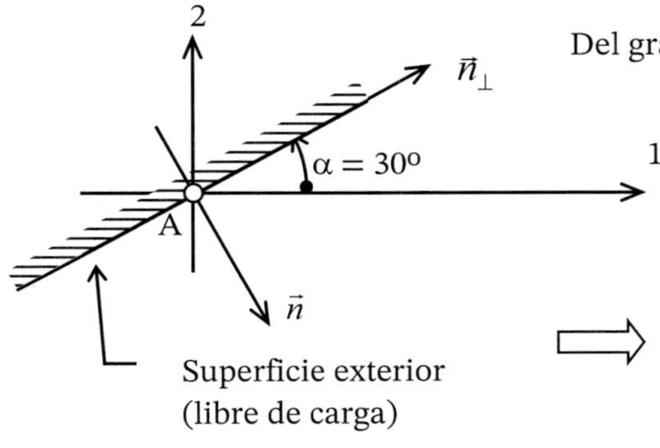

Del gráfico $\Longrightarrow$ $\sigma_{11} = 300 \text{ N/mm}^2$

$\vec{n}$ y $\vec{n}_\perp$ direcciones principales

$\Uparrow$

$\Longrightarrow$ $\vec{f} = \vec{0}$

Deformación plana en el plano 1-2 $\Longrightarrow$ $\varepsilon_{13} = \varepsilon_{23} = \varepsilon_{33} = 0$ $\Longrightarrow$ 3 dirección principal 3*

1) Los tensores tensión y deformación:

$$[\sigma]_{1,2,3}=\begin{bmatrix}\sigma_{11} & \sigma_{12} & 0\\ \sigma_{12} & \sigma_{22} & 0\\ 0 & 0 & \sigma_{33}\end{bmatrix}=\begin{bmatrix}300 & \sigma_{12} & 0\\ \sigma_{12} & \sigma_{22} & 0\\ 0 & 0 & \sigma_{33}\end{bmatrix}\text{N/mm}^2 \qquad [\varepsilon]_{1,2,3}=\begin{bmatrix}\varepsilon_{11} & \varepsilon_{12} & 0\\ \varepsilon_{12} & \varepsilon_{22} & 0\\ 0 & 0 & 0\end{bmatrix}$$

En el punto A, punto de la superficie exterior: $\{f\}=[\sigma]\{n\}=\{0\}$

$$\{f\}=\begin{bmatrix}300 & \sigma_{12} & 0\\ \sigma_{12} & \sigma_{22} & 0\\ 0 & 0 & \sigma_{33}\end{bmatrix}\begin{Bmatrix}\sin 30\\ -\cos 30\\ 0\end{Bmatrix}=\begin{Bmatrix}300\sin 30-\sigma_{12}\cos 30\\ \sigma_{12}\sin 30-\sigma_{22}\cos 30\\ 0\end{Bmatrix}=\begin{Bmatrix}0\\0\\0\end{Bmatrix} \Rightarrow$$

$$\sigma_{12}=\frac{300}{\sqrt{3}}=173\text{N/mm}^2 \qquad \sigma_{22}=100\ \text{N/mm}^2$$

Ley de Hooke:

$$\varepsilon_{33}=\frac{1}{E}\left(\sigma_{33}-\nu\left(\sigma_{11}+\sigma_{22}\right)\right)=\frac{1}{E}\left(\sigma_{33}-0,2\cdot\left(300+100\right)\right)=0 \Rightarrow \quad \sigma_{33}=80\text{N/mm}^2$$

$$\varepsilon_{22}=\frac{1}{E}\left(\sigma_{22}-\nu\left(\sigma_{11}+\sigma_{33}\right)\right)=\frac{1}{2\cdot 10^5}\left(100-0,2\cdot\left(300+80\right)\right)=120\cdot 10^{-6}$$

$$\varepsilon_{11}=\frac{1}{E}\left(\sigma_{11}-\nu\left(\sigma_{22}+\sigma_{33}\right)\right)=\frac{1}{2\cdot 10^5}\left(300-0,2\cdot\left(100+80\right)\right)=1.320\cdot 10^{-6}$$

$$\varepsilon_{12}=\frac{1+\nu}{E}\sigma_{12}=\frac{1,2\cdot 300}{2\cdot 10^5\cdot\sqrt{3}}=1.039\cdot 10^{-6}$$

$$[\sigma]_{1,2,3}\begin{bmatrix}300 & 173 & 0\\ 173 & 100 & 0\\ 0 & 0 & 80\end{bmatrix}\text{N/mm}^2 \quad [\varepsilon]_{1,2,3}=\begin{bmatrix}1.320 & 1.039 & 0\\ 1.039 & 120 & 0\\ 0 & 0 & 0\end{bmatrix}\mu\varepsilon$$

2) Círculos de Mohr de tensiones:

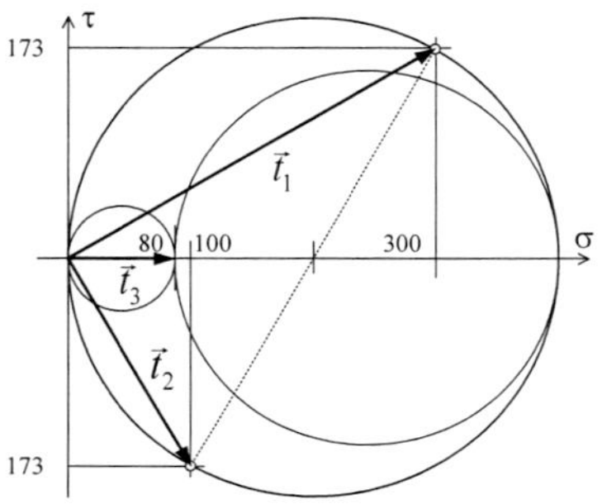

3) *a)* $\tau_{máx} = \pm\dfrac{\sigma_I - \sigma_{III}}{2} = \pm\dfrac{400-0}{2} = \pm 200 \text{ MPa}$

$$\sigma_{1*} = \sigma_I = \frac{\sigma_{11}+\sigma_{22}}{2} + \sqrt{\left(\frac{\sigma_{11}-\sigma_{22}}{2}\right)^2 + \sigma_{12}^2} = 400 \text{ MPa}$$

$$\Delta\theta = -2g = -2\frac{(1+\nu)}{E}\tau = -2\frac{(1+0,2)}{2{\cdot}10^5}(\pm 200) = \mp 0,0024 \text{ rad}$$

b) $\tau_{máx}$ actúa siempre a 45º de I y de III

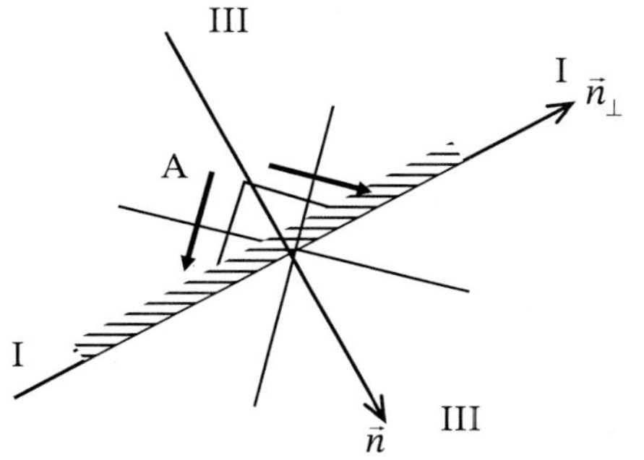

III : dirección normal a la superficie externa $\vec{n}$

I : dirección paralela a la superficie externa $\vec{n}_\perp$

c) Criterio de Tresca:

$$\gamma_{seg} = \frac{\sigma_e}{\sigma_{eq}} \geq 1,5 \quad \Longrightarrow \quad \sigma_e \geq 1,5{\cdot}2\tau_{máx} = 1,5{\cdot}2{\cdot}200 = 600 \text{ MPa}$$

Problema 19

1) Los puntos *a*, *b*, *c* y *d* pertenecen a la superficie exterior del muro y no existen fuerzas de superficie tangentes; por tanto, la dirección normal a la superficie, en cada punto, es principal.

También lo es la dirección 3 (=3*) por ser deformación plana y, en consecuencia, también lo es la perpendicular a ambas.

La tensión principal en la dirección 3* es el valor de σ_{33} en cada punto, dada en el enunciado.

La tensión principal en la dirección normal a la superficie exterior (2*) es el módulo de la fuerza de superficie $\vec{f}$ en cada punto, dada en el enunciado.

Finalmente, el valor de la tensión principal en la dirección tangente a la superficie exterior (1*) la deducimos de la ley de Hooke, imponiendo la condición de deformación plana:

$$\varepsilon_{3*} = 0 = \frac{1}{E}\left(\sigma_{3*} - \nu\left(\sigma_{1*} + \sigma_{2*}\right)\right) \Rightarrow \sigma_{3*} = \nu\left(\sigma_{1*} + \sigma_{2*}\right) \Rightarrow \sigma_{1*} = \frac{\sigma_{3*}}{\nu} - \sigma_{2*}$$

2)

$$\left[\sigma\right]_a = \begin{bmatrix} 0 & 0 & 0 \\ 0 & 0 & 0 \\ 0 & 0 & 0 \end{bmatrix} \qquad \left[\sigma\right]_b = \begin{bmatrix} 2{,}1 & 0 & 0 \\ 0 & -0{,}05 & 0 \\ 0 & 0 & 0{,}41 \end{bmatrix} \text{N/mm}^2$$

$$\left[\sigma\right]_c = \begin{bmatrix} 32{,}1 & 0 & 0 \\ 0 & -0{,}1 & 0 \\ 0 & 0 & 6{,}4 \end{bmatrix} \text{N/mm}^2 \qquad \left[\sigma\right]_d = \begin{bmatrix} -48 & 0 & 0 \\ 0 & 0 & 0 \\ 0 & 0 & -9{,}6 \end{bmatrix} \text{N/mm}^2$$

3) Las componentes del tensor tensión corresponden a las tensiones normal y tangencial que actúan sobre los planos de referencia. En el caso de los planos principales, las tensiones tangenciales son nulas y las normales son las extremas (N/mm²):

punto *a* (no hay tensión) punto *b* punto *c* punto *d*

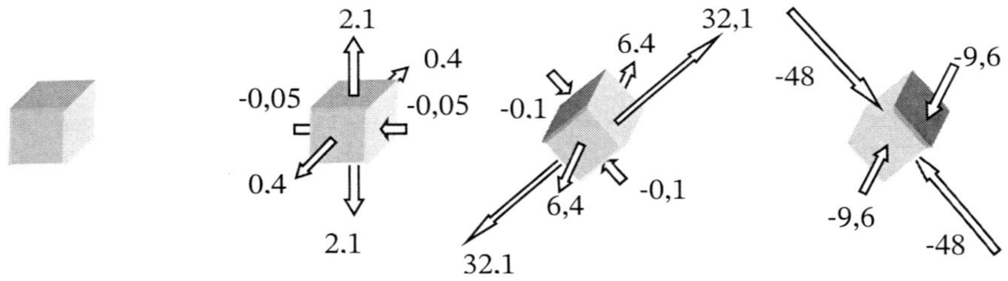

4) El tensor tensión del punto *a* es nulo. El del punto *b* ya está expresado en los ejes 1-2-3, sólo con reordenarlos:

$$\left[\sigma\right]_b = \begin{bmatrix} -0{,}05 & 0 & 0 \\ 0 & 2{,}1 & 0 \\ 0 & 0 & 0{,}41 \end{bmatrix} \text{N/mm}^2$$

Los tensores de los puntos *c* y *d* deben cambiarse de ejes. Se trata de ejes a 45º de las principales I y III; por tanto, las componentes tangenciales son las máximas y las normales son iguales y de valor la media de las principales:

$$[\sigma]_c = \begin{bmatrix} 16 & 16{,}1 & 0 \\ 16{,}1 & 16 & 0 \\ 0 & 0 & 6{,}4 \end{bmatrix} \text{N/mm}^2$$

$$\tau_{máx} = \frac{\sigma_I - \sigma_{III}}{2} = \frac{32{,}1-(-0{,}1)}{2} = 16{,}1 \text{ N/mm}^2; \sigma = \frac{\sigma_I + \sigma_{III}}{2} = \frac{32{,}1+(-0{,}1)}{2} = 16 \text{ N/mm}^2$$

$$[\sigma]_d = \begin{bmatrix} -24 & 24 & 0 \\ 24 & -24 & 0 \\ 0 & 0 & -9{,}6 \end{bmatrix} \text{N/mm}^2.$$

$$\tau_{máx} = \frac{0-(-48)}{2} = 2416 \text{ N/mm}^2 \qquad \sigma = \frac{0+(-48)}{2} = -24 \text{ N/mm}^2$$

5) Los puntos *a* y *b* ya están expuestos más arriba. Los puntos *c* y *d*, en los ejes 1-2-3, presentan componentes tangenciales que, por estar a 45º de las principales, corresponden a las máximas.

punto *c*

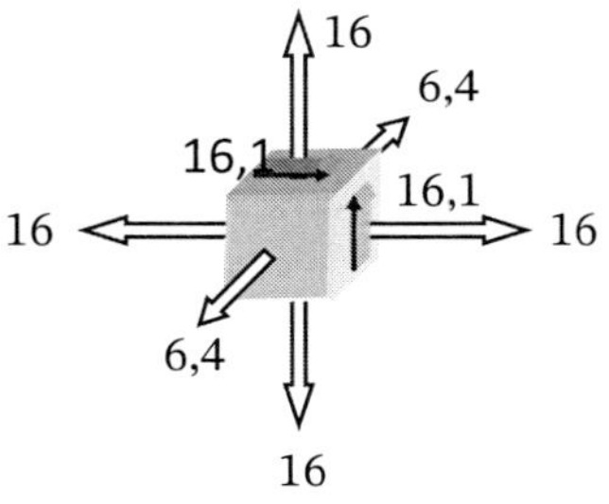

punto *d*

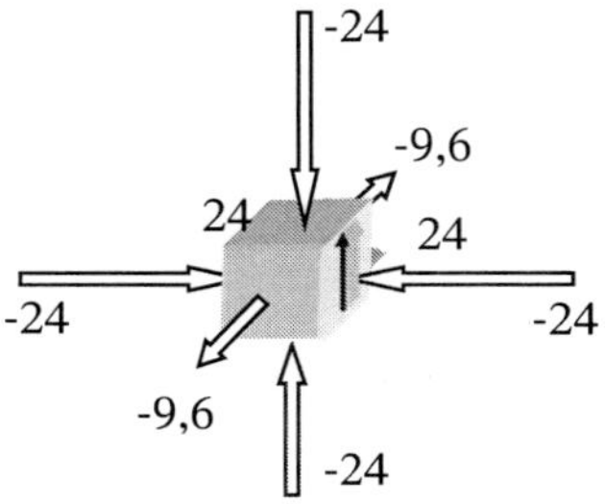

6) En el caso de los puntos *c* y *d*, ya se ha respondido en el apartado anterior.

Para el punto *b*:

$$\tau_{máx} = \frac{\sigma_I - \sigma_{III}}{2} = \frac{2{,}1-(-0{,}05)}{2} = 1{,}075 \text{ N/mm}^2$$

La $\tau_{máx}$ siempre tiene el sentido de III hacia I.

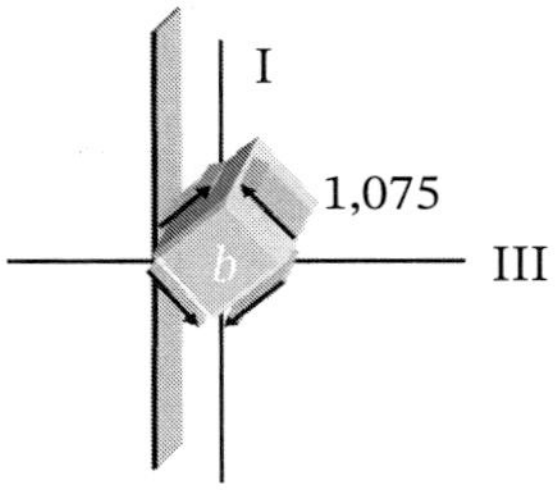

7) Punto c

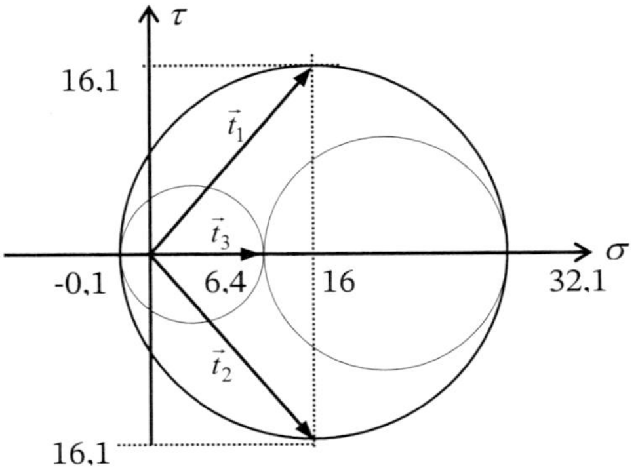

8) Si el material falla frágilmente a tracción, será debido a la máxima tensión normal; por tanto,

$\sigma_I = 32{,}1$ N/mm^2 en el punto c.

9) El material fallará por separación (desprendimiento) de los planos donde actúa la tensión normal σ_I (en el punto c):

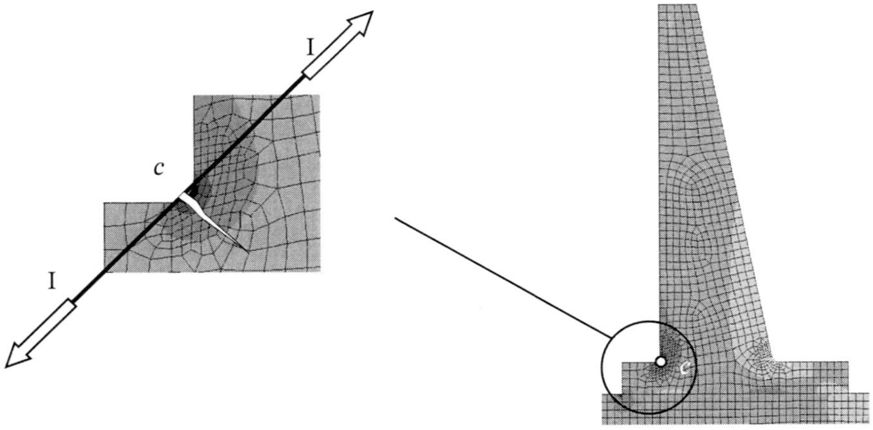

10) $\gamma_S = 1{,}5 \leq \dfrac{\sigma_e}{\sigma_{eq}} = \dfrac{\sigma_e}{\sigma_I} = \dfrac{\sigma_e}{32{,}1} \Rightarrow \sigma_e \geq 1{,}5 \cdot 32{,}1 = 48{,}15 \text{ N/mm}^2$

Problema 20

1) Fricción nula; por tanto, no hay tensiones tangenciales. Las aristas del prisma son direcciones principales. No hay fuerzas de volumen; por tanto, el estado de tensión es constante. Las paredes de la cavidad son rígidas; por tanto, la deformación es nula en aquellas direcciones en que se impida totalmente el movimiento (dirección 1). Las tensiones serán nulas en las direcciones normales a las superficies libres de carga (dirección 1).

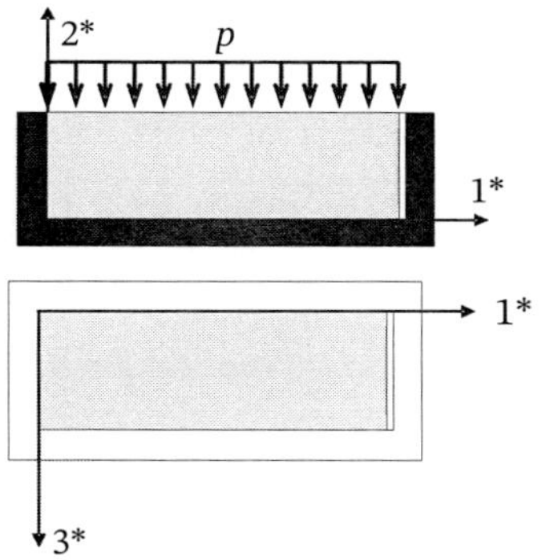

$$[\varepsilon]=\begin{bmatrix}\varepsilon_{1*} & 0 & 0\\ 0 & \varepsilon_{2*} & 0\\ 0 & 0 & 0\end{bmatrix} \qquad [\sigma]=\begin{bmatrix}0 & 0 & 0\\ 0 & -p & 0\\ 0 & 0 & \sigma_{3*}\end{bmatrix}$$

2) Ley de Hooke:

$$\left.\begin{array}{ll}\varepsilon_{1*}=\frac{-\nu}{E}\left(-p+\sigma_{3*}\right) & \varepsilon_{1*}=\frac{-\nu}{E}\left(-p-\nu p\right)=\frac{p}{E}\nu\left(1+\nu\right)\\ \varepsilon_{2*}=\frac{1}{E}\left(-p-\nu\sigma_{3*}\right) & \varepsilon_{2*}=\frac{1}{E}\left(-p+\nu^2 p\right)=\frac{p}{E}\left(\nu^2-1\right)\\ 0=\frac{1}{E}\left(\sigma_{3*}-\nu(-p)\right)\rightarrow\sigma_{3*}=-\nu p & \end{array}\right\}$$

$$[\varepsilon]=\frac{p}{E}\begin{bmatrix}\nu(1+\nu) & 0 & 0\\ 0 & (\nu^2-1) & 0\\ 0 & 0 & 0\end{bmatrix} \qquad [\sigma]=p\begin{bmatrix}0 & 0 & 0\\ 0 & -1 & 0\\ 0 & 0 & -\nu\end{bmatrix}$$

3) Si hay contacto $\varepsilon_{1*}=\frac{1}{50}=0{,}02$; por tanto,

$$p_c=\frac{E\varepsilon_{1*}}{\nu(1+\nu)}=\frac{E\cdot 0{,}02}{0{,}4(1+0{,}4)}=\frac{E}{28}=17{,}86\text{N/mm}^2$$

El descenso de la cara superior es $\Delta h=h_0\cdot\varepsilon_{2*}=h_0\cdot\frac{p_c}{E}\left(\nu^2-1\right)=20\cdot(-0{,}03)=0{,}6$ mm

4) Para $p>p_c$ la deformación $\varepsilon_{1*}=0{,}02$. Así, tenemos:

$$[\varepsilon]=\begin{bmatrix}0{,}02 & 0 & 0\\ 0 & \varepsilon_{2*} & 0\\ 0 & 0 & 0\end{bmatrix} \qquad [\sigma]=\begin{bmatrix}\sigma_{1*} & 0 & 0\\ 0 & -p & 0\\ 0 & 0 & \sigma_{3*}\end{bmatrix}$$

5) Sustituyendo $p = 2 \cdot p_c$ y aplicando la ley de Hooke:

$$
\left.
\begin{aligned}
&\varepsilon_{1*} = 0{,}02 = \frac{1}{E}\left(\sigma_{1*} - \nu(2p_c + \sigma_{3*})\right) \\
&\varepsilon_{2*} = \frac{1}{E}\left(-2p_c - \nu(\sigma_{1*} + \sigma_{3*})\right) \\
&\varepsilon_{2*} = \frac{1}{E}\left(-2p_c(1-\nu^2) - \nu\sigma_{1*}(1+\nu)\right) = -0{,}0467
\end{aligned}
\right\}
\begin{aligned}
&\sigma_{1*} = \frac{0{,}02E - \nu 2p_c(1+\nu)}{1-\nu^2} \\
&\qquad\uparrow \\
&0 = \sigma_{3*} - \nu(-2p_c + \sigma_{1*}) \rightarrow \sigma_{3*} = \nu(\sigma_{1*} - 2p_c)
\end{aligned}
$$

$$\Delta h = h_0 \cdot \varepsilon_{2*} = -0{,}933 \text{ mm}$$

6) El tensor deformación es constante para todo el prisma; por tanto, basta que las *funciones de interpolación* (de desplazamientos) sean lineales.

Elemento sólido plano (2D) de tres o de cuatro nodos, con dos grados de libertad por nodo.

Se puede modelar el plano 2*-3* en tensión plana, o bien el plano 1*-3* en deformación plana.

7) Opción 1: plano 2*-3* (tensión plana) un elemento rectangular (o dos triangulares)

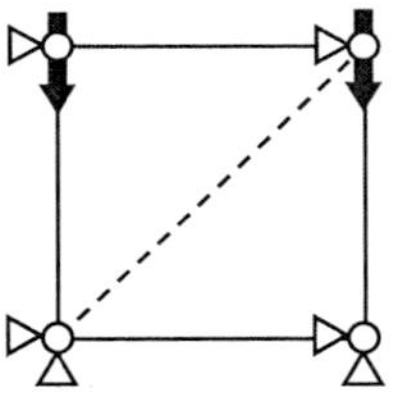

Opción 2: plano 1*-3* (deformación plana) un elemento rectangular (o dos triangulares)

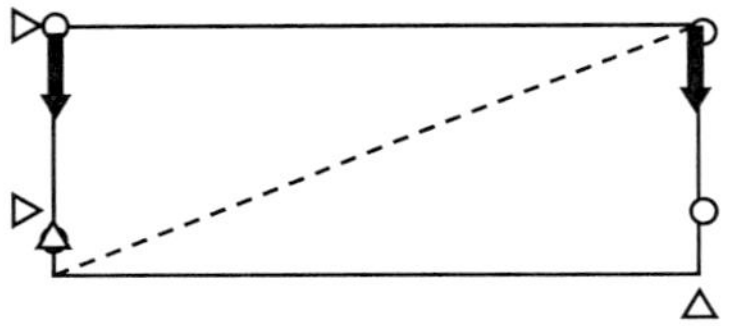

8 y 9) Sistema general: $\{P_{EG}\} = [K_{EG}]\{u_{EG}\}$, ocho grados de libertad

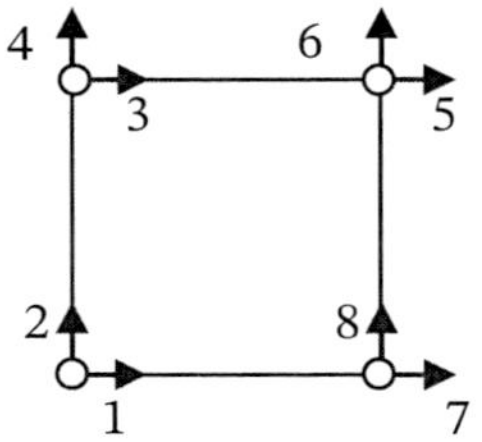

$$
\begin{Bmatrix} P_1 \\ P_2 \\ P_3 \\ P_4 \\ P_5 \\ P_6 \\ P_7 \\ P_8 \end{Bmatrix}
=
\begin{bmatrix}
k_{11} & k_{12} & \dots & & k_{18} \\
 & k_{22} & & & \\
 & & \dots & & \\
 & & & & \\
 & & K_{EG} & & \\
 & & & & \\
 & sim & & & \\
 & & & & k_{88}
\end{bmatrix}
\begin{Bmatrix} u_1 \\ u_2 \\ u_3 \\ u_4 \\ u_5 \\ u_6 \\ u_7 \\ u_8 \end{Bmatrix}
$$

El sistema reducido se obtiene imponiendo los enlaces y eliminando sus filas y columnas:

$$\begin{Bmatrix} \cancel{R_1}\\ \cancel{R_2}\\ \cancel{R_3}\\ -F\\ \cancel{R_5}\\ -F\\ \cancel{R_7}\\ \cancel{R_8}\end{Bmatrix} = \begin{bmatrix} &&&&&&&\\ &&&&&&&\\ &&&&&&&\\ &&&k_{44}&&k_{46}&&\\ &&&&&&&\\ &&&k_{46}&&k_{66}&&\\ &&&&&&&\\ &&&&&&& \end{bmatrix} \begin{Bmatrix} \cancel{0}\\ \cancel{0}\\ \cancel{0}\\ u_4\\ \cancel{0}\\ u_6\\ \cancel{0}\\ \cancel{0}\end{Bmatrix}$$

$\{P_E\} = [K_E]\{u_E\}$, dos grados de libertad $\begin{Bmatrix} -F\\ -F \end{Bmatrix} = \begin{bmatrix} k_{44} & k_{46}\\ k_{46} & k_{66} \end{bmatrix} \begin{Bmatrix} u_4\\ u_6 \end{Bmatrix}$

10) El sistema general, sin enlaces, es compatible indeterminado (el determinante de K_{EG} es cero). Solamente existe unicidad de solución (compatible determinado) cuando se imponen, como mínimo, los enlaces necesarios (ceros en el vector u de desplazamientos) para evitar los movimientos de sólido rígido. El sistema definido por los grados de libertad no fijos (reducido) está desacoplado del resto y el determinante de $K_E \neq 0$.

Problema 21

1) Las condiciones de compatibilidad se cumplen porque las funciones de desplazamiento son lineales y el tensor deformación es uniforme:

$$\varepsilon_{11} = \partial u_1 / \partial x_1 = 2a10^{-6} \qquad \varepsilon_{12} = \frac{1}{2}\left(\partial u_1 / \partial x_2 + \partial u_2 / \partial x_1\right) = a10^{-6}$$

$$\varepsilon_{22} = \partial u_2 / \partial x_2 = -2a10^{-6} \qquad \varepsilon_{13} = \frac{1}{2}\left(\partial u_1 / \partial x_3 + \partial u_3 / \partial x_1\right) = 0$$

$$\varepsilon_{33} = \partial u_3 / \partial x_3 = 0 \qquad \varepsilon_{23} = \frac{1}{2}\left(\partial u_2 / \partial x_3 + \partial u_3 / \partial x_2\right) = 0$$

$$[\varepsilon] = \begin{bmatrix} 2 & 1 & 0\\ 1 & -2 & 0\\ 0 & 0 & 0 \end{bmatrix} a10^{-6}$$

y, por tanto, sus derivadas segundas serán siempre nulas.

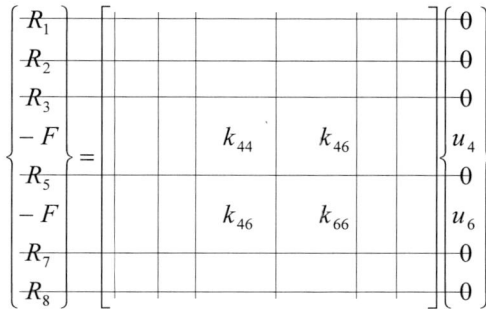

2) $\tau_{máx} = \tau_{\lim} / \gamma_s$

Encontramos el estado de tensión a través de las relaciones elásticas de Lamé $[\sigma] = \lambda\varepsilon_v[I] + 2G[\varepsilon]$, donde

$$\varepsilon_v = \varepsilon_{11} + \varepsilon_{22} + \varepsilon_{33} = 0 \text{ y } G = \frac{E}{2(1+\nu)} = 80.000 \text{ N/mm}^2$$

$$[\sigma] = 2G[\varepsilon] = [\varepsilon] = \begin{bmatrix} 2 & 1 & 0 \\ 1 & -2 & 0 \\ 0 & 0 & 0 \end{bmatrix} 0{,}16a \rightarrow [\sigma] = \begin{bmatrix} \sqrt{5} & 0 & 0 \\ 0 & -\sqrt{5} & 0 \\ 0 & 0 & 0 \end{bmatrix} 0{,}16a$$

con lo cual $\tau_{máx} = 0{,}16a\sqrt{5} = \tau_{lím} / \gamma_S$

$$a = \frac{\tau_{lím}}{\gamma_S \cdot 0{,}16\sqrt{5}} = 100$$

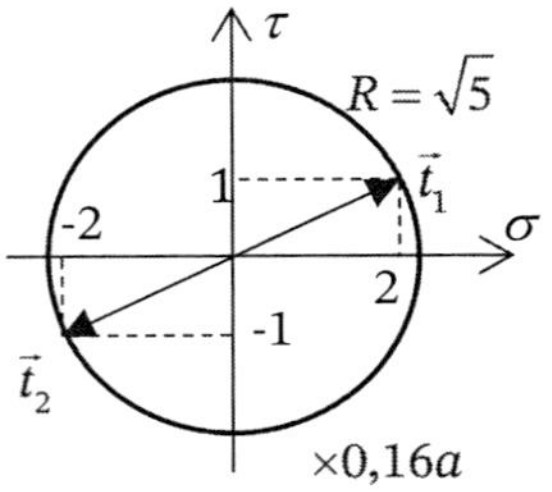

para cualquier partícula del medio, porque el estado de tensión es uniforme.

3) Para $\gamma_S = 1 \rightarrow \tau_{máx} = \tau_{lím} \rightarrow a = 150$ $\quad [\sigma] = \begin{bmatrix} 2 & 1 & 0 \\ 1 & -2 & 0 \\ 0 & 0 & 0 \end{bmatrix} \times 24$

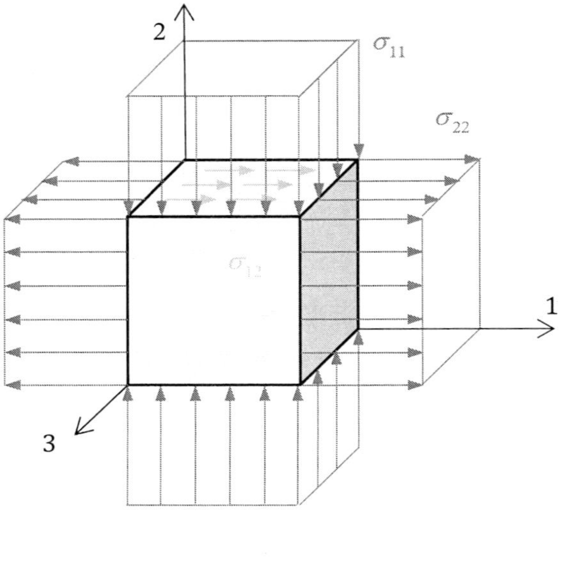

4) De los círculos de Mohr, la $\tau_{máx}$ positiva actúa en el plano de normal formando un ángulo $\theta = \frac{1}{2}\tan^{-1} 2 = 31{,}7°$ en sentido horario con respecto al eje 1.

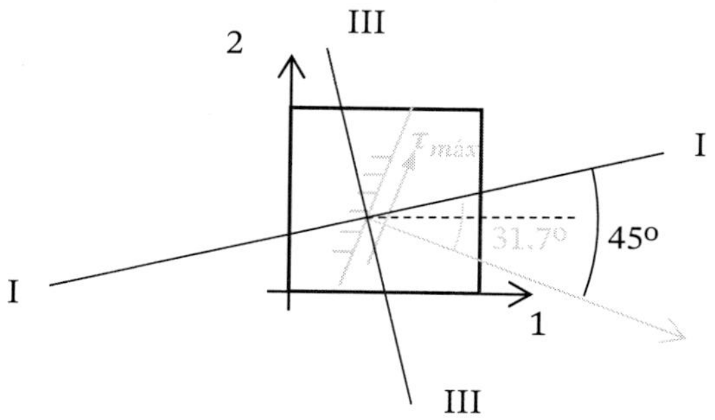

5) Las direcciones I y III siempre están a 45° de la normal en el plano donde actúa $\tau_{máx}$.

6) Elasticidad plana → 2D
Deformación uniforme → 1 único elemento de grado 1
Enlaces de estabilidad para no tener movimientos rígidos (o doble simetría)
Fuerzas de superficie ilustradas en 3.
dim[K_{EG}] = 8
dim[K_E] = 8 – 4 = 4

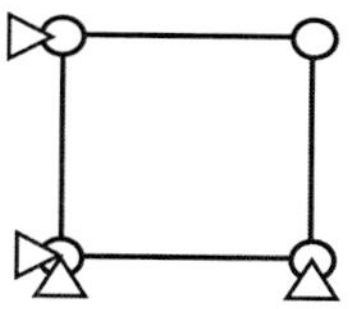

Problema 22

1) Se trata de un esfuerzo de tracción uniaxial; por tanto:

$$[\sigma] = \begin{bmatrix} F/A & 0 & 0 \\ 0 & 0 & 0 \\ 0 & 0 & 0 \end{bmatrix} \text{N/mm}^2 \rightarrow \text{las componentes intrínsecas:}$$

$$\sigma = \vec{n}^T [\sigma] \vec{n} = \begin{pmatrix} \cos\theta & -\sin\theta & 0 \end{pmatrix} \begin{bmatrix} F/A & 0 & 0 \\ 0 & 0 & 0 \\ 0 & 0 & 0 \end{bmatrix} \begin{Bmatrix} \cos\theta \\ -\sin\theta \\ 0 \end{Bmatrix} = \frac{F}{A}\cos^2\theta$$

$$\tau = \vec{n}_\perp^T [\sigma] \vec{n} = \begin{pmatrix} \sin\theta & \cos\theta & 0 \end{pmatrix} \begin{bmatrix} F/A & 0 & 0 \\ 0 & 0 & 0 \\ 0 & 0 & 0 \end{bmatrix} \begin{Bmatrix} \cos\theta \\ -\sin\theta \\ 0 \end{Bmatrix} = \frac{F}{A}\cos\theta\sin\theta$$

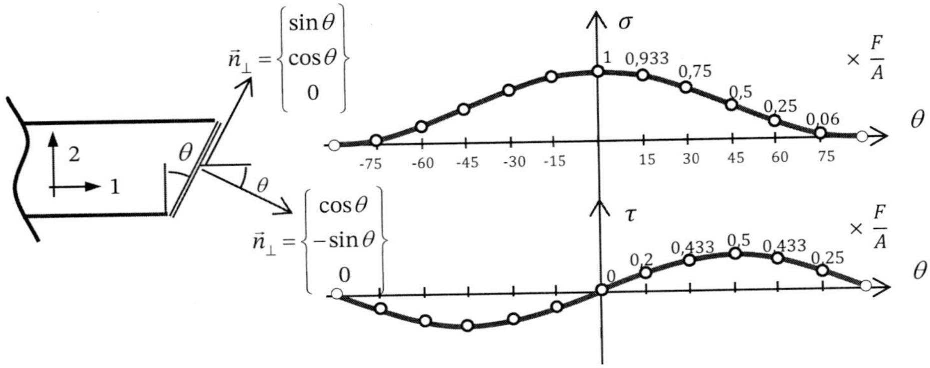

2) Condición a) $\sigma \leq \sigma_{adm}$

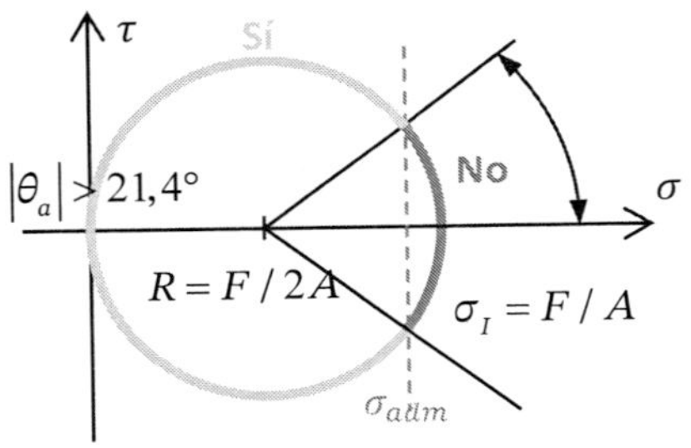

$$|2\theta_a| > a\cos\left(\frac{\sigma_{adm} - R}{R}\right)$$

Condición b) $\tau \leq \tau_{adm}$

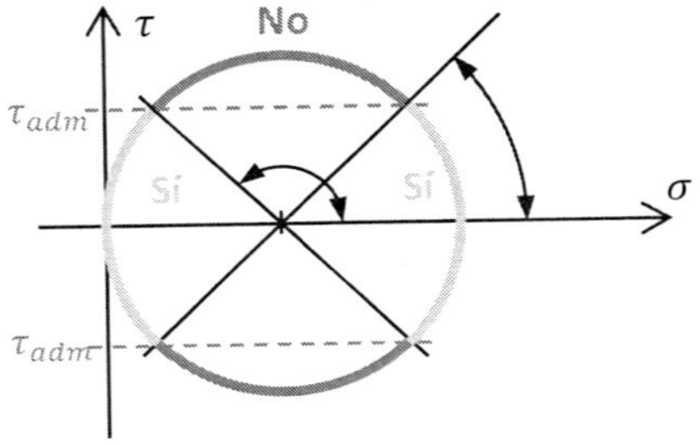

$$|2\theta_b| < a\sin\left(\frac{\tau_{adm}}{R}\right) \quad \text{o} \quad |2\theta_b| > 180° - a\sin\left(\frac{\tau_{adm}}{R}\right)$$

Condición c) $\sigma \leq \sigma_{adm}$ y $\tau \leq \tau_{adm}$

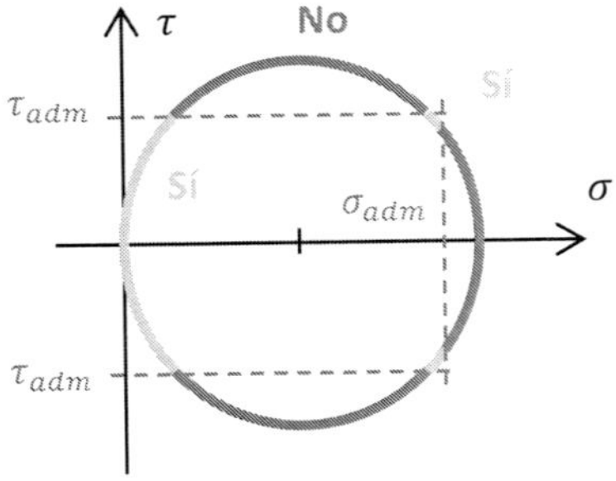

$$21{,}4° < |\theta_b| < 34{,}5° \quad \text{o} \quad |\theta_b| > 55{,}5°$$

3) Condición *a)* $\sigma \leq \sigma_{\text{adm}}$

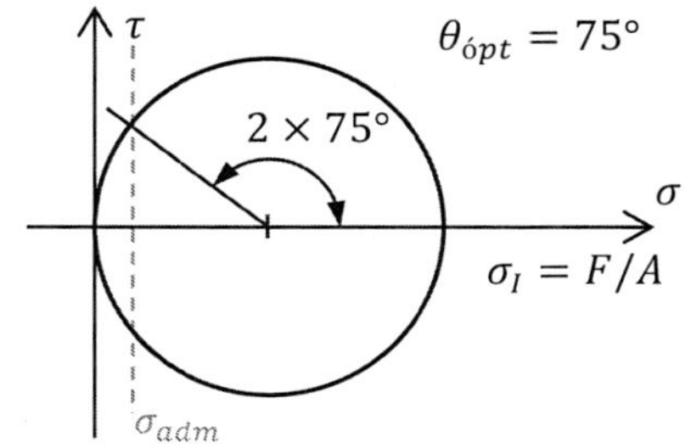

$\sigma_I = \sigma_{adm} / \cos^2 75°$

$F = \sigma_I \cdot A = 77{,}6$ kN

Condición *b)* $\tau \leq \tau_{adm}$

Para $\theta_{òpt} = 0°$ la τ vale siempre 0.

La fuerza podría valer ∞.

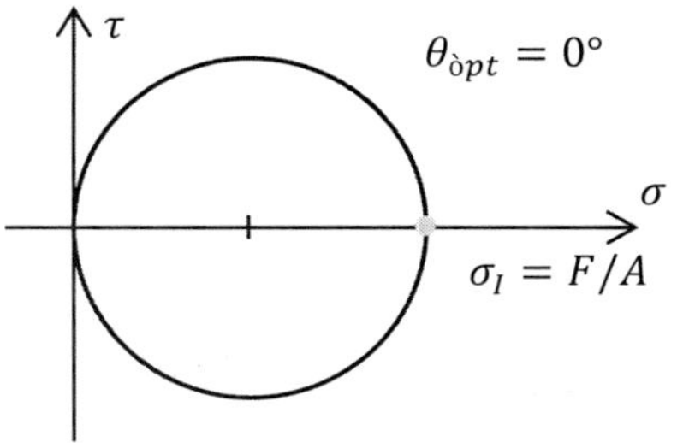

Condición *c)* $\sigma \leq \sigma_{adm}$ y $\tau \leq \tau_{adm}$

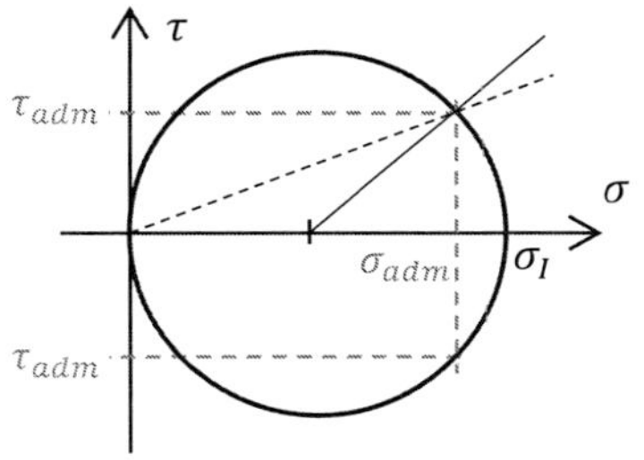

$$\left|\theta_{ópt}\right| = \tan^{-1} \frac{\tau_{adm}}{\sigma_{adm}} = 28{,}3°$$

$$\sigma_I = \sigma_{adm} / \cos^2 28{,}3°$$

$$F = \sigma_I \cdot A = 67{,}1 \text{ kN}$$

Problema 23

1) Gráficamente, con los círculos de Mohr:

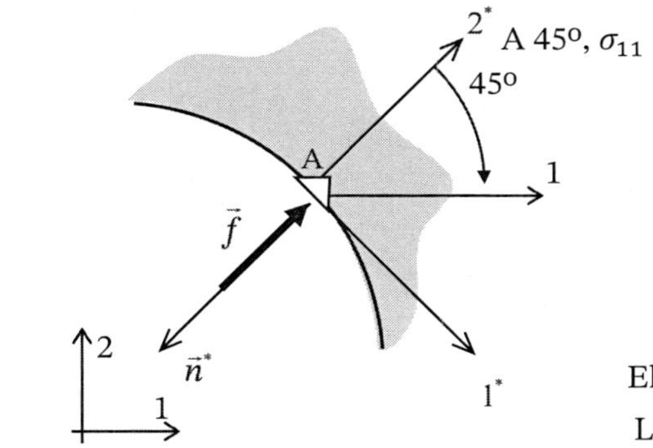

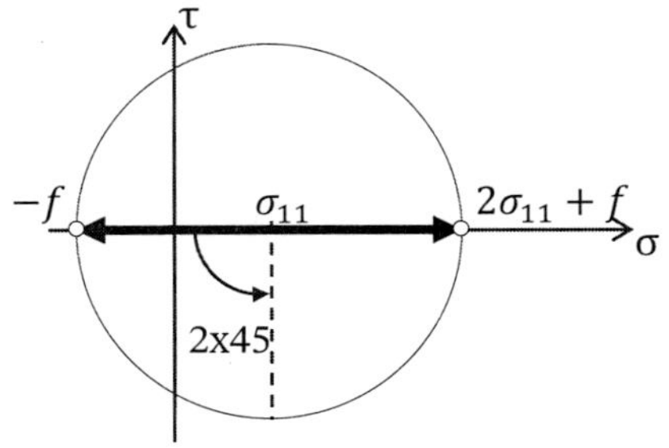

(Tensión plana →
$\sigma_{33} = \sigma_{13} = \sigma_{23} = \sigma_{3^*} = 0$)

El radio del círculo es: $R = \sigma_{11} + f$

Las tensiones principales son:

$\sigma_I = \sigma_{1^*} = 2\sigma_{11} + f$

$\sigma_{II} = \sigma_{3^*} = 0$

$\sigma_{III} = \sigma_{2^*} =' f$

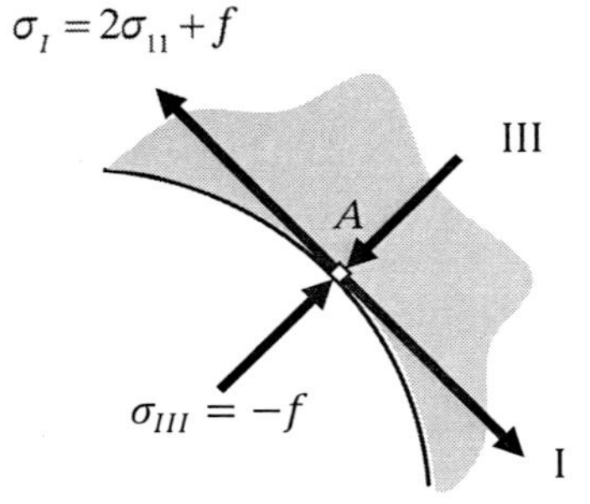

O, analíticamente, en la base 1*, 2*, 3*:

$$\sigma_{11} = \left\{ \frac{1}{\sqrt{2}} \quad \frac{1}{\sqrt{2}} \quad 0 \right\} \begin{bmatrix} \sigma_{1^*} & 0 & 0 \\ 0 & -f & 0 \\ 0 & 0 & 0 \end{bmatrix} \begin{Bmatrix} \frac{1}{\sqrt{2}} \\ \frac{1}{\sqrt{2}} \\ 0 \end{Bmatrix} = \frac{\sigma_{1^*} - f}{2} \quad \rightarrow \quad \sigma_{1^*} = 2\sigma_{11} + f = 125 \text{ N/mm}^2$$

2) De los círculos de Mohr, se ve que

$\sigma_{22} = \sigma_{11}$ y

$\sigma_{12} = -radi = -\sigma_{11} - f = \tau_{máx}$

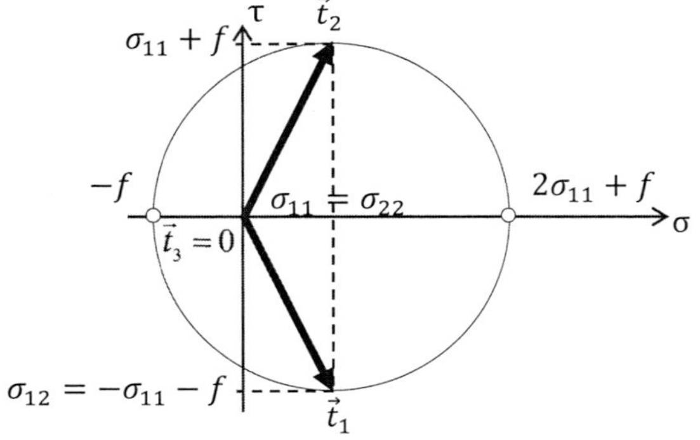

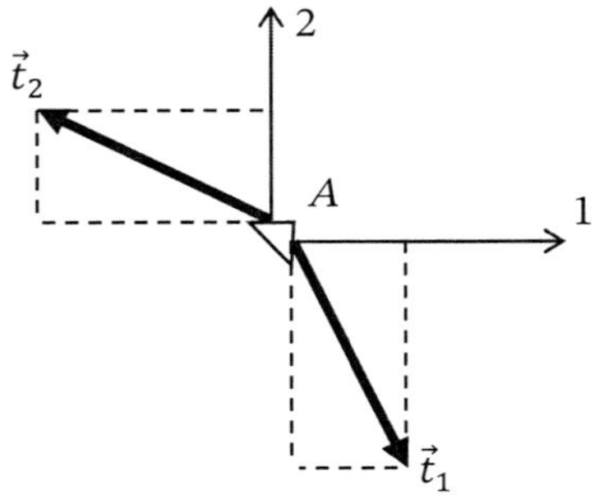

O, analíticamente,

$$\vec{f} = \begin{Bmatrix} f/\sqrt{2} \\ f/\sqrt{2} \\ 0 \end{Bmatrix} = \begin{bmatrix} \sigma_{11} & \sigma_{12} & 0 \\ \sigma_{12} & \sigma_{22} & 0 \\ 0 & 0 & 0 \end{bmatrix} \begin{Bmatrix} -1/\sqrt{2} \\ -1/\sqrt{2} \\ 0 \end{Bmatrix} \quad \rightarrow \quad \sigma_{12} = -\sigma_{11} - f = -75 \text{ N/mm}^2 \quad \sigma_{22} = \sigma_{11}$$

3) Los vectores que contienen la $\tau_{máx}$ son los mismos $\vec{t}_1$ y $\vec{t}_2$, porque actúan sobre los planos a 45° de I y III.

4) Utilizando el criterio de Tresca-Guest:

$$\gamma_{seg} = \frac{\sigma_e}{\sigma_{eq}} = \frac{\sigma_e}{2\sigma_{11} + 2f} = 1$$

Utilizando el criterio de Von Mises:

$$\gamma_{seg} = \frac{\sigma_e}{\sigma_{eq}} = \frac{\sigma_e\sqrt{2}}{\sqrt{(2\sigma_{11} + 2f)^2 + (2\sigma_{11} + f)^2 + f^2}} = 1{,}08$$

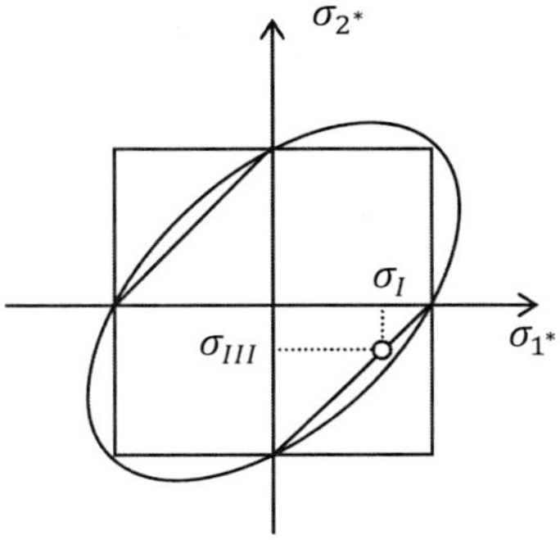

5) Utilizando el criterio de Rankine:

$$\gamma_{seg} = \frac{\sigma_e}{\sigma_{eq}} = \frac{\sigma_e}{2\sigma_{11} + f} = 1{,}2$$

6) Sí, porque hay que eliminar los movimientos de sólido rígido para que el sistema tenga una única solución.

Por ejemplo, habría que fijar un nodo cualquiera en las dos direcciones del plano 1-2 y un segundo nodo de modo que evitara la rotación del conjunto con respecto a este primer punto fijo.

7) El módulo de elasticidad es homogéneo en toda la pieza; así, su valor solo tiene efecto sobre la magnitud de los desplazamientos y de las deformaciones; no tiene ningún efecto sobre la distribución de las tensiones, que solo depende de las cargas exteriores.

Si se doblara el límite elástico, el estado tensional de toda la pieza seria idéntico, porque las condiciones de contorno no han cambiado. Solamente se modificaría el coeficiente de seguridad, que también se doblaría.

Problema 24

1) No hay fricción en las paredes; de este modo, las direcciones 1, 2 y 3 son principales de tensión.

Como no hay fuerzas de volumen, por equilibrio, las tensiones principales son uniformes en las propias direcciones y las reacciones en las caras opuestas han de ser iguales y en sentido contrario. Las caras frontal y posterior son libres, de modo que no reciben restricción alguna $\sigma_{33} = \sigma_{3^*} = 0$

$$[\sigma]_A = [\sigma]_B = \begin{bmatrix} \sigma_{11} & 0 & 0 \\ 0 & \sigma_{22} & 0 \\ 0 & 0 & 0 \end{bmatrix} = \begin{bmatrix} \sigma_{11} & 0 & 0 \\ 0 & -f & 0 \\ 0 & 0 & 0 \end{bmatrix}$$

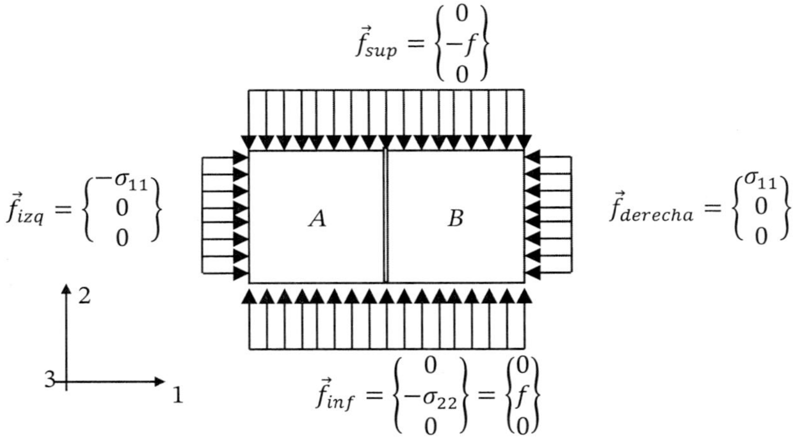

La presión lateral aparece por efecto de Poisson; su valor $\boldsymbol{\sigma}_{11}$ debe determinarse imponiendo la condición de deformabilidad en la dirección 1 impuesta por las paredes laterales. La dimensión total $2a$ no varía; por tanto, el alargamiento de A debe de ser igual al acortamiento de B. Suponiendo que la lámina se desplaza hacia la derecha:

$$\varepsilon_{11\,A} = \frac{\Delta a}{a} = -\varepsilon_{11\,B}$$

$$\frac{\sigma_{11}}{E_A} - \frac{\nu_A}{E_A}(-f) = -\frac{\sigma_{11}}{E_B} + \frac{\nu_B}{E_B}(-f)$$

$$\sigma_{11} = -f\frac{\left(\frac{\nu_A}{E_A} + \frac{\nu_B}{E_B}\right)}{\left(\frac{1}{E_A} + \frac{1}{E_B}\right)} = -30\,\mathrm{N/mm^2}$$

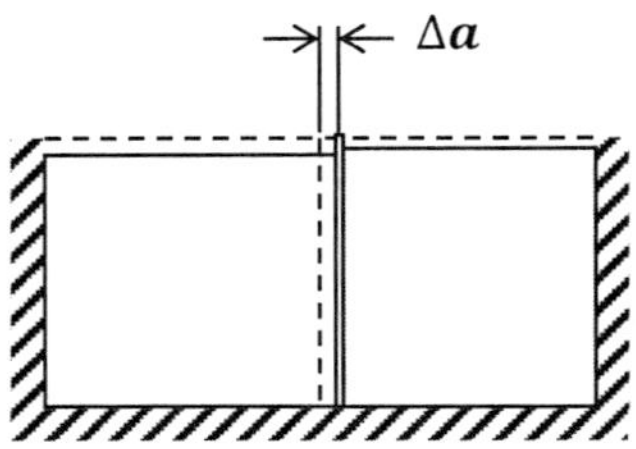

2)

$$\varepsilon_{11A} = \frac{\sigma_{11}}{E_A} + \frac{\nu_A}{E_A} f = 125 \cdot 10^{-6} \qquad \varepsilon_{22A} = \frac{-f}{E_A} - \frac{\nu_A}{E_A}\sigma_{11} = -3.450 \cdot 10^{-6}$$

$$\varepsilon_{33A} = -\frac{\nu_A}{E_A}(\sigma_{11} - f) = 1.425 \cdot 10^{-6} \qquad \varepsilon_{11B} = \ldots = -125 \cdot 10^{-6}$$

$$\varepsilon_{22B} = \frac{-f}{E_B} - \frac{\nu_B}{E_B}\sigma_{11} = 1.775 \cdot 10^{-6} \qquad \varepsilon_{33B} = -\frac{\nu_B}{E_B}(\sigma_{11} - f) = 475 \cdot 10^{-6}$$

$$a_1^{'A} = a\cdot(1+\varepsilon_{11\,A}) = 10{,}00125\,\text{mm} \qquad a_1^{'B} = a\cdot(1+\varepsilon_{11\,B}) = 9{,}99875\,\text{mm}$$

$$a_2^{'A} = a\cdot(1+\varepsilon_{22\,A}) = 9{,}99655\,\text{mm} \qquad a_2^{'B} = a\cdot(1+\varepsilon_{11\,B}) = 9{,}98225\,\text{mm}$$

$$a_3^{'A} = a\cdot(1+\varepsilon_{33\,A}) = 10{,}01425\,\text{mm} \qquad a_3^{'B} = a\cdot(1+\varepsilon_{11\,B}) = 10{,}00475\,\text{mm}$$

La lámina móvil se desplaza:

$$\Delta a = a\cdot\varepsilon_{11\,A} = a\left(\frac{\sigma_{11}}{E_A} + \frac{\nu_A}{E_A} f\right) = 10\cdot 0{,}000125 = 0{,}00125\,\text{mm}$$

3) $\gamma_S = \dfrac{\sigma_e}{\sigma_{eq}}$

Material A (frágil): criterio de Rankine

$$\sigma_{eqA} = |\sigma_{III}| = f$$

Material B (dúctil): criterio de Tresca o Von Mises

$$\gamma_{S\,A} = \frac{\sigma_{e\,A}^c}{\sigma_{eq\,A}} = \frac{\sigma_{e\,A}}{f} = 2{,}67$$

$$\sigma_{eq\,B} = |\sigma_I - \sigma_{III}| = f$$

$$\gamma_{S\,B} = \frac{\sigma_{e\,B}^t}{\sigma_{eq\,B}} = \frac{\sigma_{e\,B}}{f} = 1{,}33 \text{ o}$$

$$\sigma_{eq\,B} = \sqrt{\frac{1}{2}\left[f^2 + \sigma_{11}^2 + (f-\sigma_{11})^2\right]}$$

$$\gamma_{S\,B} = 1{,}49$$

6) Con deformaciones uniformes, los desplazamientos varían linealmente: (origen de coordenadas en el extremo inferior izquierdo del material A)

$$u_1^A = \varepsilon_{11\,A}\cdot x_1 = 0{,}000125\cdot x_1$$

$$u_1^B = -\varepsilon_{11\,B}\cdot 2a + \varepsilon_{11\,B}\cdot x_1 = 0{,}00250 - 0{,}000125\cdot x_1$$

$$u_2^A = \varepsilon_{22\,A}\cdot x_2 = -0{,}00345\cdot x_2$$

$$u_2^B = \varepsilon_{22\,B}\cdot x_2 = 0{,}001775\cdot x_2$$

$$u_3^A = \varepsilon_{33\,A}\cdot x_3 = 0{,}001425\cdot x_3$$

$$u_3^B = \varepsilon_{33\,B}\cdot x_3 = 0{,}000475\cdot x_3$$

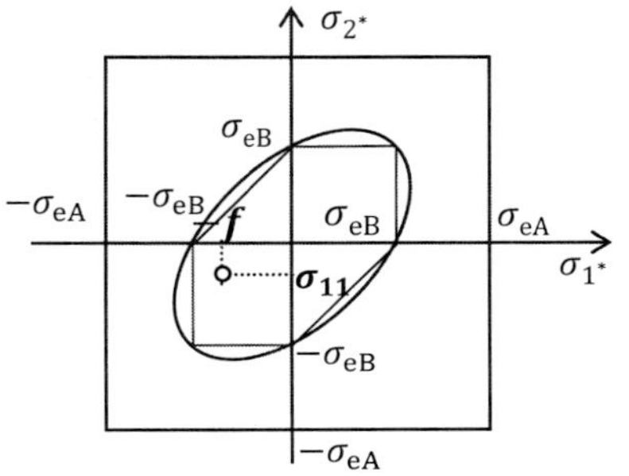

Problema 25

$\sigma_{11} = x_1$

$\sigma_{22} = 3x_1 - 2x_2 \qquad 0 \le x_1 \le a$

$\sigma_{33} = -x_3 \qquad 0 \le x_2 \le a$

$\sigma_{12} = 2x_1 - x_2 \qquad 0 \le x_3 \le a$

$\sigma_{13} = \sigma_{23} = 0$

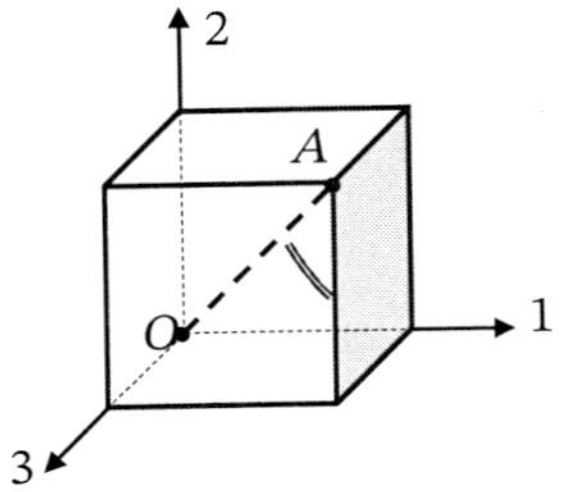

1) La matriz del tensor tensión es siempre simétrica porque ha de cumplirse el equilibrio de momentos (o el teorema del momento cinético) aplicado a cualquier dV. Tomando un dV paralelepipédico orientado según los ejes de referencia, tenemos, para la suma de momentos resultantes con respecto al origen en dirección 3, que los términos σ_{ii} están equilibrados, y, eliminando los diferenciales de orden superior, queda:

$$dx_1 \cdot \sigma_{12} \cdot (dx_2 dx_3) - dx_2 \cdot \sigma_{21} \cdot (dx_1 dx_3) = 0$$

$$\sigma_{12} = \sigma_{21}$$

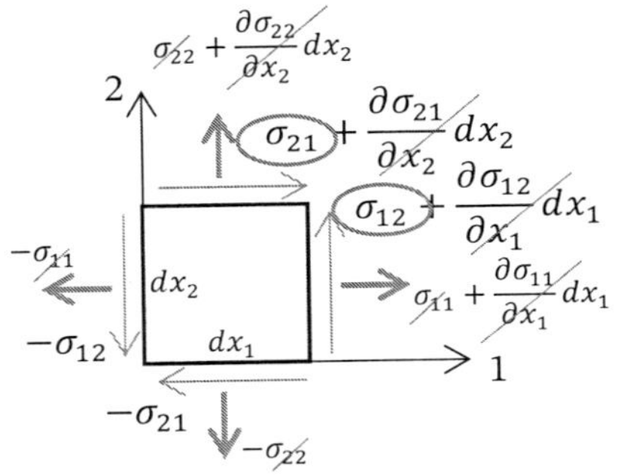

2) La variación de longitud de la línea OA la encontramos integrando las variaciones infinitesimales

$$\Delta l_{OA} = \int_o^A \varepsilon_{OA} dl_{OA}, \text{ donde } \varepsilon_{OA} = \vec{N}_{OA}^T [\varepsilon] \vec{N}_{OA}$$

Aplicando la ley de Hooke y teniendo en cuenta que en la línea OA:

$$x_1 = x_2 = x_3 \rightarrow [\sigma] = \begin{bmatrix} x_1 & x_1 & 0 \\ x_1 & x_1 & 0 \\ 0 & 0 & -x_1 \end{bmatrix}$$, tenemos que el tensor deformación es el siguiente:

$$[\varepsilon] = \frac{x_1}{E} \begin{bmatrix} 1 & 1+\nu & 0 \\ 1+\nu & 1 & 0 \\ 0 & 0 & -1-2\nu \end{bmatrix}$$

Por otro lado, $\vec{N}_{OA} = \begin{Bmatrix} 1 \\ 1 \\ 1 \end{Bmatrix} / \sqrt{3}$ $\qquad \varepsilon_{OA} = \frac{x_1}{3E}(1,1,1)[\varepsilon]\begin{Bmatrix} 1 \\ 1 \\ 1 \end{Bmatrix} = \frac{x_1}{E}$

Así, como $dx_1 = dl_{OA} / \sqrt{3} \rightarrow dl_{OA} = \sqrt{3}\, dx_1$ $\qquad \Delta l_{OA} = \int_0^a \varepsilon_{OA} \sqrt{3} dx_1 = \frac{a^2}{2} \frac{\sqrt{3}}{E}$

La longitud final es, pues: $\quad l_f = l_0 + \Delta l_{OA} = \sqrt{3}a + \Delta l_{OA} = \sqrt{3}a\left(1 + \frac{a}{2E}\right)$

3) La variación del ángulo indicado $\Delta\theta$ se encuentra mediante la expresión:

$$\sin\theta \cdot \Delta\theta = (\varepsilon_{OA} + \varepsilon_{22})\cos\theta - 2\vec{N}_{OA}^T[\varepsilon]\vec{N}_2$$

$$\sqrt{2/3} \cdot \Delta\theta = \left(\frac{a}{E} + \frac{a}{E}\right) 1/\sqrt{3} - \frac{2}{\sqrt{3}}(1,1,1)\frac{a}{E}[\varepsilon]\begin{Bmatrix} 0 \\ 1 \\ 0 \end{Bmatrix}$$

$$\Delta\theta = -\frac{a\sqrt{2}}{E}(1+\nu)$$

Problema 26

Dimensión del cubo $a \times a \times a$

$$[\sigma] = \begin{bmatrix} x_1 & 2x_1 - x_2 & 0 \\ 2x_1 - x_2 & 3x_1 - 2x_2 & 0 \\ 0 & 0 & -x_3 \end{bmatrix}$$

N/mm²

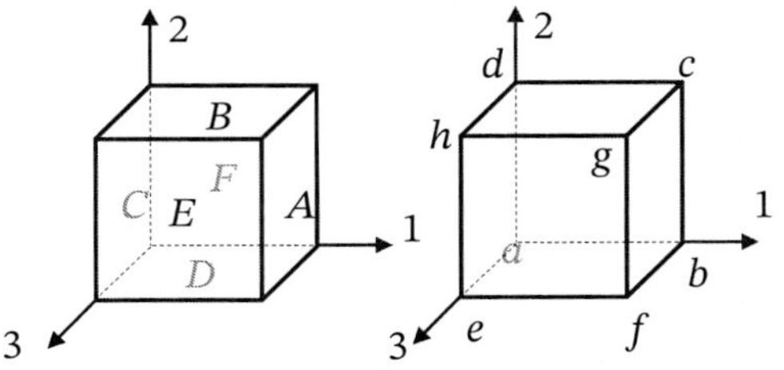

1) Dado que, por la condición de equilibrio, $\nabla[\sigma] + \vec{b} = 0$, tiene que haber necesariamente fuerzas de volumen. Si las fuerzas de volumen fueran nulas, no podría haber equilibrio y las partículas experimentarían una aceleración proporcional a $\nabla[\sigma]$, o bien el tensor dado no sería posible.

2)

Fuerzas de volumen $\vec{b} = -\nabla[\sigma] = \begin{Bmatrix} 0 \\ 0 \\ 1 \end{Bmatrix}$ N/mm³

Fuerzas de superficie $\vec{f} = [\sigma]\vec{n}$ (N/mm²)

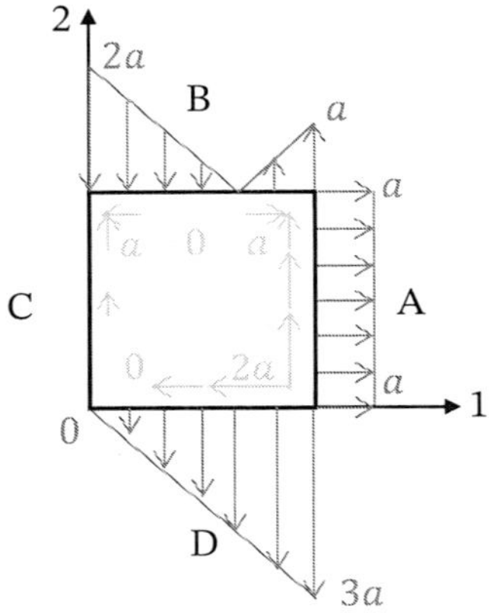

Cara A: $\vec{n} = (1,0,0) \quad x_1 = a \quad \vec{f}_A = \begin{Bmatrix} a \\ 2a - x_2 \\ 0 \end{Bmatrix}$

Cara B: $\vec{n} = (0,1,0) \quad x_2 = a \quad \vec{f}_B = \begin{Bmatrix} 2x_1 - a \\ 3x_1 - 2a \\ 0 \end{Bmatrix}$

Cara C: $\vec{n} = (-1,0,0) \quad x_1 = 0 \quad \vec{f}_C = \begin{Bmatrix} 0 \\ x_2 \\ 0 \end{Bmatrix}$

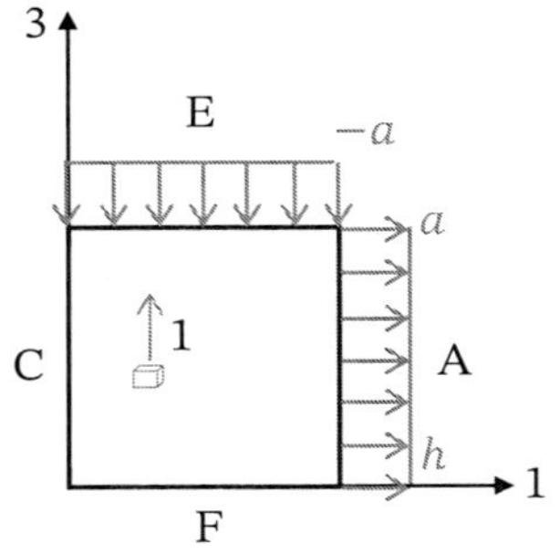

Cara D: $\vec{n} = (0,-1,0) \quad x_2 = 0 \quad \vec{f}_D = \begin{Bmatrix} -2x_1 \\ -3x_1 \\ 0 \end{Bmatrix}$

Cara E: $\vec{n} = (0,0,1) \quad x_3 = a \quad \vec{f}_E = \begin{Bmatrix} 0 \\ 0 \\ -a \end{Bmatrix}$

Cara F: $\vec{n} = (0,0,-1) \quad x_3 = 0 \quad \vec{f}_F = \begin{Bmatrix} 0 \\ 0 \\ 0 \end{Bmatrix}$

3)

Aristas del plano $x_3 = 0$:

a) (tensión nula)

c)

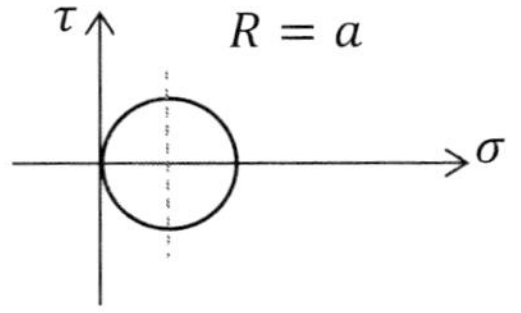

b)

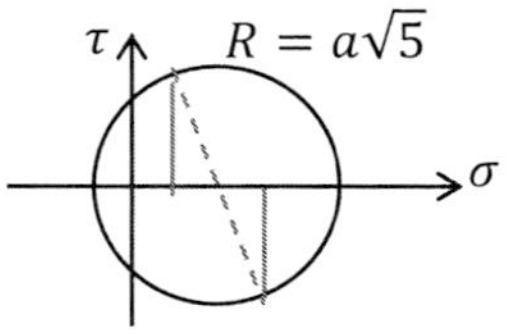

d)

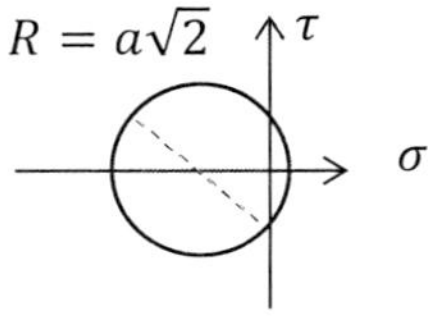

$$[\sigma_a]=\begin{bmatrix}0&0&0\\0&0&0\\0&0&-a\end{bmatrix}\quad[\sigma_b]=\begin{bmatrix}a&2a&0\\2a&3a&0\\0&0&0\end{bmatrix}\quad[\sigma_c]=\begin{bmatrix}a&a&0\\a&a&0\\0&0&0\end{bmatrix}\quad[\sigma_d]=\begin{bmatrix}0&-a&0\\-a&-2a&0\\0&0&0\end{bmatrix}$$

Las aristas del plano $x_3=a$: *e*, *f*, *g* y *h* tienen los mismos círculos, pero incorporan la tensión principal $\sigma_{33}=-a$:

$$[\sigma_e]=\begin{bmatrix}0&0&0\\0&0&0\\0&0&-a\end{bmatrix}\quad[\sigma_f]=\begin{bmatrix}a&2a&0\\2a&3a&0\\0&0&-a\end{bmatrix}\quad[\sigma_g]=\begin{bmatrix}a&a&0\\a&a&0\\0&0&-a\end{bmatrix}\quad[\sigma_h]=\begin{bmatrix}0&-a&0\\-a&-2a&0\\0&0&-a\end{bmatrix}$$

4) A la vista de los círculos, la $\tau_{máx}$ se dará en el punto ***f***:

$$\tau_{máx}=\frac{\sigma_I-\sigma_{III}}{2}=\frac{a\left(2+\sqrt{5}\right)-(-a)}{2}=2{,}62a$$

$$\sigma_e=1{,}5\cdot 2\tau_{máx}=7{,}86a$$

5) Fallaría con la misma probabilidad en cualquier punto de la arista ***b-f***, donde

$$\sigma_I=a\left(2+\sqrt{5}\right)=4{,}24\,\mathrm{h}$$

$$\sigma_e=1{,}5\cdot\sigma_I=1{,}5\cdot a\left(2+\sqrt{5}\right)=6{,}35\,\mathrm{h}$$

Problema 27

1) (Opción 1: gráficamente)

Del círculo de Mohr de deformaciones: $\dfrac{\varepsilon_g}{\varepsilon_{12}}=\tan 22{,}5\rightarrow\varepsilon_{12}=\dfrac{\varepsilon_g}{\tan 22{,}5}$ y $\varepsilon_{22}=2\varepsilon_{12}$

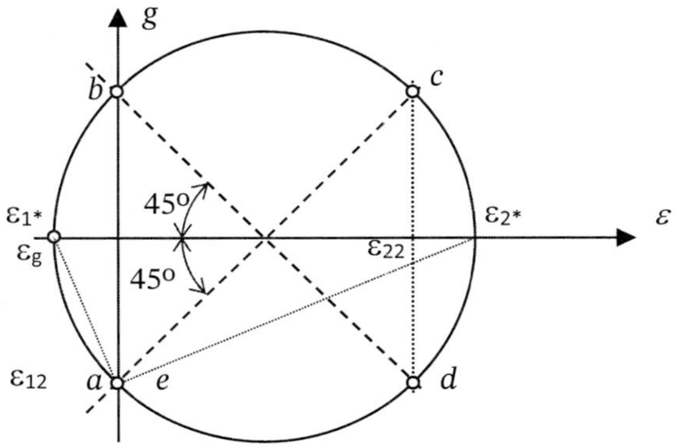

(Opción 2: analíticamente)
Tomando los ejes de referencia indicados, tenemos $\varepsilon_{11} = 0$

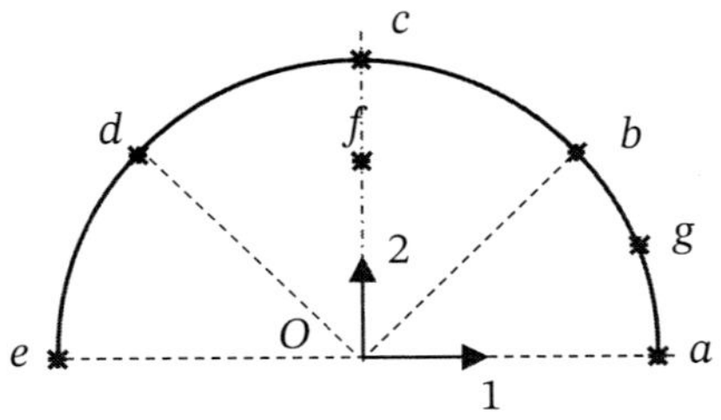

$$[\varepsilon] = \begin{bmatrix} 0 & \varepsilon_{12} & 0 \\ \varepsilon_{12} & \varepsilon_{22} & 0 \\ 0 & 0 & \varepsilon_{33} \end{bmatrix}$$

$$\varepsilon_b = \vec{N}_b^T [\varepsilon] \vec{N}_b = \begin{pmatrix} 1/\sqrt{2} & 1/\sqrt{2} & 0 \end{pmatrix} \begin{bmatrix} 0 & \varepsilon_{12} & 0 \\ \varepsilon_{12} & \varepsilon_{22} & 0 \\ 0 & 0 & \varepsilon_{33} \end{bmatrix} \begin{Bmatrix} 1/\sqrt{2} \\ 1/\sqrt{2} \\ 0 \end{Bmatrix} = \varepsilon_{12} + \frac{\varepsilon_{22}}{2} = 0 \rightarrow \varepsilon_{12} = -\frac{\varepsilon_{22}}{2}$$

$$\varepsilon_g = \vec{N}_g^T [\varepsilon] \vec{N}_g = \begin{pmatrix} \cos 22{,}5 & \sin 22{,}5 & 0 \end{pmatrix} \begin{bmatrix} 0 & \varepsilon_{12} & 0 \\ \varepsilon_{12} & -2\varepsilon_{12} & 0 \\ 0 & 0 & \varepsilon_{33} \end{bmatrix} \begin{Bmatrix} \cos 22{,}5 \\ \sin 22{,}5 \\ 0 \end{Bmatrix} = \frac{6{,}24 - 6{,}25}{6{,}25}$$

$$\varepsilon_{12} = \varepsilon_g \sin 22{,}5 (\sin 22{,}5 - \cos 22{,}5) = \ -3.863 \cdot 10^{-6} \qquad \varepsilon_{22} = \ 7.725 \cdot 10^{-6}$$

Punto	Distancia final (m)
a	6,25
b	6,25
c	-
d	-
e	-
f	-
g	6,24

$\varepsilon_c = \varepsilon_{22}$

$$\varepsilon_d = \vec{N}_d^T [\varepsilon] \vec{N}_d = \begin{pmatrix} -1/\sqrt{2} & 1/\sqrt{2} & 0 \end{pmatrix} \begin{bmatrix} 0 & \varepsilon_{12} & 0 \\ \varepsilon_{12} & \varepsilon_{22} & 0 \\ 0 & 0 & \varepsilon_{33} \end{bmatrix} \begin{Bmatrix} -1/\sqrt{2} \\ 1/\sqrt{2} \\ 0 \end{Bmatrix} = \varepsilon_{22}$$

→ $l_c = l_d = 6{,}25 \cdot (1 + \varepsilon_{22}) = 6{,}298$ m

$\varepsilon_e = 0$ → $l_e = 6{,}25$ m

→ $l_f = 6{,}25 \cdot (1 + \varepsilon_{22}) = 4{,}258$ m

(Opción 1: gráficamente)

De los círculos de Mohr dibujados anteriormente, se ve que

$\varepsilon_{1^*} = \varepsilon_g$

y

$\varepsilon_{2^*} = \varepsilon_{22} - \varepsilon_g = 9.325 \cdot 10^{-6}$

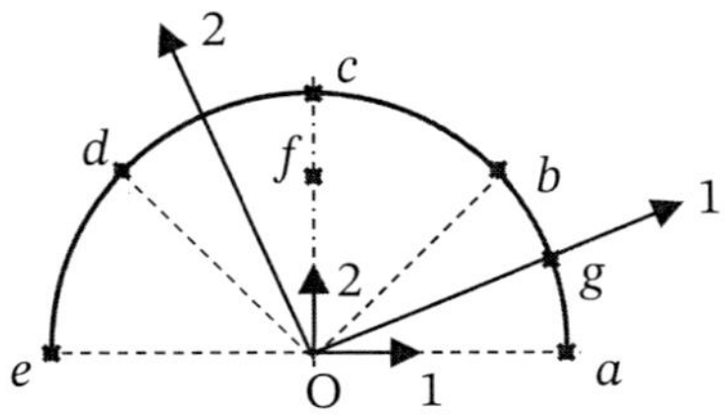

Las posiciones extremas corresponden a la **g** y a su perpendicular 2*, y las longitudes extremas son:

$\boldsymbol{l}_{1^*} = \boldsymbol{l}_g = 6{,}24$ m

$\boldsymbol{l}_{2^*} = 6{,}25 \cdot \left(1+\varepsilon_{2^*}\right) = 6{,}308$ m

(Opción 2: analíticamente)

Hallando los valores propios de $[\varepsilon]:[\varepsilon]=\begin{bmatrix} \varepsilon_{1^*} & 0 & 0 \\ 0 & \varepsilon_{2^*} & 0 \\ 0 & 0 & \varepsilon_{33} \end{bmatrix}$ se obtienen los valores anteriores.

3) y 4) La pérdida de perpendicularidad entre 1 y 2 es (º), obteniendo ε_{12} de los círculos de Mohr:

$\Delta\theta_{12} = -2\varepsilon_{12}$ (rad)×180/pi = 0,44º

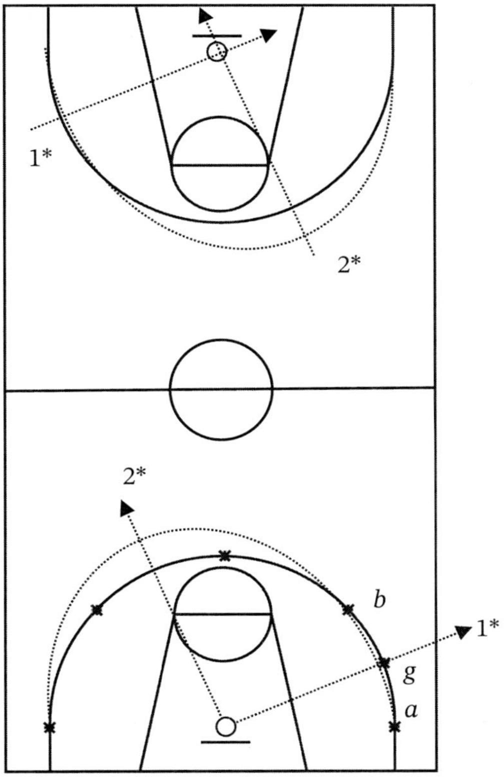

5) Al tratarse de un caso evidente de tensión plana (la pista es una superficie exterior libre de cargas),

$\sigma_{3^*} = 0$.

$\varepsilon_{1^*}.E = \sigma_{1^*} - \nu\sigma_{2^*}$ $\qquad$ $\varepsilon_{2^*}.E = \sigma_{2^*} - \nu\sigma_{1^*}$

$\rightarrow \sigma_{1^*} = 25{,}4$ MPa $\qquad$ $\rightarrow \sigma_{2^*} = 103$ MPa

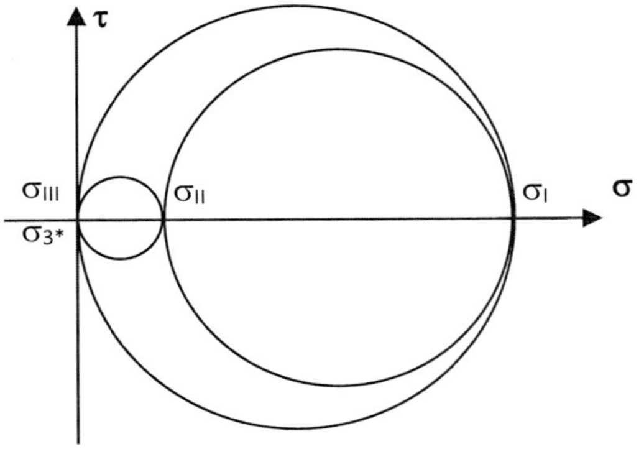

Utilizando el criterio de Tresca, la tensión equivalente es igual a:

$\sigma_{eq} = \sigma_I - \sigma_{III} = \sigma_I = 103$ MPa

$\gamma_S = \dfrac{\sigma_e}{\sigma_{eq}} = 1{,}06$ No se han producido deformaciones permanentes.

6) Añadiendo un estado uniaxial de compresión en dirección 3* $\sigma_{3^*} = -1$ N/mm^2

$\sigma_{eq} = \sigma_I - \sigma_{III} = \sigma_I = 104$ MPa

$\gamma_S = \dfrac{\sigma_e}{\sigma_{eq}} = 1{,}05$

La huella de la maquinaria de mantenimiento no altera significativamente la situación.

7) Como las deformaciones longitudinales de las direcciones ***a*** y ***b*** son iguales, **su bisectriz es principal** y, por tanto, también lo es su perpendicular. Así, las direcciones principales ya son conocidas, sin necesidad de realizar ninguna medición ni ningún cálculo. Si, además, medimos el valor de deformación de estas bisectrices, sabemos automáticamente cuál corresponde a la más próxima y cuál a la más lejana, porque las deformaciones principales han de tener signos opuestos necesariamente (v. círculos de Mohr).
Así, podemos informar al entrenador de que la **posición g** es la más próxima a la canasta, y su perpendicular es la más alejada.

Problema 28

1) Al ser una pieza plana de pequeño grosor y cargada en su propio plano, se trata de un caso de tensión plana. Además, como es un punto de contorno libre (sin carga) de la pieza, no hay ningún componente de tensión en dirección normal al contorno y, por este motivo, el estado de tensión es uniaxial. Las direcciones principales son:

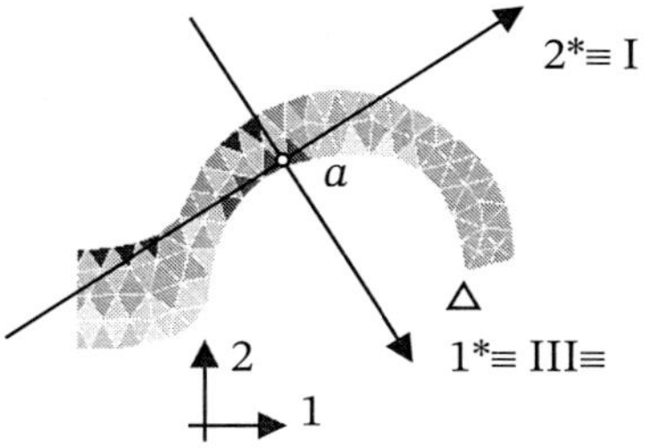

- 1*: dirección perpendicular al contorno, porque tiene tensión nula.
- 3*: dirección perpendicular al plano del dibujo, por ser un caso de tensión plana.
- 2*: dirección perpendicular a 1* y 3*, es decir, la tangente al contorno.
- (Nota: las numeraciones 1*, 2* y 3* son arbitrarias.)

2) y 3) (Opción 1: gráficamente)
En un estado uniaxial de tracción (tensiones positivas), el círculo de Mohr es del tipo:

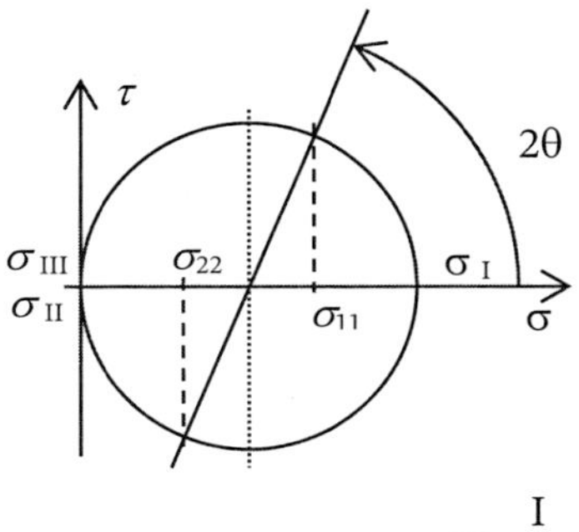

Se deduce gráficamente que:

$$\sigma_I = 2\frac{\sigma_{11}+\sigma_{22}}{2} = \sigma_{11}+\sigma_{22} = 40 \;\; \text{N/mm}^2$$

$$\cos 2\theta = \frac{\left(\sigma_{11}-\sigma_{22}\right)/2}{\left(\sigma_{11}+\sigma_{22}\right)/2} = 0{,}5$$

$$\theta = 30^{\text{o}}$$

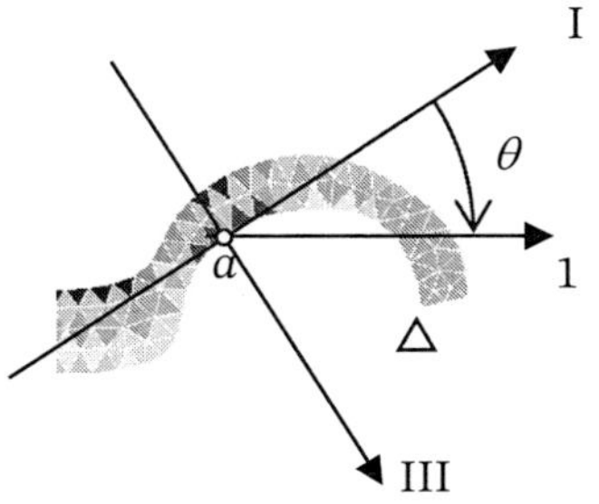

(Opción 1: analíticamente)

$$\left[\sigma\right]_{1,2} = \begin{bmatrix} \sigma_{11} & \boldsymbol{\sigma}_{12} \\ \boldsymbol{\sigma}_{12} & \sigma_{22} \end{bmatrix} \qquad \left[\sigma\right]_{1^*,2^*} = \begin{bmatrix} 0 & 0 \\ 0 & \boldsymbol{\sigma}_{2^*} \end{bmatrix}$$

Sabiendo, por ejemplo, que el determinante y la traza de los tensores 2×2 son invariables:

$$\sigma_{12} = \sqrt{\sigma_{11}\sigma_{22}} = \quad 17{,}3\ \text{N/mm}^2 \qquad \text{y} \qquad \sigma_{2^*} = \sigma_{11} + \sigma_{22} = 40\ \text{N/mm}^2$$

Así: $\tan\theta_{1\text{-}1^*} = \dfrac{\sigma_{12}}{\sigma_{11} - \sigma_{2^*}} = -1{,}732$

$\theta = -60^o$

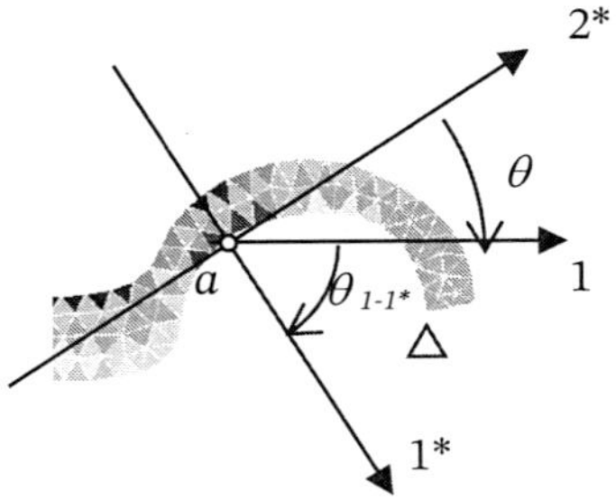

4)

En el plano 1-2:

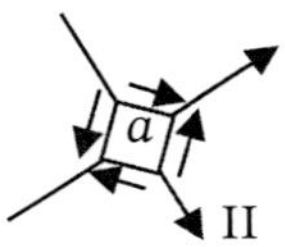

$$\tau_{máx} = \frac{\sigma_I - \sigma_{III}}{2} = \frac{40 - 0}{2} = 20\,\text{N/mm}^2$$

5)

a) Porque la función de interpolación de desplazamientos es un polinomio de grado 1; por tanto, cuando se deriva con respecto a cualquier dirección para encontrar la deformación da una constante. La tensión también será constante, ya que también depende linealmente.

b) El tipo de elemento finito "triangular de 3 nodos" no es muy preciso, como se deduce de la respuesta anterior. Las alternativas pueden consistir en aumentar el orden de la función de interpolación, por ejemplo, utilizando el elemento triangular de 6 nodos o el cuadrilátero de 8.

Por otro lado, como los elementos aproximan la geometría del contorno con la misma función, las funciones parabólicas ajustarían la geometría curva de la pieza con más precisión.

c) A la vista de la ilustración, se intuye que el tamaño no es adecuado. Los elementos son demasiado grandes, pues se aprecia una gran diferencia entre el resultado de un elemento y el de sus adyacentes. La solución probablemente no se mantendría estable en un refinado. En principio, debería refinarse la malla en los puntos de interés (no singulares) hasta asegurar la estabilidad numérica de la solución.

d) No. La restricción de movimiento en las puntas de la pinza equivale a tener un objeto pinzado infinitamente rígido. Si no es así, habría que incorporar las características del objeto pinzado en el modelo.

En el caso ideal de que el algodón fuera infinitamente deformable, no opondría resistencia en comparación con la fuerza que se requiere para deformar la pinza y sería suficiente con eliminar la restricción de las puntas.
Por otro lado, el enunciado señala que la pinza es simétrica en geometría y carga; por tanto, se podría haber simplificado el problema modelando solo una de sus mitades, incorporando las condiciones cinemáticas de simetría a los nodos ubicados en el plano de simetría.

e) 500 nodos × 2 grados de libertad/nodo – 4 restricciones = 1.000 – 4 = 996

f) El vector de cargas exteriores tiene 1.000 componentes, 994 de las cuales son exactamente cero, por el hecho de no tener ninguna carga externa aplicada (ni acciones ni reacciones).

Con los 2 grados de libertad correspondientes a las fuerzas de accionamiento, habría estas dos fuerzas en sentido opuesto, respectivamente.

Con los 4 grados de libertad restringidos, aparecerían las correspondientes reacciones, de las cuales, las de los nodos de las puntas corresponden a las reacciones de pinzamiento; en el nodo del plano de simetría (a la izquierda), la reacción vertical ha de resultar nula (dada la simetría del problema) y, como no hay ninguna fuerza horizontal, la reacción horizontal tendría que resultar también nula.

Problema 29

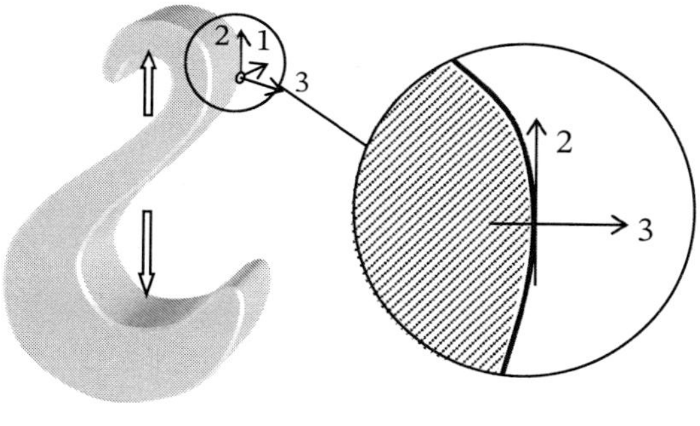

Vista lateral:

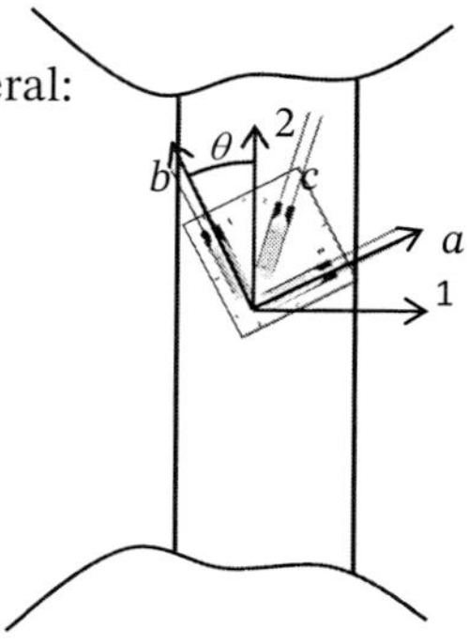

Datos: ε_a ε_b ($\varepsilon_c = failed$)

1) Se trata de una pieza plana de pequeño grosor, cargada en su propio plano; por tanto, la tensión perpendicular al plano es $\sigma_{11} = 0$.

   Por otro lado, el punto de estudio está en la superficie del contorno exterior de la pieza, libre de carga; por tanto, la tensión perpendicular a la superficie es $\sigma_{33} = 0$.

   Así, se trata de un caso de tensión uniaxial en dirección 2.

2) Si expresamos la matriz del tensor tensión en la base 1-2-3, tenemos:

$$[\sigma]=\begin{bmatrix}0 & 0 & 0\\ 0 & \sigma_{22} & 0\\ 0 & 0 & 0\end{bmatrix} \rightarrow [\varepsilon]=\begin{bmatrix}-\nu\varepsilon_{22} & 0 & 0\\ 0 & \varepsilon_{22} & 0\\ 0 & 0 & -\nu\varepsilon_{22}\end{bmatrix}$$

   A partir de aquí, las lecturas de las galgas se relacionan con estos tensores con dos ecuaciones:

$$\varepsilon_a = \begin{pmatrix}cos\theta & sin\theta & 0\end{pmatrix}\begin{bmatrix}-\nu\varepsilon_{22} & 0 & 0\\ 0 & \varepsilon_{22} & 0\\ 0 & 0 & -\nu\varepsilon_{22}\end{bmatrix}\begin{Bmatrix}cos\theta\\ sin\theta\\ 0\end{Bmatrix}$$

$$\varepsilon_b = \begin{pmatrix}-sin\theta & cos\theta & 0\end{pmatrix}\begin{bmatrix}-\nu\varepsilon_{22} & 0 & 0\\ 0 & \varepsilon_{22} & 0\\ 0 & 0 & -\nu\varepsilon_{22}\end{bmatrix}\begin{Bmatrix}-sin\theta\\ cos\theta\\ 0\end{Bmatrix}$$

   donde solo tenemos dos incógnitas, θ y ε_{22}. Las deformaciones máxima y mínima son ε_{22} y $-\nu\varepsilon_{22}$

   o bien, con los invariantes: $\varepsilon_{22} - \nu\varepsilon_{22} = \varepsilon_a + \varepsilon_b \rightarrow \varepsilon_{22} = (\varepsilon_a + \varepsilon_b)/(1-\nu)$

3)

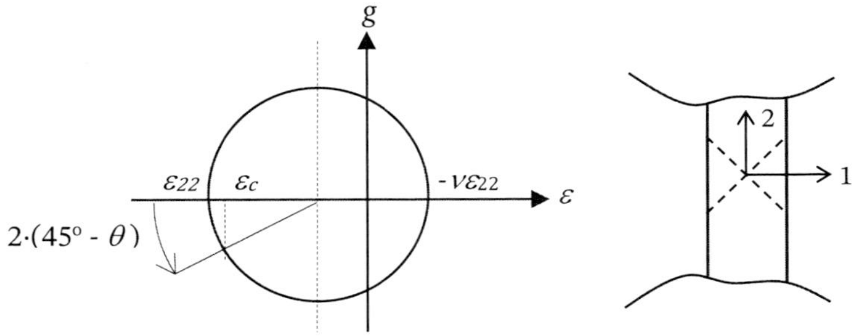

4) $\Delta\varphi_{máx} = \pm 2g_{máx} = \pm 2\dfrac{-\nu\varepsilon_{22} - \varepsilon_{22}}{2} = \mp\varepsilon_{22}(1+\nu)$; la presentan cualquier pareja de direcciones perpendiculares entre sí que estén ambas a 45° del eje 2; por ejemplo, las líneas de trazo discontinuo marcadas en la figura anterior.

5)

$$\left[\sigma\right]=\begin{bmatrix}0 & 0 & 0\\ 0 & \sigma_{22} & 0\\ 0 & 0 & 0\end{bmatrix}=\begin{bmatrix}0 & 0 & 0\\ 0 & E\varepsilon_{22} & 0\\ 0 & 0 & 0\end{bmatrix}$$, el coeficiente de seguridad da $\gamma_S=\dfrac{\sigma_e}{\sigma_{22}}=1$.

6) Aumentando la tensión σ_{11} ($=\sigma_{1^*}$) (a compresión), obtenemos coeficientes de seguridad > 1 con el criterio de Von Mises (puntos de la línea discontinua):

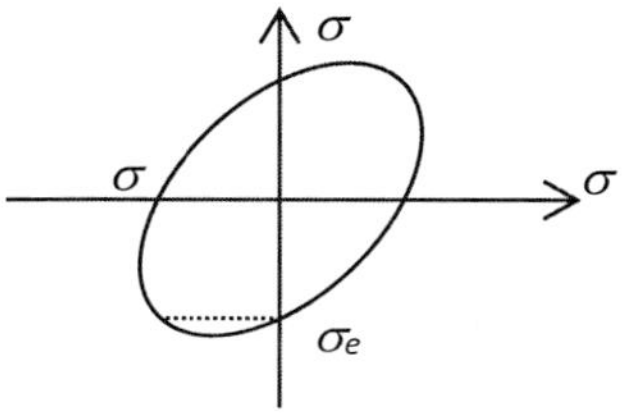

7) El máximo coeficiente de seguridad se da cuando la tensión equivalente es mínima:

$$\sigma_{eq}=\sqrt{\frac{1}{2}\left[\left(0-\sigma_{II}\right)^2+\left(0-\sigma_e\right)^2+\left(\sigma_{II}-\sigma_e\right)^2\right]}=\sqrt{\frac{1}{2}\left[\sigma_{II}^2+\sigma_e^2+\left(\sigma_{II}-\sigma_e\right)^2\right]}=$$
$$=\sqrt{\sigma_{II}^2+\sigma_e^2-\sigma_{II}\sigma_e}$$

Derivando con respecto a σ_{II} ($=\sigma_{1^*}$) e igualando a cero:

$$\sigma_{eq}'=\frac{2\sigma_{II}-\sigma_e}{2\sqrt{\sigma_{II}^2+\sigma_e^2-\sigma_{II}\sigma_e}}=0$$

$$\sigma_{II}=\frac{\sigma_e}{2}\quad\rightarrow\quad\sigma_{eq}=\sqrt{\sigma_e^2-\sigma_e^2/4}=\sigma_e\sqrt{3}/2\quad\rightarrow\quad\gamma_S=\frac{\sigma_e}{\sigma_e\sqrt{3}/2}=\frac{2}{\sqrt{3}}$$

8) En este caso, se podría llegar a un estado de compresión hidrostática; por tanto, $\sigma_{eq}=0$ y $\gamma_S=\infty$.

Problema 30

Geometría y posición inicial $a\times a\times a$ — posición final:

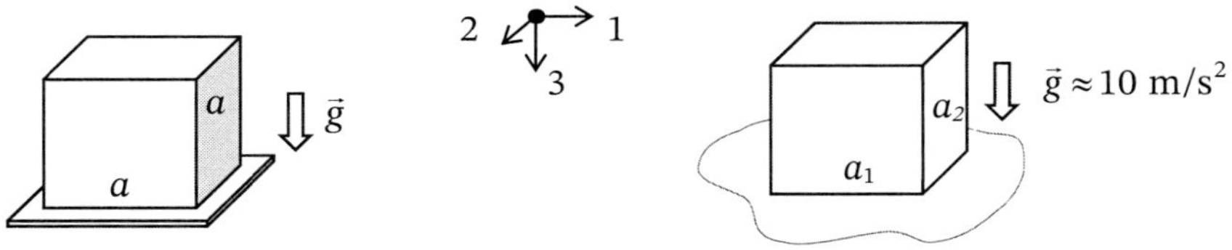

1) En la posición inicial, se tiene el estado de tensión hidrostática debido a la acción gravitatoria:

$$[\sigma]=\begin{bmatrix}-\rho g x_3 & 0 & 0\\ 0 & -\rho g x_3 & 0\\ 0 & 0 & -\rho g x_3\end{bmatrix} \quad \text{donde} \quad \rho=\frac{m}{V}=\frac{m}{a^3}$$

Por tanto, las acciones externas son $\{\vec{b}\}=\begin{Bmatrix}0\\0\\\rho g\end{Bmatrix}$ N/mm³ y las presiones en las caras laterales y en el fondo:

$\vec{f}=[\sigma]\vec{n}$, según la figura

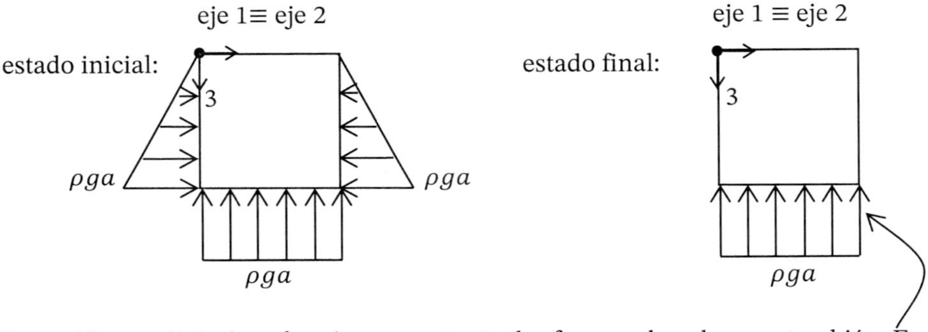

2) La acción gravitatoria es la misma; por tanto, las fuerzas de volumen, también. En la cara inferior, sigue habiendo la misma presión, a equilibrar con la acción gravitatoria, pero desaparecen las presiones de las partes laterales.

3) Las variaciones de longitud entre el estado inicial y el final las podemos determinar imponiendo unas acciones que representen la diferencia entre ambos estados, es decir:

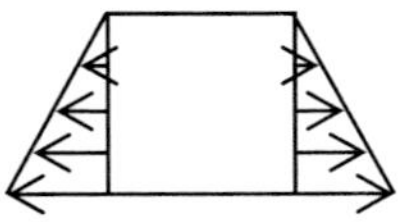

$$[\sigma]=\begin{bmatrix}\rho g x_3 & 0 & 0\\ 0 & \rho g x_3 & 0\\ 0 & 0 & 0\end{bmatrix}$$, con la ley de Hooke, tenemos:

$$[\varepsilon]=\frac{1}{E}\begin{bmatrix}(1-\nu)\rho g x_3 & 0 & 0\\ 0 & (1-\nu)\rho g x_3 & 0\\ 0 & 0 & -2\nu\rho g x_3\end{bmatrix}$$

Las variaciones de longitud son:

$$a_1-a=\int_0^a \varepsilon_{11}dx_1=\frac{1-\nu}{E}\rho g a^2$$

$$a_2 - a = \int_0^a \varepsilon_{33} dx_3 = \int_0^a -2\nu\rho g x_3 dx_3 = \frac{-2\nu}{E}\rho g \frac{a^2}{2}$$

de la segunda: $E = \dfrac{-\nu\rho g a^2}{a_2 - a}$ y, sustituyendo en la primera: $\nu = \dfrac{a_{2-}a}{a_2 - a_1} = 0,4$ →

$E = 0,1$ N/mm²

4) El campo de deformaciones es lineal con respecto a x_3; por tanto, el campo de desplazamiento será parabólico. Tomaremos un elemento de funciones de interpolación parabólicas. El estado de tensión cambia en la dirección 3 y hay tensión en las direcciones 1 y 2; por tanto, no se puede simplificar en 2D→ elemento 3D. Características: dos planos de simetría vertical (1-3 y 2-3). Fuerzas de superficie indicadas en el apartado 3. Enlaces de simetría en los planos 1-3 (8 enlaces en la dirección 2) y 2-3 (8 enlaces en la dirección 1) + 1 enlaces de estabilidad en la dirección 3.

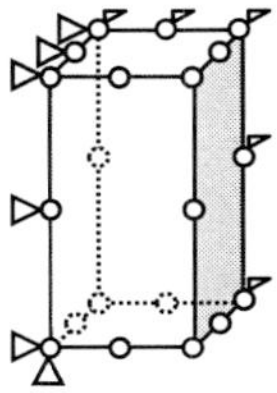

dim[K_{EG}] = 20 nodos × 3 g. l./nodo = 60

dim[K_E] = 60 – (8 × 2 + 1) enlaces = 43

Problema 31

1)

	$\vec{x} = \vec{x}(\vec{X},t)$	$\vec{X} = \vec{X}(\vec{x},t)$
$u_1 = x_1(1-e^{-t}) = x_1 - X_1$ →	$X_1 = x_1 e^{-t}$ →	$x_1 = X_1 e^t$
$u_2 = x_2(1-e^{t}) = x_2 - X_2$ →	$X_2 = x_2 e^{t}$ →	$x_2 = X_2 e^{-t}$
$u_3 = 0 \quad = x_3 - X_3$ →	$X_3 = x_3$ →	$x_3 = X_3$

2) $det[F] = \begin{vmatrix} e^t & 0 & 0 \\ 0 & e^{-t} & 0 \\ 0 & 0 & 1 \end{vmatrix} = 1 > 0$, siempre es físicamente posible

3) $\vec{v}(\vec{X},t) = \begin{Bmatrix} X_1 e^t \\ -X_2 e^{-t} \\ 0 \end{Bmatrix}$ → $\vec{v}(\vec{x},t) = \begin{Bmatrix} x_1 \\ -x_2 \\ 0 \end{Bmatrix}$ → $[D] = \dfrac{1}{2}\left[\dfrac{\partial v_i}{\partial x_j} + \dfrac{\partial v_j}{\partial x_i}\right] = \begin{bmatrix} 1 & 0 & 0 \\ 0 & -1 & 0 \\ 0 & 0 & 0 \end{bmatrix}$ s¹

La velocidad de deformación longitudinal en las direcciones de referencia de cualquier punto del espacio es del ±100% por segundo (dir1, alargamiento; dir2, acortamiento) y la velocidad de deformación transversal es nula.

4) $[C]=[F]^T[F]=\begin{bmatrix} e^{2t} & 0 & 0 \\ 0 & e^{-2t} & 0 \\ 0 & 0 & 1 \end{bmatrix}$

En las direcciones de referencia no hay distorsión angular; son principales. Por tanto, la máxima distorsión la experimentarán las bisectrices ($1'$ y $2'$) de las direcciones de referencia (1 y 2).

Valor del ángulo final : $\cos(\,)=\dfrac{\vec{N}_{1'}[C]\vec{N}_{2'}}{\lambda_{1'}\lambda_{2'}}=\dfrac{\dfrac{-e^{2t}+e^{-2t}}{2}}{\dfrac{e^{2t}+e^{-2t}}{2}}=\dfrac{e^{-2t}-e^{2t}}{e^{-2t}+e^{2t}}$

donde $\vec{N}_{1'}=\begin{Bmatrix} 1 \\ 1 \\ 0 \end{Bmatrix}\dfrac{1}{\sqrt{2}} \quad \vec{N}_{2'}=\begin{Bmatrix} 1 \\ -1 \\ 0 \end{Bmatrix}\dfrac{1}{\sqrt{2}}$.

La distorsión angular será, en radianes: $-\dfrac{\pi}{2}$.

5) Para $t = 0{,}1$ s, las ratios de extensión de los ejes son $\lambda_1 = e^{0{,}1} = 1{,}1$ y $\lambda_2 = e^{-0{,}1} = 0{,}9$

Por tanto, las longitudes finales de los lados son 1,1 mm y 0,9 mm. Los ángulos se mantienen rectos y el volumen se conserva porque el determinante jacobiano es siempre 1.

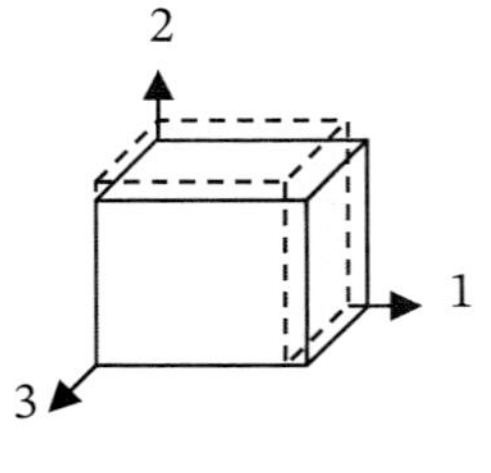

6) $\vec{u}(\vec{X},t)=\begin{Bmatrix} X_1(e^t-1) \\ X_2(e^{-t}-1) \\ 0 \end{Bmatrix} \qquad [\varepsilon]=\dfrac{1}{2}\left[\dfrac{\partial u_i}{\partial X_j}+\dfrac{\partial u_j}{\partial X_i}\right]=\begin{bmatrix} e^t-1 & 0 & 0 \\ 0 & e^{-t}-1 & 0 \\ 0 & 0 & 0 \end{bmatrix}$

Y, con las ecuaciones de Lamé: $\lambda=\dfrac{E\nu}{(1+\nu)(1-\nu)} \qquad G=\dfrac{E}{2(1+\nu)}$

$[\sigma]=\begin{bmatrix} 96{,}7 & 0 & 0 \\ 0 & -85{,}4 & 0 \\ 0 & 0 & 1{,}14 \end{bmatrix}$

Las fuerzas de volumen son nulas: $\nabla[\sigma]+\vec{b}=0$

7) $\tau_{máx} = 91\ N/mm^2$

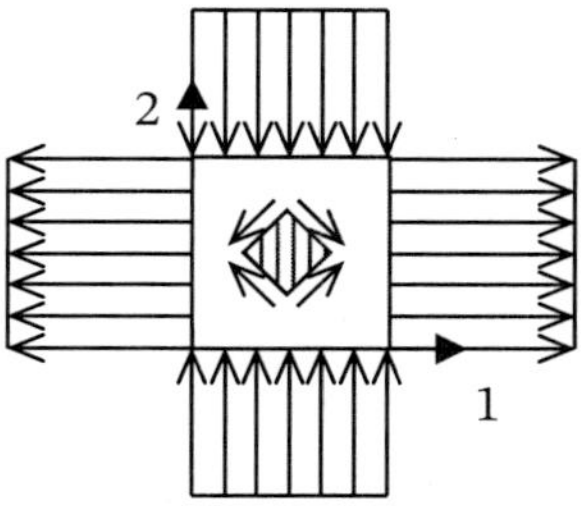

Problema 32

1) Modelo de elementos finitos:

Dado que se trata de un caso de **deformación plana**, se puede tratar el problema bidimensionalmente con un elemento sólido en 2D, con 2 grados de libertad por nodo (u_1 y u_2).

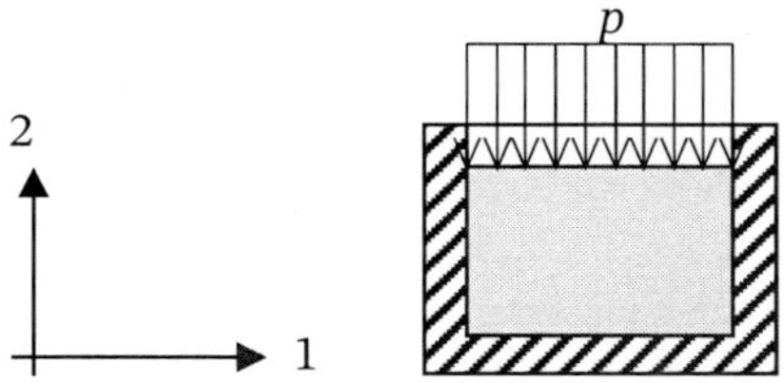

Como el estado de tensión/deformación es uniforme en todo el material, basta con utilizar **1 único elemento de orden 1**, es decir, funciones de interpolación polinómicas de grado 1.

Por tanto: 1 elemento, 4 nodos
El sistema general tiene
$4 \times 2 = 8$ grados de libertad.

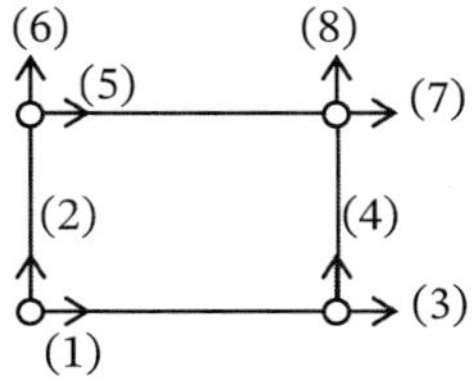

Condiciones de contorno:
El vector de cargas nodales tiene solamente las componentes 6 y 8 diferentes de cero.

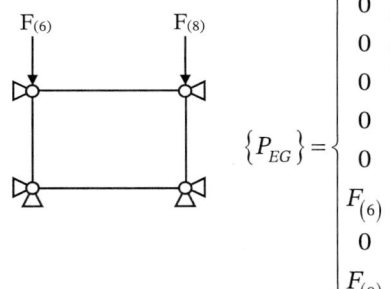

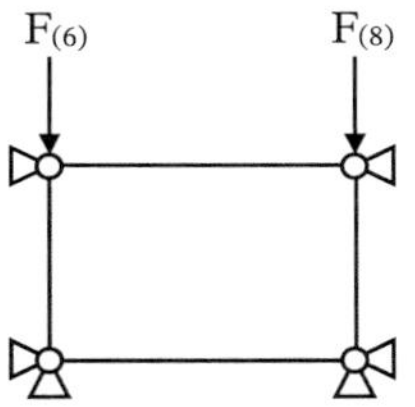

$$\{P_{EG}\} = \begin{Bmatrix} 0 \\ 0 \\ 0 \\ 0 \\ 0 \\ F_{(6)} \\ 0 \\ F_{(8)} \end{Bmatrix}$$

Hay seis grados de libertad restringidos; el sistema reducido tiene $8 - 6 = 2$ grados de libertad, concretamente el 6 y el 8.

2)

$$[\sigma]=\begin{bmatrix}\sigma_{1^*} & 0 & 0\\ & -p & 0\\ & & \sigma_{3^*}\end{bmatrix} \qquad [\varepsilon]=\begin{bmatrix}0 & 0 & 0\\ & \varepsilon_{2^*} & 0\\ & & 0\end{bmatrix}$$

$$\begin{cases} 0=\dfrac{\sigma_{1^*}}{E}-\dfrac{\nu}{E}\left(\sigma_{3^*}-p\right)\\ \varepsilon_{2^*}E=-p-\nu\left(\sigma_{1^*}+\sigma_{3^*}\right)\\ 0=\dfrac{\sigma_{3^*}}{E}-\dfrac{\nu}{E}\left(\sigma_{1^*}-p\right)\end{cases}$$

de las ecuaciones 1 y 3:

$$\sigma_{1^*}=\nu\left(\sigma_{3^*}-p\right) \qquad \nu\sigma_{1^*}=\nu^2\left(\sigma_{3^*}-p\right)$$

$$\sigma_{3^*}=\nu\left(\sigma_{1^*}-p\right) \qquad \sigma_{3^*}=\nu\left(\sigma_{1^*}-p\right)$$

$$\sigma_{3^*}\left(1-\nu^2\right)=-\nu p\left(1+\nu\right)$$

$$\sigma_{1^*}=\sigma_{3^*}=-p\frac{\nu}{1-\nu}$$

Si σ_{3^*} ha de ser, como mínimo, el 90% de p, entonces $\dfrac{\nu}{1-\nu}>0{,}9$ → $\boldsymbol{\nu}>0{,}474$

Si el descenso ha de ser inferior al 5% $\left|\varepsilon_{2^*}\right|<0{,}05$ (acortamiento)

$$-0{,}05E>-p_{nom}-\nu\left(\sigma_{1^*}+\sigma_{3^*}\right)=-p_{nom}\left(1-2\frac{\nu^2}{1-\nu}\right)$$

$$\boldsymbol{E}>\frac{10}{0{,}05}\left(1-2\frac{\nu^2}{1-\nu}\right)=29{,}5\ \text{N/mm}^2$$

A una presión $p_{\text{nom}}=10$ N/mm², las tensiones principales valen:

$$\sigma_{1^*}=\sigma_{3^*}=-p\frac{\nu}{1-\nu}=-9\ \text{N/mm}^2 \qquad \sigma_{2^*}=-10\ \text{N/mm}^2$$

La tensión equivalente de Tresca vale:

$$\sigma_I-\sigma_{III}=2\cdot_{\text{máx}}=1\,\text{N/mm}^2>\frac{\sigma_e}{\gamma_s} \qquad \boldsymbol{\sigma_e}>2\ \text{N/mm}^2$$

Problema 33

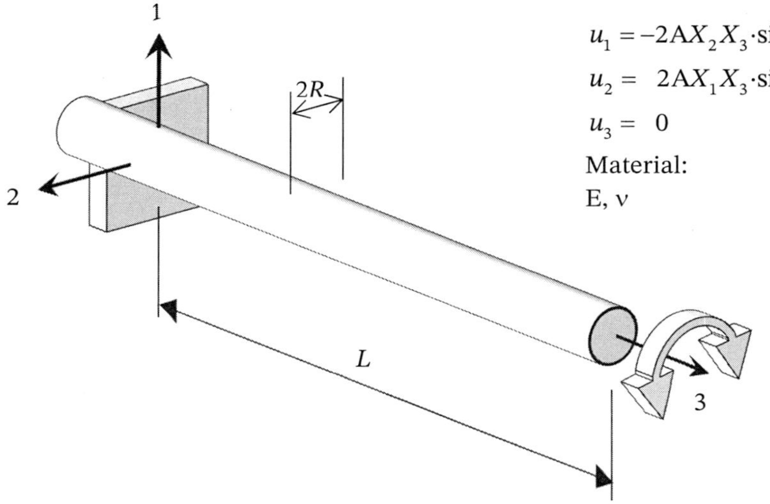

$u_1 = -2AX_2X_3 \cdot \sin t$

$u_2 = \ \ 2AX_1X_3 \cdot \sin t$

$u_3 = \ \ 0$

Material:

E, ν

1) Es físicamente posible si $\det[J] = [[M] + [I]] > 0$

$$\det\begin{bmatrix} 1 & -2AX_3 \sin t & -2AX_2 \sin t \\ 2AX_3 \sin t & 1 & 2AX_1 \sin t \\ 0 & 0 & 1 \end{bmatrix} = 1 + 4A^2 X_3^2 \sin^2 t > 0$$

2) En la descripción lagrangiana, la derivación material se reduce a la derivación parcial respecto a ***t***:

$$\vec{v} = \begin{Bmatrix} -2AX_2X_3 \cdot \cos t \\ 2AX_1X_3 \cdot \cos t \\ 0 \end{Bmatrix} \quad \rightarrow \quad \vec{a} = \begin{Bmatrix} 2AX_2X_3 \cdot \sin t \\ -2AX_1X_3 \cdot \sin t \\ 0 \end{Bmatrix}$$

$$|\vec{a}| = 2AL \sin t \sqrt{X_1^2 + X_2^2} = 2AX_3 r \sin t$$

donde r es la distancia del punto al centro de la sección. $|\vec{a}|$ es máximo si X_3 y r son máximos:

$r = \pm R$

$X_3 = L$

$\sin t = \pm 1$

$$\vec{a} = \begin{Bmatrix} 2ARL \\ -2ARL \\ 0 \end{Bmatrix}$$

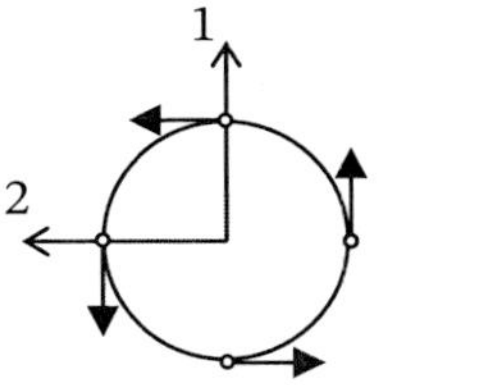

$t = \pi / 2$

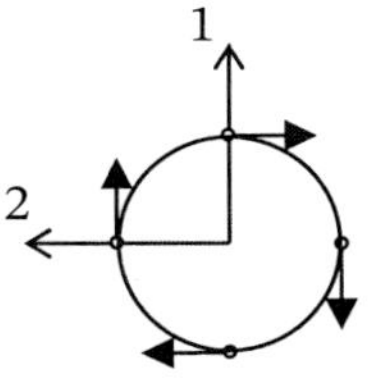

$t = -\pi / 2$

y tienen dirección tangencial.

3)

$$[\varepsilon]=\frac{1}{2}\left[[\mathrm{M}]+[\mathrm{M}]^{\mathrm{T}}\right]=\begin{bmatrix} 0 & 0 & -\mathrm{A}X_2\sin t \\ 0 & 0 & \mathrm{A}X_1\sin t \\ -\mathrm{A}X_2\sin t & \mathrm{A}X_1\sin t & 0 \end{bmatrix}=\begin{bmatrix} 0 & 0 & -\mathrm{A}X_2 \\ 0 & 0 & \mathrm{A}X_1 \\ -\mathrm{A}X_2 & \mathrm{A}X_1 & 0 \end{bmatrix}$$

las máximas deformaciones se producirán cuando sin t =±1, es decir, $t=\pi/2$.

4) Para X_2=0 y sin t = +1:

$$[\varepsilon]=\begin{bmatrix} 0 & 0 & 0 \\ 0 & 0 & \mathrm{A}X_1 \\ 0 & \mathrm{A}X_1 & 0 \end{bmatrix}$$

y, de la ley de Hooke:

$$[\sigma]=\begin{bmatrix} 0 & 0 & 0 \\ 0 & 0 & 2\mathrm{GA}X_1 \\ 0 & 2\mathrm{GA}X_1 & 0 \end{bmatrix},$$

donde:

$$\mathrm{G}=\frac{\mathrm{E}}{2(1+\nu)}$$

Las tensiones principales son $\sigma_{2^*,3^*}=\sigma_{I,III}=\pm 2\mathrm{GA}X_1$ y $\sigma_{II}=0=\sigma_{1^*}=\sigma_{11}$

$$[\sigma]_{1^*,2^*,3^*}=\begin{bmatrix} 0 & 0 & 0 \\ 0 & 2\mathrm{GA}X_1 & 0 \\ 0 & 0 & -2\mathrm{GA}X_1 \end{bmatrix}$$

Los valores máximos se dan cuando $X_1=\mathrm{R}$ que, para $\sin t=+1$:

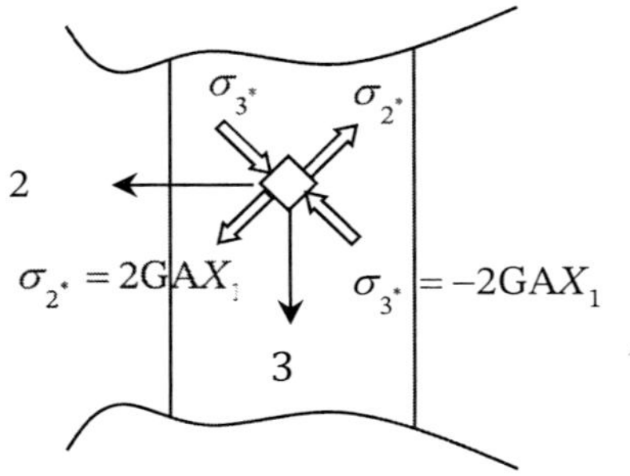

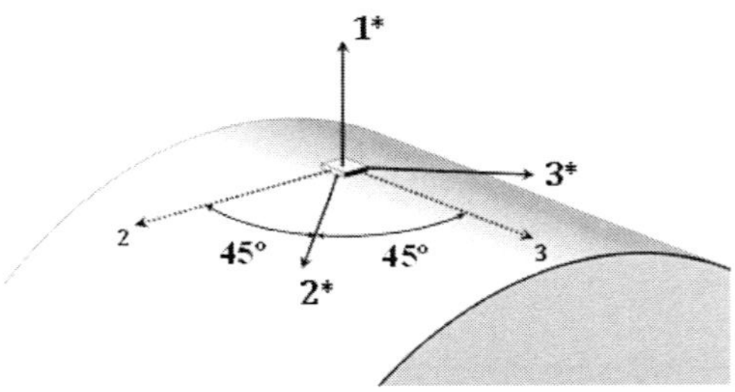

5)

$\left|\tau_{máx}\right| = 2\text{GAR}$

para X_1=R y

$\sin t = +1$

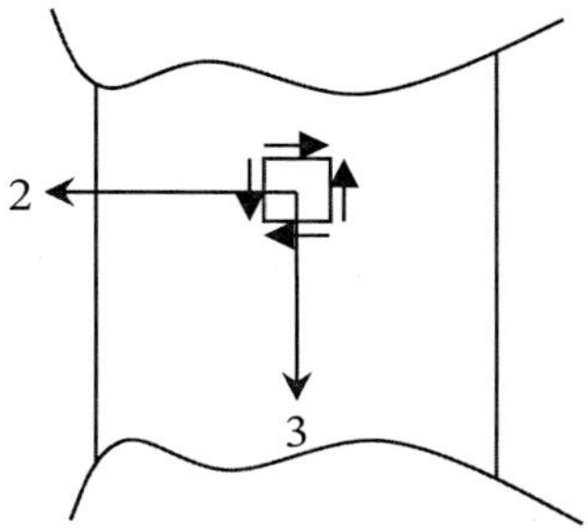

6) Si es frágil:

$$\sigma_{eq} = \sigma_I = 2\text{GAR}$$

$$\sigma_e \geq 1{,}5 \cdot 2\text{GAR} = 3\text{GAR}$$

Si es dúctil, según el criterio de Tresca:

$$\sigma_{eq} = \sigma_I - \sigma_{III} = 4\text{GAR}$$

$$\sigma_e \geq 1{,}5 \cdot 4\text{GAR} = 6\text{GAR}$$

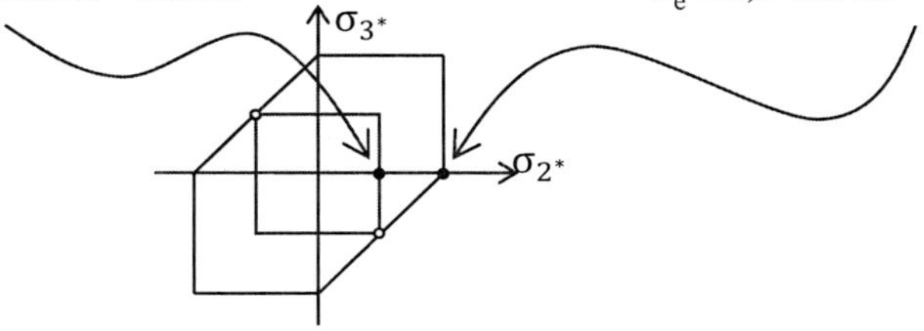

Problema 34

E (N/mm²)

ν

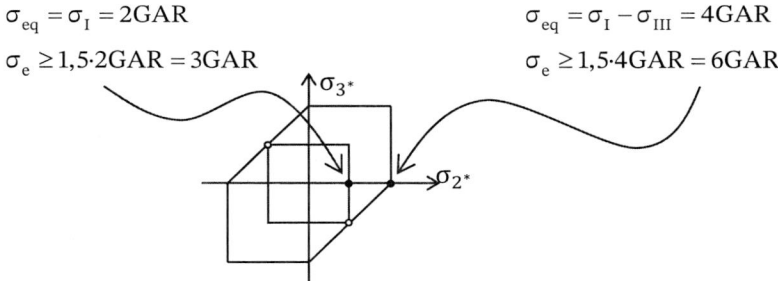

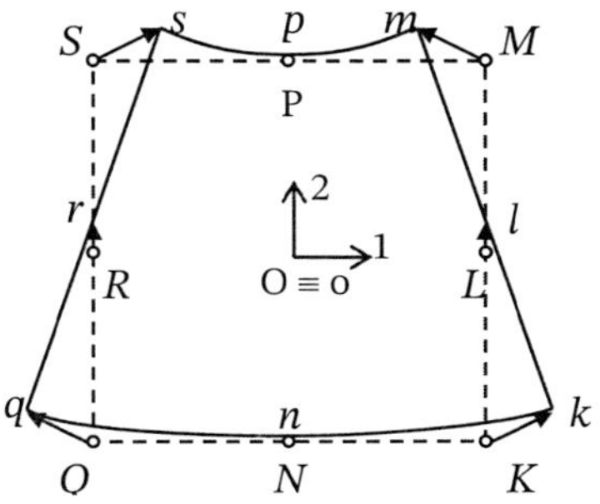

Punto	X_1	X_2	u_1	u_2
K	1	-1	a	b
L	1	0	0	c
M	1	1	- a	b
N	0	-1	0	d
O	0	0	0	0
P	0	1	0	d
Q	-1	-1	- a	b
R	-1	0	0	c
S	-1	1	a	b

$$u_1 = AX_1 + BX_2 + CX_1X_2 + DX_1^2 + EX_2^2$$
$$u_2 = FX_1 + GX_2 + HX_1X_2 + IX_1^2 + JX_2^2$$

1) Sustituyendo los valores de desplazamiento en las ecuaciones:

$A=B=D=E=F=G=H=0;\ C=-a;\ I=c;\ J=d$; por tanto: $\begin{cases} u_1=-aX_1X_2 \\ u_2=cX_1^2+dX_2^2 \end{cases}$

$$[\varepsilon]=\frac{1}{2}\left[\frac{\partial u_i}{\partial X_j}+\frac{\partial u_j}{\partial X_i}\right]=\begin{bmatrix} -aX_2 & 0 & 0 \\ 0 & 2X_2d & 0 \\ 0 & 0 & \varepsilon_{33} \end{bmatrix}$$

Al tratarse de un caso de tensión plana, $\varepsilon_{33}=\frac{-\nu}{1-\nu}(\varepsilon_{11}+\varepsilon_{22})$, dado $\varepsilon_{33}=2X_2d$.

Variaciones de longitud de los lados paralelos al eje i:

$$\Delta l=\int_{-1}^{1}\varepsilon_{ii}dX_i$$

$l_{fQK}=2+2a$ $\quad l_{fSM}=2-2a$ $\quad l_{fQS}=2+0$

$l_{fKM}=2+0$

2) Aplicando la ley de Hooke (o las ecuaciones de Lamé), tenemos:

$$[\sigma]=\begin{bmatrix} -aEX_2 & 0 & 0 \\ 0 & 0 & 0 \\ 0 & 0 & 0 \end{bmatrix} \text{N/mm}^2\ (E\text{, módulo Young})$$

Solo hay fuerzas de superficie $\vec{f}=[\sigma]\vec{n}$ en los lados verticales QS y KM, variando linealmente con X_2.

De la ecuación de equilibrio, $\vec{b}=-\nabla[\sigma]=0$

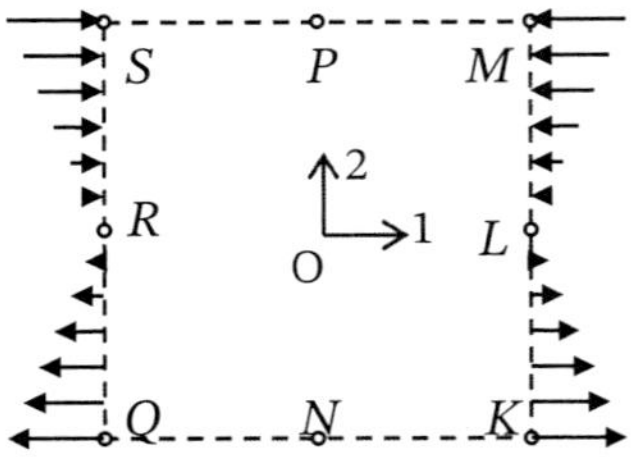

3) Las tensiones máximas se producen en los puntos de X_2 máximas, $\sigma_I=aE$ (puntos QNK) y $\sigma_{III}=-aE$ (puntos SPM). La ruptura se producirá antes a tracción en los puntos QNK

$\gamma_S = \dfrac{\sigma_e^+}{aE} = 1$; por tanto, se produce la ruptura perpendicularmente a 1.

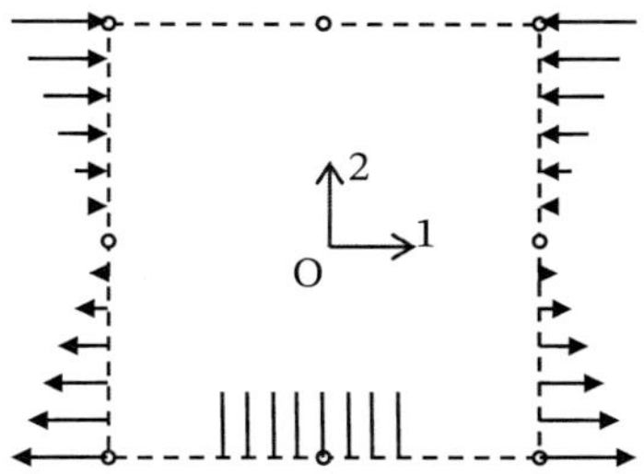

4) Plano de Haigh-Westergaard:

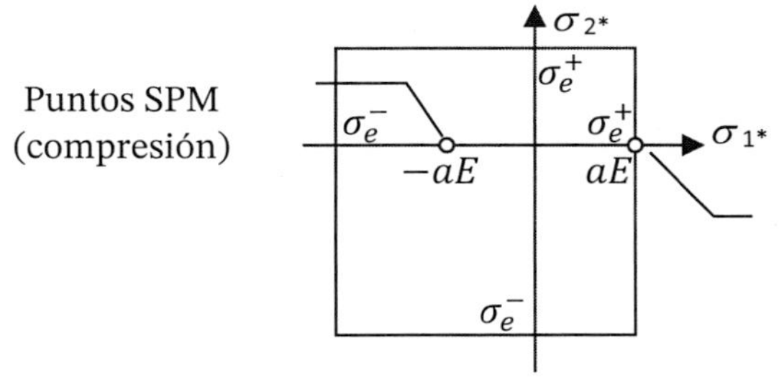

plano de Mohr

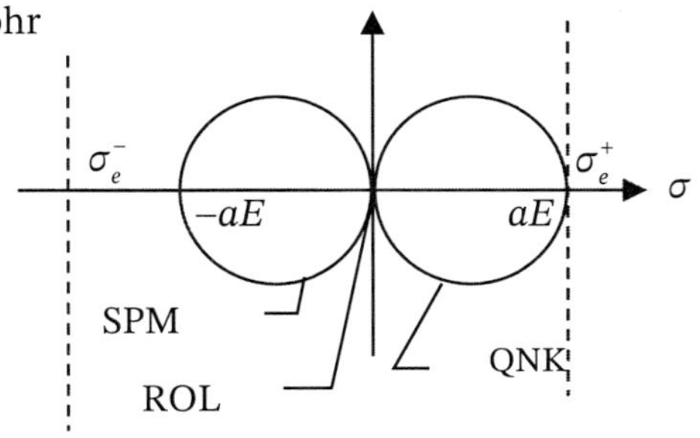

5) Las funciones de desplazamiento son de 2.º orden; por tanto, se utilizará un elemento con nodos intermedios. Simulación 2D en tensión plana. Como la función de interpolación se ajusta exactamente a la solución, solo se necesita un elemento. Se puede utilizar la simplificación de simetría.

La dimensión del sistema general es de 16×16 y la del reducido, de 12×12.

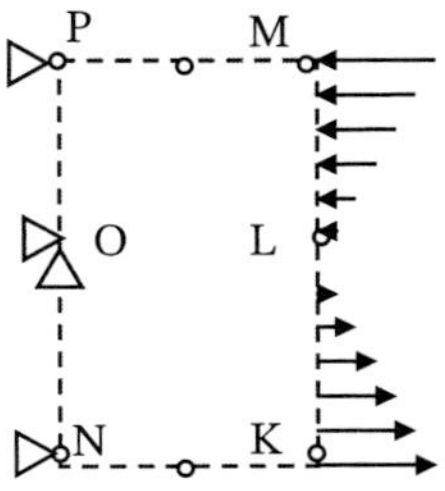

Problema 35

1) El efecto de un conjunto de acciones sobre un medio elástico-lineal puede determinarse como la superposición de los efectos de cada acción individual.

2) Dada la posición de equilibrio, hay que encontrar la forma sin carga (sin gravedad).

Actuando la gravedad:

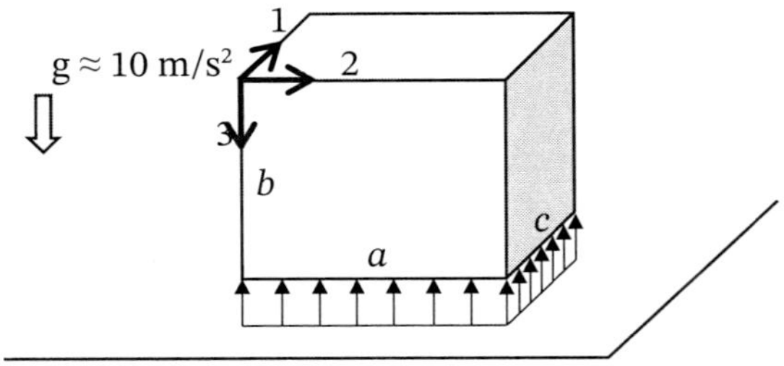

Sin gravedad:

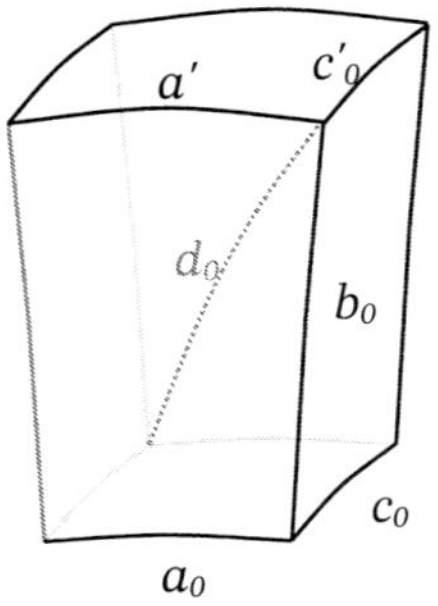

La carga es exclusivamente el peso propio, o sea, una fuerza de volumen en dirección 3: $b_3 = \rho g$

Dadas las condiciones de control, el estado de tensión es uniaxial y el tensor tensión queda:

$$[\sigma] = \begin{bmatrix} 0 & 0 & 0 \\ 0 & 0 & 0 \\ 0 & 0 & -\rho g x_3 \end{bmatrix} \quad \rightarrow \text{ tensor } [\varepsilon] \text{ infinitesimal } X \approx x \rightarrow$$

$$[\varepsilon] = \frac{1}{E} \begin{bmatrix} \nu \rho g x_3 & 0 & 0 \\ 0 & \nu \rho g x_3 & 0 \\ 0 & 0 & -\rho g x_3 \end{bmatrix}$$

Para $x_3 = 0$ (cara superior), no hay deformación; por tanto, las longitudes a'_0 y c'_0 son iguales a *a y c*.

Para $x_3 = b$ (cara inferior), la deformación es uniforme; por tanto:

$$a = a_0 (1 + \varepsilon_{22}) \;\rightarrow\; a_0 = a / (1 + \nu \rho g b / E)$$
$$c = c_0 (1 + \varepsilon_{11}) \;\rightarrow\; c_0 = c / (1 + \nu \rho g b / E)$$
$$a_0 = a - 3{,}2 \cdot 10^{-6} \qquad c_0 = c - 9{,}6 \cdot 10^{-6}$$

La deformación en la dirección 3 no es uniforme; por tanto, el lado b:

$$b = b_0 + \int_0^{b_0} \varepsilon_{33} dx_3 = b_0 - \rho g \frac{b_0^2}{2E} \;\rightarrow\; b_0$$

(como $X \approx x$, los límites de la integral también podrían ser 0 y b)

$$b = b_0 - \rho g \frac{b^2}{2E} \quad \rightarrow \quad b_0 = b + \rho g \frac{b^2}{2E} \qquad\qquad b_0 = b + 8{\cdot}10^{-6}\ \text{mm}$$

3) Los lados dejarán de ser rectos porque, al ser las deformaciones linealmente dependientes de x_3, el campo de desplazamiento será cuadrático.

La pieza deformada:

- los lados se curvan
- los lados se mantienen perpendiculares entre sí, porque son direcciones principales
- la cara superior mantiene las longitudes
- la cara inferior se hace más pequeña
- la altura aumenta

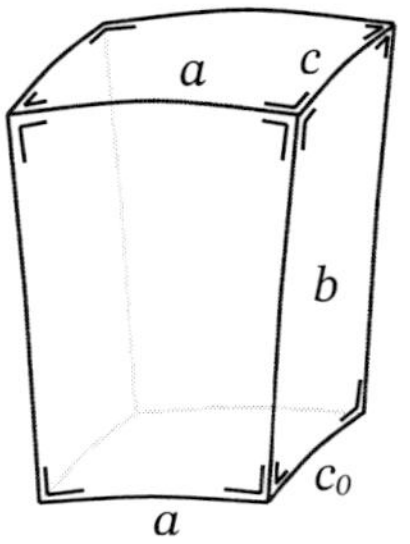

4)

$$\Delta d = \int_0^d \varepsilon_d dl = \int_0^d \vec{N}_d^T \left[\varepsilon\right] \vec{N}_d dl = \int_0^b \vec{N}_d^T \left[\varepsilon\right] \vec{N}_d \frac{dx_3}{sin\alpha} = \int_0^b \vec{N}_d^T \left[\varepsilon\right] \vec{N}_d \frac{d}{b} dx_3 =$$

$$= \frac{\rho g}{Ebd} \int_0^b \left[\nu\left(a^2 + c^2\right) - b^2 \right] x_3 dx_3 \qquad \rightarrow \qquad \Delta d = \frac{\rho g b}{2Ed} \left[\nu\left(c^2 + a^2\right) - b^2 \right]$$

$$\vec{N}_d = \begin{Bmatrix} c \\ a \\ b \end{Bmatrix} \frac{1}{\sqrt{a^2 + b^2 + c^2}} = \begin{Bmatrix} c \\ a \\ b \end{Bmatrix} \frac{1}{d} \qquad\qquad d_0 = d$$

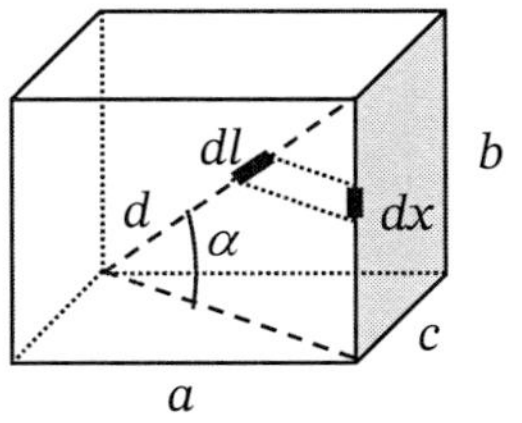

NOTA: Método 2

Las preguntas 2, 3 y 4 se podrían resolver aplicando el principio de superposición. La situación de ingravidez se podría lograr imponiendo a la forma inicial del paralelepípedo una acción gravitatoria invertida.

geometría "inicial":

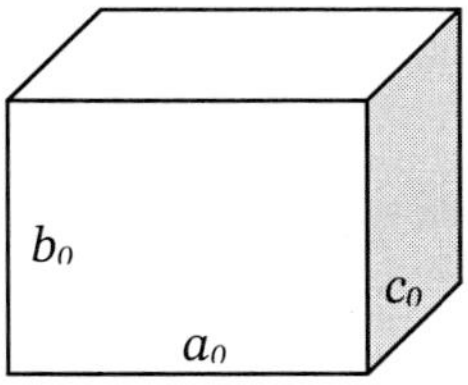

cargas:

$$\Uparrow g \qquad \left[\sigma\right] = \begin{bmatrix} 0 & 0 & 0 \\ 0 & 0 & 0 \\ 0 & 0 & \rho g x_3 \end{bmatrix}$$

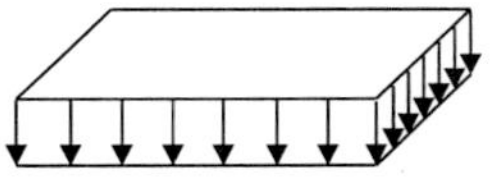

geometría "final":

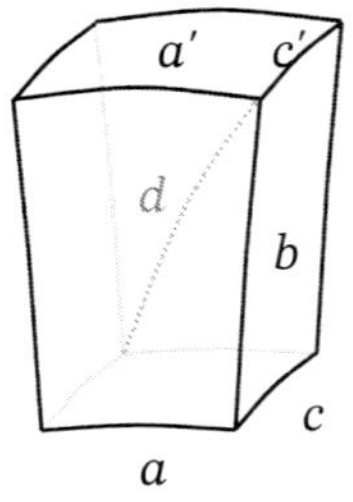

5) Tenemos que dibujar la geometría conocida (paralelepípedo); por tanto, es imprescindible proceder según el método 2. Con el principio de superposición, determinamos la geometría original invirtiendo la carga.

5.1) El campo de deformaciones varía linealmente; con funciones de interpolación de desplazamientos cuadráticas (elementos con nodos intermedios) solo habrá que "mallar" 1 elemento.

5.2) La tensión es plana en cualquier plano vertical; por tanto, podemos hacer un modelo 2D con simplificación de la simetría respecto al plano vertical.

5.3) Enlaces de simetría, presión uniforme en la base, fuerza de volumen gravitacional y enlace de estabilidad vertical en un nodo cualquiera.

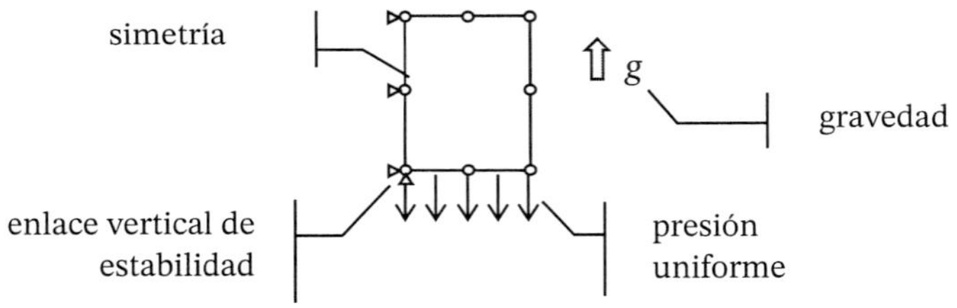

Problema 36

1) Matriz de rigidez general $[K_{EG}]$. Sistema general $\{P_{EG}\} = [K_{EG}]\{u_{EG}\}$

- Tiene el determinante cero y, por tanto, no admite inversa.
- No se podrían determinar las incógnitas $\{u_{EG}\}$. El sistema general es compatible indeterminado.
- Existen infinitas soluciones que corresponden a cualquier movimiento global de translación y/o rotación rígida añadida a la deformación.
- Para hallar la solución del problema elástico, hay que imponer, como mínimo, las restricciones de movimiento necesarias para tener un sistema isostático (sin posibilidad de movimiento global de sólido rígido).

2) Imponiendo los desplazamientos de los nodos *i*, *j*, *k* dados en el enunciado, obtenemos los diferentes valores de A, B, C, D, E, F:

$$u_1 = \mathrm{u}_1^{\mathrm{i}} + \mathrm{u}_1^{\mathrm{j}}\mathrm{X}_1 + \mathrm{u}_1^{\mathrm{k}}\mathrm{X}_2$$

$$u_2 = \mathrm{u}_2^{\mathrm{i}} + \mathrm{u}_2^{\mathrm{j}}\mathrm{X}_1 + \mathrm{u}_2^{\mathrm{k}}\mathrm{X}_2$$

El desplazamiento del baricentro (1/3, 1/3) mm:

$$u_1 = \mathrm{u}_1^{\mathrm{j}}\frac{1}{3} + \mathrm{u}_1^{\mathrm{k}}\frac{1}{3}$$

$$u_2 = \mathrm{u}_2^{\mathrm{j}}\frac{1}{3} + \mathrm{u}_2^{\mathrm{k}}\frac{1}{3}$$

La rotación $\omega_3 = \frac{1}{2}\left(\frac{\partial u_2}{\partial X_1} - \frac{\partial u_1}{\partial X_2}\right) = \frac{1}{2}(\mathrm{E} - \mathrm{C}) = \frac{u_2^j - u_1^k}{2}$ rad

3) No hay cargas perpendiculares al plano 1-2. Es un caso de tensión plana.

Tensor deformación $\varepsilon = \begin{bmatrix} \mathrm{B} & (\mathrm{C}+\mathrm{E})/2 & 0 \\ (\mathrm{C}+\mathrm{E})/2 & \mathrm{F} & 0 \\ 0 & 0 & \frac{-\nu}{(1-\nu)}(\mathrm{B}+\mathrm{F}) \end{bmatrix}$

4) Las tensiones máximas están relacionadas con las deformaciones según la ley de Hooke generalizada y, a su vez, las deformaciones dependen del *gradiente de desplazamientos* (parte simétrica), NO con los desplazamientos absolutos.

5) De las ecuaciones de Lamé, obtenemos el tensor tensión:

$$\sigma = \begin{bmatrix} \lambda\varepsilon_v + \frac{E}{(1+\nu)}\varepsilon_{11} & \frac{E}{(1+\nu)}\varepsilon_{12} & 0 \\ \frac{E}{(1+\nu)}\varepsilon_{12} & \lambda\varepsilon_v + \frac{E}{(1+\nu)}\varepsilon_{11} & 0 \\ 0 & 0 & 0 \end{bmatrix},$$

diagonalizando (fórmulas simplificadas 2D):

$$\sigma = \begin{bmatrix} \sigma_{1*} & 0 & 0 \\ 0 & \sigma_{2*} & 0 \\ 0 & 0 & 0 \end{bmatrix}$$

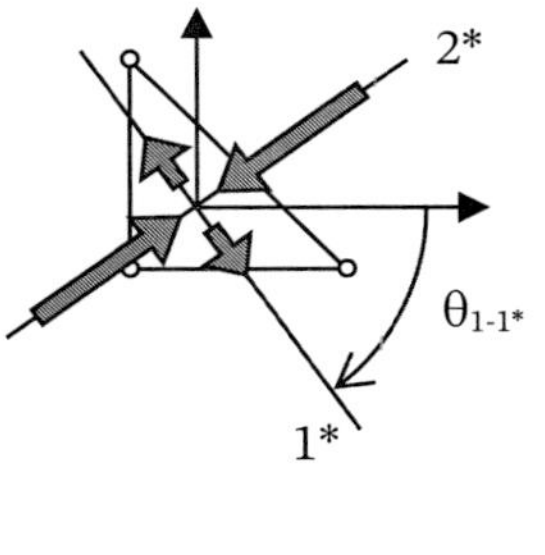

$$\tan\theta_{1-1^*} = \frac{\sigma_{12}}{\sigma_{11} - \sigma_{2^*}}$$

σ_{1^*} (tomamos la positiva) σ_{2^*} (tomamos la negativa)

Las direcciones principales a los puntos del contorno de la pieza deberían ser paralelas al contorno. El resultado obtenido con este elemento (uniforme en todo el triángulo) sería incoherente en estos puntos (línea inferior).

Adoptando el criterio de Tresca ($\tau_{\text{máx.}}$), se obtiene un coeficiente $\gamma = \dfrac{\sigma_{1^*} - \sigma_{2^*}}{\sigma_e} \approx 1$; por tanto, estamos ante un fallo elástico inminente. Con el criterio de Von Mises, se obtiene un valor ligeramente superior ($\approx 1{,}1$).

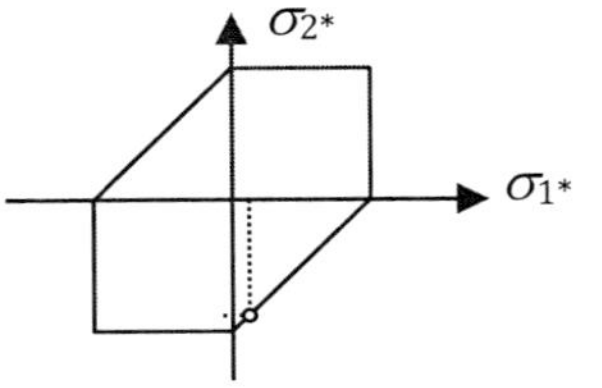

Problema 37

1) $\gamma_{seg} = \dfrac{\sigma_e}{\sigma_{eq}} = \dfrac{\sigma_e}{\sqrt{\dfrac{1}{2}\left(\left(\sigma_I - \sigma_{II}\right)^2 + \sigma_{II}^2 + \sigma_I^2\right)}}$, las tensiones principales del acero son las que se indican en los círculos de Mohr.

2) Condición de contorno $\vec{f} = \left[\sigma\right]\vec{n}$ en cada superficie exterior.

La tensión es plana en el plano de la lámina (plano 1-2); por tanto, $\sigma_{33} = 0 = \sigma_{III}$.

El barniz se deforma junto con el acero y se fisura debido a la máxima tracción (σ_I).

Gráficamente:

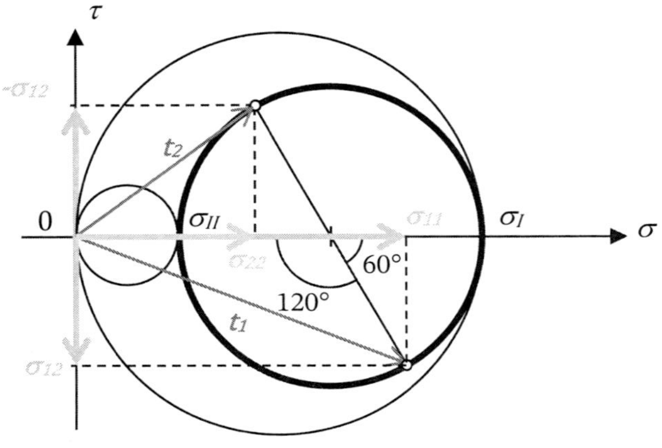

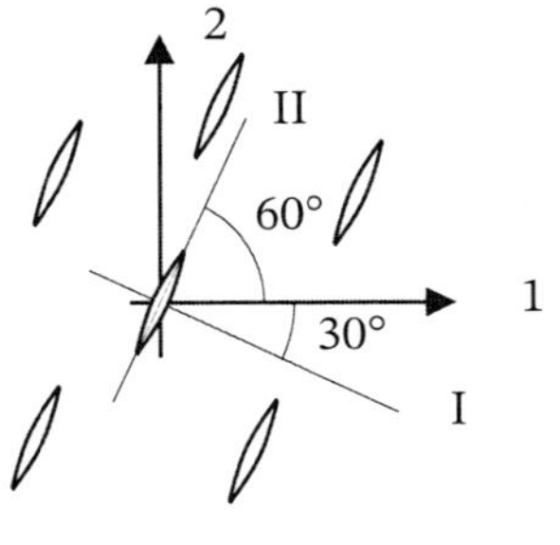

En el contorno lateral de la lámina, actúan las fuerzas de superficie:

Gráficamente:

$$\sigma_{11} = \frac{\sigma_I + \sigma_{II}}{2} + \frac{\sigma_I - \sigma_{II}}{2}\cos(60°)$$

$$\sigma_{22} = \frac{\sigma_I + \sigma_{II}}{2} - \frac{\sigma_I - \sigma_{II}}{2}\cos(60°)$$

$$\sigma_{12} = -\frac{\sigma_I - \sigma_{II}}{2}\sin(60°)$$

o bien con:

$$\sigma_{11} = \vec{n}_1^T [\sigma] \vec{n}_1$$

$$\sigma_{22} = \vec{n}_2^T [\sigma] \vec{n}_2$$

$$\sigma_{12} = \vec{n}_1^T [\sigma] \vec{n}_2$$

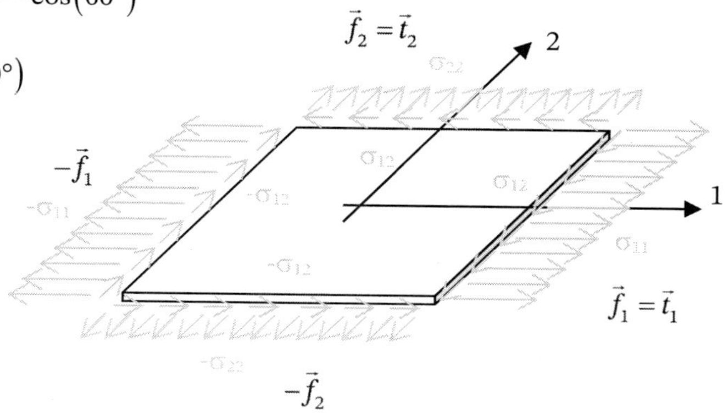

trabajando en la base de direcciones principales I-II.

3) $$[\sigma] = \begin{bmatrix} \sigma_{11} & \sigma_{12} & 0 \\ \sigma_{12} & \sigma_{22} & 0 \\ 0 & 0 & 0 \end{bmatrix}$$ → ley de Hooke:

$$[\varepsilon] = \frac{1}{E_{acero}} \begin{bmatrix} \sigma_{11} - \nu_{acero}\sigma_{22} & \sigma_{12}(1+\nu_{acero}) & 0 \\ \sigma_{12}(1+\nu_{acero}) & \sigma_{22} - \nu_{acero}\sigma_{11} & 0 \\ 0 & 0 & -\nu_{acero}(\sigma_{11} + \sigma_{22}) \end{bmatrix}$$

Las dos galgas perpendiculares de la roseta miden ε_{11} y ε_{22}.

La galga orientada a la bisectriz de los ejes mide:

$$\varepsilon = \{1/\sqrt{2} \quad 1/\sqrt{2} \quad 0\}[\varepsilon]\begin{Bmatrix} 1/\sqrt{2} \\ 1/\sqrt{2} \\ 0 \end{Bmatrix} = \frac{\varepsilon_{11} + \varepsilon_{22}}{2} + \varepsilon_{12}$$

4) Las dimensiones finales de los lados son $100\cdot(1+\varepsilon_{11})$ y $100\cdot(1+\varepsilon_{22})$.

El grosor final es $5\cdot(1+\varepsilon_{33})$.

Los ángulos rectos se deforman varían en una magnitud $2\cdot\varepsilon_{12}$ rad, disminuyendo o aumentando según la figura:

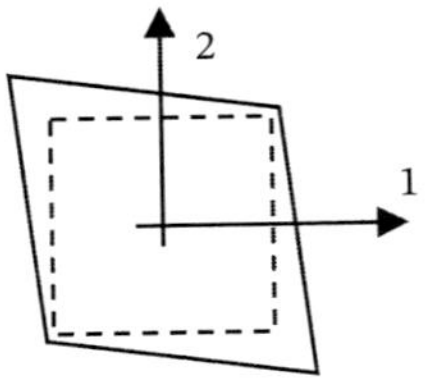

5) La tensión principal máxima que experimenta el barniz es la que le provocan las fisuras; la deformación del acero y el barniz en el plano 1-2 es la misma, dado que se deforman conjuntamente. De las ecuaciones de Lamé:

$$\sigma_I^{barniz} = \lambda\varepsilon_v + 2G\varepsilon_I = \frac{E_{barniz}\nu_{barniz}}{\left(1+\nu_{barniz}\right)\left(1-2\nu_{barniz}\right)}\text{tr}\left[\varepsilon\right] + \frac{E_{barniz}}{1+\nu_{barniz}}\varepsilon_I$$

Problema 38

$$\begin{cases} u_1 = -AX_2X_3 \\ u_2 = AX_1X_3 \\ u_3 = 0 \end{cases}$$

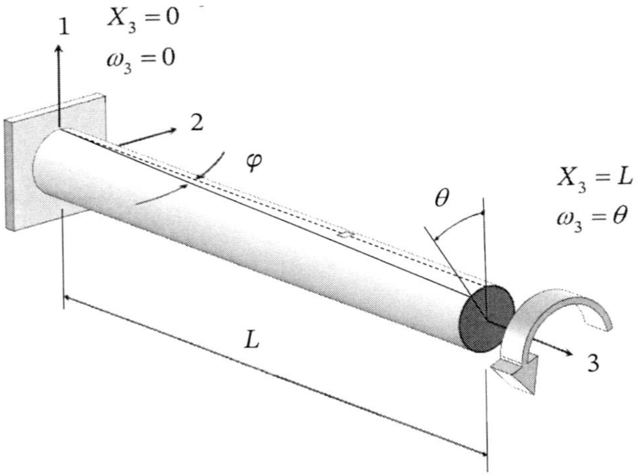

1) $$\left[\Omega\right] = \frac{1}{2}\left[\frac{\partial u_i}{\partial X_j} - \frac{\partial u_j}{\partial u_i}\right] = \begin{bmatrix} 0 & -AX_3 & -AX_2/2 \\ AX_3 & 0 & AX_1/2 \\ AX_2/2 & -AX_1/2 & 0 \end{bmatrix} \qquad \left\{\omega\right\} = \begin{Bmatrix} -AX_1/2 \\ -AX_2/2 \\ AX_3 \end{Bmatrix}$$

2) Para $X_3 = L$ → $\omega_3 = \theta$ por lo tanto $A = \dfrac{\theta}{L}$ rad/m. Es el ángulo que gira respecto el eje 3 por unidad de longitud $\left(\dfrac{\partial\omega_3}{\partial X_3}\right)$

3) Dado que la transformación es infinitesimal: $\theta R = \varphi L$ → $\varphi = \theta R / L$

4) El tensor deformación $\left[\varepsilon\right]=\frac{1}{2}\left[\frac{\partial u_i}{\partial X_j}+\frac{\partial u_j}{\partial u_i}\right]=\begin{bmatrix} 0 & 0 & -AX_2/2 \\ 0 & 0 & AX_1/2 \\ -AX_2/2 & AX_1/2 & 0 \end{bmatrix}$,

si $X_2=0$ $\quad \left[\varepsilon\right]=\begin{bmatrix} 0 & 0 & 0 \\ 0 & 0 & AX_1/2 \\ 0 & AX_1/2 & 0 \end{bmatrix}$

por tanto, el tensor tensión es:

$$\left[\sigma\right]=\begin{bmatrix} 0 & 0 & 0 \\ 0 & 0 & GAX_1 \\ 0 & GAX_1 & 0 \end{bmatrix}=\begin{bmatrix} GAX_1 & 0 & 0 \\ 0 & 0 & 0 \\ 0 & 0 & -GAX_1 \end{bmatrix}_{I,II,III}$$

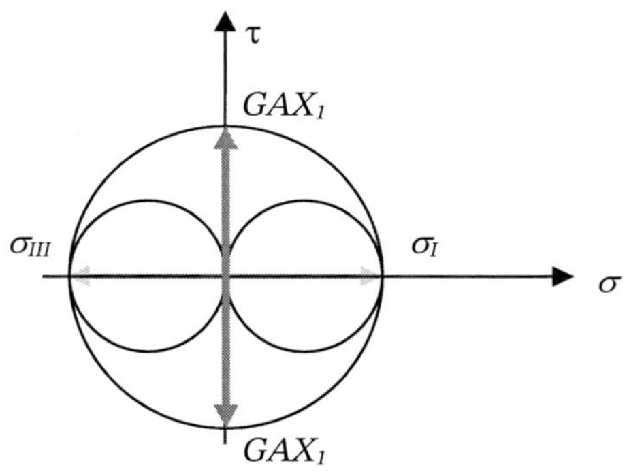

Es un estado de cizalladura pura.

5) Todo el estado de tensiones es proporcional a X_1. Las tensiones máximas se producirán cuando X_1 sea máxima: $\pm R$, así es sobre la línea superior (e inferior) paralela al eje del cilindro:

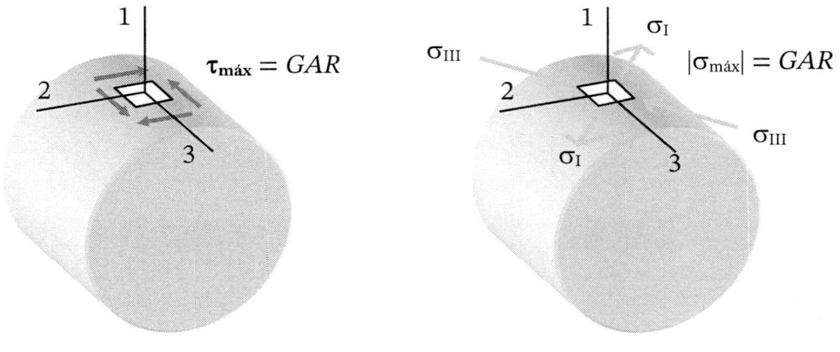

6) Cuando rompa $\sigma_I = 10\ \mathrm{N/mm^2} = GAX_1 = GAR$ →

$$G = \sigma_I / RA = 10{\cdot}100 / 4(5{,}73{\cdot}/180) = 2.500\ \mathrm{N/mm^2}$$

7) La fisura se inicia por separación de los planos donde actúa la σ_I :

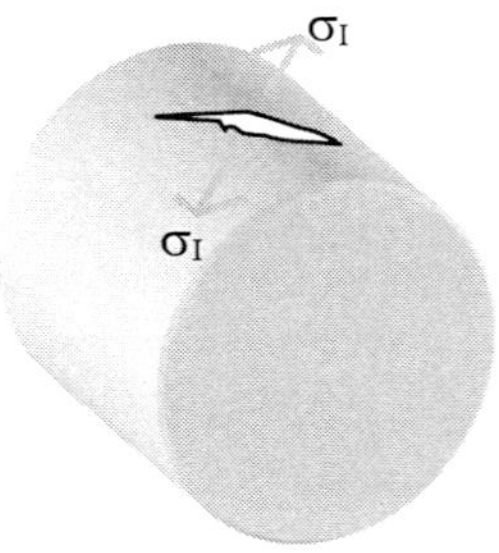

Problema 39

l_{pq} = 8,68 mm
l_{pr} = 7,05 mm
l_{pt} = 13,98 mm

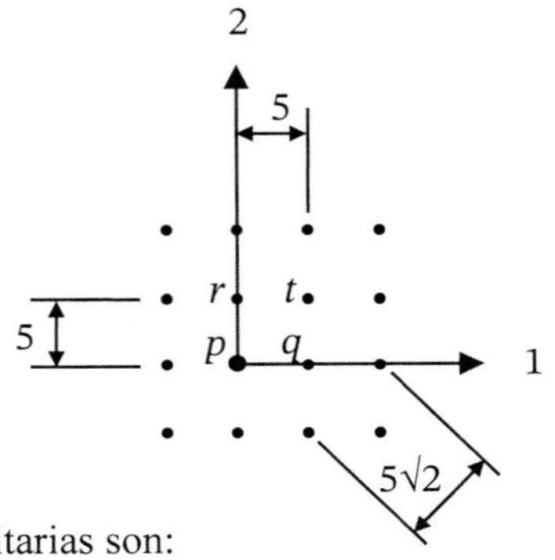

1) Las deformaciones longitudinales unitarias son:

$\varepsilon_{pq} = 0{,}736$ $\quad\varepsilon_{pr} = 0{,}41$ $\quad\varepsilon_{pt} = 0{,}977$

Las ratios de extensión:

$\lambda_{pq} = 1{,}736$ $\quad\lambda_{pr} = 1{,}41$ $\quad\lambda_{pt} = 1{,}977$

Las deformaciones longitudinales llegan casi al 100% (ratios de extensión ≈ 2). No pueden considerarse infinitesimales.

2) Utilizando el tensor de deformaciones finitas [C] (también se puede utilizar [E]):

$\lambda^2_{pq} = 3{,}014$ $\quad\lambda^2_{pr} = 1{,}988$ $\quad\lambda^2_{pt} = 3{,}909$

$$\lambda^2_{pq} = 3{,}014 = \vec{N}_{pq}\left[C\right]\vec{N}_{pq} = C_{11}$$

$$\lambda^2_{pr} = 1{,}988 = \vec{N}_{pr}\left[C\right]\vec{N}_{pr} = C_{22} \qquad \left[C\right] = \begin{bmatrix} 3{,}014 & 1{,}408 \\ 1{,}408 & 1{,}988 \end{bmatrix}$$

$$\lambda^2_{pt} = 3{,}909 = \vec{N}_{pt}\left[C\right]\vec{N}_{pt} = \frac{C_{11} + C_{22}}{2} + C_{12} \qquad C_{12} = 1{,}408$$

Las máximas ratios de extensión y, por tanto, las máximas deformaciones longitudinales se producirán en las direcciones de los VEP de [C]. Los VAP serán los cuadrados de las ratios de extensión extremas. Podemos utilizar las fórmulas simplificadas en 2D para diagonalizar y encontrar el ángulo que forman con los ejes.

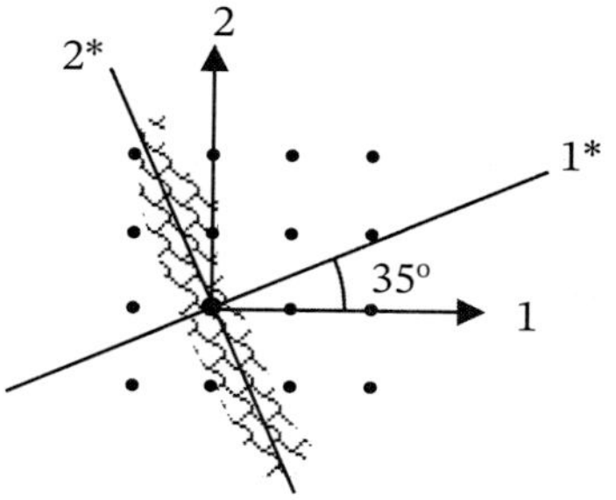

$$[C]=\begin{bmatrix}4 & 0\\ 0 & 1\end{bmatrix}$$

$C_{máx}=4$ → $\lambda_{máx}=2$ → $\varepsilon_{máx}=1$ → 100%

$C_{mín}=1$ → $\lambda_{máx}=1$ → $\varepsilon_{máx}=0$ → 0%

3) $tg\theta_{1-1*}=\dfrac{C_{12}}{C_{11}-C_{2*}}=\dfrac{1,408}{3,014-1}=0,7$ → $\theta_{1-1*}=35^o$

4) $\cos\varphi_{pqr}=\dfrac{N_{pq}[C]N_{pr}}{\lambda_{pq}\cdot\lambda_{pr}}=0,575$ → $\varphi=54,9^o$

5) Transformación infinitesimal

$$[\varepsilon]=\begin{bmatrix}pq & 12\\ 12 & pr\end{bmatrix} \qquad \varepsilon_{pt}=\vec{N}_{pt}\begin{bmatrix}0,736 & 12\\ 12 & 0,410\end{bmatrix}\vec{N}_{pt}=0,977 \qquad \varepsilon_{12}=0,404$$

Diagonalizando → $[\varepsilon]=\begin{bmatrix}1,01 & 0\\ 0 & 0,137\end{bmatrix}$ → 101% y 13,7%

6) $tg\theta_{1-1*}=\dfrac{\varepsilon_{12}}{\varepsilon_{11}-\varepsilon_{2*}}=\dfrac{0,404}{0,736-0,137}=0,675$ → $\theta_{1-1*}=34^o$

7) $\varphi_{final}=\dfrac{\pi}{2}-2\varepsilon_{12}=0,763\,rad=43,7^o$

Alternativamente, las preguntas 2, 3 y 4 también se podrían resolver:

2) Utilizando el tensor de deformaciones finitas $[E]$:

$$\varepsilon_{pq}=\sqrt{2\vec{N}_{pq}[E]\vec{N}_{pq}+1}-1=\sqrt{2E_{11}+1}-1=0,736 \qquad E_{11}=1,007$$

$$\varepsilon_{pr}=\sqrt{2\vec{N}_{pr}[E]\vec{N}_{pr}+1}-1=\sqrt{2E_{22}+1}-1=0,41 \qquad E_{22}=0,494$$

$$\varepsilon_{pr}=\sqrt{2\vec{N}_{pt}[E]\vec{N}_{pt}+1}-1=\sqrt{E_{11}+E_{22}+2\cdot E_{12}+1}-1=0,9771 \qquad E_{12}=0,704$$

(o con la deformación de Green $\varepsilon_g = \dfrac{l^2 - l_0^2}{2l_0^2} = \vec{N}\left[E\right]\vec{N}$)

$$\left[E\right] = \begin{bmatrix} 1{,}007 & 0{,}704 \\ 0{,}704 & 0{,}494 \end{bmatrix}$$

Los valores máximos y mínimos de deformación longitudinal se relacionan con los VAP de [E] y se darán en las direcciones definidas por sus VEP. Podemos utilizar las fórmulas simplificadas para diagonalizar y encontrar el ángulo que forman con los ejes.

$$\left[E\right] = \begin{bmatrix} 1{,}5 & 0 \\ 0 & 0 \end{bmatrix} \rightarrow \varepsilon_{máx} = \sqrt{2E_{11}+1} - 1 = 1 \ (100\%) \qquad \varepsilon_{mín} = \sqrt{2E_{22}+1} - 1 = 0 \ (0\%)$$

3) $tg\theta_{1-1*} = \dfrac{E_{12}}{E_{11} - E_{2*}} = \dfrac{0{,}704}{1{,}007 - 0} = 0{,}7 \rightarrow \theta_{1-1*} = 35^o$

4) $\cos\varphi_{pqr} = \dfrac{N_{pq}\left[C\right]N_{pr}}{\left(1+\varepsilon_{pq}\right)\left(1+\varepsilon_{pr}\right)} = \dfrac{N_{pq}\left[2\left[E\right]+\left[I\right]\right]N_{pr}}{\left(1+\varepsilon_{pq}\right)\left(1+\varepsilon_{pr}\right)} = 0{,}575 \rightarrow \varphi = 54{,}9^o$

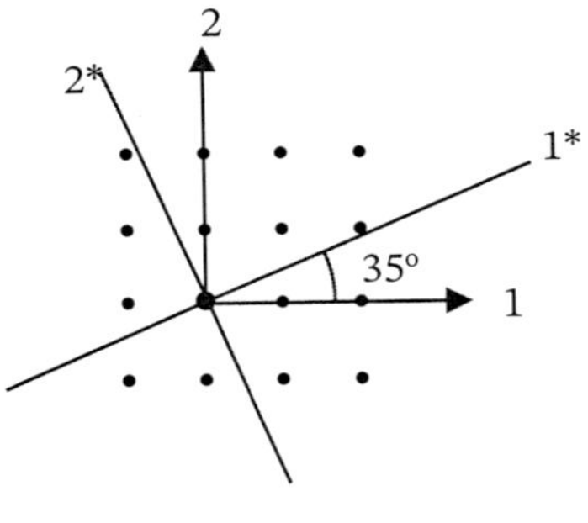

Problema 40

1) $\begin{cases} u_1 = A + BX_1 + CX_2 + DX_1X_2 \\ u_2 = E + FX_1 + GX_2 + HX_1X_2 \end{cases}$

Sustituyendo los valores de desplazamiento y las coordenadas nodales del punto:

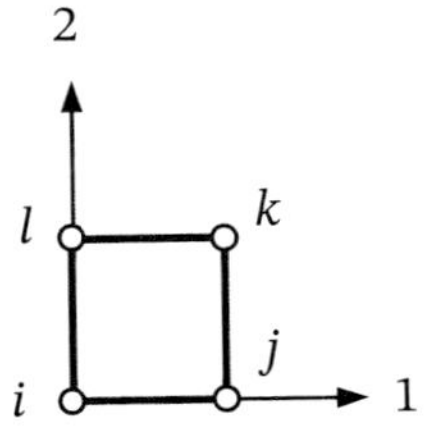

i (0,0):	$A = 0$	$E = 0$
j (5,0):	$B = -160{\cdot}10^{-6}$	$F = 80{\cdot}10^{-6}$
l (0,5):	$C = 0$	$G = 70{\cdot}10^{-6}$
k (5,5):	$D = -28{\cdot}10^{-6}$	$H = 0$

$$\begin{cases} u_1 = -160 \cdot 10^{-6} X_1 - 28 \cdot 10^{-6} X_1 X_2 \\ u_2 = 80 \cdot 10^{-6} X_1 + 70 \cdot 10^{-6} X_2 \end{cases}$$

2) $$\vec{\omega} = \begin{Bmatrix} 0 \\ 0 \\ \dfrac{1}{2}\left(\dfrac{\partial u_2}{\partial X_1} - \dfrac{\partial u_1}{\partial X_2}\right) \end{Bmatrix} = \begin{Bmatrix} 0 \\ 0 \\ \dfrac{F}{2} + \dfrac{H}{2} X_2 - \dfrac{C}{2} - \dfrac{D}{2} X_1 \end{Bmatrix} = \begin{Bmatrix} 0 \\ 0 \\ 40 + 14 \cdot X_1 \end{Bmatrix} \cdot 10^{-6} \text{ rad}$$

En el nodo ***i*** (0, 0) $\quad \vec{\omega} = \begin{Bmatrix} 0 \\ 0 \\ 40 \end{Bmatrix} \cdot 10^{-6} \text{ rad}$

3) “El efecto de un conjunto de acciones que actúan simultáneamente sobre un medio continuo es igual a la suma de efectos de cada una de las acciones actuando individualmente.”

La ley de Hooke generalizada, que relaciona un estado cualquiera de tensión y deformación, se puede imaginar como la superposición de tres estados uniaxiales en las direcciones principales:

Dirección 1^*: $\varepsilon_{1*} = \dfrac{\sigma_{1*}}{E}$ $\quad \varepsilon_{2*} = -\nu\dfrac{\sigma_{1*}}{E}$ $\quad \varepsilon_{3*} = -\nu\dfrac{\sigma_{1*}}{E}$

Dirección 2^*: $\varepsilon_{1*} = -\nu\dfrac{\sigma_{2*}}{E}$ $\quad \varepsilon_{2*} = \dfrac{\sigma_{2*}}{E}$ $\quad \varepsilon_{3*} = -\nu\dfrac{\sigma_{2*}}{E}$

Dirección 3^*: $\varepsilon_{1*} = -\nu\dfrac{\sigma_{3*}}{E}$ $\quad \varepsilon_{2*} = -\nu\dfrac{\sigma_{3*}}{E}$ $\quad \varepsilon_{3*} = \dfrac{\sigma_{3*}}{E}$

$$\varepsilon_{1*} = \frac{\sigma_{1*}}{E} - \nu\left(\frac{\sigma_{2*}}{E} + \frac{\sigma_{3*}}{E}\right) \quad \varepsilon_{2*} = \frac{\sigma_{2*}}{E} - \nu\left(\frac{\sigma_{1*}}{E} + \frac{\sigma_{3*}}{E}\right) \quad \varepsilon_{3*} = \frac{\sigma_{3*}}{E} - \nu\left(\frac{\sigma_{1*}}{E} + \frac{\sigma_{2*}}{E}\right)$$

O bien:

$$\varepsilon_{1*} = \frac{-\nu}{E}\left(\sigma_{1*} + \sigma_{2*} + \sigma_{3*}\right) - \frac{1+\nu}{E}\left(\sigma_{1*}\right)$$

$$\varepsilon_{2*} = \frac{-\nu}{E}\left(\sigma_{1*} + \sigma_{2*} + \sigma_{3*}\right) - \frac{1+\nu}{E}\left(\sigma_{2*}\right)$$

$$\varepsilon_{3*} = \frac{-\nu}{E}\left(\sigma_{1*} + \sigma_{2*} + \sigma_{3*}\right) - \frac{1+\nu}{E}\left(\sigma_{3*}\right)$$

Matricialmente: $\left[\varepsilon\right] = \dfrac{-\nu}{E} 3\left[\sigma_0\right] - \dfrac{1+\nu}{E}\left[\sigma\right]$, dada la independencia entre componentes normales y tangenciales en materiales homogéneos e isótropos.

4) Tensión plana $\Rightarrow \varepsilon_{33} = \dfrac{-\nu}{(1-\nu)}(\varepsilon_{11}+\varepsilon_{22})$. Del enunciado, conocemos el estado de deformación en el nodo ***i***:

$$\varepsilon_{33} = \frac{-\nu}{(1-\nu)}\left(-160{\cdot}10^{-6}+70{\cdot}10^{-6}\right) \qquad \text{Por tanto:} \quad \nu = \frac{1}{\left(\dfrac{90{\cdot}10^{-3}}{\varepsilon_{33}}+1\right)} = 0{,}1$$

5) De la expresión del campo de desplazamientos:

$$[\varepsilon] = \frac{1}{2}\left[\frac{\partial u_i}{\partial X_j}+\frac{\partial u_j}{\partial X_i}\right] = \begin{bmatrix} B+DX_2 & \frac{1}{2}(F+DX_1) & 0 \\ \frac{1}{2}(F+DX_1) & G & 0 \\ 0 & 0 & \dfrac{-\nu}{(1-\nu)}(B+DX_2+G) \end{bmatrix} =$$

$$= \begin{bmatrix} -160-28X_2 & 40-14X_1 & 0 \\ 40-14X_1 & 70 & 0 \\ 0 & 0 & \dfrac{\nu}{(1-\nu)}(90+28X_2) \end{bmatrix}\cdot 10^{-6}$$

En el centro ($X_1 = 2{,}5$; $X_2 = 2{,}5$):

$$[\varepsilon] = \frac{1}{2}\left[\frac{\partial u_i}{\partial X_j}+\frac{\partial u_j}{\partial X_i}\right] = \begin{bmatrix} -230 & 5 & 0 \\ 5 & 70 & 0 \\ 0 & 0 & \dfrac{\nu}{(1-\nu)}160 \end{bmatrix}\cdot 10^{-6}$$

Diagonalizando:

$$[\varepsilon] = \begin{bmatrix} -230{,}1 & 0 & 0 \\ 0 & 70{,}083 & 0 \\ 0 & 0 & \dfrac{\nu}{(1-\nu)}160 \end{bmatrix}\cdot 10^{-6}$$

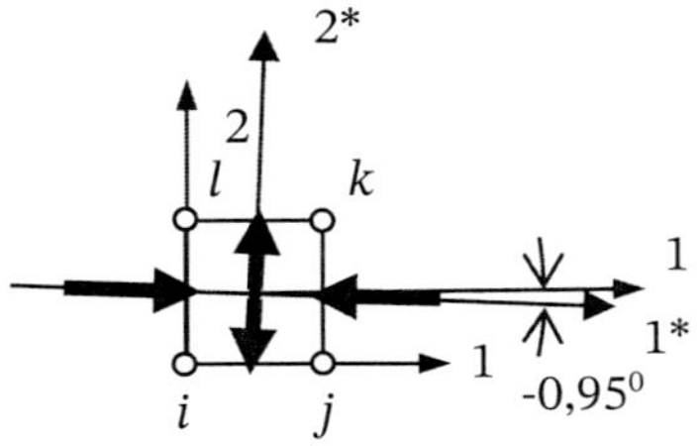

las direcciones principales 1* y 2* están desviadas un ángulo de -0,95º con respecto a los ejes 1 y 2.

6) Aplicando las relaciones de Lamé, se obtienen las tensiones principales y, finalmente:

$$\sigma_{eqv} = \sqrt{\frac{1}{2}\left(\sigma_{1*}^2 + \sigma_{2*}^2 + \left(\sigma_{1*} - \sigma_{2*}\right)^2\right)} = 50,49 \quad \text{N/mm}^2$$

7) Para el conjunto de la pieza, la tensión máxima de Von Mises es de 71,285 N/mm^2; por tanto, la tensión de límite elástico ha de ser $\sigma_e = 1,5 \cdot 71,185 = 106,8 \ \text{N/mm}^2$.

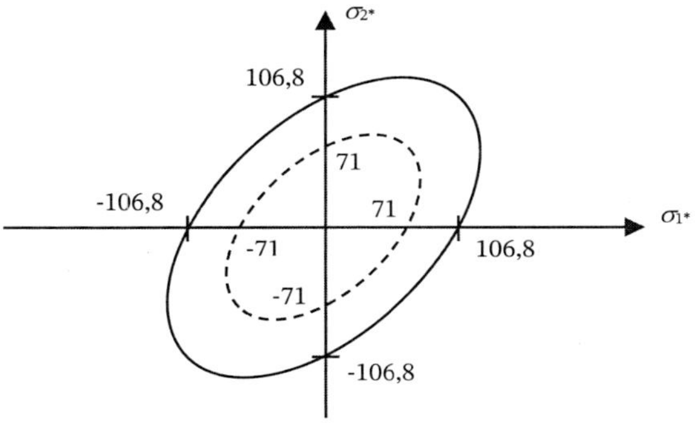

8) Preproceso:

a) Idear la geometría, el comportamiento del material, las condiciones de los enlaces y las solicitaciones.
b) Elegir un tipo de elemento finito (funciones de interpolación).
c) Discretizar la geometría (mallado) atendiendo a la precisión deseada en cada región.

Resoluciones:

d) Determinar, para cada elemento, las matrices [N], [B] y $[K_e]$.
e) Construir el sistema general de ecuaciones $[K_{EG}]$,$\{P_{EG}\}$, $\{u_{EG}\}$.
f) Obtener el sistema reducido, eliminando los grados de libertad restringidos $[K_E]$,$\{P_E\}$, $\{u_E\}$.
g) Resolver el sistema reducido, invirtiendo la matriz $[K_E]$: $\{u_E\}= [K_E]^{-1}\{P_E\}$.
h) Hallar las reacciones $\{P_S\}=[K_{SE}]\cdot\{u_E\}$.

Pospproceso:

i) Determinar los estados de tensión y las deformaciones para cada elemento:

$\{\varepsilon\}=[B]\cdot\{u_e\}$ $\qquad\qquad$ $\{\sigma\}=[S]\cdot\{u_e\}$

Problema 41

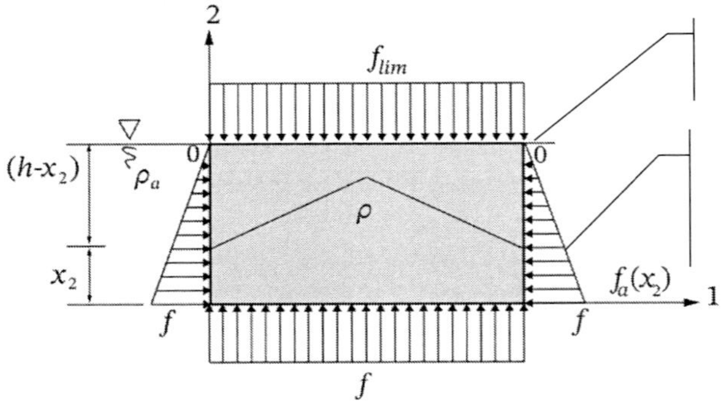

1) Planteando el equilibrio de fuerzas verticales: $f \cdot A = \boldsymbol{f}_{\mathbf{lím}} \cdot A + \rho g h \cdot A$

$$f = \boldsymbol{f}_{\mathbf{lím}} + \rho g h$$

Esto también puede plantearse para una sección cualquiera en x_2. Cada punto soporta una presión $\boldsymbol{f}_{\mathbf{lím}}$, más la del peso del flotador que tiene encima.

$\sigma_{22} = -\boldsymbol{f}_{\mathbf{lím}} - \rho g \left(h - x_2\right)$ (compresión)

(Se podría deducir también de la ecuación de equilibrio para un punto interior del flotador, con $b_2 = -\rho g$ y condiciones de contorno.)

Igualmente, la presión hidrostática del agua a una profundidad cualquiera corresponde al peso de la columna de agua:

$f_a = \rho_a g \left(h - x_2\right)$

(Se podría deducir también de la ecuación de equilibrio para un punto interior del agua, con $b_2 = -\rho_a g$ y condiciones de contorno.)

En la cara inferior del flotador ($x_2 = 0$) $f = \rho_a g h = 9.810 \, \mathrm{N/m^2}$ y, por tanto:

$$\boldsymbol{f}_{\mathbf{lím}} = \rho_a g h - \rho g h = g h \left(\rho_a - \rho\right) = 9{,}81 \frac{\mathrm{m}}{\mathrm{s}^2} \cdot 1\mathrm{m} \cdot \frac{\left(1.000 - 15\right)\mathrm{kg}}{\mathrm{m}^3} = 9.663 \, \mathrm{N/m^2}$$

2) Al no haber tensiones tangenciales en las caras del flotador, las direcciones 1-2 y 3 son principales (1^*-2^* y 3^*). La distribución de presiones depende de x_2, no de x_1 ni x_3. En las direcciones 1 y 3, se tiene únicamente la presión del agua:

$$[\sigma]=\begin{bmatrix}-\rho_a g(h-x_2) & 0 & 0\\ 0 & \rho g x_2-\rho_a gh & 0\\ 0 & 0 & -\rho_a g(h-x_2)\end{bmatrix}=$$
$$=\begin{bmatrix}-9.810(1-x_2) & 0 & 0\\ 0 & 147x_2-9810 & 0\\ 0 & 0 & -9.810(1-x_2)\end{bmatrix}\text{N/m}^2$$

El término debido al peso propio del flotador ($147x_2$) vale, como máximo, el 1,5% del total (para $x_2 = h$); por tanto, es irrelevante (la relación de densidades entre el agua y la espuma es de 1000 a 15).

3) A partir de ahora:

$$[\sigma]=\begin{bmatrix}-9.810(1-x_2) & 0 & 0\\ 0 & -9.810 & 0\\ 0 & 0 & -9.810(1-x_2)\end{bmatrix}$$

Para los puntos A(0,1), B(0,1/3), C(0,0) y D(1,1/3+tan(α)), sustituyendo x_2:

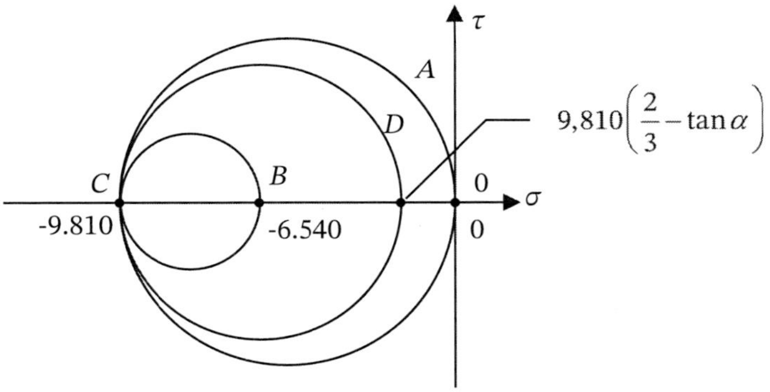

4)

$$\tau=\vec{n}^{'}[\sigma]\vec{n}=\begin{pmatrix}\cos\alpha & \sin\alpha & 0\end{pmatrix}\begin{bmatrix}\sigma_{11} & 0 & 0\\ 0 & \sigma_{22} & 0\\ 0 & 0 & \sigma_{33}\end{bmatrix}\begin{Bmatrix}-\sin\alpha\\ \cos\alpha\\ 0\end{Bmatrix}=\sin\alpha\cdot\cos\alpha\cdot(\sigma_{22}-\sigma_{11})=$$
$$=-\sin\alpha\cdot\cos\alpha\cdot 9.810x_2$$

El valor máximo se da en el punto

D(x_2=1/3+tan(α)) $=-\sin\alpha\cdot\cos\alpha\cdot 9.810\cdot(1/3+\tan\alpha)$

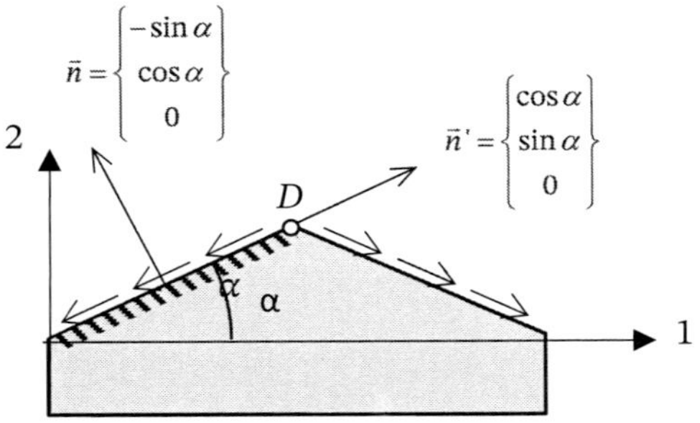

(El plano de la derecha es simétrico)

5)

$$\sigma = \vec{n}[\sigma]\vec{n} = \begin{pmatrix} -\sin\alpha & \cos\alpha & 0 \end{pmatrix} \begin{bmatrix} \sigma_{11} & 0 & 0 \\ 0 & \sigma_{22} & 0 \\ 0 & 0 & \sigma_{33} \end{bmatrix} \begin{Bmatrix} -\sin\alpha \\ \cos\alpha \\ 0 \end{Bmatrix} = \sigma_{11}\cdot\sin^2\alpha + \sigma_{22}\cdot\cos^2\alpha$$

El coeficiente mínimo de fricción es el que garantiza que se podrá proporcionar el valor de tensión tangencial $\tau = -\sin\alpha\cdot\cos\alpha\cdot 9.810 x_2$ a partir de la tensión normal $\sigma = \sigma_{11}\cdot\sin^2\alpha + \sigma_{22}\cdot\cos^2\alpha$.

$$\mu_{min} = \frac{\tau}{\sigma} = \frac{sin\alpha\cdot cos\alpha\cdot 9.810 x_2}{\sigma_{11}\cdot cos^2\alpha + \sigma_{22}\cdot sin^2\alpha} \left(\text{en valores absolutos}\right)$$

La relación más desfavorable entre σ y τ será siempre el punto D (v. círculos de Mohr).

$$\mu_{min} = \frac{\tau}{\sigma} = \frac{\sin\alpha\cdot\cos\alpha\cdot 9.810\left(1/3 + \tan\alpha\right)}{\sigma_{11}\cdot\cos^2\alpha + \sigma_{22}\cdot\sin^2\alpha}$$

6) No es tensión plana, ni deformación plana. Por tanto, no se puede hacer un estudio plano; el modelo tiene que ser en 3D.

En cuanto al grado del elemento, puesto que tenemos variaciones lineales (con respecto x_2) en los resultados de la tensión y la deformación, se darán por válidas dos soluciones:

a) Elemento sólido en 3D de 8 nodos (funciones de interpolación polinómicas con productos cruzados de coordenadas)

b) Elemento sólido en 3D de segundo orden, con 20 nodos (funciones de interpolación polinómicas de segundo grado).

El módulo más sencillo posible sería un elemento único sólido en 3D (se puede aprovechar la doble simetría del problema para introducir las condiciones de enlace). Con 3 grados de libertad por nodo.

a)

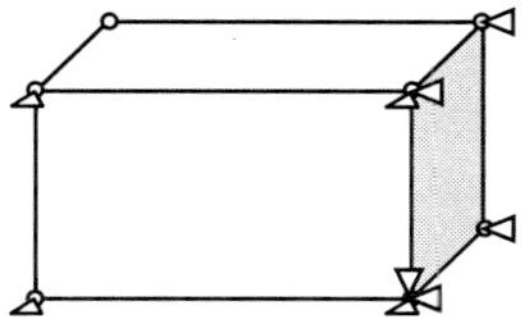

b)

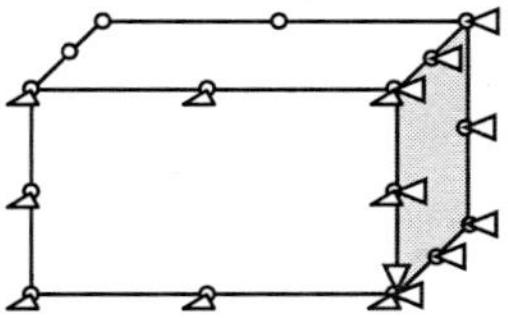

Enlaces: plano frontal y plano lateral con desplazamientos 3 y 1 impedidos, respectivamente, y 1 nodo cualquiera impedido en 2 para evitar el movimiento rígido en esta dirección (también son correctas otras condiciones de enlace, siempre que impidan los movimientos rígidos y sean compatibles con la deformación).

Cargas: las fuerzas de superficie siguen el mismo tipo de interpolación que los desplazamientos $\int_A [N]^T \{f\} dA$; por tanto, podemos reproducir una variación lineal en un elemento. Haría falta una presión uniforme en las caras superior e inferior y una variación lineal de presión en los laterales.

La dimensión de la matriz de rigidez es:	*a)* 24×24 (8×3) *b)* 60×60 (20×3)
La dimensión de la matriz reducida es:	*a)* 15×15 (24-9) *b)* 43×43 (60-17)

7) Dúctil; por tanto, podemos utilizar el criterio de Tresca (o de tensión tangencial máxima), según el cual la tensión equivalente es $\sigma_{eqv} = \sigma_I - \sigma_{III}$. El punto crítico (v. círculos de Mohr) es A: $\sigma_{eqv} = 9810$ N/m^2; por tanto, para tener un coeficiente de seguridad 1,5, la tensión que debería poder soportar el material sería de $9810 \times 1{,}5 = 14.715$ N/m^2 = 0,0147 MPa.

Si fuera frágil, la tensión equivalente sería la tensión normal máxima (o mínima). El punto más desfavorable sería C y el resultado sería el mismo: 14.715 N/m^2.

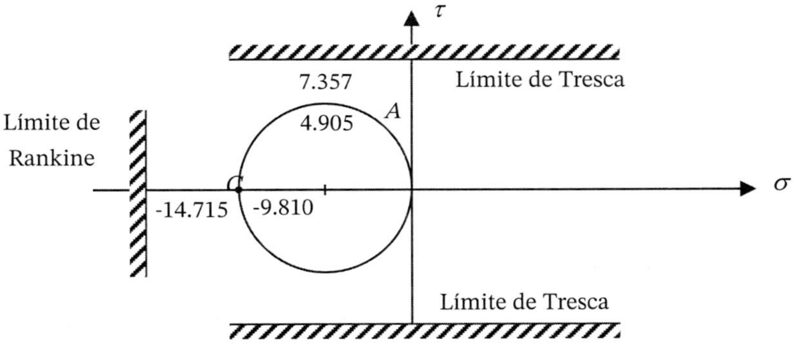

Problema 42

Sección 0,5×20 = 10 mm²

ε_a

ε_b

ε_c

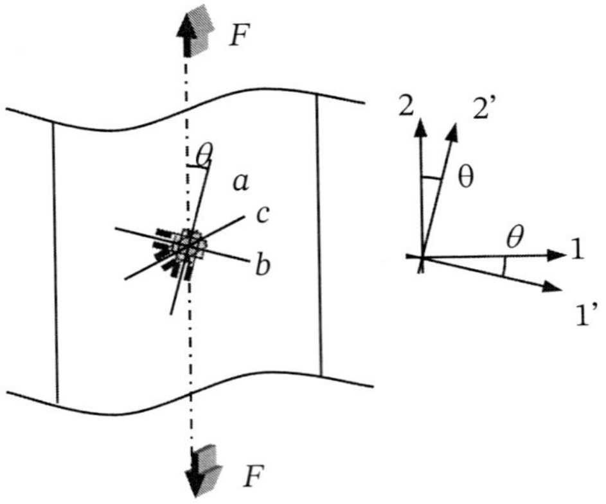

1) Analíticamente:

Planteamos el tensor deformación en los ejes de la roseta 1'-2'

$$[\varepsilon]=\begin{bmatrix}\varepsilon_b & \varepsilon_{1'2'} & 0\\ \varepsilon_{1'2'} & \varepsilon_a & 0\\ 0 & 0 & \varepsilon_{33}\end{bmatrix}$$

Determinamos $\varepsilon_{1'2'}$ a partir de ε_c:

$$\varepsilon_c=\vec{n}_c[\varepsilon]\vec{n}_c=\begin{pmatrix}1/\sqrt{2} & 1/\sqrt{2} & 0\end{pmatrix}\begin{bmatrix}\varepsilon_b & \varepsilon_{1'2'} & 0\\ \varepsilon_{1'2'} & \varepsilon_a & 0\\ 0 & 0 & \varepsilon_{33}\end{bmatrix}\begin{Bmatrix}1/\sqrt{2}\\ 1/\sqrt{2}\\ 0\end{Bmatrix}=\varepsilon_{1'2'}+\frac{\varepsilon_a+\varepsilon_b}{2}\quad\Rightarrow$$

$$\varepsilon_{1'2'}=\varepsilon_c-\frac{\varepsilon_a+\varepsilon_b}{2}=-133{,}4\ \mu\varepsilon$$

las deformaciones principales, a través de las fórmulas simplificadas en el plano:

$$\varepsilon_{22,11}=\frac{\varepsilon_a+\varepsilon_b}{2}\pm\sqrt{\frac{\varepsilon_a-\varepsilon_b}{2}+\varepsilon_{1'2'}^2}=600;-180\qquad \tan\theta=\frac{\varepsilon_{1'2'}}{\varepsilon_a-\varepsilon_{11}}=-0{,}176\quad \theta=-10^{\circ}$$

2) Las deformaciones principales son las que se han calculado anteriormente y $\varepsilon_{33}=\varepsilon_{11}$, por tratarse de un ensayo uniaxial.

   Las direcciones principales son, ordenadas, 2-1-3 (I-II-III).

3) Las constantes elásticas del material las obtenemos de

$$E=\frac{\sigma_{22}}{\varepsilon_{22}}=\frac{F/A}{\varepsilon_{22}}=210.000\ \text{N/mm}^2 \text{ y de } \varepsilon_{11}=\varepsilon_{33}=-\nu\cdot\varepsilon_{22}\Rightarrow \nu=-\varepsilon_{11}/\varepsilon_{22}=0{,}3$$

4)

$$\sigma=\vec{n}_{rotura}\left[\sigma\right]\vec{n}_{rotura}=\left(\cos 55 \quad -\sin 55 \quad 0\right)\begin{bmatrix}0 & 0 & 0\\0 & F/A & 0\\0 & 0 & 0\end{bmatrix}\begin{Bmatrix}\cos 55\\-\sin 55\\0\end{Bmatrix}=84{,}55\ \text{N/mm}^2$$

$$\tau=\vec{n}_{\perp rotura}\left[\sigma\right]\vec{n}_{rotura}=\left(\sin 55 \quad \cos 55 \quad 0\right)\begin{bmatrix}0 & 0 & 0\\0 & F/A & 0\\0 & 0 & 0\end{bmatrix}\begin{Bmatrix}\cos 55\\-\sin 55\\0\end{Bmatrix}=-59{,}20\ \text{N/mm}^2$$

5) Según el criterio de Von Mises, los materiales dúctiles, como el acero, fallan a causa de la tensión tangencial octaédrica (ángulos iguales con las direcciones principales):

$$\vec{n}_o=\begin{Bmatrix}1/\sqrt{3}\\1/\sqrt{3}\\1/\sqrt{3}\end{Bmatrix}\Rightarrow \alpha=\arccos(1/\sqrt{3})=54{,}7^{\text{o}}$$

Problema 43

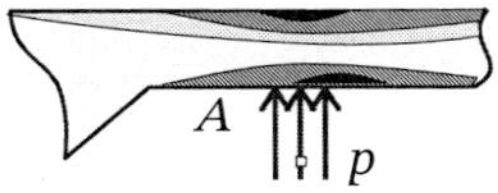

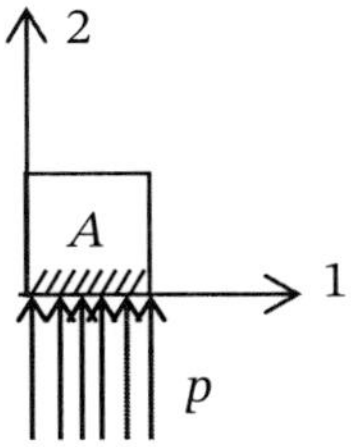

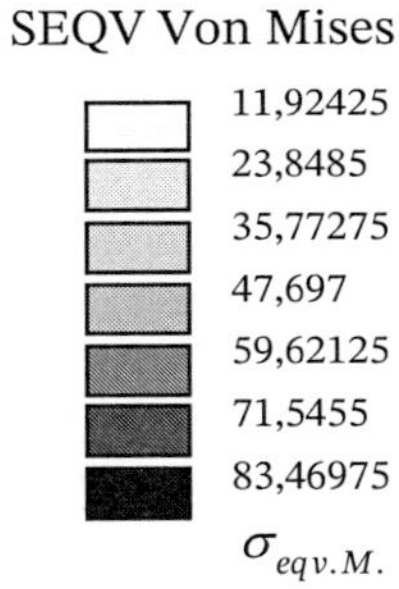

1) Es un caso de tensión plana; por tanto, la dirección 3 es principal y $\sigma_{3*}=0$. El punto *A* está en la superficie exterior; la única fuerza exterior de superficie aplicada es perpendicular y de valor *p*: $\vec{f}=\left[\sigma\right]\vec{n}$

$$\begin{Bmatrix}0\\p\\0\end{Bmatrix}=\begin{bmatrix}\sigma_{11} & \sigma_{12} & 0\\\sigma_{12} & \sigma_{22} & 0\\0 & 0 & 0\end{bmatrix}\begin{Bmatrix}0\\-1\\0\end{Bmatrix}\rightarrow \sigma_{12}=0 \rightarrow \sigma_{22}=\sigma_{2*}=-p \rightarrow \left[\sigma\right]=\begin{bmatrix}\sigma_{1*} & 0 & 0\\0 & -p & 0\\0 & 0 & 0\end{bmatrix}$$

Determinando el valor de la tensión σ_{1*}, sabiendo que la tensión equivalente de Von Mises vale:

$$_{eq\,v.M.}=\sqrt{\frac{1}{2}\left[\left(\sigma_{1*}+p\right)^2+\sigma_{1*}^2+p^2\right]} \quad \rightarrow \quad \sigma_{1*}^2+p\sigma_{1*}+p^2-\sigma_{eq\,v.M.}^2=0$$

De esta expresión, se obtienen dos valores posibles de σ_{1*} :

$$\sigma_{1*} = \frac{-p \pm \sqrt{p^2 - 4\left(p^2 - \sigma_{eq\,v.M.}^2\right)}}{2} = -100;\ 90 \quad \text{N/mm}^2$$

El valor a escoger es el negativo, ya que la deformación en la dirección 3* ha de ser positiva (el grosor tiene que aumentar). Con la ley de Hooke:

$$\varepsilon_{3*} = \frac{-\nu}{E}\left(\sigma_{1*} - p\right) > 0 \qquad \rightarrow \qquad \varepsilon_{3*} = 222 \ \ \mu\varepsilon$$

$$\varepsilon_{1*} = \frac{1}{E}\left[\sigma_{1*} + \nu p\right] = -1.000 \ \ \mu\varepsilon \qquad \varepsilon_{2*} = \frac{1}{E}\left[-p - \nu\sigma_{1*}\right] = 100 \ \ \mu\varepsilon$$

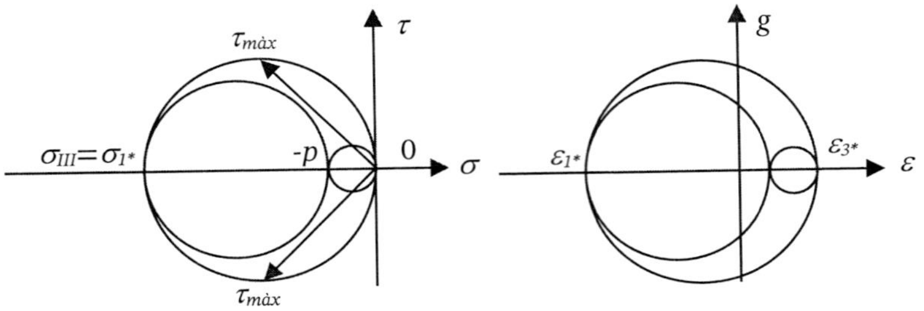

La tensión tangencial máxima actúa en los planos normal a 45º de I y III; por tanto, mirando el rompenueces desde la dirección 2:

vectores tensión:
componentes intrínsecas:

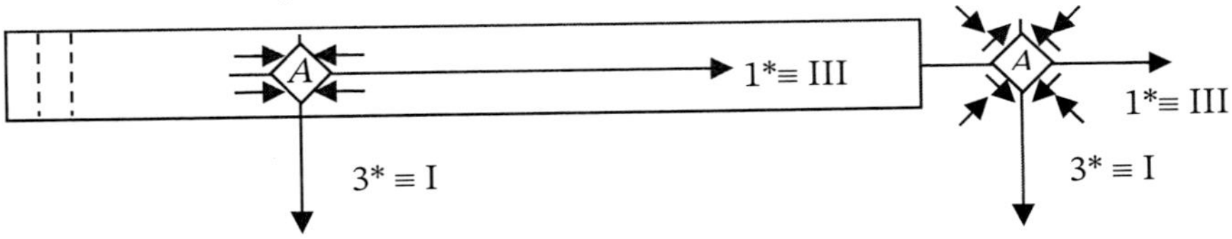

4) La variación de grosor del punto A en % es de ε_{3*} x100 = 0,022 %

5) $\gamma_{seg\,Tresca} = \dfrac{\sigma_e}{\sigma_I - \sigma_{III}} = \dfrac{\sigma_e}{-\sigma_{1*}} = 1$

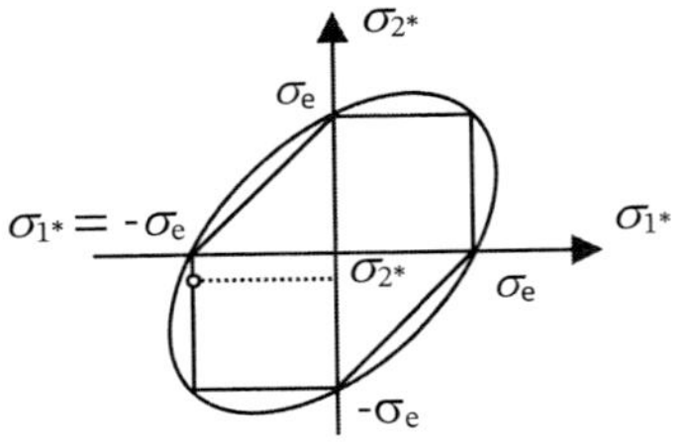

La tensión principal mínima σ_{1*} es igual al límite elástico del material y la máxima es cero; por tanto, el criterio de Tresca predice un fallo elástico inminente.

En cambio, según el criterio de Von Mises, a tensión σ_{2*} (negativa) contribuye a reducir la distorsión y, por tanto, la tensión equivalente.